U0165103

国家出版基金资助项目

现代数学中的著名定理纵横谈丛书

丛书主编　王梓坤

DIFFERENCE OPERATOR AND GONCHAROV THEOREM

差分算子与Goncharov定理

刘培杰数学工作室　编

内容简介

本书主要介绍了差分算子与 Goncharov 定理的完整体系，共分三编，讲述了差分与差商、差分与插值，以及差分算子的应用. 主要叙述了差分算子与 Goncharov 定理的基本理论，并阐述了近年来差分算子与 Goncharov 定理发展概况及其一些新的进展与研究成果.

本书适合高等院校师生阅读参考.

图书在版编目(CIP)数据

差分算子与 Goncharov 定理/刘培杰数学工作室编. —哈尔滨:哈尔滨工业大学出版社，2024.3

(现代数学中的著名定理纵横谈丛书)

ISBN 978-7-5603-9917-1

Ⅰ.①差… Ⅱ.①刘… Ⅲ.①插值算子 Ⅳ.①O174.42

中国版本图书馆 CIP 数据核字(2022)第 071146 号

CHAFEN SUANZI YU GONCHAROV DINGLI

策划编辑 刘培杰 张永芹

责任编辑 聂兆慈

封面设计 孙茵艾

出版发行 哈尔滨工业大学出版社

社　　址 哈尔滨市南岗区复华四道街 10 号 邮编 150006

传　　真 0451—86414749

网　　址 http://hitpress.hit.edu.cn

印　　刷 辽宁新华印务有限公司

开　　本 787 mm×960 mm 1/16 印张 26.75 字数 293 千字

版　　次 2024 年 3 月第 1 版 2024 年 3 月第 1 次印刷

书　　号 ISBN 978-7-5603-9917-1

定　　价 118.00 元

(如因印装质量问题影响阅读，我社负责调换)

⊙代序

读书的乐趣

你最喜爱什么——书籍.

你经常去哪里——书店.

你最大的乐趣是什么——读书.

这是友人提出的问题和我的回答.真的,我这一辈子算是和书籍,特别是好书结下了不解之缘.有人说,读书要费那么大的劲,又发不了财,读它做什么?我却至今不悔,不仅不悔,反而情趣越来越浓.想当年,我也曾爱打球,也曾爱下棋,对操琴也有兴趣,还登台伴奏过.但后来却都一一断交,“终身不复鼓琴”.那原因便是怕花费时间,玩物丧志,误了我的大事——求学.这当然过激了一些.剩下来唯有读书一事,自幼至今,无日少废,谓之书痴也可,谓之书橱也可,管它呢,人各有志,不可相强.我的一生大志,便是教书,而当教师,不多读书是不行的.

读好书是一种乐趣,一种情操;一种向全世界古往今来的伟人和名人求教的方法，一种和他们展开讨论的方式；一封出席各种活动、体验各种生活、结识各种人物的邀请信；一张迈进科学官殿和未知世界的入场券；一股改造自己、丰富自己的强大力量. 书籍是全人类有史以来共同创造的财富，是永不枯竭的智慧的源泉. 失意时读书，可以使人重整旗鼓；得意时读书，可以使人头脑清醒；疑难时读书，可以得到解答或启示；年轻人读书，可明奋进之道；年老人读书，能知健神之理. 浩浩乎！洋洋乎！如临大海，或波涛汹涌，或清风微拂，取之不尽，用之不竭. 吾于读书，无疑义矣，三日不读，则头脑麻木，心摇摇无主.

潜能需要激发

我和书籍结缘，开始于一次非常偶然的机会. 大概是八九岁吧，家里穷得揭不开锅，我每天从早到晚都要去田园里帮工. 一天，偶然从旧木柜阴湿的角落里，找到一本蜡光纸的小书，自然很破了. 屋内光线暗淡，又是黄昏时分，只好拿到大门外去看. 封面已经脱落，扉页上写的是《薛仁贵征东》. 管它呢，且往下看. 第一回的标题已忘记，只是那首开卷诗不知为什么至今仍记忆犹新：

日出遥遥一点红，飘飘四海影无踪.

三岁孩童千两价，保主跨海去征东.

第一句指山东，二、三两句分别点出薛仁贵（雪、人贵）. 那时识字很少，半看半猜，居然引起了我极大的兴趣，同时也教我认识了许多生字. 这是我有生以来独立看的第一本书. 尝到甜头以后，我便千方百计去找书，向小朋友借，到亲友家找，居然断断续续看了《薛丁山征西》《彭公案》《二度梅》等，樊梨花便成了我心中的女英雄.我真入迷了.从此,放牛也罢,车水也罢,我总要带一本书,还练出了边走田间小路边读书的本领,读得津津有味,不知人间别有他事.

当我们安静下来回想往事时,往往会发现一些偶然的小事却影响了自己的一生.如果不是找到那本《薛仁贵征东》,我的好学心也许激发不起来.我这一生,也许会走另一条路.人的潜能,好比一座汽油库,星星之火,可以使它雷声隆隆、光照天地;但若少了这粒火星,它便会成为一潭死水,永归沉寂.

抄,总抄得起

好不容易上了中学,做完功课还有点时间,便常光顾图书馆.好书借了实在舍不得还,但买不到也买不起,便下决心动手抄书.抄,总抄得起.我抄过林语堂写的《高级英文法》,抄过英文的《英文典大全》,还抄过《孙子兵法》,这本书实在爱得狠了,竟一口气抄了两份.人们虽知抄书之苦,未知抄书之益,抄完毫末俱见,一览无余,胜读十遍.

始于精于一,返于精于博

关于康有为的教学法,他的弟子梁启超说:"康先生之教,专标专精、涉猎二条,无专精则不能成,无涉猎则不能通也."可见康有为强烈要求学生把专精和广博(即"涉猎")相结合.

在先后次序上,我认为要从精于一开始.首先应集中精力学好专业,并在专业的科研中做出成绩,然后逐步扩大领域,力求多方面的精.年轻时,我曾精读杜布(J. L. Doob)的《随机过程论》,哈尔莫斯(P. R. Halmos)的《测度论》等世界数学名著,使我终身受益.简言之,即"始于精于一,返于精于博".正如中国革命一样,必须先有一块根据地,站稳后再开创几块,最后连成一片.

丰富我文采,澡雪我精神

辛苦了一周,人相当疲劳了,每到星期六,我便到旧书店走走,这已成为生活中的一部分,多年如此.一次,偶然看到一套《纲鉴易知录》,编者之一便是选编《古文观止》的吴楚材.这部书提纲挈领地讲中国历史,上自盘古氏,直到明末,记事简明,文字古雅,又富于故事性,便把这部书从头到尾读了一遍.从此启发了我读史书的兴趣.

我爱读中国的古典小说,例如《三国演义》和《东周列国志》.我常对人说,这两部书简直是世界上政治阴谋诡计大全.即以近年来极时髦的人质问题(伊朗人质、劫机人质等),这些书中早就有了,秦始皇的父亲便是受害者,堪称"人质之父".

《庄子》超尘绝俗,不屑于名利.其中"秋水""解牛"诸篇,诚绝唱也.《论语》束身严谨,勇于面世,"己所不欲,勿施于人",有长者之风.司马迁的《报任少卿书》,读之我心两伤,既伤少卿,又伤司马;我不知道少卿是否收到这封信,希望有人做点研究.我也爱读鲁迅的杂文,果戈理、梅里美的小说.我非常敬重文天祥、秋瑾的人品,常记他们的诗句:"人生自古谁无死,留取丹心照汗青""休言女子非英物,夜夜龙泉壁上鸣".唐诗、宋词、《西厢记》《牡丹亭》,丰富我文采,澡雪我精神,其中精粹,实是人间神品.

读了邓拓的《燕山夜话》,既叹服其广博,也使我动了写《科学发现纵横谈》的心.不料这本小册子竟给我招来了上千封鼓励信.以后人们便写出了许许多多的“纵横谈”.

从学生时代起,我就喜读方法论方面的论著.我想,做什么事情都要讲究方法,追求效率、效果和效益,方法好能事半而功倍.我很留心一些著名科学家、文学家写的心得体会和经验.我曾惊讶为什么巴尔扎克在51年短短的一生中能写出上百本书,并从他的传记中去寻找答案.文史哲和科学的海洋无边无际,先哲们的明智之光沐浴着人们的心灵,我衷心感谢他们的恩惠.

读书的另一面

以上我谈了读书的好处,现在要回过头来说说事情的另一面.

读书要选择.世上有各种各样的书:有的不值一看,有的只值看20分钟,有的可看5年,有的可保存一辈子,有的将永远不朽.即使是不朽的超级名著,由于我们的精力与时间有限,也必须加以选择.决不要看坏书,对一般书,要学会速读.

读书要多思考.应该想想,作者说得对吗?完全吗?适合今天的情况吗?从书本中迅速获得效果的好办法是有的放矢地读书,带着问题去读,或偏重某一方面去读.这时我们的思维处于主动寻找的地位,就像猎人追找猎物一样主动,很快就能找到答案,或者发现书中的问题.

有的书浏览即止,有的要读出声来,有的要心头记住,有的要笔头记录.对重要的专业书或名著,要勤做笔记,“不动笔墨不读书”.动脑加动手,手脑并用,既可加深理解,又可避忘备查,特别是自己的灵感,更要及时抓住.清代章学诚在《文史通义》中说:“札记之功必不可少,如不札记,则无穷妙绪如雨珠落大海矣.”

许多大事业、大作品,都是长期积累和短期突击相结合的产物.涓涓不息,将成江河;无此涓涓,何来江河?

爱好读书是许多伟人的共同特性,不仅学者专家如此,一些大政治家、大军事家也如此.曹操、康熙、拿破仑、毛泽东都是手不释卷,嗜书如命的人.他们的巨大成就与毕生刻苦自学密切相关.

王梓坤

目录

第一编　差分与差商

第二编　差分与插值

第一编

差分与差商

现身于三个不同层次奥数试题解答中的差分算子

第1章

§1　一道全国高中联赛试题的差分算子证法

1986年全国高中数学联赛的第二试的第一题是中国科技大学常庚哲教授命制的，有不止一种解法.在阅卷的过程中，常庚哲教授发现有许多同学企图用数学归纳法来证明，遗憾的是，做对的极少；即使做得对的，计算过程也相当烦琐.于是常教授自己给出了一种归纳法.

题目　已知实数列 $a_0,a_1,a_2,\cdots$ 满足

$$a_{i-1}+a_{i+1}=2a_i\quad(i=1,2,3,\cdots)$$

求证：对于任何自然数 n，下式

$$\begin{aligned}P(x)=\ &a_0\mathrm{C}_n^0(1-x)^n+a_1\mathrm{C}_n^1x(1-x)^{n-1}+\\&a_2\mathrm{C}_n^2x^2(1-x)^{n-2}+\cdots+\\&a_{n-1}\mathrm{C}_n^{n-1}x^{n-1}(1-x)+a_n\mathrm{C}_n^nx^n\end{aligned}$$

是 x 的一次多项式.

证明 解任何一道数学题目,应当充分发掘和利用题目本身所蕴含的信息.既然题目要求证明 $P(x)$ 是一个一次多项式,我们设 $P(x)=Ax+B$.先用 $x=0$ 代入,得 $B=P(0)=a_0\mathrm{C}_n^0=a_0$,再用 $x=1$ 代入,得

$$A+B=P(1)=a_n\mathrm{C}_n^n=a_n$$

所以

$$A=a_n-B=a_n-a_0$$

因此,我们需要证明

$$P(x)=a_0+n(a_n-a_0)x$$

由题设条件,$a_0,a_1,a_2,\cdots$ 为等差数列,因此 $a_n=a_0+n(a_1-a_0),n=0,1,2,\cdots$.这样,我们要证明的是

$$P(x)=a_0+n(a_1-a_0)x \tag{1}$$

现在,开始我们的归纳法.

$n=1$ 时,有

$$P(x)=a_0\mathrm{C}_n^0(1-x)+a_1\mathrm{C}_1^1x=$$
$$a_0(1-x)+a_1x=$$
$$a_0+(a_1-a_0)x$$

这说明当 $n=1$ 时,公式(1) 成立.

现在,设(1) 成立,进而证明对 $n+1$ 也成立.这时

$$P(x)=\sum_{i=0}^{n+1}a_i\mathrm{C}_{n+1}^ix^i(1-x)^{n+1-i}$$

利用公式 $\mathrm{C}_{n+1}^i=\mathrm{C}_n^{i-1}+\mathrm{C}_n^i$,我们可做如下推导

$$P(x)=\sum_{i=0}^{n+1}a_i(\mathrm{C}_n^i+\mathrm{C}_n^{i-1})x^i(1-x)^{n+1-i}=$$
$$\sum_{i=0}^{n}a_i\mathrm{C}_n^ix^i(1-x)^{n+1-i}+$$
$$\sum_{i=1}^{n+1}a_i\mathrm{C}_n^{i-1}x^i(1-x)^{n+1-i}=$$

$$(1-x)\sum_{i=0}^{n}a_i\mathrm{C}_n^i x^i(1-x)^{n-i}+$$
$$x\sum_{i=1}^{n+1}a_i\mathrm{C}_n^{i-1}x^{i-1}(1-x)^{n-(i-1)}$$

在最后一个和式中，用 i 来代替 $i-1$，得到

$$P(x)=(1-x)\sum_{i=0}^{n}a_i\mathrm{C}_n^i x^i(1-x)^{n-i}+ \\ x\sum_{i=0}^{n}a_{i+1}\mathrm{C}_n^i x^i(1-x)^{n-i} \tag{2}$$

注意　$a_{i+1}=a_i+(a_1-a_0)$，于是

$$\sum_{i=0}^{n}a_{i+1}\mathrm{C}_n^i x^i(1-x)^{n-i}=$$
$$\sum_{i=0}^{n}a_i\mathrm{C}_n^i x^i(1-x)^{n-i}+(a_i-a_0)\sum_{i=0}^{n}\mathrm{C}_n^i x^i(1-x)^{n-i}=$$
$$\sum_{i=0}^{n}a_i\mathrm{C}_n^i x^i(1-x)^{n-i}+(a_1-a_0)$$

代入(2)得到

$$P(x)=\sum_{i=0}^{n}a_i\mathrm{C}_n^i x^i(1-x)^{n-i}+x(a_1-a_0)$$

由归纳假设可知

$$P(x)=a_0+n(a_1-a_0)x+(a_1-a_0)x= \\ a_0+(n+1)(a_1-a_0)x$$

这样就完成了归纳法证明.

常教授发现一些同学们失败的原因在于得到(2)以后，他们虽然利用归纳假设，注意到了

$$\sum_{i=0}^{n}a_i\mathrm{C}_n^i x^i(1-x)^{n-i}$$

及

$$\sum_{i=0}^{n} a_{i+1} C_n^i x^i (1-x)^{n-i}$$

都是一次多项式，用了 $Ax+B$ 及 $Cx+D$ 分别来代表它们，代入(2) 之后，得到

$$P(x)=(1-x)(Ax+B)+x(Cx+D)$$

但从这里已无法断言它是一个一次多项式. 错就错在没有弄清两个一次多项式 $Ax+B$ 及 $Cx+D$ 的具体关系.

顺便说一句，本题的叙述有欠妥之处. 结论应表达为"求证：$P(x)$ 是一个次数不超过 1 次的多项式"，那将十分确切了.

后来石家庄学院的王玉怀教授将这个试题做了推广：

已知实数列 $a_0, a_1, a_2, \cdots$ 满足

$$a_{i-1}+a_{i+1}=2a_i \quad (i=1,2,3,\cdots)$$

求证：对于任何自然数 n，下式

$$\begin{aligned} P(x)=&a_0^2 C_n^0 (1-x)^n + a_1^2 C_n^1 x (1-x)^{n-1} + \\ &a_2^2 C_n^2 x^2 (1-x)^{n-2} + \cdots + \\ &a_{n-1}^2 C_n^{n-1} x^{n-1} (1-x) + a_n^2 C_n^n x^n \end{aligned}$$

是 x 的次数不超过 2 的多项式.

证明　设 $P(x)=Ax^2+Bx+C$，用 $x=0$ 代入，得 $C=P(0)=a_0^2 C_n^0=a_0^2$；再用 $x=1$ 代入，得

$$A+B+C=P(1)=a_n^2$$

即 $A+B+a_0^2=a_n^2$，或 $A+B=a_n^2-a_0^2$. 由题设条件，$a_0, a_1, a_2, \cdots$ 为等差数列，因此，$a_n=a_0+n(a_1-a_0)(n=0,1,2,\cdots)$ 所以

$$A+B=[a_0+n(a_1-a_0)]^2-a_0^2$$

整理，得

$$A+B=n^2(a_1-a_0)^2+2n(a_1-a_0)a_0 \tag{3}$$

又 $P'(x)=2Ax+B$，有

$$\begin{aligned}P'(x)=&na_0^2\mathrm{C}_n^0(1-x)^{n-1}(-1)+a_1^2\mathrm{C}_n^1(1-x)^{n-1}+\\&(n-1)a_1^2\mathrm{C}_n^1x(1-x)^{n-2}(-1)+\cdots+\\&(n-1)a_{n-1}^2\mathrm{C}_n^{i-1}x^{n-2}(1-x)+\\&(-1)a_{n-1}^2\mathrm{C}_n^{n-1}x^{n-1}+\\&na_n^2\mathrm{C}_n^ix^{n-1}\end{aligned}$$

于是，$B=P'(0)=n(a_1^2-a_0^2)$，代入(3)，得

$$A=(n^2-n)(a_1-a_0)^2$$

现在，我们需要证明

$$P(x)=(n^2-n)(a_1-a_0)^2x^2+n(a_1^2-a_0^2)x+a_0^2 \tag{4}$$

下面用归纳法来证明：

当 $n=1$ 时，$P(x)=a_0^2\mathrm{C}_1^0(1-x)+a_1^2\mathrm{C}_1^1x=a_0^2-a_0^2x+a_1^2x=(a_1^2-a_0^2)x+a_0^2$.

因此，当 $n=1$ 时，公式(4) 成立.

设公式对于 n 成立，进而证明对 $n+1$ 也成立，这时

$$P(x)=\sum_{i=0}^{n+1}a_i^2\mathrm{C}_{n+1}^ix^i(1-x)^{n+1-i}$$

利用公式 $\mathrm{C}_{n+1}^i=\mathrm{C}_n^{i-1}+\mathrm{C}_n^i$，做如下推导

$$\begin{aligned}P(x)=&\sum_{i=0}^{n+i}a_i^2(\mathrm{C}_n^i+\mathrm{C}_n^{i-1})x^i(1-x)^{n+1-i}=\\&\sum_{i=0}^{n}a_i^2\mathrm{C}_n^ix^i(1-x)^{n+1-i}+\\&\sum_{i=1}^{n+1}a_i^2\mathrm{C}_n^{i-1}x^i(1-x)^{n+1-i}=\\&(1-x)\sum_{i=1}^{n}a_i^2\mathrm{C}_n^ix^i(1-x)^{n-i}+\end{aligned}$$

$$x\sum_{i=1}^{n+1}a_i^2C_n^{i-1}x^{i-1}(1-x)^{n-(i-1)}$$

在最后一个和式中,用 i 来代替 $i-1$,得

$$P(x)=(1-x)\sum_{i=0}^{n}a_i^2C_n^ix^i(1-x)^{n-i}+$$

$$x\sum_{i=0}^{n}a_{i+1}^2C_n^ix^i(1-x)^{n-i} \tag{5}$$

注意到 $a_{i+1}=a_i+(a_1-a_0)$,于是

$$\sum_{i=0}^{n}a_{i+1}^2C_n^ix^i(1-x)^{n-i}=$$

$$\sum_{i=0}^{n}[a_i+(a_1-a_0)]^2C_n^ix^i(1-x)^{n-i}=$$

$$\sum_{i=0}^{n}a_i^2C_n^ix^i(1-x)^{n-i}+$$

$$2(a_1-a_0)\sum_{i=0}^{n}a_iC_n^ix^i(1-x)^{n-i}+$$

$$(a_1-a_0)^2\sum_{i=0}^{n}C_n^ix^i(1-x)^{n-i}$$

上述第二个和式,由原试题知

$$\sum_{i=0}^{n}a_iC_n^ix^i(1-x)^{n-i}=P(x)=a_0+n\cdot(a_1-a_0)x$$

$$2(a_1-a_0)\sum_{i=0}^{n}a_iC_n^ix^i(1-x)^{n-i}=$$

$$2(a_1-a_0)[a_0+n(a_1-a_0)x]$$

又因为 $\sum_{i=0}^{n}C_n^ix^i(1-x)^{n-i}=1$. 将它们代入(5),得

$$P(x)=\sum_{i=0}^{n}a_i^2C_n^ix^i(1-x)^{n-i}+2(a_1-a_0)\cdot$$

$$[a_0+n(a_1-a_0)x]x+(a_1-a_0)^2x$$

由归纳假设可知

$$
\begin{aligned}
P(x) = & (n^2 - n)(a_1 - a_0)^2 x^2 + \\
& n(a_1^2 - a_0^2)x + a_0^2 + 2(a_1 - a_0) \cdot \\
& [a_0 + n(a_1 - a_0)x]x + \\
& (a_1 - a_0)^2 x = [(n^2 - n) \cdot \\
& (a_1 - a_0)^2 + 2n(a_1 - a_0)^2]x^2 + \\
& [n(a_1^2 - a_0^2) + 2(a_1 - a_0)a_0 + \\
& (a_1 - a_0)^2]x + a_0^2 = \\
& [(n+1)^2 - (n+1)](a_1 - a_0)^2 x^2 + \\
& (n+1)(a_1^2 - a_0^2)x + a_0^2
\end{aligned}
$$

这说明,公式(5)对于 $n+1$ 也成立.

但我们认为本题最本质和数学专业味道最浓的解法还是下面的这个依赖于算子语言的解法.

定义"移位算子"E 如下:$Ea_i = a_{i+1}(i = 0,1,2,\cdots)$.

算子 E 的方幂则定义为:$E^2 a_i = E(Ea_i) = Ea_{i+1} = a_{i+2}$.

一般地 $E^i a_0 = a_i (i=0,1,2)$,E^0 应理解为"恒等算子"I:$Ia_i = a_i$.

我们说:"移位算子"与"单位算子"总是可交换的.事实上,注意到

$$IEa_i = Ia_{i+1} = a_{i+1} = Ea_i = EIa_i$$

利用算子 I 与 E,我们可将 $P(x)$ 写成

$$
\begin{aligned}
P(x) = & \sum_{i=1}^{n} C_n^i x^i (1-x)^{n-i} (E^i a_0) = \\
& \sum_{i=0}^{n} C_n^i (xE)^i [(1-x)I]^{n-i} a_0
\end{aligned}
$$

由于 I 与 E 可交换,把二项式定理用于算子,得

$$P(x)=[(1-x)I+xE]^n a_0$$

但因$(1-x)I+xE=I+x(E-I)$，令$\Delta=E-I$. 注意，由$\Delta a_i=(E-I)a_i=Ea_i-Ia_i=a_{i+1}-a_i$. 可知$\Delta$正是差分算子. 于是

$$P(x)=\sum_{i=0}^{n}C_n^i(\Delta^i a_0)x^i$$

这样就已将$P(x)$按x的升幂排列好了.

由已知条件有

$$\Delta a_0=\Delta a_1=\Delta a_2=\Delta a_3=\cdots$$

由此可知

$$\Delta^2 a_0=\Delta^2 a_1=\Delta^2 a_2=\cdots=0,$$
$$\Delta^3 a_0=\Delta^3 a_1=\Delta^3 a_2=\cdots=0,\cdots$$

这样

$$\begin{aligned}P(x)&=C_n^0\Delta^0 a_0+C_n^1(\Delta a_0)x=\\&Ia_0+n(\Delta a_0)x=\\&a_0+n(a_1-a_0)x\end{aligned}$$

故$P(x)$为x的一次多项式.

§2　一道CMO试题的差分算子证法

在2015年CMO(中国数学奥林匹克竞赛)中，艾颖华提供了一道利用差分的好题：

题目　(ⅰ)存在一个次数不超过$\frac{p-1}{2}$的整系数多项式$f(x)$，使得对每个不超过p的正整数i，都有$f(i)\equiv a_i(\mathrm{mod}\ p)$.

(ⅱ)对每个不超过$\frac{p-1}{2}$的正整数d，都有

$$\sum_{i=1}^{p}(a_{i+d}-a_i)^2\equiv 0(\bmod p)$$

这里下标按模 p 理解，即 $a_{p+n}=a_n$.

竞赛组委会给出的解答如下：

证明　我们需要如下几个结论：

(1) 定义多项式 f 的差分为 $\Delta f=\Delta f(x)=f(x+1)-f(x)$，各阶差分为

$$\Delta^0 f=f,\Delta^1 f=\Delta f,\Delta^n f=\Delta(\Delta^{n-1}f)\quad (n=2,3,\cdots)$$

若 $\deg f\geqslant 1$，则 $\deg \Delta f=\deg f-1$；若 $\deg f=0$，则 Δf 是零多项式. 为方便起见，约定零多项式的次数为 0，则总有 $\deg \Delta f\leqslant \deg f$. 另外，$\Delta f$ 的首项系数等于 f 的首项系数乘以 $\deg f$.

(2) 对正整数 n，有

$$f(x+n)=\sum_{i=0}^{n}\binom{n}{i}\Delta^i f(x)$$

对 n 用数学归纳法即可证明上式.

(3) 设 f 为整系数多项式，对每个整数 d，定义

$$T_d=\sum_{x=1}^{p}(f(x+d)-f(x))^2$$

则 $T_0=0$，且 $T_{p-d}\equiv T_d\equiv T_{p+d}(\bmod p)$. 又对每个正整数 i，定义

$$S_i=\sum_{x=1}^{p}\Delta^i f(x)\cdot f(x)$$

则在模 p 的意义下可用 $S_1,S_2,\cdots$ 来表示 T_d.

事实上

$$T_d=\sum_{x=1}^{p}f^2(x+d)+\sum_{x-1}^{p}f^2(x)-2\sum_{x=1}^{p}f(x+d)f(x)\equiv$$

$$2\sum_{x=1}^{p}f^2(x)-2\sum_{x=1}^{p}f(x+d)f(x)=$$

$$-2\sum_{x=1}^{p}(f(x+d)-f(x))\cdot f(x)=$$

$$-2\sum_{x=1}^{p}\left(\sum_{i=0}^{d}\binom{d}{i}\Delta^i f(x)-f(x)\right)\cdot f(x)=$$

$$-2\sum_{x=1}^{p}\sum_{i=1}^{d}\binom{d}{i}\Delta^i f(x)\cdot f(x)=$$

$$-2\sum_{i=1}^{d}\binom{d}{i}\sum_{x=1}^{p}\Delta^i f(x)\cdot f(x)=$$

$$-2\sum_{i=1}^{d}\binom{d}{i}S_i(\bmod p)$$

(4) 我们要反复用到如下同余式

$$\sum_{x=1}^{p}x^k\equiv\begin{cases}0(\bmod p),k=0,1,\cdots,p-2\\-1(\bmod p),k=p-1\end{cases}$$

事实上,当 $k=0$ 时,$\sum\limits_{x=1}^{p}x^0=p$;当 $k=p-1$ 时,由费马小定理可得

$$\sum_{x=1}^{p}x^{p-1}\equiv\sum_{x=1}^{p-1}x^{p-1}\equiv\sum_{x=1}^{p-1}1\equiv-1(\bmod p)$$

当 $1\leqslant k\leqslant p-2$ 时,至多有 k 个 $x\in\{1,2,\cdots,p\}$ 满足 $x^k-1\equiv 0(\bmod p)$,故存在 $a\in\{1,2,\cdots,p-1\}$ 使得 $a^k-1\not\equiv 0(\bmod p)$. 注意到 $a\cdot 1,a\cdot 2,\cdots,a\cdot p$ 模 p 的余数遍历 $1,2,\cdots,p$,则有

$$\sum_{x=1}^{p}x^k\equiv\sum_{x=1}^{p}(ax)^k\equiv a^k\sum_{x=1}^{p}x^k(\bmod p)$$

故此时有 $\sum\limits_{x=1}^{p}x^k\equiv 0(\bmod p)$.

(5) 利用(4) 的结论可知,对整系数多项式

$$g(x)=B_{p-1}x^{p-1}+\cdots+B_1x+B_0$$

有

$$\sum_{x=1}^{p}g(x)\equiv -B_{p-1}(\bmod p)$$

特别地，若 $\deg g\leqslant p-2$，则 $\sum\limits_{x=1}^{p}g(x)\equiv 0(\bmod p)$.

回到原问题.

先设(ⅰ)成立，$f(x)$ 满足(ⅰ)中的条件，我们来证明(ⅱ)成立.

当 $\deg f=0$ 时，$T_d=0$. 当 $1\leqslant \deg f\leqslant \frac{p-1}{2}$ 时，对正整数 i，有

$$\deg(\Delta^i f\cdot f)\leqslant 2\deg f-1\leqslant p-2$$

由(5)的结论可得

$$S_i=\sum_{x=1}^{p}\Delta^i f(x)\cdot f(x)\equiv 0(\bmod p)$$

再根据(3)的结论知 $T_d\equiv 0(\bmod p)$. 因此(ⅱ)成立.

以下设(ⅱ)成立，我们来证明(ⅰ)成立.

对每个 $i\in\{1,2,\cdots,p\}$，取整数 λ_i 使得

$$\lambda_i\cdot\prod_{\substack{1\leqslant j\leqslant p\\ j\neq i}}(i-j)\equiv 1(\bmod p)$$

令

$$f(x)\equiv\sum_{x=1}^{p}\Big(a_i\lambda_i\prod_{\substack{1\leqslant j\leqslant p\\ j\neq i}}(x-j)\Big)(\bmod p)$$

其中 f 的首项系数不是 p 的倍数，除非 f 是零多项式. 显然 f 是次数不超过 $p-1$ 的整系数多项式，且 $f(i)\equiv a_i(\bmod p)(i=1,2,\cdots,p)$.

设 f 不是零多项式，记 $f(x)=\sum\limits_{i=0}^{m}B_ix^i$，其中 $B_m\neq$

$0(\bmod p)$. 下证 $m \leqslant \frac{p-1}{2}$.

用反证法,假设 $m > \frac{p-1}{2}$. 当 $d=1,2,\cdots,\frac{p-1}{2}$ 时,有

$$T_d = \sum_{x=1}^{p}(f(x+d)-f(x))^2 \equiv \sum_{i=1}^{p}(a_{i+d}-a_i)^2 \equiv 0(\bmod p)$$

由 $T_{p-d} \equiv T_d \equiv T_{p+d}(\bmod p)$ 知,对任意正整数 d,有 $T_d \equiv 0(\bmod p)$,代入到(3) 的结论中,可得

$$\sum_{i=1}^{d}\binom{d}{i}S_i \equiv 0(\bmod p)$$

取 $d=1$ 可知 $S_1 \equiv 0(\bmod p)$, 由此及 $S_d \equiv -\sum_{i=1}^{d-1}\binom{d}{i}S_i \equiv 0(\bmod p)$ 可知,对每个正整数 i 都有 $S_i \equiv 0(\bmod p)$.

另一方面,令 $k=2m-(p-1)$,则 $0<k\leqslant m$,由(1) 的结论知,$\Delta^k f$ 的次数为 $m-k$,首项系数为 $m(m-1)\cdots(m-k+1)B_m$,则 $\Delta^k f \cdot f$ 的次数为 $(m-k)+m=p-1$,首项系数为 $m(m-1)\cdots(m-k+1)B_m^2$. 利用(5) 的结论可得

$$S_k = \sum_{x=1}^{p}\Delta^k f(x)\cdot f(x) \equiv -m(m-1)\cdots(m-k+1)B_m^2 \not\equiv 0(\bmod p)$$

这与前述所有 $S_i \equiv 0(\bmod p)$ 矛盾! 因此 $\deg f = m \leqslant \frac{p-1}{2}$,从而(ⅰ) 成立.

至此我们证明了(ⅰ)和(ⅱ)的等价性.

IMO 金牌得主付云皓和广州大学生 2015 级硕士研究生邱际春也给出了一个大同小异的解答:

先证明两个引理.

引理 1 设 $f(x)$ 为整系数多项式.

(ⅰ)对每个整数 d,定义

$$T_d=\sum_{x=1}^{p}(f(x+d)-f(x))^2$$

则 $T_0=0$,且 $T_{p-d}\equiv T_d\equiv T_{p+d}\pmod p$;

(ⅱ)对每个正整数 i,定义

$$S_i=\sum_{x=1}^{p}(\Delta^i f(x))f(x)$$

则 $T_d\equiv 2\sum\limits_{i=1}^{d}C_d^iS_i\pmod p$.

引理 1 的证明 对于(ⅰ),由题设条件容易证明.

下面证明(ⅱ).

事实上

$$\begin{aligned}T_d=&\sum_{x=1}^{p}f^2(x+d)+\sum_{x=1}^{p}f^2(x)-\\&2\sum_{x=1}^{p}f(x+d)f(x)\equiv\\&2\sum_{x=1}^{p}f^2(x)-2\sum_{x=1}^{p}f(x+d)f(x)=\\&-2\sum_{x=1}^{p}(f(x+d)-f(x))f(x)=\\&-2\sum_{x=1}^{p}\Big(\sum_{i=0}^{d}C_d^i\Delta^i f(x)-f(x)\Big)f(x)=\\&-2\sum_{x=1}^{p}\sum_{i=1}^{d}C_d^i(\Delta^i f(x))f(x)=\end{aligned}$$

$$-2\sum_{i=1}^{d}\left\{C_d^i\left[\sum_{x=1}^{p}(\Delta^i f(x))f(x)\right]\right\}=$$

$$-2\sum_{i=1}^{p}C_d^iS_i \pmod p$$

引理2 设整系数多项式

$$g(x)=B_kx^k+\cdots+B_1x+B_0$$

则

$$\sum_{x=1}^{p}g(x)\equiv\begin{cases}0 \pmod p, k=0,1,\cdots,p-2\\ -B_{p-1} \pmod p, k=p-1\end{cases}$$

特别地,当 $\deg g\leqslant p-2$ 时

$$\sum_{x=1}^{p}g(x)\equiv 0 \pmod p$$

引理2的证明 当 $k=0$ 时

$$\sum_{x=1}^{p}g(x)=pB_0$$

当 $1\leqslant k\leqslant p-2$ 时,由费马小定理知至多有 k 个 $x\in\{1,2,\cdots,p\}$ 满足

$$x^k-1\equiv 0 \pmod p$$

故存在 $a\in\{1,2,\cdots,p-1\}$ 使得

$$a^k-1\not\equiv 0 \pmod p$$

注意到,$a\cdot 1,a\cdot 2,\cdots,a\cdot p$ 模 p 的余数遍历 $1,2,\cdots,p$.故

$$\sum_{x=1}^{p}x^k\equiv\sum_{x=1}^{p}(ax)^k\equiv a^k\sum_{x=1}^{p}x^k \pmod p\Rightarrow$$

$$\sum_{x=1}^{p}x^k\equiv 0 \pmod p\Rightarrow$$

$$\sum_{x=1}^{p}g(x)\equiv 0 \pmod p\quad (k=0,1,\cdots,p-2)$$

当 $k=p-1$ 时

$$\sum_{x=1}^{p} g(x) \equiv \sum_{x=1}^{p}\left(\sum_{k=1}^{p-1} B_k x^k\right) \equiv$$
$$\sum_{x=1}^{p}\left(B_{p-1}x^{p-1} + \sum_{k=1}^{p-2} B_k x^k\right) \equiv$$
$$\sum_{x=1}^{p}(B_{p-1}x^{p-1}) + \sum_{x=1}^{p}\left(\sum_{k=1}^{p-2} B_k x^k\right) \equiv$$
$$\sum_{x=1}^{p} B_{p-1}x^{p-1} \equiv B_{p-1}\sum_{x=1}^{p} x^{p-1} \equiv$$
$$-B_{p-1} \pmod p$$

引理 1 和引理 2 得证.

利用上述引理,得到下面的证明.

证明　先证(ⅰ)⇒(ⅱ).

当 $\deg f = 0$ 时,$T_d = 0$,显然(ⅱ)成立.

当 $1 \leqslant \deg f \leqslant \frac{p-1}{2}$ 时,对每个不超过 p 的正整数 i,有

$$\deg((\Delta^i f)f) \leqslant 2\deg f - 1 \leqslant p - 2$$

由引理 2 得

$$S_i = \sum_{x=1}^{p}(\Delta^i f(x))f(x) \equiv 0 \pmod p$$

再由引理 1 得

$$T_d \equiv 0 \pmod p$$

因此,对任意的 $d \in \mathbf{Z}_+, d \leqslant \frac{p-1}{2}$,均有

$$\sum_{i=1}^{p}(a_{i+d} - a_i)^2 \equiv 0 \pmod p$$

即(ⅱ)成立.

再证(ⅱ)⇒(ⅰ).

对每个 $i \in \{1,2,\cdots,p\}$,取整数 λ_i 使得

$$\lambda_i \prod_{\substack{1 \leqslant j \leqslant p \\ j \neq i}} (i-j) \equiv 1 \pmod p$$

令

$$f(x)=\sum_{i=1}^{p}\left[a_i\lambda_i \prod_{\substack{1 \leqslant j \leqslant p \\ j \neq i}} (x-j)\right] \pmod p$$

则 f 的首项系数不为 p 的倍数.

显然,整系数多项式 f 满足

$$\deg f \leqslant p-1$$

且 $f(i) \equiv a_i \pmod p\ (i=1,2,\cdots,p)$.

设非零多项式

$$f(x)=\sum_{i=0}^{m} B_i x^i \quad (B_m \not\equiv 0 \pmod p)$$

下面用反证法证明 $m \leqslant \frac{p-1}{2}$.

设 $m > \frac{p-1}{2}$,则对于任意的 $d \in \left\{1,2,\cdots,\frac{p-1}{2}\right\}$,均有

$$T_d=\sum_{x=1}^{p}(f(x+d)-f(x))^2 \equiv \sum_{i=1}^{p}(a_{i+d}-a_i)^2 \equiv 0 \pmod p$$

由引理 1 知

$$T_{p-d} \equiv T_d \equiv T_{p+d} \pmod p$$

从而,对于任意的 $d \in \mathbf{Z}_+$,有

$$T_d \equiv 0 \pmod p$$

故 $\sum_{i=1}^{d} \mathrm{C}_d^i S_i \equiv 0 \pmod p \Rightarrow S_d \equiv -\sum_{i=1}^{d-1} \mathrm{C}_d^i S_i \pmod p$.

令 $d=1$,则 $S_1 \equiv 0 \pmod p$.

取遍 d 知

$$S_d \equiv -\sum_{i=1}^{d-1} C_d^i S_i \equiv 0 \pmod p$$

因此,对于任意的 $i \in \mathbf{Z}_+$,均有

$$S_i \equiv 0 \pmod p$$

再令 $k = 2m - (p-1)$,则 $0 < k \leqslant m$.

$\Delta^k f$ 首项系数为

$$m(m-1)\cdots(m-k+1)B_m$$

$$\deg(\Delta^k f) = m - k$$

故$(\Delta^k f) f$ 的首项系数为

$$m(m-1)\cdots(m-k+1)B_m^2$$

$$\deg(\Delta^k f) f = (m-k) + m = p - 1$$

又由引理 2 得

$$S_k = \sum_{x=1}^{p} (\Delta^k f(x)) f(x) \equiv -m(m-1)\cdots(m-k+1)B_m^2 \not\equiv 0 \pmod p$$

矛盾.

故 $\deg f = m \leqslant \frac{p-1}{2}$.

综上,命题(ⅰ)与(ⅱ)等价.

此题涉及数论中的同余理论.关键在于构造整系数多项式,利用差分算子和整系数多项式的同余性质化解这一存在性问题.

§3　一道 IMO[①] 试题的差分算子证法

IMO 作为最高级别的中学生数学竞赛，其试题难度近年有逐渐加大的倾向. 如下面的问题，全世界只有千名选手做了出来.

题目　设 n 是一个正整数，考虑 $S=\{(x,y,z)\mid x,y,z=0,1,2,\cdots,n,x+y+z>0\}$ 这样一个三维空间中具有 $(n+1)^3-1$ 个点的集合. 问：最少要多少个平面，它们的并集才能包含 S 但不含 $(0,0,0)$.

这是一道 48 届 IMO 试题. 其解答并不可以直接得到，而是颇费周折.

先考虑二维的情况比较简单，方法如下：

我们可以考虑最外一圈的 $4n-1$ 个点. 如果没有直线 $x=n$ 或 $y=n$，那么每条直线最多过这 $4n-1$ 个点中的两个. 故至少需要 $2n$ 条直线. 如果有直线 $x=n$ 或 $y=n$，那么将此直线和其上的点去除，再考虑最外一圈，只不过点数变成了 $4n-3$ 个，需要至少 $2n-1$ 条直线，再加上去掉的那条正好 $2n$ 条. 如果需要多次去除直线，以至于比如 $x=1,x=2,\cdots,x=n$ 这所有 n 条直线全部被去除了，那么剩下 $(0,1),(0,2),\cdots,(0,n)$ 至少还需要 n 条直线去覆盖，$2n$ 条亦是必需的. $2n$ 条显然是可以做到的，所以二维的最终结果就是 $2n$.

但是将这种方法推向三维的时候，会出现困难，因

① 国际数学奥林匹克(International Mathematical Olympiad)的英文缩写为 IMO. —— 编者注

为现在用来覆盖的不是直线而是平面，平面等于有了三个自由变量，而且不容易选取标志点来进行考察. 当然，我们要坚信一个事实，那就是答案一定是 $3n$，否则题目是没有办法解决的. 在这个前提下，通过转化，将这个看起来是一道组合计数的题目变成一道代数题.

解法 1　首先第一步，我们就要将每个平面表示成一个三元一次多项式的形式. 比如平面 $x+y+z=1$ 就表示成 $x+y+z-1$，将所有这些平面均表述成如此形式后，我们将这些多项式都乘起来. 下面我们需要证明的只有一点，就是乘出来的多项式，至少具有 $3n$ 次 ($3n$ 个平面是显然可以做到的，只要证明这点，$3n$ 就是最佳答案了).

这个乘出来的多项式具有什么特点呢？它在 x，y，z 均等于 0 时不等于 0，在 x，y，z 取其他 $0\sim n$ 之间的数值时，其值均为 0. 我们发现，当多项式中某一项上具有某个字母的至少 $n+1$ 次时，我们可以将其降低为较低的次数. 我们用的方法就是，利用仅仅讨论 x，y，z 在取 $0,1,2,\cdots,n$ 这些值时多项式的取值这一事实，在原多项式里可以减去形如 $x(x-1)(x-2)\cdots(x-n)$ 或者此式子的任何倍数的式子. 从而，如果多项式中某一项的某个字母次数超过 n，可以用此法将其变成小于或等于 n.

我们假设用此法变换后剩余的多项式是 F，显然 F 的次数不大于原乘积多项式的次数. 我们下面需要证明的就是 F 中 $x^ny^nz^n$ 这一项系数非零(F 中只有这一项次数是 $3n$). 要想证明这样的问题，我们需要证明二维即两个未知数时的两个引理.

引理 1　一个关于 x 和 y 的实系数多项式，x 和 y

的次数均不超过 n. 如果此多项式在 $x=y=0$ 时非零，在 $x=p,y=q(p,q=0,1,2,\cdots,n$ 且 p,q 不全为 $0)$ 时为零，那么此多项式中 $x^n y^n$ 的系数必然不是零.

证明 假设 $x^n y^n$ 的系数是 0，我们知道，当假设 $y=1,2,3,\cdots,n$ 中任意一值时，将 y 代入多项式，所得的多项式必须都是零多项式. 这是由于当 y 取这些值时，此多项式为关于 x 的不超过 n 次的多项式，却有 $n+1$ 个零点，所以假设 y 是常数，按 x 的次数来整理该多项式，x^n 的次数是一个关于 y 的不超过 $n-1$ 次的多项式，但是却有 n 个零点，故为零多项式. 因此，当按照 x 的次数来整理多项式时，x 的最高次最多是 $n-1$ 次. 现令 $y=0$ 代入多项式，转化为关于 x 的多项式，最多 $n-1$ 次，但是有 n 个零点 $(1,2,\cdots,n)$. 因此，这个多项式应当是零多项式，但是这与此多项式在 $x=y=0$ 时非零矛盾.

引理 2 一个关于 x 和 y 的实系数多项式，x 和 y 的次数均不超过 n. 如果此多项式在 $x=p,y=q(p,q=0,1,2,\cdots,n)$ 时均为 0，则此多项式为零多项式.

证明 对于任意的 $y=0,1,2,\cdots,n$ 代入原多项式，变成关于 x 的不超过 n 次的多项式，这个新多项式必然是零多项式，否则它不可能有 $n+1$ 个零点，所以按 x 的次数来整理原多项式，对于任意的 $k=0,1,2,\cdots,n$，x^k 项的系数 $C_k(y)$ 都是一个关于 y 的不超过 n 次的多项式，但是却有 $n+1$ 个零点，故所有的系数都为零.

回到原题. 假设 F 中 $x^n y^n z^n$ 这一项系数为 0，那么设 z 为常数，考虑按 x 和 y 的次数来整理多项式 F. F 中，$x^n y^n$ 项的系数是一个关于 z 的，不超过 $n-1$ 次的

多项式. 但是由引理2,这个多项式却拥有$1,2,\cdots,n$共n个零点,故它是零多项式. 现在我们令$z=0$,化归成关于x和y的多项式. 此时,$x^n y^n$项的系数已经是0,但是我们却发现,这个多项式恰恰在$x=y=0$时非零,在$x=p,y=q(p,q=0,1,2,\cdots,n$且$p,q$不全为0)时为零,这与刚才的引理1矛盾.

综上,我们证明了多项式F中$x^n y^n z^n$这一项系数非零,即原乘积多项式至少有$3n$次,即至少需要$3n$个平面,才能覆盖题目中要求的所有点而不过原点. 故原题的答案为$3n$.

评论　这是一道很难的题目,最关键的一点就是将这个看似组合计数的题目,转化成纯代数问题. 尤其是在有二维背景的前提下,在考试规定的时间内,更是很少有人能跳出思维的局限. 这或许就是为什么全世界顶尖的高中生只有区区4人做出此题的原因吧!

解法2　很容易发现$3n$个平面能满足要求,例如平面$x=i,y=i$和$z=i(i=1,2,\cdots,n)$,易见这$3n$个平面的并集包含S但不含原点. 另外的例子是平面集

$$x+y+z=k\quad(k=1,2,\cdots,3n)$$

我们证明$3n$是最少可能数,下面的引理是关键的.

引理3　考虑k个变量的非零多项式$P(x_1,\cdots,x_k)$. 若所有满足$x_1,\cdots,x_k\in\{0,1,\cdots,n\},x_1+\cdots+x_k>0$的点$(x_1,\cdots,x_k)$都是$P(x_1,\cdots,x_k)$的零点,且$P(0,0,\cdots,0)\neq 0$,则$\deg P\geqslant kn$①.

证明　我们对k用归纳法:当$k=0$时,由$P\neq 0$

---

① degré是法文"次数"的意思,本书中以$\deg a$表示多项式a的次数. —— 编者注

知结论成立.现假设结论对 $k-1$ 成立,下证结论对 k 成立.

令 $y=x_k$,设 $R(x_1,\cdots,x_{k-1},y)$ 是 P 被 $Q(y)=y(y-1)\cdots(y-n)$ 除的余式.

因为多项式 $Q(y)$ 以 $y=0,1,\cdots,n$ 为 $n+1$ 个零点,所以 $P(x_1,\cdots,x_{k-1},y)=R(x_1,\cdots,x_{k-1},y)$ 对所有 $x_1,\cdots,x_{k-1},y\in\{0,1,\cdots,n\}$ 成立.

因此,R 也满足引理的条件.

进一步有 $\deg R\leqslant n$,又明显地 $\deg R\leqslant\deg P$,所以只要证明 $\deg R\geqslant nk$ 即可.

现在,将多项式 R 写成 y 的降幂形式

$$\begin{aligned}R(x_1,\cdots,x_{k-1},y)=&R_n(x_1,\cdots,x_{k-1})y^n+\\&R_{n-1}(x_1,\cdots,x_{k-1})y^{n-1}+\cdots+\\&R_0(x_1,\cdots,x_{k-1})\end{aligned}$$

下面我们证明 $R_n(x_1,\cdots,x_{k-1})$ 满足归纳假设条件.

事实上,考虑多项式

$$T(y)=R(0,\cdots,0,y)$$

易见 $\deg T(y)\leqslant n$,这个多项式有 n 个根,$y=1,\cdots,n$;另一方面,由 $T(0)\neq0$ 知 $T(y)\neq0$,因此 $\deg T-n$,且它的首项系数是 $R_n(0,\cdots,0)\neq0$(特别地,在 $k=1$ 的情况下,我们得到系数 R_n 是非零的).

类似地,取任意 $a_1,\cdots,a_{k-1}\in\{0,1,\cdots,n\}$ 且 $a_1+\cdots+a_{k-1}>0$.

在多项式 $R(x_1,\cdots,x_{k-1},y)$ 中令 $x_i=a_i$,我们得到 y 的多项式 $R(a_1,\cdots,a_{k-1},y)$ 以 $y=0,\cdots,n$ 为根且 $\deg R\leqslant n$,因此它是一个零多项式.

所以 $R_i(a_i,\cdots,a_{k-1})=0(i=0,1,\cdots,n)$,特别有 $R_n(a_1,\cdots,a_{k-1})=0$.

这样我们就证明了多项式 $R_n(x_1,\cdots,x_{k-1})$ 满足归纳假设的条件,所以 $\deg R_n \geqslant (k-1)n$.

故 $\deg R \geqslant \deg R_n + n \geqslant kn$. 引理得证.

回到原题. 假设 N 个平面的并集包含 S 但不含原点. 设它们的方程是

$$a_i x + b_i y + c_i z + d_i = 0$$

考虑多项式

$$P(x,y,z) = \prod_{i=1}^{N}(a_i x + b_i y + c_i z + d_i)$$

它的阶为 N. 对任何 $(x_0,y_0,z_0) \in S$,这个多项式有性质 $P(x_0,y_0,z_0)=0$,但 $P(0,0,0) \neq 0$. 因此,由引理 3 我们得到 $N = \deg P \geqslant 3n$.

(此解法属于朱华伟和付云皓)

邱际春和付云皓利用差分算子的方法给出了一个新的解法.

引理 1　牛顿公式:

$$(1) E^n = (\Delta + I)^n = \sum_{k=0}^{n} \mathrm{C}_n^k \Delta^k;$$

$$(2) \Delta^n = (E - I)^n = \sum_{k=0}^{n} (-1)^{n-k} \mathrm{C}_n^k E^k.$$

其中,$n = 0,1,\cdots$.

证明　设 $f(x)$ 为任一实函数. 则:

(1) 的等价命题为

$$E^n f(x) = \sum_{k=0}^{n} \mathrm{C}_n^k \Delta^k f(x) \quad (n = 0,1,\cdots)$$

(2) 的等价命题为

$$\Delta^n f(x) = \sum_{k=0}^{n} (-1)^{n-k} \mathrm{C}_n^k E^k f(x) \quad (n - 0,1,\cdots)$$

可利用数学归纳法证明.

引理 2 设 $f(x)$ 是首项系数为 a_n 的 n 次多项式(即 $\deg f=n$). 则:

(1) 当 $n\geqslant 1$ 时, $\deg(\Delta f)\leqslant n-1$.

特别地, 当 $n=0$ 时, Δf 恒等于 0.

(2) 当 $k\leqslant n$ 时, $\deg(\Delta^k f(x))=n-k$.

特别地, $\Delta^n f(x)=n!\ a_n$.

(3) 当 $k>n$ 时, $\Delta^k f(x)\equiv 0$, 且

$$\sum_{i=0}^{k}(-1)^{k-i}\mathrm{C}_k^i f(i)=0$$

证明略.

分析 定义:

对于 $\mathbf{R}$ 上的函数 $f(x,y,z)$, 有一阶偏差分

$$\Delta_x f=f(x+1,y,z)-f(x,y,z)$$

$$\Delta_y f=f(x,y+1,z)-f(x,y,z)$$

$$\Delta_z f=f(x,y,z+1)-f(x,y,z)$$

称 $\Delta\in\{\Delta_x,\Delta_y,\Delta_z\}$ 为偏差分算子.

回到原题.

设存在 m 个平面

$$a_ix+b_iy+c_iz-d_i=0\quad(1\leqslant i\leqslant m, d_i\neq 0)$$

满足条件.

构造 m 次多项式

$$f(x,y,z)=\prod_{i=1}^{m}(a_ix+b_iy+c_iz-d_i)$$

由题意, 当 $(x,y,z)\in S$ 时

$$f(x,y,z)\equiv 0, \text{但 } f(0,0,0)\neq 0.$$

若 $m<3n$, 由引理 2 中的(3) 易得

$$\Delta_x^n\Delta_y^n\Delta_z^n f\equiv 0$$

又由引理 1 中的(2) 有

$$\Delta^n f(x)=\sum_{i=0}^{n}(-1)^{n-i}\mathrm{C}_n^i f(x+i)$$

推广到三维,有

$\Delta_x^n\Delta_y^n\Delta_z^n f=$

$$\sum_{(i,j,k)\in S\cup\{(0,0,0)\}}(-1)^{3n-i-j-k}\mathrm{C}_n^i\mathrm{C}_n^j\mathrm{C}_n^k\cdot$$

$f(x+i,y+j,z+k)$

令 $x=y=z=0$,得

$$f(0,0,0)=\sum_{(i,j,k)\in S}(-1)^{i+j+k+1}\mathrm{C}_n^i\mathrm{C}_n^j\mathrm{C}_n^k f(i,j,k)=0$$

与题设矛盾.

因此,$m\geqslant 3n$.

构造 $3n$ 个平面包含 S 中所有的点.

注意到,S 中的每个点均至少有一个坐标为 $1,2,\cdots,n$.

于是,$3n$ 个平面

$$x-i=0\quad(1\leqslant i\leqslant n)$$
$$y-j=0\quad(1\leqslant j\leqslant n)$$
$$z-k=0\quad(1\leqslant k\leqslant n)$$

显然符合要求.

故满足条件的平面的最小个数为 $3n$.

比较这三种证法不难看出.当引入了偏差分算子后,证明变得简洁、明了.用计算的复杂代替了构思的巧妙.

数学的力量是抽象,但是抽象只有在覆盖了大量特例时才是有用的.

——L. Bers

举世公认,在数学研究领域美国独执牛耳,但我们一直不以为然,顽强的相信我们在中学阶段是领先的.

因为我们已经在IMO上多年稳居第一，但这个优越感在2014年被打破，美国又令人惊诧地取得了第一，引发了数学教育界朝野震惊，我们从试题上来看一下美国风格.美国队的选拔试题一般都会有这样几个特点，一是题目优美、解法巧妙、背景深刻.也就是说，从一道美国国家队选拔考试的试题出发，我们可以追溯到某一个数学的前沿领域.下面我们就从一道2011年美国国家队选拔考试试题出发开始我们的探索之旅.

设 p 是一个质数.如果对于每一个整数 $e>0$，存在一个整数 $N\geqslant 0$，使得对于任意的整数 $m\geqslant N$，$p^e\mid\sum\limits_{k=0}^{m}(-1)^k\mathrm{C}_m^k z_k$，则称整数列 $\{z_n\}_{n=0}^{\infty}$ 是一个"p—好的".证明：若数列 $\{x_n\}_{n=0}^{\infty}$，$\{y_n\}_{n=0}^{\infty}$ 都是 p— 好的，则数列 $\{x_ny_n\}_{n=0}^{\infty}$ 也是 p— 好的.

为了便于理解，我们先来介绍数列的差分基本知识.

定义1　对于数列 $\{a_k\}$，称 $\{a_{k+1}-a_k\}$ 为 $\{a_k\}$ 的一阶差数列，并称 $\Delta a_k=a_{k+1}-a_k(k=1,2,\cdots)$ 为 $\{a_k\}$ 的一阶差分.$\Delta^2a_k=\Delta(\Delta a_k)(k=1,2,\cdots)$ 叫作 $\{a_k\}$ 的二阶差分.

一般地，设 m 是任一正整数，则称

$$\Delta^m a_k=\Delta(\Delta^{m-1}a_k)\quad(k=1,2,\cdots)$$

为 $\{a_k\}$ 的 m 阶差分.这里 $\Delta' a_k=\Delta a_k$，$\Delta'' a_k=a_k$.

定理1　对于数列 $\{a_k,b_k\}$，有

(1) $\Delta(\lambda a_k+\mu b_k)=\lambda\Delta a_k+\mu\Delta b_k$.这里 λ,μ 为常数；

(2) $\Delta(a_kb_k)=a_k\Delta b_k+b_{k+1}\Delta a_k$ 或 $\Delta(a_kb_k)=a_{k+1}\Delta b_k+b_k\Delta a_k$；

(3) $\sum\limits_{k=1}^{n}a_k\Delta b_k=a_{k+1}b_{k+1}-a_1b_1-\sum\limits_{k=1}^{n}b_{k+1}\Delta a_k$.

证明　(1)

$$\Delta(\lambda a_k+\mu b_k)=(\lambda a_{k+1}+\mu b_{k+1})-(\lambda a_k+\mu b_k)=$$
$$\lambda(a_{k+1}-a_k)+\mu(b_{k+1}-b_k)=$$
$$\lambda\Delta a_k+\mu\Delta b_k$$

(2) $\Delta(a_kb_k)=(a_{k+1}b_{k+1})-(a_kb_k)$.

而

$$a_k\Delta b_k+b_{k+1}\Delta a_k=$$
$$a_k(b_{k+1}-b_k)+b_{k+1}(a_{k+1}-b_k)=$$
$$a_{k+1}b_{k+1}-a_kb_k$$

所以 $\Delta(a_kb_k)=a_k\Delta b_k+b_{k+1}\Delta a_k$.

同理可证：$\Delta(a_kb_k)=a_{k+1}\Delta b_k+b_k\Delta a_k$.

(3) 由(2)有 $a_k\Delta b_k=\Delta(a_kb_k)-b_{k+1}\Delta a_k$.

于是

$$\sum_{k=1}^{n}a_k\Delta b_k=\sum_{k=1}^{n}\Delta(a_kb_k)-\sum_{k=1}^{n}b_{k+1}\Delta a_k=$$
$$(a_2b_2-a_1b_1)+(a_3b_3-a_2b_2)+\cdots+$$
$$\left(a_{k+1}b_{k+1}-a_kb_k-\sum_{k=1}^{n}b_{k+1}\Delta a_k\right)=$$
$$a_{k+1}b_{k+1}-a_1b_1-\sum_{k=1}^{n}b_{k+1}\Delta a_k$$

由定义可得一个数列求和的方法：

如果 $\Delta u_k=a_k,k=1,2,3,\cdots$. 那么

$$\sum_{k=1}^{n}a_k=u_{k+1}-u_1$$

例 1　求数列$\{aq^{k-1}\}(q\neq 1)$的前 n 项和 δ_n.

解　由 $\Delta(aq^{k-1})=aq^{k-1}(q-1)$，得

$$aq^{k-1}=\frac{a}{q-1}\Delta q^{k-1}$$

所以 $S_n=\sum_{k=1}^{n}aq^{k-1}=\frac{a}{q-1}\sum_{k=1}^{n}\Delta q^{k-1}=\frac{a(q^n-1)}{q-1}$.

注　这表明,公比不等于 1 的等比数列的一阶差数列仍是等比数列. 从而这种等比数列的任何阶差数列都是等比数列.

定义 2　对于数列$\{a_n\}$,若有正整数 m,使$\{\Delta^m a_n\}$是非零常数列,则称$\{a_n\}$为 m 阶等差数列.

注 1　当$m\geqslant 2$时,m阶等差数列统称为高阶等差数列.

注 2　常数列叫作零阶等差数列.

我们可以证明:当且仅当$\{\Delta a_n\}$是$m-1$阶等差数列时,$\{a_n\}$是 m 阶等差数列.

定义 3　$\{a_n\}$是m阶等差数列的充要条件为a_n是 n 的 m 次多项式.

证明　用数学归纳法证明充分条件:

(ⅰ)当 $m=0$ 时,a_n 是 n 的零次多项式,于是$\{a_n\}$是常数列,即零阶等差数列.

(ⅱ)假定充分条件对 a_n 是$m-1(m\in\mathbf{N})$次多项式成立. 进而看 a_n 是 m 次多项式的情形. 设

$$a_n=f(n)=\lambda_m n^m+\lambda_{m-1}n^{m-1}+\cdots+\lambda_1 n+\lambda_0\quad(\lambda_m\neq 0)$$

则 $\Delta a_n=f(n+1)-f(n)$是n的$m-1$次多项式. 由归纳假设$\{\Delta a_n\}$是$m-1$阶等差数列. 于是$\{a_n\}$是m阶等差数列. 因此,充分性得证.

必要性:先证一个辅助命题:

对任何数列$\{u_n\}$. 有

$$u_n=\mathrm{C}_{n-1}^{0}u_1+\mathrm{C}_{n-1}^{1}\Delta u_1+\cdots+\mathrm{C}_{n-1}^{n-1}\Delta^{n-1}u_1\quad(*)$$

用数学归纳法:

(ⅰ)当 $n=1$ 时,(*)显然成立.

(ⅱ)假设当 $n=k(k\in\mathbf{N})$ 时(*)成立. 当 $n=k+1$ 时

$$\begin{aligned}u_{k+1}=u_k+\Delta u_k=&\mathrm{C}_{k-1}^0u_1+\mathrm{C}_{k-1}^1\Delta u_1+\cdots+\mathrm{C}_{k-1}^{k-1}\Delta^{k-1}u_1+\\&\mathrm{C}_{k-1}^0\Delta u_1+\cdots+\mathrm{C}_{k-1}^{k-2}\Delta^{k-1}u_1+\mathrm{C}_{k-1}^{k-1}\Delta^k u_1=\\&\mathrm{C}_k^0u_1+\mathrm{C}_k^1\Delta u_1+\cdots+\mathrm{C}_k^{k-1}\Delta^{k-1}u_1+\mathrm{C}_k^k\Delta^k u_1\end{aligned}$$

(注意到组合关系式:$\mathrm{C}_{k-1}^i+\mathrm{C}_{k-1}^{i+1}=\mathrm{C}_k^{i+1}$)

即(*)对 $n=k+1$ 也成立. 于是,(*)对任何自然数 n 都成立.

若 $\{a_n\}$ 是 m 阶等差数列. 依定义 3

$$\Delta^{m+1}a_1=\Delta^{m+2}a_1=\cdots=\Delta^{n-1}a_1=0$$

再由式(*)得

$$a_n=\mathrm{C}_{n-1}^0a_1+\mathrm{C}_{n-1}^1\Delta a_1+\cdots+\mathrm{C}_{n-1}^m\Delta^m a_2$$

J. Gregorg 插值公式显然是 n 的 m 次多项式.

定理 2 若 $\{a_n\}$ 是 m 阶等差数列,它的前 n 项的和为 S_n,则 $\{S_n\}$ 是 $m+1$ 阶等差数列,且

$$S_n=\mathrm{C}_n^1a_1+\mathrm{C}_n^2\Delta a_1+\cdots+\mathrm{C}_n^{m+1}\Delta^m a_2$$

证明 前一部分由定义 3 即可得到

$$\begin{aligned}\Delta^{m+1}S=\Delta(\Delta^m S_n)=&\Delta[\Delta^m(a_1+a_2+\cdots+a_n)]=\\&\Delta(\Delta^m a_1+\Delta^m a_2+\cdots+\Delta^m a_n)=\\&\Delta(d+d+\cdots+d)=\\&d\text{ 为非零常数}\end{aligned}$$

所以 $\{S_n\}$ 是 $m+1$ 阶等差数列.

再注意到:$\mathrm{C}_{m+1}^{k+1}=\mathrm{C}_k^k+\mathrm{C}_{k+1}^k+\cdots+\mathrm{C}_m^k=\mathrm{C}_{m+1}^{k+1}$.

则有

$$\begin{aligned}S_n=\sum_{i=1}^n a_i=&\sum_{i=1}^n(\mathrm{C}_{i-1}^0a_1+\mathrm{C}_{i-1}^1\Delta a_1+\cdots+\mathrm{C}_{i-1}^m\Delta^m a_1)=\\&a_1\sum_{i=1}^n\mathrm{C}_{i-1}^0+\Delta a_1\sum_{i=1}^n\mathrm{C}_{i-1}^1+\cdots+\Delta^m a_1\sum_{i=1}^n\mathrm{C}_{i-1}^m=\end{aligned}$$

$$C_n^1 a_2 + C_n^2 \Delta a_1 + \cdots + C_n^{m+1} \Delta^m a_1$$

例 2 求二阶等差数列$\{k(k+1)(k+2)\}$前n项的和.

解法 1 设$S_n = \sum_{k=1}^{n} k(k+1)(k+2)$, $a_k = k(k+1)(k+2)$. 则

$$a_1 = 6$$

$$\Delta a_1 = a_2 - a_1 = 18$$

$$\Delta^2 a_1 = a_3 - 2a_2 + a_1 = 18$$

$$\Delta^3 a_1 = a_4 - 3a_3 + 3a_2 - a_1 = 6$$

由定理3

$$S_n = C_n^0 6 + C_n^2 18 + C_n^3 18 + C_n^4 6 = \frac{1}{4} n(n+1)(n+2)(n+3)$$

解法 2 令$u_k = (k-1)k(k+1)(k+2)$

于是

$$k(k+1)(k+2) = \frac{1}{4} \Delta u_k$$

所以

$$\sum_{k=1}^{n} k(k+1)(k+2) = \frac{1}{4} \sum_{k=1}^{n} \Delta u_k = \frac{1}{4} n(n+1)(n+2)(n+3)$$

例 3 求和$\sum_{k=1}^{n} k^3$.

解法 1 由于$\Delta k^4 = 4k^3 + 6k^2 + 4k + 1$.

所以

$$\sum_{k=1}^{n} k^3 = \frac{1}{4} \sum_{k=1}^{n} (\Delta k^4 - 6k^2 - 4k - 1) =$$

$$\frac{1}{4}[(n+1)^4-1-n(n+1)(2n+1)-$$
$$2n(n+1)-n]=$$
$$\frac{1}{4}n^2(n+1)^2$$

解法2　由于 $k^3=k(k+1)(k+2)-3k^2-2k$,所以

$$\sum_{k=1}^{n}k^3=\sum_{k=1}^{n}k(k+1)(k+2)-3\sum_{k=1}^{n}k^2-2\sum_{k=1}^{n}k=$$
$$\frac{1}{4}n(n+1)(n+2)(n+3)-$$
$$\frac{1}{2}n(n+1)(2n+1)-n(n+1)=$$
$$\frac{1}{4}n^2(n+1)^2$$

解法3　设 $a_k=k^3$,则 $a_1=1,\Delta a_1=7,\Delta^2 a_1=12,\Delta^3 a_1=6$.

由定理2,有

$$\sum_{k=1}^{n}k^3=C_n^1+C_n^2 7+C_n^3 12+C_n^4 6=$$
$$n+\frac{7}{2}n(n-1)+2n(n-1)(n-2)+$$
$$\frac{1}{4}n(n-1)(n-2)(n-3)=$$
$$\frac{1}{4}n^2(n+1)^2$$

解法4　设 $S_n=\sum\limits_{k=1}^{n}k^3$.

由定理2可知,$\{S_n\}$ 是4阶等差数列.再依定理2,令

$$S_n=b_4n^4+b_3n^3+b_2n^2+b_1n+b_0\quad(b_4\neq 0)$$

把 $n=1,2,3,4,5$ 分别代入上式，得

$$\begin{cases}b_4+b_3+b_2+b_1+b_0=1\\16b_4+8b_3+4b_2+2b_1+b_0=9\\81b_4+27b_3+9b_2+3b_1+b_0=36\\256b_4+64b_3+16b_2+4b_1+b_0=100\\625b_4+125b_3+25b_2+5b_1+b_0=225\end{cases}$$

解此线性方程组，得

$$b_4=\frac{1}{4},b_3=\frac{1}{2},b_2=\frac{1}{4},b_1=b_0=0$$

所以

$$S_n=\frac{1}{4}n^4+\frac{1}{2}n^3+\frac{1}{4}n^2$$

证明 对于数列 $\{z_n\}_{n=0}^{\infty}$ 和整数 $m\geqslant 0$，定义 $\Delta^m z_n=\sum_{k=0}^{m}(-1)^{m-k}C_m^k z_{n+k}$，则数列 $\{\Delta^m z_n\}_{n=0}^{\infty}$ 是数列 $\{z_n\}_{n=0}^{\infty}$ 的 m 阶有限差分. 于是，$\{z_n\}_{n=0}^{\infty}$ 是 p—好的，当且仅当对于每个整数 $e>0$，存在一个整数 $N\geqslant 0$，使得对于任意的整数 $m\geqslant N$，$p^e\mid \Delta^m z_0$.

首先证明一个引理.

引理 数列 $\{z_n\}_{n=0}^{\infty}$ 是 p—好的，当且仅当对于每个整数 $e>0$，存在一个整数 $N\geqslant 0$，使得对于任意的整数 $m\geqslant N$ 及每个整数 $n\geqslant 0$，$p^e\mid \Delta^m z_n$.

证明 对于任意的整数 $m,n\geqslant 0$，得

$$\Delta^{m+1}z_n=\Delta^m z_{n+1}-\Delta^m z_n \tag{1}$$

或

$$\Delta^m z_{n+1}=\Delta^m z_n+\Delta^{m+1}z_n \tag{2}$$

由数学归纳法，对于同样的整数 N 可得对于所有的整数 $n\geqslant 0$，有 $p^e\mid \Delta^m z_n$. 回到原题.

设数列 $\{x_n\}_{n=0}^{\infty}$，$\{y_n\}_{n=0}^{\infty}$ 是 p—好的.

由引理知，存在整数 $N \geqslant 0$，使得对于所有的整数 $n \geqslant 0$ 及整数 $m \geqslant N$，有

$$\Delta^m x_n \equiv 0 \pmod{p^e}$$

设 $f(t)$ 是首项系数为 1 的 N 次有理系数多项式，且

$$f(n) = x_n \quad (n = 0, 1, \cdots, N)$$

由定义知，对于 $m \leqslant N$，有

$$\Delta^m x_0 = \Delta^m f(0)$$

因为当 $m > N$ 时，$\Delta^m f(n) = 0$，所以，对于所有整数 $m \geqslant 0$，有

$$\Delta^m x_0 \equiv \Delta^m f(0) \pmod{p^e}$$

由式(1)或(2)及数学归纳法知，对于所有的整数 $m, n \geqslant 0$，有

$$\Delta^m x_n \equiv \Delta^m f(n) \pmod{p^e}$$

特别地，当 $m = 0$ 时，对于所有的整数 $n \geqslant 0$，有

$$f(n) \equiv x_n \pmod{p^e}$$

同理，存在多项式 $g(t)$，使得对于所有的整数 $n \geqslant 0$，有

$$g(n) \equiv y_n \pmod{p^e}$$

设 $h(t) = f(t)g(t)$. 则对于所有的整数 $n \geqslant 0$，有

$$h(n) \equiv x_n y_n \pmod{p^e}$$

若 $h(t)$ 的次数为 M，则对于所有的整数 $m \geqslant M$ 和整数 $n \geqslant 0$，有

$$\Delta^m (x_n y_n) \equiv \Delta^m h(n) \equiv 0 \pmod{p^e}$$

由引理知，数列 $\{x_n y_n\}_{n=0}^{\infty}$ 是 p — 好的.

§4　张瑞祥的两个问题

上海大学的冷岗松曾撰文指出：张瑞祥是 2008 年

国家队队员.他给人的印象是:才华横溢,激情四射.如果你和他讨论数学问题,一定会被他的热情感染,被他的广阔视野和敏捷的反应折服.他善于变换问题,常常带给你下面的结果和意外的惊喜.

有一次,我见到了罗马尼亚的一道试题(RomTST,1998,Vasile Pop 供题):

设 n 是素数,整数 $a_1 < a_2 < \cdots < a_n$. 证明:$a_1, a_2, \cdots, a_n$ 是等差数列当且仅当存在集合 $N = \{0,1,2,\cdots\}$ 的一个分划 $A_1, A_2, \cdots, A_n$ 使得 $a_1 + A_1 = a_2 + A_2 = \cdots = a_n + A_n$. 其中 $a_i + A_i = \{a_i + x \mid x \in A_i\}$.

我非常喜欢这个问题,于是交给张瑞祥,希望他提供一个新解法.令我吃惊的是,几天后我收到了一篇题为"终极归纳法"的小论文,手写的,字迹整齐(但不漂亮),篇幅大概有七八页.显然,这个问题诱发了他对归纳法运用模式的新思考.

张瑞祥是一个解题高手(每位国家队队员似乎都可配得上这样的称号),但他似乎更专注、更热衷提出问题和研究问题.2008 年,他赠送给我一个他的笔记本(复印件),笔记本中全是他创作的问题和评注.里面有不少漂亮的问题,当然也有一些不成熟甚至幼稚的题,从中可感受到思考的快乐、研究的快乐!

张瑞祥应当是研究型学习的典范.他的经验提醒那些整天埋头"扫题"的奥数选手,或许你应做一些调整:多欣赏,多阅读,多回味,多去思考问题的关键、问题之间的联系、问题的拓广等.

张瑞祥现在在世界顶尖的普林斯顿大学数学系读博士,他的导师是著名数学家 Peter Sarnak(沃尔夫奖获得者).

这篇短文的两个问题选自张瑞祥当年的笔记本.作为一个高中生,能创作出这样优雅的问题,实属不易.让我们欣赏之.

问题1　设 m,n 是正整数,$P(x)$ 是一个首项系数数 1 的 n 次复系数多项式.证明

$$\sum_{k=1}^{m} |P(k)| \geqslant \frac{n!}{2^{n-1}}(m-n)$$

证明这个不等式的一个自然想法是对次数用归纳法,并辅之差分多项式方法便可.因为差分多项式方法可降低次数(一个 n 次多项式 $f(x)$ 的差分多项式 $\Delta f(x)=f(x+1)-f(x)$ 是一个 $n-1$ 次多项式),方便用归纳假设.张瑞祥本人的解答便源于这个想法.

解法1　显然只要考虑 $m>n$ 的情况.我们用归纳法证明下面更一般的结论:设 $m,n\in \mathbf{N}_+$,n 次多项式 $f(x)\in \mathbf{C}[x]$,$f(x)$ 的首项系数为 a_n,则

$$\sum_{k=1}^{m} |f(k)| \geqslant \frac{n!}{2^{n-1}}(m-n)|a_n| \tag{1}$$

当 $n=1$ 时,记 $f(x)=a_1x+a_0$,这时

$$\begin{aligned}\sum_{k=1}^{m} |f(k)| \geqslant |f(1)|+|f(m)| \geqslant \\ |f(m)-f(1)|= \\ (m-1)|a_1|\end{aligned}$$

结论成立.

假设式(1)对 n 成立,现考虑 $n+1$ 的情况.设 $f(x)$ 是一个首项为 a_{n+1} 的 $n+1$ 次多项式.记 f 的差分多项式 $\Delta f(x)=f(x+1)-f(x)$,则 $\Delta f(x)$ 是一个首项系数是 $(n+1)a_{n+1}$ 的 n 次多项式.故

$$\sum_{k=1}^{m} |f(k)| \geqslant \frac{1}{2}\sum_{k=1}^{m-1}(|f(k)|+|f(k+1)|) \geqslant$$

$$\frac{1}{2}\sum_{k=1}^{m-1}\mid f(k+1)-f(k)\mid=$$
$$\frac{1}{2}\sum_{k=1}^{m-1}\mid \Delta f(k)\mid\geqslant$$
$$\frac{n!}{2^n}(m-n-1)\mid (n+1)a_{n+1}\mid=$$
$$\frac{(n+1)!}{2^n}(m-(n+1))\mid a_{n+1}\mid$$

上面最后一个不等式是对 $\Delta f(x)$ 用归纳假设.这证明了式(1)对 $n+1$ 成立.

下面我们考虑问题1的另外一种解法.

首先回忆著名的欧拉恒等式

$$\sum_{i=0}^{n}(-1)^{i}\mathrm{C}_n^i i^m=\begin{cases}0,若\ m<n\\(-1)^n n!,若\ m=n\end{cases}\tag{2}$$

它有一个熟知的推广:设 $f(x)$ 是 m 次多项式,首项系数为 a_m,则

$$\sum_{i=0}^{n}(-1)^{n-i}\mathrm{C}_n^i f(x+i)=\begin{cases}0,若\ m<n\\m!\ a_m,若\ m=n\end{cases}\tag{3}$$

事实上,取 $f(x)=x^m$,并在上面等式(3)中取 $x=0$,即得欧拉恒等式(2).

如果我们把 $f(x+1)-f(x)$ 称为 $f(x)$ 的(一阶)差分,并记为 $\Delta f(x)$. $\Delta f(x)$ 的差分我们记为 $\Delta^2 f(x)$,称为 $f(x)$ 的二阶差分.一般可定义 $f(x)$ 的 n 次差分 $\Delta^n f(x)=\Delta(\Delta^{n-1}f(x))$.通过计算不难得到

$$\Delta^n f(x)=\sum_{k=0}^{n}(-1)^{n-k}\mathrm{C}_n^k f(x+k)$$

利用它立得(3).

现在我们从(3)出发来证明张瑞祥的不等式.对首项系数为1的 n 次多项式 $f(x)$,式(3)可写为

$$\sum_{i=0}^{n}(-1)^{n-i}C_n^i f(x+i)=n! \qquad (4)$$

特别值得注意的是,(4) 中的 x 具有任意性,因此 (4) 的函数值是任意的 $n+1$ 个连续取值,即具有某种意义上的平移不变性.

解法 2　只需考虑 $m>n$ 的情况. 由(4) 知,对任意 $i\in\{1,2,\cdots,m-n\}$ 有

$$\sum_{k=0}^{n}(-1)^k C_n^k P(n+i-k)=n!$$

令 $i=1,2,\cdots,m-n$,再将所得等式相加便得

$$(m-n)n! =\sum_{i=1}^{m-n}\sum_{k=0}^{n}(-1)^k C_n^k P(n+i-k)=\sum_{j=1-n}^{m-n}\Big(\sum_{k=0}^{p}(-1)^k C_n^k\Big)P(n+j) \qquad (5)$$

其中 $p=\min\{n,m-n-j\}$. 又

$$\sum_{k=0}^{p}(-1)^k C_n^k=\sum_{k=0}^{p}(-1)^k(C_{n-1}^k+C_{n-1}^{k-1})=-\sum_{k=1}^{p+1}(-1)^k C_{n-1}^{k-1}+\sum_{k=0}^{p}(-1)^k C_{n-1}^{k-1}=-(-1)^{p+1}C_{n-1}^p$$

$$\left|\sum_{k=0}^{p}(-1)^k C_n^k\right|=C_{n-1}^p\leqslant 2^{n-1} \qquad (6)$$

由(5),(6),我们可得

$$(m-n)n! \leqslant\sum_{j=1-n}^{m-n}\left|\sum_{k=0}^{p}(-1)^k C_n^k\right|\cdot|P(n+j)|\leqslant\sum_{j=1-n}^{m-n}2^{n-1}|P(n+j)|=$$

$$\sum_{k=1}^{m} 2^{n-1} \mid P(k) \mid$$

这就是所要证的结果.

注 张瑞祥在这个问题的后面加了一个注,其中有几句话对理解这个问题或许有帮助,抄录如下:本题在m很大时很弱.韦东奕在$m=2n-1$时用步长为2的差分可估计到$n!$级别.另一方面,$m=n+1$时,用插值公式可看出结论很强.

第2章　有限差分

§1　各阶差分，差分表

设函数 $f(x)$ 对于一串点 $a+vh(v=0,1,\cdots,n)$ 的值

$$f(a),f(a+h),\cdots,f(a+nh)$$

是已知的.表达式

$$\Delta f(a+vh)=f(a+(v+1)h)-f(a+vh)$$

叫作函数 $f(x)$ 在点 $a+vh$ 处的第一阶有限差分，或简称一阶差分.

例如

$$\Delta f(a)=f(a+h)-f(a)$$

$$\Delta f(a+h)=f(a+2h)-f(a+h)$$

$$\vdots$$

$$\Delta f(a+(n-1)h)=f(a+nh)-f(a+(n-1)h)$$

一阶差分的一阶差分叫作第二阶差分或二阶差分

$$\Delta^2 f(a+vh)=\Delta[\Delta f(a+vh)]=$$
$$\Delta f(a+(v+1)h)-$$
$$\Delta f(a+vh)$$

例如

$$\Delta^2 f(a)=\Delta f(a+h)-\Delta f(a)$$
$$\Delta^2 f(a+h)=\Delta f(a+2h)-\Delta f(a+h)$$

等.

二阶差分的一阶差分叫作三阶差分,并记作

$\Delta^3 f(a),\Delta^3 f(a+h),\cdots,\Delta^3 f(a+(n-1)h)$

一般来说,n 阶差分定义为 $n-1$ 阶差分的一阶差分

$$\Delta^n f(a+ih)=\Delta^{n-1} f(a+(i+1)h)-$$
$$\Delta^{n-1} f(a+ih)$$

按定义,可知记号"Δ"满足

$$\Delta^m \Delta^n f(a)=\Delta^{m+n} f(a)$$

我们称两个相邻自变量的距离 h 为差分的"步长".以后我们常常利用差分表(表 1):

表 1　函数 $f(x)$ 的差分

a	$f(a)$				
		$\Delta f(a)$			
$a+h$	$f(a+h)$		$\Delta^2 f(a)$		
		$\Delta f(a+h)$		$\Delta^3 f(a)$	
$a+2h$	$f(a+2h)$		$\Delta^2 f(a+h)$		$\Delta^4 f(a)$
		$\Delta f(a+2h)$		$\Delta^3 f(a+h)$	
$a+3h$	$f(a+3h)$		$\Delta^2 f(a+2h)$		
		$\Delta f(a+3h)$			
$a+4h$	$f(a+4h)$				

就利用这一方法来填写表.

为了检验计算,利用差分的下一性质是方便的:在差分表中某一行上写出的所有数之和等于其前一行中最下一数和最上一数之差.

按照给定的函数来求它的差分构成差分演算的正

问题.

有限差分演算与无穷小演算有很多共同之处.差分法在内插法问题中,在函数的数值微分和数值积分的问题中都占有重要地位.在去谈各种应用之前,我们先叙述一下有限差分的简略理论.

§2　计算差分的公式

今以数学归纳法证明下面公式的正确性

$$\Delta^n f(a)=\sum_{v=0}^{n}(-1)^v\binom{n}{v}f(a+(n-v)h) \quad (1)$$

其中$\binom{n}{v}$ $(v=0,1,\cdots,n)$是"二项"系数.

证明　当$n=1$时,公式(1)是真的,事实上

$$\Delta f(a)=f(a+h)-f(a)$$

今假定已建立公式(1)对$\Delta^n f(a)$是真的,我们来证它对$\Delta^{n+1}f(a)$,有

$$\Delta^n f(a+vh)=\Delta[\Delta^{n-1}f(a+vh)]=\Delta^{n-1}f(a+(v+1)h)-\Delta^{n-1}f(a+vh)$$

容易见到

$$\Delta^m\Delta^n f(a)=\Delta^{m+n}f(a)$$

其中m,n是正整数.因此,记号"Δ"服从指数运算规则.

今考虑用表的形式对自变量的一串值所给出的函数,这串自变量值相互之间相差同一个正数值h(此处h叫作表的步度),并作差分表(表1).

这个表(差分图式)是按下列规则填定的:为了得

到在表中的某一差分,只要以紧靠在它左下面的差分减去紧靠在它左上面的差分即可.

在差分表中记出的数 $f(a),f(a+h),f(a-2h),\cdots$ 叫作零阶差分

$$\Delta^0 f(a+vh)=f(a+vh)$$

位于表 1 的起始的函数值 $f(a)$ 叫作首值,而位于从 $f(a)$ 出发的斜降一列上的差分 $\Delta f(a),\Delta^2 f(a),\Delta^3 f(a),\cdots$ 叫作首差分.在以后,差分 $\Delta f(a),\Delta^2 f(a),\Delta^3 f(a),\cdots$ 也叫作下降差分(在表 1 中,在下降差分之下画有横线).

为了显示计算程序,我们作差分表 2($h=0.05$).

表 2　函数 $f(0.05v)(v=0,1,\cdots,6)$ 的差分表

x	$f(x)$	Δ	Δ^2	Δ^3	Δ^4
0.00	−4.905 00				
		3 821			
0.05	−4.866 79		97		
		3 918		323	
0.10	−4.827 61		420		205
		4 338		528	
0.15	−4.784 23		948		189
		5 286		717	
0.20	−4.731 37		1 665		174
		6 951		891	
0.25	−4.661 86		2 556		
		9 507			
0.30	−4.566 79				

在此表中,在写差分的值时,将在第一位有意义的数字前的零都省去.例如,差分的第二行中所写的数 97 代替0.000 97.我们有

$$\Delta^{n+1} f(a)=\Delta^n(\Delta f(a))=\Delta^n f(a+h)-\Delta^n f(a)$$

其中

$$\Delta^n f(a)=\sum_{v=1}^{n}(-1)^{v-1}\binom{n}{v-1}f(a+(n+1-v)h)+(-1)^n\binom{n}{v}f(a)$$

而

$$\Delta^n f(a+h)=\sum_{v=0}^{n}(-1)^n\binom{n}{v}f(a+(n+1-v)h)=$$
$$f(a+(n+1)h)+$$
$$\sum_{v=1}^{n}(-1)^n\binom{n}{v}f(a+(n-1-v)h)$$

但 $\Delta^n f(a)$ 的表达式是从公式(1)，以 $v-1$ 代替其中的 v 并相应改变求和极限而得出的.

因为

$$\Delta^{n+1} f(a)=\sum_{v=0}^{n}(-1)^v\binom{n}{v}[f(a+(n+1-v)h)-$$
$$f(a+(n-v)h)]=$$
$$(-1)^{n+1}\binom{n}{v}f(a)+f(a+(n+1)h)+$$
$$\sum_{v=1}^{n}(-1)^v\left[\binom{n}{v}+\binom{n}{v-1}\right]\cdot$$
$$f(a+(n+1-v)h)=$$
$$\sum_{v=0}^{n+1}(-1)^v\binom{n+1}{v}f(a+(n+1-v)h) \tag{2}$$

又因为

$$\binom{n}{v}+\binom{n}{v-1}=\binom{n+1}{v}$$

在公式(1) 中以 $n+1$ 代替 n，我们便证实刚刚所得的公式(2) 与公式(1) 恒等.

作为一个例子，我们考虑函数 $f(x)=A^x$. 于是

$$\Delta^n A^x=A^x\sum_{v=0}^{n}(-1)^v\binom{n}{v}A^{(n-v)h}=A^x(A^h-1)^n$$

我们证明了，在点 a 处的任一阶有限差分可很简单地以函数在点列 $a+vh\,(v=0,1,\cdots,n)$ 处的值表出. 反之，函数在点列 $a+nh$ 处的值可表示为在起点 a 处的一串有限差分的线性组合

$$f(a+nh)=\sum_{v=0}^{n}\binom{n}{v}\Delta^{v}f(a)$$

这个公式也能由牛顿内插公式，在其中令 $t=n$ 而得到.

在公式(1)中依次以 $1,2,3,\cdots,n-1,n$ 代替 n，便得

$$\begin{aligned}\Delta f(a)&=f(a+h)-f(a)\\ \Delta^{2}f(a)&=f(a+2h)-2f(a+h)+f(a)\\ \Delta^{3}f(a)&=f(a+3h)-3f(a+2h)+3f(a+h)-f(a)\\ &\vdots\\ \Delta^{n}f(a)&=f(a+nh)-nf(a+(n-1)h)+\\ &\quad\frac{n(n-1)}{2}f(a+(n-2)h)+\cdots+\\ &\quad(-1)^{n}f(a)\end{aligned}$$

这就是按照给定函数来计算它在点 a 处的各阶有限差分的公式.

§3 在差分表中误差的分布规律

在作差分表时，我们将遇到两类误差：

1. 机会误差. 它是由略去某些小的量而产生的(例如：测量的误差，将计算结果在某位小数之后四舍五入而产生的误差).

2. 系统误差. 它是由疏忽大意而产生的(不对的书写,不正确地进行计算,等等).

系统误差是能发现和改正的.

机会误差对函数的差分的影响可能是很显著的.

设 $\widetilde{f}(a+ih)$ 表示函数 $f(a+ih)$ 的近似值,而以 ε_i 表示误差,即

$$f(a+ih)-\widetilde{f}(a+ih)=\varepsilon_i$$

首先我们有

$$\Delta^n f(a)-\Delta^n\widetilde{f}(a)=\Delta^n\varepsilon_0$$

且据 §2 公式(1),有

$$\Delta^n\varepsilon_0=\sum_{v=0}^{n}(-1)^v\binom{n}{v}\varepsilon_{n-v} \tag{1}$$

以上两个公式指出,误差 $\varepsilon_0,\varepsilon_1,\varepsilon_2,\cdots$ 的差分表就是函数 $\widetilde{f}(x)$ 的差分的误差表.

由公式(1) 可见,量 $\varepsilon_{n-v}(v=0,1,\cdots,n)$ 的系数是带有变号的“二项”系数. 因此,机会误差对差分的影响是随着差分的阶的升高而增加的.

为简单起见,我们先考虑当所有列在表中的函数 $f(x)$ 的值,除一个外,其余都是准确的情形. 以下我们要指出,仅仅是这一个误差它对差分表将有怎样的影响. 今假定,对于 $x=a,a+h,\cdots,a+4h$,函数 $f(x)$ 所有的值,除 $f(a+2h)$ 有误差等于 ε 外,都是准确的. 我们作函数 $f(x)$ 的差分的误差表(表 3).

这个表显示,具有最大误差(就绝对值来说) 的 $f(x)$ 的偶数阶差分,位于同一条由错误值 $f(a+2h)$ 出发的水平直线上,而具有最大误差(就绝对值来说) 的奇数阶差分紧靠在此水平线的上下. 因此,各行的最大(就绝对值来说) 差分便指出,$f(x)$ 的什么值是有

误差的，它们也能使我们去确定误差的近似值.

表 3　在差分表中误差的影响

误差	Δ	Δ^2	Δ^3	Δ^4
0				
	0			
0		ε		
	ε		-3ε	
ε		-2ε		6ε
	$-\varepsilon$		3ε	
0		ε		
	0			
0				

我们只考虑了做到四阶差分的差分图式，但对于任意的包含函数的一个有误差值的图式，也容易确定该值的位置以及误差的近似值.

作为一个例子，我们考虑包含连续函数 $f(x)$ 的一个有误差值的表 4.

表 4　包含 $f(x)$ 的一个有误差值的表

x	$f(x)$	Δ	Δ^2	Δ^3	Δ^4
6.350	0.802 773 7				
		684			
6.351	0.802 842 1		0		
		684		0	
6.352	0.802 910 5		0		7
		684		7	
6.353	0.802 978 9		7		−29
		691		−22	
6.354	0.803 048 0		−15		44
		676		22	
6.355	0.803 115 6		7		−29
		683		−7	
6.356	0.803 183 9		0		8
		683		0	
6.357	0.803 252 2		0		
		683			
6.358	0.803 320 5				

如果 $f(x)$ 这一列只包含准确的函数值(即如果 $f(x)$ 的值只有由于在计算最后一位小数时四舍五入而产生的误差)，则各阶有限差分的计算会使我们达到包含一些在实际上是一样的，缓慢改变着(不显著地相差一个一样的微小的数) 的差分的列；其次，则得到具

有急剧(不缓慢)改变的差分的一些列.当 $f(x)$ 这一列的数包含大的误差时,就不是这样了.

在我们的表 4 中,Δ^2 这一列包含不规则的差分.Δ^3 和 Δ^4 这两列就更不规则.由 Δ^2 这一列可以看出,对我们有关的误差等于 -15×10^{-7}.但对于包含一个有误差值的图式,这个误差等于 -2ε,因此,$-2\varepsilon\approx-15\times10^{-7}$,即 $\varepsilon\approx7.5\times10^{-7}$.对应着所求出的误差的自变量值等于 $x=6.354$.因此,$f(6.354)$ 的真实值将是 0.803 047 2.

我们知道,在表 4 中记出的 Δ^3 和 Δ^4 这两列,对于确定误差是不需要的.引入它们,仅仅为了指出:自差分急剧(不缓慢)改变的地方以后去继续作高阶差分是怎样的不妥当.

计算了 $f(6.354)$ 的真实值,我们作差分的改正表(表 5).

表 5　差分的改正表

x	$f(x)$	Δ	Δ^2	Δ^3	Δ^4	Δ^5
6.350	0.802 773 7					
		684				
6.351	0.802 842 1		0			
		684		0		
6.352	0.802 910 5		0		-1	
		684		-1		4
6.353	0.802 978 9		-1		3	
		683		2		-7
6.354	0.803 047 2		1		-4	
		684		-2		7
6.355	0.803 115 6		-1		3	
		683		1		-4
6.356	0.803 183 9		0		-1	
		683		0		
6.357	0.803 252 2		0			
		683				
6.358	0.803 320 5					

现在,第一阶差分实际已是常数.然而高于第一阶的差分在由 $f(6.354)$ 出发的水平线附近是不规则的.它们特别是由 $f(x)$ 的值四舍五入而产生的误差.

这些误差在作差分的过程中递增,因而使高阶差分对于函数的内插法、数值微分和数值积分成为不适用的.

今来考虑当 $f(x)$ 的列在表中的每一个值都有误差的一般情形.此时,不容易求出包含在 $f(x)$ 的各个值中的误差.因此,我们只限于指出一些性质很初等的论点,帮助我们去选取在初次计算中的足够位数,以使最后结果得到所要求的准确度.

我们先估计 $|\Delta^n \varepsilon_0|$ 的上界,将 $\varepsilon_0,\varepsilon_1,\cdots,\varepsilon_n$ 取为在计算最后一位小数时四舍五入而产生的误差.当此估计不保持时,则在数

$$\tilde{f}(a+(n-v)h)\quad (v=0,1,\cdots,n)$$

中至少可以找得到包含大的误差的一个.这样,至少在理论上,我们得到了判定数 $\tilde{f}(a+(n-v)h)$ 是否有大的误差的一个方法.

今考虑数 $\varepsilon_0,\varepsilon_1,\cdots,\varepsilon_n$ 的绝对值,并以 ε 代表其中的最大者.这样就可写出

$$|\Delta^n \varepsilon_0| \leqslant \varepsilon \sum_{v=0}^{n} \binom{n}{v} = 2^n \varepsilon \tag{2}$$

如设 $|\Delta^n \varepsilon_0| > 2^n \varepsilon$,则如以上所述,在 $n+1$ 个数

$$\tilde{f}(a+(n-v)h)\quad (v=0,1,\cdots,n)$$

中至少有一个应包含大于 ε 的误差.

现在设函数 $f(x)$ 的值只有在计算最后一位小数时四舍五入而产生的误差(其绝对值不超过 ε).于是据不等式(2),有

$$|\Delta^n f(a) - \Delta^n \tilde{f}(a)| \leqslant 2^n \varepsilon \tag{3}$$

因此,包含在 n 阶差分 $\Delta^n \tilde{f}(a)$ 中的误差的数值,不应超过 $2^n \varepsilon$.

所得的估计(3) 可以用来解决下一问题:函数

$f(x)$ 的值应计算到怎样的准确度，才能使 $\Delta^n f(a)$ 与 $\Delta^n \tilde{f}(a)$ 之差的绝对值不超过α. 如果将 $f(x)$ 的值计算到使得

$$\varepsilon = \frac{\alpha}{2^n}$$

问题即告解决. 例如，要 $\Delta^4 f(a)$ 的误差的绝对值不超过 10^{-5}，则包含在数 $f(a+ih)(i=0,1,\cdots,4)$ 中的误差的绝对值应小于$\frac{1}{1\ 600\ 000}$.

§4　关于有限差分的一些定理

在以后我们将利用一些定理，它们的真实性几乎是自明的. 虽然也可将这些定理加以证明，但我们只限于简单地陈述.

定理 1　常数的差分等于零.

定理 2　常数因子可以提到记号"Δ"外，即

$$\Delta Cf(a) = C\Delta f(a)$$

C 是常数因子.

因此，记号"Δ"和与 a 无关的常数C之间，交换律成立.

定理 3　如果关系式

$$f(x) = C_1\varphi_1(x) + C_2\varphi_2(x) + \cdots + C_k\varphi_k(x)$$

对于自变量的$n+1$个接续的值：$a, a+h, \cdots, a+nh$ 是成立的，其中 $C_1, C_2, \cdots, C_k$ 是某些数，则

$$\Delta^n f(a) = C_1\Delta^n\varphi_1(a) + C_2\Delta^n\varphi_2(a) + \cdots + C_k\Delta^n\varphi_k(a)$$

令 $n=1$，我们便知，记号"Δ"服从分配律

$$\Delta[C_1\varphi_1(a)+C_2\varphi_2(a)+\cdots+C_k\varphi_k(a)]=$$
$$C_1\Delta\varphi_1(a)+C_2\Delta\varphi_2(a)+\cdots+C_k\Delta\varphi_k(a)$$

定理 4 如果关系式

$$f(x)=\varphi(x)\psi(x)$$

对于自变量的 $n+1$ 个接续的值:$a,a+h,\cdots,a+nh$ 是成立的,则

$$\Delta^n f(a)=\sum_{v=0}^{n}\binom{n}{v}\Delta^v\varphi(a)\Delta^{n-v}\psi(a+vh) \qquad (1)$$

公式(1) 可用数学归纳法证明,但它也能由第 3 章 §7 的公式(1) 得出,只要将其中的差商按第 4 章 §12 的公式(1) 以有限差分来代替即可.

在以后我们将常常遇见 n 次多项式

$$f(x)=a_0x^n+a_1x^{n-1}+\cdots+a_{n-1}x+a_n$$

的差分.

第一阶差分可根据定义由直接计算而求得

$$\Delta f(a)=f(a+h)-f(a)=a_0[(a+h)^n-a^n]+$$
$$a_1[(a+h)^{n-1}-a^{n-1}]+\cdots+a_{n-1}h$$

上一表达式可按 a 的方次展开,我们有

$$\Delta f(a)=a_0nha^{n-1}+\left[a_0h^2\frac{n(n-1)}{2}+a_1(n-1)h\right]a^{n-2}+$$
$$\left[a_0h^3\frac{n(n-1)(n-2)}{3!}+\right.$$
$$\left.a_1h^2\frac{(n-1)(n-2)}{2!}+a_2h(n-2)\right]a^{n-3}+\cdots$$

由此可知,一个 a 的 n 次多项式的差分是 a 的 $n-1$ 次多项式.

以同样方法计算 $\Delta f(a),\Delta^2 f(a),\cdots$,便可证实,在作每一个接续的差分时,多项式的次数降低 1 次. 因此,$\Delta^n f(a)$ 是常量,即

$$\Delta^n f(a)=a_0 h^n n!$$

更高阶的差分就等于零了.

因此,n 次多项式的 k 阶差分(当 a 取得相等的增量时),当 $k<n$ 时,成为 a 的 $n-k$ 次多项式;当 $k=n$ 时,是常数,而当 $k>n$ 时,成为零.

然而绝不能由此推出:如果对于自变量的某一组等距离的值,函数 $f(x)$ 的 n 阶差分是常量,$f(x)$ 就是 n 次多项式.一般说来,n 阶差分是常量的条件也为 $f(x)$ 与一以 h 为周期的周期函数之和$\left(\text{例如},f(x)+\sin\frac{2\pi x}{h}\right)$所满足,其中 h 表示自变量的值间的相同差数,这是由于 $f(x)$ 加上周期为 h 的项不会使差分改变的缘故.但如果对任意的步度 h,$f(x)$ 的 n 阶差分都是常量,则此函数就是 n 次多项式.

n 次多项式的 n 阶差分为常量这一性质用来作多项式的值的表甚为方便.设在 $n+1$ 个等距离的点处已直接算出 n 次多项式的值,我们就这些值作差分图式,所得的表便可无限地延展.由对 $n-1$ 阶差分加上和减去 n 阶的常量差分,我们便补充了 $n-1$ 阶差分所在的那一行.借助于 $n-1$ 阶差分的这一行,我们又可补充 $n-2$ 阶差分所在的那一行,等等.以这样的方法,只要作加法和减法的运算,我们便能将已知多项式的值的那一行向上和向下延展到任意远处.

例如,要对彼此相距为 1 的一串 x 值来作函数

$$P(x)=x^3-x^2+2x-1$$

的值的表,我们便先计算数 $P(0)$,$P(1)$,$P(2)$ 和 $P(3)$ 并作包含常量差分 Δ^3 的初始差分表(表 6).只借助一些加法和减法,便可将所得出的表无限延展.我们时时

都可直接代入 $P(x)$ 中去检验所得的结果. 到一定的小数位后四舍五入,会在 $P(x)$ 的值中引入显著的误差.

表 6　$P(x)$ 的值的初始表

x	$P(x)$	Δ	Δ^2	Δ^3
-1	*			
		*		
0	-1		*	
		2		6
1	1		4	
		6		6
2	7		10	
		16		6
3	23		16	
		32		
4	55			

作为例子,我们计算的位置应在以“ * ”表示处的二阶差分的值. 它可由以等于 4 的二阶差分减去等于 6 的三阶差分而得到. 所求的二阶差分等于 -2.

§ 5　阶乘多项式的差分

今考虑所谓阶乘多项式(或简称阶乘)

$$x^{\left(\frac{k}{h}\right)}=x(x-h)\cdots(x-(k-1)h)$$

的差分. 当 $k=0$ 时,我们取此多项式的值为 1.

容易看出,$x^{\left(\frac{k}{h}\right)}$ 的有限差分是这样的

$$\begin{aligned}\Delta x^{\left(\frac{k}{h}\right)}=&(x+h)x\cdots(x-(k-2)h)-\\&x(x-h)\cdots(x-(k-1)h)=\\&khx(x-h)\cdots(x-(k-2)h)=\\&khx^{\left(\frac{k-1}{h}\right)}\end{aligned}$$

且一般的为

$$\Delta^m x^{\left(\frac{k}{h}\right)}=h^m k(k-1)\cdots[k-(m-1)]x^{\left(\frac{k-m}{h}\right)}$$

其中 m 表示不超过 k 的任一正整数.

当 $h=1$ 时,便得

$$\Delta^m x^{(k)}=k(k-1)\cdots(k-(m-1))x^{(k-m)}$$

这与在微分法中幂函数的微分公式相似.

当 $k\geqslant m+1$ 和 $x=0$ 时,有

$$\Delta^m x^{(k)}=0$$

当 $k=m$ 和 $x=0$ 时,有

$$\Delta^m x^{(m)}=m!$$

这后两个公式在下一节中将用来按阶乘多项式来展开 n 次任意多项式 $P_n(x)$.

阶乘多项式 $x^{(k)}$ 也可表作

$$x^{(k)}=S_0^k x^k+S_1^k x^{k-1}+\cdots+S_{k-1}^k x$$

其中数 $S_0^k,S_1^k,\cdots,S_{k-1}^k$ 叫作第一类斯蒂尔林数,它们是借助于递推公式

$$S_v^{k+1}=S_v^k-kS_{v-1}^k$$

来确定的.

对于 $k=1,2,\cdots,10$ 和 $v=0,1,\cdots,9$ 的斯蒂尔林数的值,列在表 7 之中.

表 7　斯蒂尔林数的表

k	S_0^k	S_1^k	S_2^k	S_3^k	S_4^k	S_5^k	S_6^k	S_7^k	S_8^k	S_9^k
1	1									
2	1	-1								
3	1	-3	2							
4	1	-6	11	-6						
5	1	-10	35	-50	24					
6	1	-15	85	-225	274	-120				

续表 7

k	S_0^*	S_1^*	S_2^*	S_3^*	S_4^*	S_5^*	S_6^*	S_7^*	S_8^*	S_9^*
7	1	−21	175	−735	1 624	−1 764	720			
8	1	−28	322	−1 960	6 769	−13 132	13 068	−5 040		
9	1	−36	546	−4 536	22 449	−67 284	118 124	−109 584	40 320	
10	1	45	870	9 450	63 273	−269 325	723 680	−1 172 700	1 026 576	−3 628 800

§6 任一多项式按阶乘多项式的展开

今来求多项式 $P_n(x)$ 呈下面形式的展开式

$$P_n(x)=\sum_{v=0}^{n}C_v x^{(v)} \tag{1}$$

为要确定系数 $C_v(0\leqslant v\leqslant n)$，我们计算恒等式(1) 两端的$n$阶差分，并在所得出的恒等式中令 $x=0$. 这样一来

$$C_v=\frac{\Delta^v P_n(0)}{v!}$$

将所求得的系数值代入恒等式(1) 中，我们便得到多项式 $P_n(x)$ 按阶乘多项式的展开式

$$P_n(x)=\sum_{v=0}^{n}\Delta^v P_n(0)\frac{x^{(v)}}{v!} \tag{2}$$

这个公式，也可由牛顿内插公式得到，只要在其中令 $a=0,h=1,t=x$，并取 $f(x)=P_n(x)$.

§7　零的差分

今规定以记号“$\Delta^n 0^p$”表示函数 x^p 在点 $x=0$ 处的 n 阶有限差分(假定变量取 $0,1,2,\cdots$ 为值). 根据 §2 公式(1),便有

$$\Delta^n 0^p=\sum_{v=0}^{n}(-1)^v\binom{n}{v}(n-v)^p$$

今在 §4 公式(1) 中,以 x 代替 $\psi(x)$,以 x^p 代替 $\varphi(x)$ 并取 $f(x)=x^{p+1}$,$h=1$,于是

$$\Delta^n a^{p+1}=(a+n)\Delta^n a^p+n\Delta^{n-1}a^p$$

借助于上一公式,接续地给 p 以值 $1,2,3,\cdots$,并利用关系式

$$\Delta 0^p=1,\Delta^n 0^p=0\quad(n>p)$$

以及

$$\Delta^n 0^n=n!$$

便可作出叫作零的差分的 $\Delta^n 0^p$ 的表. 当 $x=0$ 时,x 的前十个幂次的差分值列在表 8 之中.

表 8　零的差分表

p	$\Delta 0^p$	$\Delta^2 0^p$	$\Delta^3 0^p$	$\Delta^4 0^p$	$\Delta^5 0^p$	$\Delta^6 0^p$
1	1					
2	1	2				
3	1	6	6			
4	1	14	36	24		
5	1	30	150	240	120	

续表 8

p	$\Delta 0^p$	$\Delta^2 0^p$	$\Delta^3 0^p$	$\Delta^4 0^p$	$\Delta^5 0^p$	$\Delta^6 0^p$
6	1	62	540	1 560	1 800	720
7	1	126	1 806	8 400	16 800	15 120
8	1	254	5 796	40 824	126 000	191 520
9	1	510	18 150	186 480	834 120	1 905 120
10	1	1 022	55 980	818 520	5 103 000	16 435 440

§8　接续的整数的幂次之和

上节公式(2)能有效地用以计算整数的幂次之和.

在此公式中以 x^n 代替 $P_n(x)$,便有

$$x^n = \sum_{v=1}^{n} \frac{x^{(v)}}{v!} \Delta^v 0^n$$

以 $x=1,2,\cdots,m-1$ 代入并利用

$$\binom{r}{v} + \binom{r-1}{v} + \cdots + \binom{v+1}{v} + \binom{v}{v} = \binom{r+1}{v+1}$$

便得到为计算整数的幂次之和的下列公式

$$1^n + 2^n + \cdots + (m-1)^n = \sum_{v=2}^{n+1} \binom{m}{v} \Delta^{v-1} 0^n$$

在特殊情形中,当 $n=1,2,\cdots,7$ 时,便得

$$1+2+3+\cdots+(m-1) = \frac{m^2}{2} - \frac{1}{2}m$$

$$1^2+2^2+3^2+\cdots+(m-1)^2 =$$

$$\frac{m^3}{3} - \frac{1}{2}m^2 + \frac{1}{6}m$$

$$1^3+2^3+3^3+\cdots+(m-1)^3=$$
$$\frac{m^4}{4}-\frac{1}{2}m^3+\frac{1}{4}m^2$$
$$1^4+2^4+3^4+\cdots+(m-1)^4=$$
$$\frac{m^5}{5}-\frac{1}{2}m^4+\frac{1}{3}m^3-\frac{1}{30}m$$
$$1^5+2^5+3^5+\cdots+(m-1)^5=$$
$$\frac{m^6}{6}-\frac{1}{2}m^5+\frac{5}{12}m^4-\frac{1}{12}m^2$$
$$1^6+2^6+3^6+\cdots+(m-1)^6=$$
$$\frac{m^7}{7}-\frac{1}{2}m^6+\frac{1}{2}m^5-\frac{1}{6}m^3+\frac{1}{42}m$$
$$1^7+2^7+3^7+\cdots+(m-1)^7=$$
$$\frac{m^8}{8}-\frac{1}{2}m^7+\frac{7}{12}m^6-\frac{7}{24}m^4+\frac{1}{12}m^2$$

§9　中心差分

为完全起见,我们指出,除了以上所考虑过的记号“Δ”外,为了表示有限差分也采用某些略有出入的记号.在其中我们要讲述最通行的斯蒂芬孙和谢巴尔德的记号.斯蒂芬孙曾引入由方程

$$\nabla f(a)=f(a)-f(a-h)$$

确定的有限差分(按照斯蒂芬孙,$h=1$).由方程

$$\delta f(a)=f\left(a+\frac{h}{2}\right)-f\left(a-\frac{h}{2}\right)$$

确定的差分是由谢巴尔德所引入.$\nabla f(a)$ 形的差分叫作上升差分,而 $\delta f(a)$ 形的差分叫作中心差分.

今对于在等距离点处所给定的函数 $f(x)$ 作出差

分$\nabla^k f(a)(k=0,1,\cdots)$ 的表(表 9).

表 9　差分$\nabla^k f(a)$ 的表

$a-2h$	$f(a-2h)$				
		$\nabla f(a-h)$			
$a-h$	$f(a-h)$		$\underline{\nabla^2 f(a)}$		
		$\nabla f(a)$		$\nabla^3 f(a+h)$	
a	$\underline{f(a)}$		$\nabla^2 f(a+h)$		$\nabla^4 f(a+2h)$
		$\underline{\nabla f(a+h)}$		$\nabla^3 f(a+2h)$	
$a+h$	$f(a+h)$		$\nabla^2 f(a+2h)$		
		$\nabla f(a+2h)$			
$a+2h$	$f(a+2h)$				

由此表可见,所有上升差分$\nabla^k f(a)(k=0,1,2,\cdots)$位于由 $f(a)$ 出发的上升斜线上(在表 9 中,在上升差分之下画有横线).

今作包含差分 $\delta^k f(a)$ 的表 10.

表 10　差分 $\delta^k f(a)$ 的表

$a-2h$	$f(a-2h)$				
		$\delta f\left(a-\frac{3}{2}h\right)$			
$a-h$	$f(a-h)$		$\delta^2 f(a-h)$		
		$\delta f\left(a-\frac{h}{2}\right)$		$\delta^3 f\left(a-\frac{h}{2}\right)$	
a	$\underline{f(a)}$		$\underline{\delta^2 f(a)}$		$\underline{\delta^4 f(a)}$
		$\underline{\delta f\left(a+\frac{h}{2}\right)}$		$\underline{\delta^3 f\left(a+\frac{h}{2}\right)}$	
$a+h$	$f(a+h)$		$\delta^2 f(a+h)$		
		$\delta f\left(a+\frac{3}{2}h\right)$			
$a+2h$	$f(a+2h)$				

由此表可见,中心差分 $f(a),\delta^2 f(a),\delta^4 f(a),\cdots$ 位于由 $f(a)$ 出发的一条水平线上,而中心差分 $\delta f\left(a+\frac{h}{2}\right),\delta^3 f\left(a+\frac{h}{2}\right),\cdots$ 是位于由 $\delta f\left(a+\frac{h}{2}\right)$ 出

发的一条水平线上(在表 10 中,在它们之下画有横线).

为了阐明差分$\nabla^k f(a)$,$\delta^k f(a)$ 和 $\Delta^k f(a)$ 之间的相互联系,我们对值组 $\cdots, f(a-2h), f(a-h), f(a)$, $f(a+h), f(a+2h), \cdots$ 作出通常的差分表(§1),并将它与表 9 和 10 加以比较.

由比较的结果便知,在所作的这些表中,在对应的位置上的是相互之间只在记号上有差别的相同差分.因此便有

$$\nabla^k f(a) = \Delta^k f(a-kh) \tag{1}$$

$$\begin{cases}\delta^{2k} f(a) = \Delta^{2k} f(a-kh) \\ \delta^{2k+1} f\left(a+\dfrac{h}{2}\right) = \Delta^{2k+1} f(a-kh)\end{cases} \tag{2}$$

以上三个公式也可由解析方法导出.事实上,例如,用数学归纳法可以证明

$$\nabla^k f(a) = \sum_{v=0}^{k} (-1)^v \binom{k}{v} f(a-vh)$$

$$\delta^{2k} f(a) = \sum_{v=0}^{2k} (-1)^v \binom{2k}{v} f(a+(k-v)h)$$

将它们与 §2 公式(1) 相结合,便可得出关系式(1) 和(2).

由于差分$\nabla^m f(a)$ 和 $\delta^m f(a)$ 中的任一个都能以 m 阶的通常有限差分表出,因而容易知道,k 阶差分 $\nabla^k a^n$ 和 $\delta^k a^n$ 将是 a 的 $n-k$ 次多项式;n 阶差分$\nabla^n a^n$ 和 $\delta^n a^n$ 将是常量,而以后所有各阶差分都等于零.

最后,再考虑一个由谢巴尔德所引入的为了表示函数或其差分的两个值的算术平均的记号 μ

$$\mu\delta^r f(a) = \frac{\delta^r f\left(a+\dfrac{h}{2}\right) + \delta^r f\left(a-\dfrac{h}{2}\right)}{2} \quad (r=0,1,\cdots)$$

利用公式(2),可以得出

$$\begin{cases}\mu\delta^{2k+1}f(a)=\dfrac{1}{2}[\Delta^{2k+1}f(a-kh)+\\ \qquad\qquad\Delta^{2k+1}f(a-(k+1)h)]\\ \mu\delta^{2k}f\left(a+\dfrac{h}{2}\right)=\dfrac{1}{2}[\Delta^{2k}f(a-(k-1)h)+\\ \qquad\qquad\Delta^{2k}f(a-kh)]\end{cases}\tag{3}$$

差分计算的大量新的记号的使用,由于在实用上的某些方便,已被证明其价值.中心差分的表 10 显示出它的对称性,此与在"Δ"差分的表 1 中的无对称性相反.内插法的差分公式,以及带有差分的数值微分法公式和求积公式,在"δ"记号下更显得紧凑一些.不过,由公式(2)和(3)可见,容易把包含中心差分的公式改为包含"Δ"差分的公式,反之亦然.

例如,斯蒂尔林内插公式,如用谢巴尔德的记号来写,则按公式(2)(上面一个)和(3)便成为

$$f(a+th)=f(a)+\sum_{v=1}^{n}\left\{\frac{\mu\delta^{2v-1}f(a)}{(2v-1)!}t\prod_{k=1}^{v-1}(t^2-k^2)+\frac{\delta^{2v}f(a)}{(2v)!}\prod_{k=0}^{v-1}(t^2-k^2)\right\}+R\tag{4}$$

但是,要注意,公式(4)所要用的差分中的一些,位于经过 $f(a)$ 的水平一列上,另一些(属于差分的同一行的)关于此水平线是对称的.但是因为在差分表中记出的数所对应的各种差分,相互间只有记号上的差别,所以当计算规则已述出,并且已将要用的数下画上横线,则要用的公式以什么记号写出,就完全是一样的了.关于采用记号"Δ"表示差分的不方便的这一广泛流行的意见,多是表面而非实际的.因此,为了叙述的统一性,我们是以"Δ"为记号建立内插法的全部理

论和应用,间或采用另外的记号,那只是为了刚才所述及的解释而并不是为了实际的计算.

有时,还是为了方便,某些作者引入与刚刚所提到的不同的新的差分记号,并作出对应的水平差分表.这些记号并不是由任何需要所引起的,且使叙述更加复杂.因此,我们不打算提及这些记号,也不记载这些表格.

第3章 有限和

§1 差分演算的反演算

在积分计算中是要按已知函数 $f(x)$ 去求函数 $F(x)$，使它有导数 $f(x)$. 在差分演算中，考虑反问题时，是要按已知函数 $f(x)$ 去确定函数 $F(x)$，使它以 $hf(x)$ 为其有限差分. 此处 h(自变量的常数增量)是任意数. 通常，$h=1$. 今论证，所求的函数的形状为

$$F(x)=\sum_{\alpha}^{x-h}hf(x)=h[f(\alpha)+f(\alpha+h)+\cdots+f(x-h)]$$

事实上

$$F(x+h)-F(x)=h\sum_{\alpha}^{x}f(x)-h\sum_{\alpha}^{x-h}f(x)=hf(x)$$

亦即

$$\Delta F(x)=hf(x) \tag{1}$$

因此,我们按它的已知的差分,确定了此函数.

在此处表示从某一常数限 α 到变限 $x-h$ 的求和的运算"$\sum$",相当于无穷小演算中的不定积分记号.因此,同样地,$\sum hf(x)$ 叫作有限差分 $hf(x)$ 的积分[①].

在积分演算中,不定积分准确地确定到被加的常数.今要问,对于不定和是否也有与这类似之处呢?关系式(1)给出所提问题的回答.由式(1)可见,如果

$$F(x)=\sum hf(x)$$

是 $hf(x)$ 的不定和,则 $F(x)+\omega(x)$(其中 $\omega(x)$ 是某一以 h 为周期的周期函数)也将是 $hf(x)$ 的不定和,这是因为

$$\Delta\left[\sum hf(x)+\omega(x)\right]=hf(x)$$

任意周期函数 $\omega(x)$ 也叫作周期常数.

按不定和的定义,有

$$\Delta\sum f(x)=f(x)$$

即记号"Δ"和"$\sum$"应用到同一函数上,则相互对消.当"$\sum$"在"Δ"之前时,也有同样的结果,但是与前面的有这样的差别,就是对 $f(x)$,需要加上以 h 为周期的任意周期函数 $\omega(x)$

$$\sum\Delta f(x)=f(x)+\omega(x)$$

---

① "有限差分的积分"(法文是 integral fini)是个陈旧的名称,但现时某些人仍利用这个名称.通常,量 $h\sum f(x)$ 叫作不定和(仿不定积分).

因此,运用"Δ"和"$\sum$"的顺序不是没有关系的.

利用 $hf(x)$ 的不定和

$$F(x)=h\sum_{a}^{x-h}f(x)$$

便得

$$F(x+h)-F(x)=hf(x)$$
$$F(x+2h)-F(x+h)=hf(x+h)$$
$$\vdots$$
$$F(x+nh)-F(x+(n-1)h)=hf(x+(n-1)h)$$

将这些等式相加,便有

$$F(x+nh)-F(x)=h[f(x)+f(x+h)+\cdots+f(x+(n-1)h)]$$

由此,以 a 代替 x,即得

$$F(a+nh)-F(a)=h\sum_{x=a}^{a+(n-1)h}f(x)$$

上式右端的表达式叫作定和(仿定积分的名称),它以 a 和 $a+nh$ 分别为求和的上下限.有时,这个表达式也叫作有限差分 $hf(x)$ 的定积分.

在一般情形下,有下列写法

$$F(b)-F(a)=h\sum_{x=a}^{b-h}f(x)$$

其中 a 和 b 是任意数,且

$$h=\frac{b-a}{n}$$

而 n 为整数.

§2　初等求和法

由上节推出,如果已求得满足方法

$$\Delta F(x)=F(x+h)-F(x)=hf(x)$$

的函数 $F(x)$,则定和

$$\sum_{x=a}^{a+nh}f(x)=f(a)+f(a+h)+\cdots+f(a+nh) \tag{1}$$

计算的问题(其中 h 为已知数),便应当看作是已解的.

事实上,如果在上一公式中依次以 $a,a+h,\cdots,a+nh$ 代替 x,便得

$$F(a+h)-F(a)=hf(a)$$

$$F(a+2h)-F(a+h)=hf(a+h)$$

$$\vdots$$

$$F(a+(n+1)h)-F(a+nh)=hf(a+nh)$$

利用所得的等式,便可作出和数

$$h\sum_{x=a}^{a+nh}f(x)=F(a+(n+1)h)-F(a) \tag{2}$$

因此,如果函数 $F(x)$(不定和)是已知的,则和 $h\sum_{x=a}^{a+nh}f(x)$(定和)可按公式(2)计算出来.当我们说不定和是已知时,这并不意味着函数 $F(x)$ 是解析地确定的.说"不定和是已知的"只要认定函数 $F(x)$ 在点 $a,a+h,\cdots,a+(n+1)h$ 处的个别的值是已知的,即只要认定

$$F(a),F(a+h),\cdots,F[a+(n+1)h]$$

是已知的即可.

以下我们表明公式(2)在某些初等函数求和的例子上的用途,所利用的是差分(在我们的例子中,是已知函数的差分)的和可化归函数本身这一性质.所谓"求 $f(x)$ 的和"这句话,就是代表求有限和(1).用以计算此和数的公式叫作求和公式.

作为例子,我们计算定和

$$\sum_{x=a}^{a+n} \frac{1}{x(x+1)\cdots(x+s)}$$

今考虑差数($h=1$)

$$\frac{1}{(x+1)(x+2)\cdots(x+s)} - \frac{1}{x(x+1)\cdots(x+s-1)} = \frac{-s}{x(x+1)\cdots(x+s)} = f(x)$$

并对 x 从某 a 到 $a+n$ 来对 $f(x)$ 求和.这就给出求和公式

$$\sum_{x=a}^{a+n} \frac{1}{x(x+1)\cdots(x+s)} = -\frac{1}{s(a+n+1)(a+n+2)\cdots(a+n+s)} + \frac{1}{sa(a+1)\cdots(a+s-1)} \tag{3}$$

特别地,当 $a=1$ 和 $s=2$ 时,便得

$$\sum_{x=1}^{n+1} \frac{1}{x(x+1)(x+2)} = \frac{1}{4} - \frac{1}{2(n+2)(n+3)}$$

今借助于公式(3)来求有限和

$$\sum_{x=1}^{n+1} \frac{1}{x(x+1)(x+2)}$$

当 $n\to\infty$ 时，我们得

$$\lim_{n\to\infty}\sum_{x=1}^{n+1}\frac{1}{x(x+1)(x+2)}=$$

$$\sum_{x=1}^{\infty}\frac{1}{x(x+1)(x+2)}=\frac{1}{4}$$

作为另一个例子，我们计算和

$$\sum_{x=0}^{n-2}\sin(x+1)\alpha=\sin\alpha+\sin 2\alpha+\cdots+\sin(n-1)\alpha$$

因为

$$\Delta\cos\left(x+\frac{1}{2}\right)\alpha=-2\sin(x+1)\alpha\sin\frac{\alpha}{2}$$

所以，如令

$$f(x)=-2\sin(x+1)\alpha\sin\frac{\alpha}{2}$$

$$F(x)=\cos\left(x+\frac{1}{2}\right)\alpha$$

并利用公式(2)，便知

$$\sin\alpha+\sin 2\alpha+\cdots+\sin(n-1)\alpha=$$

$$\frac{\cos\frac{\alpha}{2}-\cos\left(n-\frac{1}{2}\right)\alpha}{2\sin\frac{\alpha}{2}}$$

同理也可证明

$$\frac{1}{2}+\cos\alpha+\cos 2\alpha+\cdots+\cos n\alpha=\frac{\sin\frac{2n+1}{2}\alpha}{2\sin\frac{\alpha}{2}}\tag{4}$$

今再指出公式(2)的一个有趣的应用．我们取阶乘的差分的表达式

$$\Delta x^{(k+1)}=(k+1)x^{(k)}$$

其中

$$x^{(k)}=x(x-1)\cdots(x-(k-1))$$

并取

$$f(x)=(k+1)x^{(k)}$$

$$F(x)=x^{(k+1)}$$

利用公式(2),便得

$$\sum_{x=0}^{m}x^{(k)}=\sum_{x=k}^{m}x^{(k)}=\frac{(m+1)^{(k+1)}}{k+1}$$

其中

$$(m+1)^{(k+1)}=(m+1)m\cdots(m+1-k)$$

最后,我们考虑 n 次多项式 $P_n(x)$ 并计算和 $\sum_{x=0}^{n}P_n(x)$. 为使求和简化,我们引用 $P_n(x)$ 按阶乘多项式展开的公式. 于是

$$\sum_{x=0}^{m}P_n(x)=\sum_{x=0}^{m}\sum_{v=0}^{n}\frac{x^{(v)}}{v!}\Delta^{v}P_n(0)=$$

$$\sum_{v=0}^{n}\frac{(m+1)^{(v+1)}}{(v+1)!}\Delta^{v}P_n(0)$$

我们可将此公式用来计算接续整数的幂次的和.

§3　分部求和法

如引入与连续分析的分部积分公式相似的分部求和的公式,则可在某种程度上补充上一节的结果. 此公式的形式是

$$\sum_{x=a}^{a+nh}u(x)\Delta v(x)=u(x)v(x)\Big|_{a}^{a+(n+1)h}-$$

$$\sum_{x=a}^{a+nh} v(x+h)\Delta u(x)$$

它可从恒等式

$$\Delta u(x)v(x) = v(x+h)\Delta u(x) + u(x)\Delta v(x)$$

得出,只要在其中令

$$hf(x) = v(x+h)\Delta u(x) + u(x)\Delta v(x)$$

$$F(x) = u(x)v(x)$$

分部求和方法使和 $\sum\limits_{x=a}^{a+nh} u(x)\Delta v(x)$ 的计算变为新和 $\sum\limits_{x=a}^{a+nh} v(x+h)\Delta u(x)$ 的计算,而此后一计算可能是更简单些.

第4章 差商

§1 定义和记号

设函数 $f(x)$ 对于 $x=a_0, x=a_1, \cdots, x=a_n$ 的值是已知的，假定数 $a_0, a_1, \cdots, a_n$ 是不同的.

比

$$\frac{f(a_\mu)-f(a_v)}{a_\mu-a_v} \quad (\mu \neq v)$$

叫作函数 $f(x)$ 的第一阶差商（第一阶的差分比），并记作 $f(a_\mu, a_v)$.

例如，由自变量的值 a_0 和 a_2 以及函数的值 $f(a_0)$ 和 $f(a_2)$ 所形成的第一阶差商等于

$$f(a_2, a_0)=\frac{f(a_2)-f(a_0)}{a_2-a_0}$$

今考虑比

$$\frac{f(a_\mu, a_v)-f(a_v, a_\lambda)}{a_\mu-a_\lambda} \quad (\mu \neq \lambda)$$

它叫作函数 $f(x)$ 的第二阶差商，并记作 $f(a_\mu, a_v, a_\lambda)$.

例如

$$\frac{f(a_2,a_1)-f(a_1,a_0)}{a_2-a_0}=f(a_2,a_1,a_0)$$

$$\frac{f(a_3,a_2)-f(a_2,a_1)}{a_3-a_1}=f(a_3,a_2,a_1)$$

一般说来，比

$$\frac{f(a_n,a_{n-1},\cdots,a_1)-f(a_{n-1},a_{n-2},\cdots,a_0)}{a_n-a_0}$$

叫作函数 $f(x)$ 的第 n 阶差商，记作 $f(a_n,a_{n-1},\cdots,a_0)$. 因此，差商的阶比我们用以得到它的自变量的值的个数少1.

我们指出，第一阶，二阶，……，n 阶差商也有（分别）用记号

$$[a_1,a_0],[a_2,a_1,a_0],\cdots,[a_n,a_{n-1},\cdots,a_0]$$

表示的.

差商的计算与相继的有限差分的计算同样简单. 例如，对于自变量的值 $a_0,a_1,\cdots,a_n$ 与函数 $f(x)=\frac{1}{x}$ 在这些点的值去求函数 $f(x)$ 的第 n 阶差商.

于是

$$f(a_0,a_1)=\frac{\frac{1}{a_0}-\frac{1}{a_1}}{a_0-a_1}=-\frac{1}{a_0a_1}$$

其次

$$f(a_0,a_1,a_2)=\frac{1}{a_0a_1a_2}$$

一般地

$$f(a_0,a_1,\cdots,a_n)=\frac{(-1)^n}{a_0a_1\cdots a_n}$$

为了作数值计算，利用下面（表 1）所引入的自变量值，函数值与差商的分布规律，甚为方便.

表 1　差商表

自变量	函数			
a_0	$f(a_0)$			
		$f(a_0,a_1)$		
a_1	$f(a_1)$		$f(a_0,a_1,a_2)$	
		$f(a_1,a_2)$		$f(a_0,a_1,a_2,a_3)$
a_2	$f(a_2)$		$f(a_1,a_2,a_3)$	
		$f(a_2,a_3)$		$f(a_1,a_2,a_3,a_4)$
a_3	$f(a_3)$		$f(a_2,a_3,a_4)$	
		$f(a_3,a_4)$		
a_4	$f(a_4)$			

在此表中，位于由 $f(a_k)$ 和 $f(a_v)$（$f(a_v)$ 位于 $f(a_k)$ 之下）出发的两列倾斜线的交点上的每一差商是两个数的比，其中一个数（被除数）是由紧靠在所求差商的左下方的数减去紧靠在同一差商的左上方的数得到的，而另一个数（除数）等于 $a_v - a_k$.

以这种方法来作相继各阶的差商，不难看出，像 $f(a_1,a_3,a_6)$ 这样的差商在表中是没有的. 我们指出，借助于 $f(x)$ 的某一组在一些给定点处的值以及自变量在这些点处的值，也可非常简单地解决求这些差分的问题，虽然为着应用仅仅有在以上所引入的表中所写出的差商就足够了.

以下我们引入自变量和函数的值（表 2）并就它们算得的相继的差商. 所得的表可作为差商表的例.

表 2　差商表的例

自变量	函数				
$a_0=10$	1.000 00				
		4 139			
$a_1=11$	1.041 39		-170		
		3 628		8	
$a_2=13$	1.113 94		-122		-1
		3 018		4	
$a_3=16$	1.204 48		-92		
		2 558			
$a_4=18$	1.255 64				

此处差商−0.001 22位于由1.041 39和1.204 48出发的两列倾斜线的交点上，$a_v - a_k = 16 - 11 = 5$. 紧靠在左下方的数（对于所求的差商而言）等于0.030 18，而紧靠在左上方的数等于0.036 28. 因此，所求的差商等于

$$\frac{0.030\,18 - 0.036\,28}{5} = -0.001\,22$$

在本节中，差商是不依赖于有限差分而定义的. 以下，我们将见，在某些情形中，差商可借助于有限差分表出. 在自变量的值经等间隔而变化时，便将是这样的.

§2　差商的对称性以及其他性质

作出相继的差商后，不难见到，它们是由形如 $f(a_k):\prod\limits_{\substack{k=0\\k\neq v}}^{n}(a_v - a_k)$①的 $n+1$ 个项的和表出的. 用完全归纳法，容易求得

$$f(a_0, a_1, \cdots, a_n) = \sum_{v=0}^{n} \frac{f(a_v)}{\prod\limits_{\substack{k=0\\k\neq v}}^{n}(a_v - a_k)} \tag{1}$$

由此便知，差商 $f(a_0, a_1, \cdots, a_n)$ 是自变量各值的对称

---

① 此处以及今后，记号"$\prod\limits_{\substack{k=0\\k\neq v}}^{n}$"是用来作为形如 $(a_v - a_k)(k = 0, 1, \cdots, n)$ 的所有可能的括弧的乘积，而且不等式 $k \neq v$ 用以表示在乘积中删去 $k = v$ 的那个因子.

函数，即当字母 $a_0, a_1, \cdots, a_n$ 任意置换时，差商的值不变.

例如

$$f(a_0, a_1, \cdots, a_n) = f(a_n, a_0, \cdots, a_{n-1})$$

由公式(1)也可见到，如果使列在表中的 $f(x)$ 的值保持不变，将自变量 x 按公式(α 是任意一数)

$$x = t + \alpha$$

以新的自变量 t 代替之，则差商不变. 但如将自变量 x 以常量 h 乘之而不改变 $f(x)$ 的列在表中的值，则差商 $f(a_0, a_1, \cdots, a_n)$ 除以 h^n.

§3　差商可作为两个行列式的比

今考虑由数 $a_0, a_1, \cdots, a_n$(其中没有相等的)所组成的 $n+1$ 阶范德蒙行列式

$$\begin{vmatrix} 1 & 1 & \cdots & 1 \\ a_0 & a_1 & \cdots & a_n \\ a_0^2 & a_1^2 & \cdots & a_n^2 \\ \vdots & \vdots & & \vdots \\ a_0^n & a_1^n & \cdots & a_n^n \end{vmatrix} = \prod_{n \geqslant j > i} (a_j - a_i)$$

它等于组成它的数的所有可能的差的乘积.

§2公式(1)可写作

$$f(a_0, a_1, \cdots, a_n) = \frac{\sum_{v=0}^{n} (-1)^{n-v} f(a_v) \prod_{j>i}{}' (a_j - a_i)}{\prod_{n \geqslant j > i} (a_j - a_i)}$$

其中记号“$\prod_{j>i}{}'$”表示从组成 $n+1$ 阶范德蒙行列式中

的数的所有可能的差的乘积中删去 j 和 i 等于 v 的那些个因子.

但因为

$$\sum_{v=0}^{n}(-1)^{n-v}f(a_v)\prod_{j>i}{}'(a_j-a_i)=$$

$$(-1)^n\begin{vmatrix} f(a_0) & f(a_1) & \cdots & f(a_n) \\ 1 & 1 & \cdots & 1 \\ a_0 & a_1 & \cdots & a_n \\ \vdots & \vdots & & \vdots \\ a_0^{n-1} & a_1^{n-1} & \cdots & a_n^{n-1} \end{vmatrix}$$

所以,调换各行,最后便得

$$f(a_0,a_1,\cdots,a_n)=\begin{vmatrix} f(a_0) & f(a_1) & \cdots & f(a_n) \\ a_0^{n-1} & a_1^{n-1} & \cdots & a_n^{n-1} \\ a_0^{n-2} & a_1^{n-2} & \cdots & a_n^{n-2} \\ \vdots & \vdots & & \vdots \\ a_0 & a_1 & \cdots & a_n \\ 1 & 1 & \cdots & 1 \end{vmatrix} \cdot \begin{vmatrix} a_0^n & a_1^n & \cdots & a_n^n \\ a_0^{n-1} & a_1^{n-1} & \cdots & a_n^{n-1} \\ \vdots & \vdots & & \vdots \\ a_0 & a_1 & \cdots & a_n \\ 1 & 1 & \cdots & 1 \end{vmatrix} \qquad (1)$$

此公式表明,如果 $f(x)=x^k(k\geqslant 0)$,则差商

$$f(a_0,a_1,\cdots,a_n)=\begin{cases}0,当\ k<n\ 时\\1,当\ k=n\ 时\end{cases}$$

根据公式(1),如令 $f(x)=\dfrac{1}{x}$,便又得到在 §1 所

导出的公式

$$f(a_0,a_1,\cdots,a_n)=\frac{(-1)^n}{a_0a_1\cdots a_n}$$

§4　借助于积分表示的差商

差商和定积分之间的联系，由公式

$$f(a_0,a_1,\cdots,a_{n-1})=\int_0^1 \mathrm{d}t_1\int_0^{t_1}\mathrm{d}t_2\cdots\int_0^{t_{n-2}}f^{(n-1)}(\omega_n)\mathrm{d}t_{n-1} \tag{1}$$

表出，其中

$$\omega_n=a_0(1-t_1)+a_1(t_1-t_2)+\cdots+ a_{n-2}(t_{n-2}-t_{n-1})+a_{n-1}t_{n-1}$$

此公式对于变量 $t_1,t_2,\cdots,t_{n-1}$ 变化的任意区间都是成立的，只要假定函数 $f(x)$ 在每一区间中有相应各阶的连续导数. 公式(1) 对于自变量的相同的值也是有意义的.

今以数学归纳法证明公式(1) 的真实性. 当 $n=2$ 时，公式(1) 显然是真的. 事实上

$$f(a_0,a_1)=\int_0^1 f'[a_0(1-t_1)+a_1t_1]\mathrm{d}t_1=\frac{f(a_1)-f(a_0)}{a_1-a_0}$$

今假定公式(1) 对 $f(a_0,a_1,\cdots,a_{n-1})$ 是真的，我们要证它对 $f(a_0,a_1,\cdots,a_n)$ 也将是真的. 我们有

$$\int_0^{t_{n-1}}f^{(n)}(\omega_{n+1})\mathrm{d}t_n=$$

$$\frac{f^{(n-1)}[a_0(1-t_1)+\cdots+a_{n-2}(t_{n-2}-t_{n-1})+a_{n-1}t_{n-1}]}{a_{n-1}-a_n}-$$

$$\frac{f^{(n-1)}[a_0(1-t_1)+\cdots+a_{n-2}(t_{n-2}-t_{n-1})+a_nt_{n-1}]}{a_{n-1}-a_n}$$

因此

$$\int_0^1 \mathrm{d}t_1 \int_0^{t_1} \mathrm{d}t_2 \cdots \int_0^{t_{n-1}} f^{(n)}(\omega_{n+1}) \mathrm{d}t_n =$$

$$\frac{f(a_0, a_1, \cdots, a_{n-1}) - f(a_0, a_1, \cdots, a_{n-2}, a_n)}{a_{n-1} - a_n} =$$

$$f(a_0, a_1, \cdots, a_n)$$

此公式可从公式(1) 得出，这只要在公式(1) 中以 n 代替 $n-1$，因而即证得公式(1) 的真实性.

当 $a_0 = a_1 = \cdots = a_n = x$ 时，则得

$$f(\underbrace{x, x, \cdots, x}_{n+1}) = \int_0^1 \mathrm{d}t_1 \int_0^{t_1} \mathrm{d}t_2 \cdots \int_0^{t_{n-1}} f^{(n)}(x) \mathrm{d}t_n =$$

$$\frac{f^{(n)}(x)}{n!} \tag{2}$$

如令 $a_0 = x, a_1 = a_2 = \cdots = a_n = 0$，便得到另一个特殊情形. 我们有

$$f(x, \underbrace{0, 0, \cdots, 0}_{n}) = \frac{1}{(n-1)!} \int_0^1 t_1^{n-1} f^{(n)}(x - t_1 x) \mathrm{d}t_1$$

由置换 $t_1 = 1 - t$，便得

$$f(x, \underbrace{0, 0, \cdots, 0}_{n}) = \frac{1}{(n-1)!} \int_0^1 (1-t)^{n-1} f^{(n)}(xt) \mathrm{d}t$$

最后，对于所导出的公式(1)，如在其中以 $n+1$ 代替 n，则便有表作下式的平均值定理

$$f(a_0, a_1, \cdots, a_n) = \frac{f^{(n)}(\xi)}{n!} \tag{3}$$

其中 ξ 在数 $a_0, a_1, \cdots, a_n$ 中的最小者和最大者之间. 事实上

$$\omega_{n+1} = \frac{a_0(1-t_1) + a_1(t_1 - t_2) + \cdots + a_{n-1}(t_{n-1} - t_n) + a_n t_n}{(1+t_1) + (t_1 - t_2) + \cdots + (t_{n-1} - t_n) + t_n}$$

因为

$$(1-t_1)+(t_1-t_2)+\cdots+(t_{n-1}-t_n)+t_n=1$$

但因 $0\leqslant t_n\leqslant t_{n-1}\leqslant\cdots\leqslant t_2\leqslant t_1\leqslant 1$,所以所有 $1-t_1,t_1-t_2,\cdots,t_{n-1}-t_n,t_n$ 都为同号[①],而应用积分中值定理,即可证明公式(3)的真实性.

如果自变量的所有值都相同,即 $a_0=a_1=\cdots=a_n=x$,则利用取极限,我们又得到公式(2).事实上

$$\lim_{\substack{a_0\to x\\ a_1\to x\\ \vdots\\ a_n\to x}} f(a_0,a_1,\cdots,a_n)=f(\underbrace{x,x,\cdots,x}_{n+1})=\frac{f^{(n)}(x)}{n!} \tag{4}$$

§5 呈复数积分形的差商

我们容易将差商的概念转移到一组复变量的值上去.设 D 为由闭曲线 γ 所围成的某一单连通域(在 z 平面中),并设 $f(z)$ 是在此域的内部及其周界上为全纯的某一函数.再设 t 为周界 γ 上的变动点,且在 γ 内的有限个 $z_m(m=0,1,\cdots,n)$ 中没有重复的.

函数

① 因此,根据下一熟知的辅助定理,ω_{n+1} 是在数 $a_0,a_1,\cdots,a_n$ 中的最小者和最大者之间,这一辅助定理即,公式

$$\frac{p_0+p_1+\cdots+p_n}{q_0+q_1+\cdots+q_n}$$

是 $\frac{p_0}{q_0},\frac{p_1}{q_1},\cdots,\frac{p_n}{q_n}$ 的中值分数,只要所有 $q_v(v=0,1,\cdots,n)$ 都为同号.

$$\frac{f(t)}{(t-z_0)(t-z_1)\cdots(t-z_n)}$$

沿 D 域的周界的积分等于函数

$$\frac{f(z)}{(z-z_0)(z-z_1)\cdots(z-z_n)}$$

在极 $z_v(v=0,1,\cdots,n)$ 的留数的和与 $2\pi i$ 的乘积. 但关于简单极 z_v，其留数等于

$$\frac{f(z_v)}{(z_v-z_0)(z_v-z_1)\cdots(z_v-z_{v-1})(z_v-z_{v+1})\cdots(z_v-z_n)}$$

而对应于 $v=0,1,\cdots,n$ 的所有留数的和给出 n 阶差商 $f(z_0,z_1,\cdots,z_n)$. 因此

$$f(z_0,z_1,\cdots,z_n)=\frac{1}{2\pi i}\int_\gamma \frac{f(t)}{(t-z_0)(t-z_1)\cdots(t-z_n)}\mathrm{d}t \tag{1}$$

§6　关于差商的一些定理

定理 1　函数与常量的乘积对于自变量的值 a_0，$a_1,\cdots,a_n$ 的差商等于函数对于自变量的这些值的差商与此常量的乘积.

定理 2　如果关系式

$$f(x)=\sum_{v=1}^{m}C_v\varphi_v(x)$$

在点 $x=a_v(v=0,1,\cdots,n)$ 是成立的，其中 $C_1,C_2,\cdots,C_m$ 为某些数，则

$$f(a_0,a_1,\cdots,a_n)=\sum_{v=1}^{m}C_v\varphi_v(a_0,a_1,\cdots,a_n)$$

定理 3　x^m 对于自变量的值 $a_0,a_1,\cdots,a_k$ 的 k 阶

差商，当$k<m$时是$a_0,a_1,\cdots,a_k$的$m-k$次齐次函数，当$k=m$时，它等于1，但当$k>m$时，即变为零.

函数$f(x)=x^m$的第一阶差商可根据定义由直接计算而求得

$$f(a_0,a_1)=\frac{a_0^m-a_1^m}{a_0-a_1}=a_0^{m-1}+a_1a_0^{m-2}+\cdots+a_1^{m-1}$$

如所见，它是a_0,a_1的$m-1$次齐次函数.

作出相继各阶的差商，便可证实公式

$$f(a_0,a_1,\cdots,a_k)=\sum a_0^{r_0}a_1^{r_1}\cdots a_k^{r_k} \quad (r_0+r_1+\cdots+r_k=m-k) \tag{1}$$

的真实性，其中求和运算遍及所有可能的形如$a_0^{r_0}a_1^{r_1}\cdots a_k^{r_k}$的$a_0,a_1,\cdots,a_k$的$m-k$次齐次项.

公式(1)容易由完全归纳法得出.由它便推得定理3.

推论 由定理2和定理3，便知n次多项式的n阶差商是常量.此多项式的高于n阶的差商，则等于零.

§7 若干个函数的乘积的差商

为计算两个函数的乘积的n阶差商，我们将导出一个公式，它是与为了计算两个函数的乘积的高阶导数的莱布尼兹公式相类似的.

设对于$x=a_0,a_1,\cdots,a_n$，函数$\varphi(x)$和$\psi(x)$的值是已知的，并假定关系式

$$f(x)=\varphi(x)\psi(x)$$

对于自变量的这些值是成立的.我们以数学归纳法来证

$$f(a_0,a_1,\cdots,a_n)=\sum_{v=0}^{n}\varphi(a_0,a_1,\cdots,a_v)\psi(a_v,a_{v+1},\cdots,a_n) \tag{1}$$

当 $n=1$ 时,此公式是真的.事实上

$$f(a_0,a_1)=\varphi(a_0)\psi(a_0,a_1)+\varphi(a_0,a_1)\psi(a_1)$$

今假定公式(1)对任一 n 是真的,并去证它对 $n+1$ 的真实性.根据 $n+1$ 阶差商的定义

$$f(a_0,a_1,\cdots,a_{n+1})=\frac{f(a_0,a_1,\cdots,a_n)-f(a_1,a_2,\cdots,a_{n+1})}{a_0-a_{n+1}}$$

利用这个等式和公式(1),便知

$$(a_0-a_{n+1})f(a_0,a_1,\cdots,a_{n+1})=\sum_{v=0}^{n}\varphi(a_0,a_1,\cdots,a_v)\psi(a_v,a_{v+1},\cdots,a_n)-\sum_{v=0}^{n}\varphi(a_1,a_2,\cdots,a_{v+1})\psi(a_{v+1},a_{v+2},\cdots,a_{n+1})$$

这个关系式也可写成

$$(a_0-a_{n+1})f(a_0,a_1,\cdots,a_{n+1})=\sum_{v=0}^{n}\varphi(a_0,a_1,\cdots,a_v)\psi(a_v,a_{v+1},\cdots,a_n)-\sum_{v=0}^{n}\varphi(a_0,a_1,\cdots,a_v)\psi(a_{v+1},a_{v+2},\cdots,a_{n+1})+\sum_{v=0}^{n}(a_0-a_{v+1})\varphi(a_0,a_1,\cdots,a_{v+1})\psi(a_{v+1},a_{v+2},\cdots,a_{n+1})$$

因为

$$\varphi(a_1,a_2,\cdots,a_{v+1})=\varphi(a_0,a_1,\cdots,a_v)-(a_0-a_{v+1})\varphi(a_0,a_1,\cdots,a_{v+1})$$

但从另一方面有

$$\psi(a_{v+1},a_{v+2},\cdots,a_{n+1})=$$
$$\psi(a_v,a_{v+1},\cdots,a_n)-(a_v-a_{v+1})\psi(a_v,a_{v+1},\cdots,a_{n+1})$$

因而以上所写的关系式可表作下列形式

$$(a_0-a_{n+1})f(a_0,a_1,\cdots,a_{n+1})=$$
$$\sum_{v=0}^{n}\varphi(a_0,a_1,\cdots,a_v)\varphi(a_v,a_{v+1},\cdots,a_n)-$$
$$\sum_{v=0}^{n}\varphi(a_0,a_1,\cdots,a_v)\psi(a_v,a_{v+1},\cdots,a_n)+$$
$$\sum_{v=0}^{n}(a_v-a_{n+1})\varphi(a_0,a_1,\cdots,a_v)\psi(a_v,a_{v+1},\cdots,a_{n+1})+$$
$$\sum_{v=1}^{n+1}(a_0-a_v)\varphi(a_0,a_1,\cdots,a_v)\psi(a_v,a_{v+1},\cdots,a_{n+1})$$

在所得等式右端的第三个和中，求和的上限 n 可用 $n+1$ 代替，而在第四个和中，下限 1 可用 0 代替. 等式并不因此而破坏，但右端却可变成下列简单形式

$$(a_0-a_{n+1})\sum_{v=0}^{n+1}\varphi(a_0,a_1,\cdots,a_v)\psi(a_v,a_{v+1},\cdots,a_{n+1})$$

因此

$$f(a_0,a_1,\cdots,a_{n+1})=$$
$$\sum_{v=0}^{n+1}\varphi(a_0,a_1,\cdots,a_v)\psi(a_v,a_{v+1},\cdots,a_{n+1})$$

在公式(1) 中，以 $n+1$ 代替 n，便知它与上一公式恒等. 由此公式(1) 得证. 它叫作斯蒂芬孙公式.

如果自变量的所有值都相同，即 $a_0=a_1=\cdots=a_n=x$，则利用取极限，作为公式(1) 的特殊情形，可得

$$\frac{f^{(n)}(x)}{n!}=\sum_{v=0}^{n}\frac{\varphi^{(v)}(x)}{v!}\ \frac{\psi^{n-v}(x)}{(n-v)!}$$

由此便得莱布尼兹公式

$$D^n\varphi(x)\psi(x)=\sum_{v=0}^{n}\binom{n}{v}D^v\varphi(x)D^{n-v}\psi(x)$$

其中以零阶导数当作是原来的函数.

今可将公式(1) 推广到任意个因式的情形. 首先取

$$\varphi(x)=\varphi_1(x)\varphi_2(x),\psi(x)=\varphi_3(x)$$

于是

$$\varphi(a_0,a_1,\cdots,a_v)=\sum_{\mu=0}^{v}\varphi_1(a_0,a_1,\cdots,a_\mu)\varphi_2(a_\mu,a_{\mu+1},\cdots,a_v)$$

但因

$$f(x)=\varphi_1(x)\varphi_2(x)\varphi_3(x)$$

所以

$$f(a_0,a_1,\cdots,a_n)=\sum_{v=0}^{n}\sum_{\mu=0}^{v}\varphi_1(a_0,a_1,\cdots,a_\mu)\cdot\varphi_2(a_\mu,a_{\mu+1},\cdots,a_v)\cdot\varphi_3(a_v,a_{v+1},\cdots,a_n)$$

现在取

$$f(x)=\varphi_1(x)\varphi_2(x)\cdots\varphi_m(x)$$

此时便有下列公式

$$f(a_0,a_1,\cdots,a_n)=\sum\varphi_1(a_0,a_1,\cdots,a_\alpha)\cdot\varphi_2(a_\alpha,a_{\alpha+1},\cdots,a_\beta)\cdot\cdots\cdot\varphi_m(a_\rho,a_{\rho+1},\cdots,a_n)$$

而记号“$\sum$”应遍及所有满足不等式

$$0\leqslant\alpha\leqslant\beta\leqslant\cdots\leqslant\rho\leqslant n$$

的 $\alpha,\beta,\cdots,\rho$ 的值.

如取极限,即得计算 m 个函数 $\varphi_1(x),\varphi_2(x),\cdots,$

$\varphi_m(x)$ 的乘积的 n 阶导数的公式

$$f^{(n)}(x)=\sum\frac{n!}{v_1!\,v_2!\cdots v_m!}\varphi_1^{(v_1)}(x)\cdot\varphi_2^{(v_2)}(x)\cdot\cdots\cdot\varphi_m^{(v_m)}(x)$$

而记号"$\sum$"遍及满足等式

$$v_1+v_2+\cdots+v_m=n$$

的 $v_1,v_2,\cdots,v_m$ 的所有可能的值.

§8 任一多项式按幂次渐增的一些多项式的展开

今开始讨论已知 n 次多项式 $Q_n(x)$ 按以 a_0，$a_1,\cdots,a_{v-1}$ 为零点的 v 次($v=0,1,\cdots,n$) 多项式的展开.

设

$$Q_n(x)=\sum_{v=0}^{n}C_v\prod_{k=0}^{v-1}(x-a_k)\tag{1}$$

当 $v=0$ 时,我们取乘积 $\prod_{k=0}^{v-1}(x-a_k)$ 的值为 1.

为了求系数 $C_v(v=0,1,\cdots,n)$,我们就自变量 x 的一组值:$a_0,a_1,\cdots,a_{v-1}(v=1,2,\cdots,n)$ 计算等式(1)的两端的 v 阶差商.

根据在 §6 所得到的结果,便知 $\prod_{k=0}^{m-1}(x-a_k)$ 的 v 阶差商,当 $v>m$ 时,等于 0;当 $v=m$ 时,等于 1. 今设 $v<m$,此时我们利用 §2 计算差商的公式(1),且令

$$f(x)=\prod_{k=0}^{m-1}(x-a_k)$$

因为表达式 $f(a_0, a_1, \cdots, a_v)$ 关于值

$$f(a_v)=\prod_{k=0}^{m-1}(a_v-a_k)=0 \quad (v=0,1,\cdots,m-1)$$

是线性的，所以对我们有关的差商变为零.因此

$$C_v=Q_n(a_0,a_1,\cdots,a_v)$$

这样

$$Q_n(x)=\sum_{v=0}^{n}Q_n(a_0,a_1,\cdots,a_v)\prod_{k=0}^{v-1}(x-a_k) \quad (2)$$

所得的展开式将因置换自变量 x 的值而变形.如有 x 的 $n+1$ 个不同的值：$a_0, a_1, \cdots, a_n$，则便得呈(2)形的 $(n+1)!$ 个不同的展开式.每一个对应于数 a_0，$a_1, \cdots, a_n$ 的确定顺序的 $Q_n(x)$ 的表示式，可用同一方法作出.

作为一个例子，我们对自变量 x 的一组值：a_0, a_1，a_2 按公式(1)来展开多项式 $Q_2(x)$.我们有

$$\begin{aligned}Q_2(x)=&Q_2(a_0)+Q_2(a_0,a_1)(x-a_0)+\\&Q_2(a_0,a_1,a_2)(x-a_0)(x-a_1)\end{aligned}$$

今借助于数 a_1, a_0, a_3 的顺序来展开 $Q_2(x)$，便得

$$\begin{aligned}Q_2(x)=&Q_2(a_1)+Q_2(a_0,a_1)(x-a_1)+\\&Q_2(a_0,a_1,a_2)(x-a_0)(x-a_1)\end{aligned}$$

由改变 x 的值所遵循的顺序而得的多项式，能引出关于定积分的近似计算和微分方程的数值积分的各种公式.

§9　带有自变量的重复值的差商

在 §1 中所给的差商的定义，是假定了自变量的

值都不相同. 在研究各种问题时,我们需要考虑带有自变量的重复值的差商.

在自变量的某些值相同的情形,差商的计算就需要去求不定型$\frac{0}{0}$. 在此种情形下,我们将差商规定作为不相同自变量值的差商的极限. 例如

$$f(a,a_1,a)=\lim_{\varepsilon\to 0}f(a,a_1,a+\varepsilon)=$$
$$\lim_{\varepsilon\to 0}\frac{f(a_1,a+\varepsilon)-f(a,a_1)}{-\varepsilon}$$

以下将导出计算差商的公式而不要求去求不定型.

我们有

$$f(x,a_0,a_1,\cdots,a_n)=\frac{f(x)}{\prod_{k=0}^{n}(x-a_k)}+$$
$$\sum_{v=0}^{n}\frac{f(a_v)}{(a_v-x)\prod_{\substack{k=0\\k\neq v}}^{n}(a_v-a_k)}$$

此处以及今后,当 $n=0$ 时,都取

$$\prod_{\substack{k=0\\k\neq v}}^{n}(a_v-a_k)=1$$

因为多项式$\prod_{k=0}^{n}(x-a_k)$的根都是单纯的,我们易将分式$\left(\prod_{k=0}^{n}(x-a_k)\right)^{-1}$分解为初等分式

$$\frac{1}{\prod_{k=0}^{n}(x-a_k)}=\sum_{v=0}^{n}\frac{1}{(x-a_v)\prod_{\substack{k=0\\k\neq v}}^{n}(a_v-a_k)}\quad(1)$$

因而

$$f(x,a_0,a_1,\cdots,a_n)=\sum_{v=0}^{n}\frac{f(x,a_v)}{\prod\limits_{\substack{k=0\\k\neq v}}^{n}(a_v-a_k)} \tag{2}$$

取极限,即得

$$\lim_{a_0\to x}f(x,a_0,a_1,\cdots,a_n)=\frac{1}{\lim\limits_{a_0\to x}\prod\limits_{k=1}^{n}(a_0-a_k)}\cdot\lim_{a_0\to x}\frac{f(x)-f(a_0)}{x-a_0}+\lim_{a_0\to x}\sum_{v=1}^{n}\frac{f(x,a_v)}{\prod\limits_{\substack{k=0\\k\neq v}}^{n}(a_v-a_k)}$$

显然,如果函数 $f(x)$ 对于在包含 $x,a_0,a_1,\cdots,a_n$ 的区间中的所有 x 值有连续导数,则上式右端的极限存在.这便可将上式写作

$$f(x,x,a_1,\cdots,a_n)=\frac{f'(x)}{\prod\limits_{k=1}^{n}(x-a_k)}-\sum_{v=1}^{n}\frac{f(x,a_v)}{(x-a_v)\prod\limits_{\substack{k=1\\k\neq v}}^{n}(a_v-a_k)} \tag{3}$$

在此公式中,令 $n=1$,便得

$$f(x,x,a_1)=\frac{f'(x)-f(x,a_1)}{x-a_1}$$

今设自变量重复值的个数等于 m.我们往证

$$f(\underbrace{x,x,\cdots,x}_{m个},a_1,\cdots,a_n)=$$

$$\frac{f(\underbrace{x,x,\cdots,x}_{m个})}{\prod\limits_{k=1}^{n}(x-a_k)}-\sum_{v=1}^{n}\frac{f(\underbrace{x,x,\cdots,x}_{(m-1)个},a_v)}{(x-a_v)\prod\limits_{\substack{k=1\\k\neq v}}^{n}(a_v-a_k)} \tag{4}$$

当 $m=2$ 时，公式(4) 显然是真的，因为在此时它变为公式(3).

今假定公式(4) 是真的，并往证当自变量重复值的个数等于 $m+1$ 时，此公式也是真的.

为了以后的推理，写下对于自变量值 $\underbrace{x,x,\cdots,x}_{m个}$，$a_0,a_1,\cdots,a_n$ 的等式(4)，借助关系式(1) 将它变换一下并令 $a_0\to x$ 以取极限，这样就比较方便些. 我们有

$$\lim_{a_0\to x}f(\underbrace{x,x,\cdots,x}_{m个},a_0,a_1,\cdots,a_n)=$$

$$\lim_{a_0\to x}\frac{f(\underbrace{x,x,\cdots,x}_{m个},a_0)}{\prod\limits_{k=1}^{n}(a_0-a_k)}+$$

$$\lim_{a_0\to x}\sum_{v=1}^{n}\frac{f(\underbrace{x,x,\cdots,x}_{m个},a_v)}{(a_v-a_0)\prod\limits_{\substack{v=1\\k\neq v}}^{n}(a_v-a_k)}$$

容易证实上式右端的极限是存在的，只要假定函数 $f(x)$ 包括直到 m 阶的导数都在包含数 x,a_0，$a_1,\cdots,a_n$ 的区间内连续.

在加给函数 $f(x)$ 的这些限制下，上式左端的极限也存在

$$\lim_{a_0\to x} f(\underbrace{x,x,\cdots,x}_{m\text{个}},a_0,a_1,\cdots,a_n)=$$

$$f(\underbrace{x,x,\cdots,x}_{(m+1)\text{个}},a_1,\cdots,a_n)$$

这样便证明了,如果公式(4) 对自变量的 m 个重复值是真的,则它对于 $m+1$ 个重复值也将是真的.由此,公式(4),对于任一 m,都已证实.

例如,在(4) 中令 $m=3$,并利用 §4 公式(4),便得

$$f(x,x,x,a_1,\cdots,a_n)=$$

$$\frac{1}{2}\frac{f''(x)}{(x-a_1)(x-a_2)\cdots(x-a_n)}-$$

$$\sum_{v=1}^{n}\frac{f(x,x,a_v)}{(x-a_v)\prod\limits_{\substack{k=1\\k\neq v}}^{n}(a_v-a_k)}$$

但

$$f(x,x,a_v)=\frac{f'(x)-f(x,a_v)}{x-a_v}$$

因而

$$f(x,x,x,a_1,\cdots,a_n)=$$

$$\frac{1}{2}\frac{f''(x)}{(x-a_1)(x-a_2)\cdots(x-a_n)}-$$

$$\sum_{v=1}^{n}\frac{f'(x)-f(x,a_v)}{(x-a_v)^2\prod\limits_{\substack{k=1\\k\neq v}}^{n}(a_v-a_k)}$$

如果 $n=1$,则有

$$f(x,x,x,a_1)=\frac{1}{2}\frac{f''(x)}{x-a_1}-\frac{f'(x)-f(x,a_1)}{(x-a_1)^2}$$

最后,我们指出,公式(4) 可写成

$$f(\underbrace{x,x,\cdots,x}_{m个},a_1,\cdots,a_n)=$$
$$\sum_{v=1}^{n}\frac{f(\underbrace{x,x,\cdots,x}_{m个},a_v)}{\prod\limits_{\substack{k=1\\k\neq v}}^{n}(a_v-a_k)} \tag{5}$$

其次,因为

$$f(\underbrace{x,x,\cdots,x}_{m个},a_v)=$$
$$\frac{f(\underbrace{x,x,\cdots,x}_{m个})-f(\underbrace{x,x,\cdots,x}_{(m-1)个},a_v)}{x-a_v}$$

而

$$f(\underbrace{x,x,\cdots,x}_{m个})=\frac{f^{(m-1)}(x)}{(m-1)!}$$

所以

$$f(\underbrace{x,x,\cdots,x}_{m个},a_v)=$$
$$\frac{\frac{1}{(m-1)!}f^{(m-1)}(x)-f(\underbrace{x,x,\cdots,x}_{(m-1)个},a_v)}{x-a_v}$$

特别是

$$f(x,x,a_v)=\frac{f'(x)-f(x,a_v)}{x-a_v}$$

$$f(x,x,x,a_v)=\frac{\frac{1}{2!}f''(x)-f(x,x,a_v)}{x-a_v}$$

$$\vdots$$

将这些表达式代入公式(5)中,便得到计算差商

的公式[①]

$$
\begin{aligned}
&f(\underbrace{x,x,\cdots,x}_{m\text{个}},a_1,a_2,\cdots,a_n)= \\
&\frac{f^{(m-1)}(x)}{(m-1)!}\prod_{v=1}^{n}\frac{1}{(x-a_v)\prod\limits_{\substack{k=1\\k\neq v}}^{n}(a_v-a_k)}- \\
&\frac{f^{m-2}(x)}{(m-2)!}\sum_{v=1}^{n}\frac{1}{(x-a_v)^2\prod\limits_{\substack{k=1\\k\neq v}}^{n}(a_v-a_k)}+\cdots+ \\
&(-1)^{m-2}\frac{f'(x)}{1!}\sum_{v=1}^{n}\frac{1}{(x-a_v)^{m-1}\prod\limits_{\substack{k=1\\k\neq v}}^{n}(a_v-a_k)}+ \\
&(-1)^{m-1}\sum_{v=1}^{n}\frac{f(x)-f(a_v)}{(x-a_v)^m\prod\limits_{\substack{k=1\\k\neq v}}^{n}(a_v-a_k)}
\end{aligned}
\tag{6}
$$

① 这个公式的一个特殊情形，即有自变量的两个重复值的公式，乃是由维来尔司借助于不正确的极限等式导出的.应用维来尔司所述的程序，便有下一个不正确的公式

$$f(x,x,a)=\frac{f'(x)}{x-a_1}+\frac{f(a_1)}{(x-a_1)}$$

其后，维来尔司又仅限于讨论特殊形式的差商，例如 $f(x,x)$ 或 $f(x,x,\cdots,x)$.

§10　差商的相继各阶导数

上节微分等式(6)稍加整理后,便有

$$\frac{\mathrm{d}}{\mathrm{d}x}f(\underbrace{x,x,\cdots,x}_{m个},a_1,a_2,\cdots,a_n)=$$
$$mf(\underbrace{x,x,\cdots,x}_{(m+1)个},a_1,a_2,\cdots,a_n)$$

由这个公式可推得

$$\frac{\mathrm{d}^m}{\mathrm{d}x^m}f(x,a_1,\cdots,a_n)=$$
$$m!\ f(\underbrace{x,x,\cdots,x}_{(m+1)个},a_1,a_2,\cdots,a_n) \tag{1}$$

或将上一等式右端的差商按公式 §9(6) 以它的值代替,便得

$$\frac{\mathrm{d}^m}{\mathrm{d}x^m}f(x,a_1,\cdots,a_n)=$$
$$m!\left[\frac{f^{(m)}(x)}{m!}\sum_{v=1}^{n}\frac{1}{(x-a_v)\prod\limits_{\substack{k=1\\k\neq v}}^{n}(a_v-a_k)}-\right.$$
$$\frac{f^{(m-1)}(x)}{(m-1)!}\sum_{v=1}^{n}\frac{1}{(x-a_v)^2\prod\limits_{\substack{k=1\\k\neq v}}^{n}(a_v-a_k)}+\cdots+$$
$$(-1)^{m-1}\frac{f'(x)}{1!}\sum_{v=1}^{n}\frac{1}{(x-a_v)^m\prod\limits_{\substack{k=1\\k\neq v}}^{n}(a_v-a_k)}+$$

$$(-1)^m \sum_{v=1}^{n} \frac{f(x,a_v)}{(x-a_v)^m \prod\limits_{\substack{k=1 \\ k\neq v}}^{n}(a_v-a_k)}\Bigg]$$

§ 9 公式(6) 也可以不顾公式(1) 而借助于 § 9 恒等式(2) 的 m 次微分以及

$$f(x,a_v)=\frac{1}{x-a_v}[f(x)-f(a_v)]$$

的 k 阶导数按莱布尼兹公式的变换推导出来.

§ 11　带复自变量重复值的差商

§ 5 所得的结果能使我们将差商的定义推广到复变量重复点的情形.

在点 $z_0,z_1,\cdots,z_p$ 处分别有重复度 $n_0,n_1,\cdots,n_p$ 的函数 $f(z)$ 的差商,可借助于表示 n 阶差商的 § 5 公式(1) 作出.

对在 D 的内部及其周线上为全纯的函数 $f(z)$

$$f(\underbrace{z_0,z_0,\cdots,z_0}_{n_0},\underbrace{z_1,z_1,\cdots,z_1}_{n_1},\cdots,\underbrace{z_p,z_p,\cdots,z_p}_{n_p})=$$

$$\frac{1}{2\pi\mathrm{i}}\int_{\Gamma}\frac{f(t)\mathrm{d}t}{(t-z_0)^{n_0}(t-z_1)^{n_1}\cdots(t-z_p)^{n_p}}$$

因为当点 $z_0,z_1,\cdots,z_n$ 作任意移动但同时它们总保持是 D 域的内点时, § 5 等式(1) 不致破坏,又因在 § 5 公式(1) 中的积分可在积分号下对 $z_0,z_1,\cdots,z_n$ 微分任意多次,所以带重复自变量值的差商可由在积分号下重复应用通常的微分规则而得到. 例如,将 § 5 等式(1) 的两端对 z_0 接续微分 n_0-1 次,便得

$$f(\underbrace{z_0,z_0,\cdots,z_0}_{n_0\text{个}},z_1,\cdots,z_p)=$$

$$\frac{1}{(n_0-1)!}\ \frac{1}{2\pi i}\ \frac{\partial^{n_0-1}}{\partial z_0^{n_0-1}}\int_r \frac{f(t)\mathrm{d}t}{(t-z_0)(t-z_1)\cdots(t-z_p)}$$

因为

$$\frac{\partial^{n_0-1}}{\partial z_0^{n_0-1}}f(z_0,z_1,\cdots,z_p)=$$

$$(n_0-1)!\ f(\underbrace{z_0,z_0,\cdots,z_0}_{n_0\text{个}},z_1,\cdots,z_p)$$

因此,我们有

$$f(\underbrace{z_0,z_0,\cdots,z_0}_{n_0\text{个}},\underbrace{z_1,z_1,\cdots,z_1}_{n_1\text{个}},\cdots,\underbrace{z_p,z_p,\cdots,z_p}_{n_p\text{个}})=$$

$$\frac{1}{(n_0-1)!\ (n_1-1)!\ \cdots(n_p-1)}\cdot$$

$$\frac{\partial^{n_0+n_1+\cdots+n_p-p-1}}{\partial z_0^{n_0-1}\cdots\partial z_p^{n_p-1}}f(z_0,z_1,\cdots,z_p)=$$

$$\frac{1}{(n_0-1)!\ (n_1-1)!\ \cdots(n_p-1)!}\ \frac{1}{2\pi i}\ \frac{\partial^{n_0-1}}{\partial z_0^{n_0-1}}\cdot\cdots\cdot$$

$$\frac{\partial^{n_p-1}}{\partial z_p^{n_p-1}}\int_r \frac{f(t)}{(t-z_0)\cdots(t-z_p)}\mathrm{d}t$$

由此便得所求的公式.

特别是在带自变量的 $n+1$ 个重复值时,便有公式

$$\frac{1}{2\pi i}\int_r \frac{f(t)}{(t-z)^{n+1}}\mathrm{d}t=f(\underbrace{z,z,\cdots,z}_{(n+1)\text{个}})=\frac{f^{(n)}(z)}{n!}$$

§12 关于差商和有限差分之间的联系

在一般情形下,联系差商和有限差分的等式是没

有的.但在自变量的等距离值的情形,差商与有限差分则有很简单的联系.

例如,当 $a_v=a+vh(v=0,1,\cdots,n)$ 时,则

$$\prod_{\substack{k=0\\k\neq v}}^{n}(a_v-a_k)=(-1)^{n-v}v!\ (n-v)!\ h^n$$

因而 §2 公式(1) 可写成

$$n!\ h^n f(a,a+h,\cdots,a+nh)=$$

$$\sum_{v=0}^{n}(-1)^{n-v}\binom{n}{v}f(a+vh)$$

但在上式右端的表达式,按 §2 公式(1),等于 $\Delta^n f(a)$,因而

$$f(a,a+h,\cdots,a+nh)=\frac{\Delta^n f(a)}{n!\ h^n} \tag{1}$$

借助于 §4 公式(3),便得

$$\Delta^n f(a)=h^n f^{(n)}(\xi)$$

其中 ξ 在 a 与 $a+nh$ 之间.

今设 $a_v=a-vh(v=0,1,\cdots,n)$.于是可将 §2 公式(1) 写成

$$n!\ h^n f(a,a-h,\cdots,a-nh)=$$

$$\sum_{v=0}^{n}(-1)^{v}\binom{n}{v}f(a-vh)$$

从而

$$f(a,a-h,\cdots,a-nh)=\frac{\Delta^n f(a-nh)}{n!\ h^n} \tag{2}$$

因为按 §2 公式(1)

$$\Delta^n f(a-nh)=\sum_{v=0}^{n}(-1)^{v}\binom{n}{v}f(a-vh)$$

此时,与以上一样,也有

$$\Delta^n f(a-nh)=h^n f^{(n)}(\xi)$$

其中ξ在$a-nh$与a之间.

今以$f(a,a\pm h,\cdots,a\pm nh)$表示$f(x)$对自变量的$2n+1$个值:$a,a\pm h,\cdots,a\pm nh$的$2n$阶差商.

按§2公式(1)

$$f(a,a\pm h,\cdots,a\pm nh)=$$
$$\sum_{v=-n}^{n}\frac{(-1)^{n-v}}{(n-v)!\ (n+v)!}\frac{f(a+vh)}{h^{2n}}$$

因为

$$\frac{1}{(n-v)!\ (n+v)!}=\frac{1}{(2n)!}\binom{2n}{n+v}$$

所以

$$(2n)!\ h^{2n}f(a,a\pm h,\cdots,a\pm nh)=$$
$$(-1)^n\binom{2n}{n}f(a)+$$
$$\sum_{v=1}^{n}(-1)^{n-v}\binom{2n}{n-v}\{f(a+vh)+f(a-vh)\}$$

由此得

$$f(a,a\pm h,\cdots,a\pm nh)=\frac{\Delta^{2n}f(a-nh)}{(2n)!\ h^{2n}}\tag{3}$$

因为

$$\Delta^{2n}f(a-nh)=(-1)^n\binom{2n}{n}f(a)+$$
$$\sum_{v=1}^{n}(-1)^{n-v}\binom{2n}{n-v}[f(a+vh)+f(a-vh)]$$

用同样的推理可以证明

$$f(a,a\pm h,\cdots,a\pm(n-1)h,a-nh)=\frac{\Delta^{2n-1}f(a-nh)}{(2n-1)!\ h^{2n-1}}\tag{4}$$

$$f(a,a\pm h,\cdots,a\pm(n-1)h,a+nh)=\frac{\Delta^{2n-1}f(a-(n-1)h)}{(2n-1)!\ h^{2n-1}} \tag{5}$$

此处也容易求得阶相同的导数和差分的关系. 例如,我们有

$$\Delta^{2n}f(a-nh)=h^{2n}f^{2n}(\xi)$$

其中

$$a-nh<\xi<a+nh$$

假定 $f^{(n)}(x)$ 在点 $x=a$ 的右方连续,我们考虑关系式

$$\Delta^{n}f(a)=h^{n}f^{(n)}(\xi)$$

如果使 h 趋近于零,则在 a 与 $a+nh$ 之间的数 ξ 将趋于 a,我们便得

$$\lim_{h\to 0}\frac{\Delta^{n}f(a)}{h^{n}}=f^{(n)}(a)$$

由此得到近似公式

$$f^{(n)}(a)=\frac{\Delta^{n}f(a)}{h^{n}} \tag{6}$$

适当的选择 h,便可使误差充分小. 所得的公式给出在点 a 右方计算近似值 $f'(a),f''(a),\cdots,f^{(n)}(a)$ 的方便方法.

欲使公式(6)适于做各种的应用,我们应当建立对于怎样的 h 值,关系式 $\frac{\Delta^{n}f(a)}{h^{n}}$ 表达导数 $f^{(n)}(a)$ 而具有预先给定的准确程度. 因此,在以后为计算导数,我们引入另一个具有补充项的公式. 它表明,对于给定的 n,可以怎样的依着 h 的减小来影响补充项的大小.

§13 若干个函数乘积的高阶差分

现在容易导出计算若干个函数乘积的 n 阶有限差分的公式. 令 $a_v = a + vh$ 并利用 §7 公式(1) 和 §12 公式(1),便可证实对于两个因式的正确性. 在任意多个因式 $\varphi_1(x), \varphi_2(x), \cdots, \varphi_m(x)$ 的情形,便有

$$\Delta^n f(a) = \sum_{v_1!\ v_2!\ \cdots v_m!}^{n!} \Delta^{v_1}\varphi_1(a) \cdot \Delta^{v_2}\varphi_2(a + v_1 h) \cdots \Delta^{v_m}\varphi_m[a + (v_1 + v_2 + \cdots + v_{m-1})h]$$

而求和的运算是遍及于满足等式

$$v_1 + v_2 + \cdots + v_m = n$$

的 $v_1, v_2, \cdots, v_m$ 的所有可能的值.

令 $a_v = a - vh$,以同样的方法可得

$$\Delta^n f(a - nh) = \sum_{v_1!\ v_2!\ \cdots v_m!}^{n!} \Delta^{v_1}\varphi_1(a - v_1 h) \cdot \Delta^{v_2}\varphi_2[a - (v_1 + v_2)h] \cdots \Delta^{v_m}\varphi_m(a - nh)$$

§14 二阶导数的中心差商

四川大学的向晓林教授 1999 年研究了二阶导数的中心差商.

若 $f(x): D \subset \mathbf{R}^n \to \mathbf{R}, f(x) \in C^2(D)$. 在工程技术中,经常需要计算 $f(x)$ 的一阶导数和二阶导数.

$f(x)$ 的二阶导数，即海色矩阵的近似计算，也为最优化计算方法的基础. $f(x)$ 在点 $x \in \text{int}\, D$ 内的一阶导数 $5f(x): D \subset \mathbf{R}^n \to \mathbf{R}^n$. 在数值微分中，$5f(x)$ 通常通过 $f(x)$ 向前（后）及中心差商来计算，它们的截断误差分别为 $O(h)$ 和 $O(h^2)$[1]，显然中心差商精度更高.

对于 $f(x)$ 的二阶导数 $5^2 f(x): \mathbf{R}^n \to \mathbf{R}^{n\times n}$，一般有以下处理方式：

(1) 在假设 $f(x)$ 的一阶导数存在的情况下，对 $5f(x)$ 的每一分量，使用一阶向前（后）、中心差商. 此时要使用 $f(x)$ 的一阶导数 $5f(x)$；

(2) 只利用 $f(x)$ 的函数值，对 $f(x)$ 使用向前（后）差商，得出求 $f(x)$ 的海色矩阵的向前（后）差商公式，其截断误差为 $O(h)$[1]；

(3) 只利用 $f(x)$ 的函数值，对 $f(x)$ 使用中心差商，用中心差商来计算 $5^2 f(x)$.

第一种方式需要利用 $f(x)$ 的导数值，第二种方式虽然只利用 $f(x)$ 的函数值，但截断误差的阶太低，第三种方式虽然已有提及，但未见有给出其具体计算公式及其截断误差. 本节给出了二阶导数的只利用函数值的中心差商公式及其截断误差.

引理　设 $f(x): D \subset \mathbf{R}^n \to \mathbf{R}$ 在开球

$$D_0 = \{x \mid \| x - x_0 \| < W, W > 0\} \subset D$$

上三次连续可微，则对满足 $\| \boldsymbol{P} \| < W, \boldsymbol{P} \in \mathbf{R}^n$ 的任意向量 $\boldsymbol{P}$，有

$$f(x_0 + \boldsymbol{P}) = f(x_0) + 5f(x_0)^T \boldsymbol{P} + \frac{1}{2!} \boldsymbol{P}^T 5^2 f(x_0) \boldsymbol{P} + \frac{1}{3!} \sum_{i=1}^{n} \sum_{j=1}^{n} \sum_{k=1}^{n} \frac{\partial^3 f(x_0 + \theta \boldsymbol{P})}{\partial x_i \partial x_j \partial x_k} \boldsymbol{P}_i \boldsymbol{P}_j \boldsymbol{P}_k$$

其中 $\theta \in (0,1), \theta \in \mathbf{R}$.

证明 令 $H(t)=f(x_0+t\boldsymbol{P})$，则 $H(t):\mathbf{R}^1\to\mathbf{R}^1$，$H(0)=f(x_0)$，$H(1)=f(x_0+\boldsymbol{P})$. 对 $H(t)$ 使用一维函数的泰勒展式，展开到三阶，并令 $t=1$. 得证.

记 $A\in\mathbf{R}^{n\times n}$，$A=(a_{ij})_{n\times n}$，$f(x):D\subset\mathbf{R}^n\to\mathbf{R}^1$

$$a_{ij}=(f(x+he_i+he_j)-f(x+he_i-he_j)-f(x+he_j-he_i)+f(x-he_i-he_j))\Big/4h^2 \tag{1}$$

则可用式(1)计算 $\partial^2 f(x)$，使 $\dfrac{\partial^2 f(x)}{\partial x_i\partial x_j}=a_{ij}(i=1,2,\cdots,n;j=1,2,\cdots,n)$.

定理 令 $f(x):D\subset\mathbf{R}^n\to\mathbf{R}^1$ 在 D 内三阶连续可导，且：

(1) $f(x)$ 的三阶导数在 D 上满足李普希兹条件，李普希兹常数为 V. 即 $\forall x,y\in D,i,j\in\{1,\cdots,n\}$，有

$$\left|\frac{\partial^3 f(x)}{\partial x_i^2\partial x_j}-\frac{\partial^3 f(y)}{\partial x_i^2\partial x_j}\right|\leqslant V\|x-y\|_\infty$$

(2) $h\in\mathbf{R}$ 为一步长，且 $x\in D$，$x+he_i+he_j$，$x+he_i-he_j$，$x+he_j-he_i$，$x-he_i-he_j\in D$

(3) $A=(a_{ij})_{n\times n}$，其中 a_{ij} 用式(1)定义，则对 $\forall i,j\in\{1,2,\cdots,n\}$，有

$$\left|\frac{\partial^2 f(x)}{\partial x_i\partial x_j}-a_{ij}\right|\leqslant\frac{2}{3}Vh^2$$

且
$$\|5^2 f(x)-A\|_\infty\leqslant\frac{2}{3}nVh^2$$

证明 由引理知

$$f(x+he_i+he_j)=f(x)=h\frac{\partial f(x)}{\partial x_i}+h\frac{\partial f(x)}{\partial x_j}+$$
$$\frac{h^2}{2}\left(\frac{\partial^2 f(x)}{\partial x_i^2}+\frac{\partial^2 f(x)}{\partial x_j^2}+2\frac{\partial^2 f(x)}{\partial x_i\partial x_j}\right)+$$
$$\frac{h^3}{6}\left(\frac{\partial^3 f(x+\theta_1(he_i+he_j))}{\partial x_i^2\partial x_j}+\frac{\partial^3 f(x+\theta_1(he_i+he_j))}{\partial x_i\partial x_j^2}\right)$$

$$(\theta_1 \in (0,1))$$

$$f(x+he_i-he_j)=f(x)+h\frac{\partial f(x)}{\partial x_i}-h\frac{\partial f(x)}{\partial x_j}+$$

$$\frac{h^2}{2}\left(\frac{\partial^2 f(x)}{\partial x_i^2}+\frac{\partial^2 f(x)}{\partial x_j^2}-2\frac{\partial^2 f(x)}{\partial x_i\partial x_j}\right)-$$

$$\frac{h^3}{6}\left(\frac{\partial^3 f(x+\theta_2(he_i-he_j))}{\partial x_i^2\partial x_j}-\frac{\partial^3 f(x+\theta_2(he_i-he_j))}{\partial x_i\partial x_j^2}\right)$$

$$(\theta_2 \in (0,1))$$

$$f(x-he_i+he_j)=f(x)-h\frac{\partial f(x)}{\partial x_i}+h\frac{\partial f(x)}{\partial x_j}+$$

$$\frac{h^2}{2}\left(\frac{\partial^2 f(x)}{\partial x_i^2}+\frac{\partial^2 f(x)}{\partial x_j^2}-2\frac{\partial^2 f(x)}{\partial x_i\partial x_j}\right)+$$

$$\frac{h^3}{6}\left(\frac{\partial^3 f(x-\theta_3(he_i-he_j))}{\partial x_i^2\partial x_j}-\frac{\partial^3 f(x-\theta_3(he_i-he_j))}{\partial x_i\partial x_j^2}\right)$$

$$(\theta_3 \in (0,1))$$

$$f(x-he_i-he_j)=f(x)-h\frac{\partial f(x)}{\partial x_i}-h\frac{\partial f(x)}{\partial x_j}+$$

$$\frac{h^2}{2}\left(\frac{\partial^2 f(x)}{\partial x_i^2}+\frac{\partial^2 f(x)}{\partial x_j^2}+2\frac{\partial^2 f(x)}{\partial x_i\partial x_j}\right)-$$

$$\frac{h^3}{6}\left(\frac{\partial^3 f(x-\theta_4(he_i-he_j))}{\partial x_i^2\partial x_j}+\frac{\partial^3 f(x-\theta_4(he_i+he_j))}{\partial x_i\partial x_j^2}\right)$$

$$(\theta_4 \in (0,1))$$

所以

$$a_{ij}=(f(x+he_i+he_j)-f(x+he_i+he_j)-f(x-he_i+he_j)+f(x-he_i-he_j))\Big/4h^2=$$

$$\frac{\partial^2 f(x)}{\partial x_i\partial x_j}+\frac{h}{24}\left[\left(\frac{\partial^3 f(x+\theta_1(he_i+he_j))}{\partial x_i^2\partial x_j}-\frac{\partial^3 f(x-\theta_4(he_i+he_j))}{\partial x_i^2\partial x_j}\right)+\right.$$

$$\left(\frac{\partial^3 f(x+\theta_1(he_i+he_j))}{\partial x_j\partial x_j^2}-\frac{\partial^3 f(x-\theta_4(he_i+he_j))}{\partial x_i\partial x_j^2}\right)+$$

$$\left(\frac{\partial^3 f(x+\theta_2(he_i-he_j))}{\partial x_i^2\partial x_j}-\frac{\partial^3 f(x-\theta_3(he_i-he_j))}{\partial x_i^2\partial x_j}\right)+$$

$$\left(\frac{\partial^3 f(x-\theta_3(he_i-he_j))}{\partial x_i\partial x_j^2}-\frac{\partial^3 f(x+\theta_2(he_i-he_j))}{\partial x_i\partial x_j^2}\right)\Big]$$

由 $f(x)$ 的三阶导数满足李普希兹条件,得

$$\begin{aligned}\left|\frac{\partial^2 f(x)}{\partial x_i\partial x_j}-a_{ij}\right| \leqslant \frac{h}{24}\{ & V\|(\theta_1+\theta_4)(he_i+he_j)\|_\infty+\\ & V\|(\theta_1+\theta_4)(he_i+he_j)\|_\infty+\\ & V\|(\theta_2+\theta_3)(he_i-he_j)\|_\infty+\\ & V\|(\theta_2+\theta_3)(he_i-he_j)\|_\infty\}=\\ & \frac{Vh^2}{12}\{|\theta_1+\theta_4|\ \|e_i+e_j\|_\infty+\\ & |\theta_2+\theta_3|\ \|e_i-e_j\|_\infty\}\leqslant\frac{2}{3}Vh^2\end{aligned}$$

从而 $\|\nabla^2 f(x)-A\|_\infty=\max\limits_{1\leqslant i\leqslant n}\sum\limits_{j=1}^{n}\left|\frac{\partial^2 f(x)}{\partial x_i\partial x_j}-a_{ij}\right|\leqslant\frac{2}{3}nVh^2$.

由以上定理知,若用中心差商公式(1)计算海色矩阵 $\nabla^2 f(x)$ 的元素 $\frac{\partial^2 f(x)}{\partial x_i\partial x_j}$,则其截断误差为 $O(h^2)$.

参考文献

[1] DENNIS J E,ROBERT J R,SCHNABEL B. Numerical methods and nonlinear equations [M]. New Jersey:Prentice-Hall,Inc,Englewood Cliffs,1983.

[2] MOKHTAR S B,SHETTY C M. Nonlinear programming:Theory and Algorithms[M]. New Jersey:John Wiley & Sons,1979.

[3] EVTUSHENKO Y G. Numerical optimization techniques[M]. New York: Optimization software, 1985.

§15　一类广义差商的 Leibniz 公式与 Green 函数的递推关系

中山大学计算机系的许跃生教授研究了具有幂基解组的微分算子所定义的广义差商的 Leibniz 公式及其 Green 函数的递推关系.

1. 引　　言

定义 1　如果微分算子

$$L(D)=D^m+a_{m-1}(x)D^{m-1}+\cdots+a_1(x)D+a_0(x)D^0 \tag{1}$$

其中 $a_i(x)\in C^i[a,b](i=0,1,\cdots,m-1)$，有一个基解组 $\Phi_m=\{\varphi_i(x)\}_{i=1}^m$ 满足

$$\varphi_k(x)=(\varphi_2(x))^{k-1}\quad (k=1,2,\cdots,m) \tag{2}$$

则称 $L(D)$ 为具有幂基解组的微分算子.

例 1　$L(D)=D^m$ 是具有幂基解组

$$1,x,\cdots,x^{m-1} \tag{3}$$

的微分算子.

例 2　$L(D)=D(D-1)\cdots(D-m+1)$ 是具有幂基解组

$$1,e^x,e^{2x},\cdots,e^{(m-1)x} \tag{4}$$

的微分算子.

引理 1　设 $L(D)$ 是具有幂基解组 $\{\varphi_i(x)\}_{i=1}^m$ 的

微分算子,则

(ⅰ)
$$\varphi_1(x)=1 \tag{5}$$

(ⅱ)
$$\varphi_i(x)\varphi_j(x)=\varphi_{i+j-1}(x) \quad (i+j-1\leqslant m) \tag{6}$$

(ⅲ)
$$\varphi_i^{(k)}(x)=\sum_{j=0}^{k}C_h^i\varphi_{i-1}^{(j)}(x)\varphi_2^{(k-j)}(x) \tag{7}$$

证明

(ⅰ)由(2)显然有 $\varphi_1(x)=1$;

(ⅱ)$\varphi_i(x)\varphi_j(x)=(\varphi_2(x))^{i-1}(\varphi_2(x))^{j-1}=$

$(\varphi_2(x))^{i+j-2}=\varphi_{i+j-1}(x)$;

(ⅲ)$\varphi_i(x)=\varphi_{i-1}(x)\varphi_2(x)$.

给定$[a,b]$中的一组点$\{t_i\}_{i=1}^m$

$$a\leqslant t_1\leqslant\cdots\leqslant t_m\leqslant b \tag{8}$$

或者记为

$$a\leqslant\underbrace{x_1=\cdots=x_1}_{m_1\text{个}}<\cdots<\underbrace{x_k=\cdots=x_k}_{m_k\text{个}}\leqslant b$$

$$\sum_{i=1}^{k}m_i=m \tag{9}$$

令

$$X_m=\operatorname{span}\{\varphi_1(x),\cdots,\varphi_m(x)\}$$

$$f(x)\in C^{\max\{m_i\}-1}[a,b]$$

定义 2 如果 $H(x)\in X_m$,满足

$$H^{(j)}(x_i)=f^{(j)}(x_i)$$

$$(j=0,1,\cdots,m_i-1;i=1,2,\cdots,k) \tag{10}$$

则称 $H(x)$ 为 $f(x)$ 的 m 阶广义 Hermite 插值.

定义 3 如果 $\Phi_m(x)=\{\varphi_i(x)\}_{i=1}^m$ 是$[a,b]$上的 ECT 系统,称 $f(x)$ 的 m 阶广义 Hermite 插值 $H(x)$

的 $\varphi_m(x)$ 的系数为 $f(x)$ 在 $t_1,\cdots,t_m$ 点上的 $m-1$ 阶广义差商. 记为 $[t_1,\cdots,t_m]_{\Phi_m}f$.

引理 2[1]　若 $\Phi_m=\{\varphi_i(x)\}_{i=1}^m$ 是 $[a,b]$ 上的 ECT 系统,则广义 Hermite 插值问题(10)的解存在且唯一;若 $\Phi_m=\{\varphi_i(x)\}_{i=1}^m$ 是 $[a,b]$ 上的 ECT 系统,则

$$H(x)=\sum_{j=1}^{m}\psi_j(x)[t_1,\cdots,t_j]_{\Phi_j}f \tag{11}$$

其中

$$\psi_j(x)=\frac{\det\begin{pmatrix}t_1,\cdots,t_{j-1},x\\ \varphi_1,\cdots,\varphi_{j-1},\varphi_j\end{pmatrix}}{\det\begin{pmatrix}t_1,\cdots,t_{j-1}\\ \varphi_1,\cdots,\varphi_{j-1}\end{pmatrix}},\Phi_j=\{\varphi_i(x)\}_{i=1}^j \tag{12}$$

引理 3　设 $\{\varphi_i(x)\}_{i=1}^m$ 和 $\{\psi_i(x)\}_{i=1}^m$ 都是 $[a,b]$ 上的 ECT 系统,存在 $\mathbf{A}=(a_{ij})_{m\times m}$, $\det\mathbf{A}\neq 0$,使得

$$\varphi=\mathbf{A}\psi \tag{13}$$

其中, $\varphi=(\varphi_1(x),\cdots,\varphi_m(x))^{\mathrm{T}}$, $\psi=(\psi_1(x),\cdots,\psi_m(x))^{\mathrm{T}}$. 令

$$\Phi_i=\{\varphi_k(x)\}_{k=1}^i,\boldsymbol{\Psi}_i=\{\psi_k(x)\}_{k=1}^i\quad(i=1,2,\cdots,m)$$

则

$$\begin{aligned}[t_1,\cdots,t_m]_{W_m}f=&[t_1,\cdots,t_m]_{\Phi_m}f\sum_{j=1}^{m}a_{jm}a_{mj}+\\&\sum_{l=1}^{m-1}\{[t_1,\cdots,t_l]_{\Phi_l}f\cdot a_{lm}+\\&\sum_{j=l+1}^{m-1}[t_1,\cdots,t_j]_{\Phi_j}fa_{jl}a_{lm}\}\end{aligned} \tag{14}$$

其中

$$a_{jl}=(-1)^{l+j}\frac{\det\begin{pmatrix}t_1,\cdots,t_{j-1}\\ \varphi_1,\cdots,\varphi_{l-1},\varphi_{l+1},\cdots,\varphi_j\end{pmatrix}}{\det\begin{pmatrix}t_1,\cdots,t_{j-1}\\ \varphi_1,\cdots,\varphi_{j-1}\end{pmatrix}}\tag{15}$$

证明 由于 $\varphi=\mathbf{A}\psi$ 且 $\det \mathbf{A}\neq 0$，所以

$$\operatorname{span}\{\varphi_1(x),\cdots,\varphi_m(x)\}=$$
$$\operatorname{span}\{\psi_1(x),\cdots,\psi_m(x)\}=X_m$$

设 $H(x)\in X_m$ 且满足(10)，由引理 2，有(11)，即

$$H(x)=\sum_{j=1}^{m}[t_1,\cdots,t_j]\Phi_j f\left(\varphi_j(x)+\sum_{l=1}^{j-1}a_{jl}\varphi_l(x)\right)\tag{16}$$

由 $\varphi=\mathbf{A}\psi$，有

$$H(x)=$$
$$\sum_{j=1}^{m}[t_1,\cdots,t_j]_{\Phi_j}f\left(\sum_{k=1}^{m}a_{jk}\psi_k(x)+\sum_{l=1}^{j-1}a_{jl}\sum_{k=1}^{m}a_{lk}\psi_k(x)\right)=$$
$$\sum_{j=1}^{m}[t_1,\cdots,t_j]_{\Phi_j}f\sum_{k=1}^{m}a_{jk}\psi_k(x)+$$
$$\sum_{l=1}^{m-1}\sum_{j=l+1}^{m}[t_1,\cdots,t_j]_{\Phi_j}fa_{jl}\sum_{k=1}^{m}a_{lk}\psi_k(x)$$

由插值问题(10)解的唯一性，有

$$H(x)=\sum_{j=1}^{m}[t_1,\cdots,t_j]_{\Psi_j}f\left(\psi_j(x)+\sum_{l=1}^{j-1}\tilde{a}_{jl}\psi_l(x)\right)$$

其中

$$\tilde{a}_{ji}=(-1)^{i+j}\frac{\det\begin{pmatrix}t_1,\cdots,t_{j-1}\\ \psi_1,\cdots,\psi_{i-1},\psi_{i+1},\cdots,\psi_j\end{pmatrix}}{\det\begin{pmatrix}t_1,\cdots,t_{j-1}\\ \psi_1,\cdots,\psi_{j-1}\end{pmatrix}}$$

所以

$$[t_1,\cdots,t_m]\psi_m f=\sum_{j=1}^{m}[t_1,\cdots,t_j]_{\Phi_j}fa_{jm}+$$

$$\sum_{l=1}^{m-1}\sum_{j=l+1}^{m}[t_1,\cdots,t_j]_{\Phi_j}fa_{jl}a_{lm}=$$

$$[t_1,\cdots,t_m]_{\Phi_m}f\sum_{j=1}^{m}a_{jm}a_{mj}+$$

$$\sum_{l=1}^{m-1}\{[t_1,\cdots,t_l]_{\Phi_l}fa_{lm}+$$

$$\sum_{j=l+1}^{m-1}[t_1,\cdots,t_j]_{\Phi_j}fa_{jl}a_{lm}\}$$

2. Leibniz 公式

定理 1　设 $L(D)$ 的基解组 $\Phi_m=\{\varphi_i(x)\}_{i=1}^{m}$ 是 $[a,b]$ 上的 ECT 系统且满足 1 中(2)，$f(x),g(x)\in C^{\max\{m_i\}-1}[a,b]$，则

$$[t_1,\cdots,t_m]_{\Phi_m}(fg)=\sum_{i=1}^{m}[t_1,\cdots,t_i]_{\Phi_i}f[t_i,\cdots,t_m]_{\Phi_{m-i+1}}g \tag{1}$$

证明　考察函数

$$p(x)=\sum_{j=1}^{m}u_j(x)[t_1,\cdots,t_j]_{\Phi}\cdot f\sum_{j=1}^{m}v_j(x)[t_j,\cdots,t_m]_{\Phi_{m-i+1}}g$$

其中

$$u_j(x)=\frac{\det\begin{pmatrix}t_1,\cdots,t_{j-1},x\\ \varphi_1,\cdots,\varphi_{j-1},\varphi_j\end{pmatrix}}{\det\begin{pmatrix}t_1,\cdots,t_{j-1}\\ \varphi_1,\cdots,\varphi_{j-1}\end{pmatrix}}$$

$$v_j(x)=\frac{\det\begin{pmatrix}t_{j+1},\cdots,t_m,x\\ \varphi_1,\cdots,\varphi_{m-j},\varphi_{m+1-j}\end{pmatrix}}{\det\begin{pmatrix}t_{j+1},\cdots,t_m\\ \varphi_1,\cdots,\varphi_{m-j}\end{pmatrix}}$$

我们约定:(ⅰ)如果 $t_1=\cdots=t_m$,则 $p(t_i)=p^{(i-1)}(t_i)$;

(ⅱ)如果 $t_1\leqslant\cdots\leqslant t_{i-\mu-1}<t_{i-\mu}=\cdots=t_i\leqslant t_{i+1}\leqslant\cdots\leqslant t_m$,则 $p(t_i):=p^{(\mu)}(t_i)$.

令

$$H_f(x)=\sum_{j=1}^{m}u_j(x)[t_1,\cdots,t_j]_{\Phi_j}f$$

$$H_g(x)=\sum_{j=1}^{m}v_j(x)[t_j,\cdots,t_m]_{\Phi_{m-j+1}}g$$

由引理 2 知 $H_f(x)$ 是 $f(x)$ 的 m 阶广义 Hermite 插值,$H_g(x)$ 是 $g(x)$ 的 m 阶广义 Hermite 插值.所以

$$\begin{aligned}p^{(j)}(x_i)&=\sum_{k=0}^{j}C_i^kH_f^{(k)}(x_i)H_g^{(j-k)}(x_i)=\\&\sum_{k=0}^{j}C_i^kf^{(k)}(x_i)g^{(j-k)}(x_i)=\\&(f(x)g(x))^{(j)}\mid_{x=x_i}\end{aligned}$$

$$(j=0,1,\cdots,m_i-1;i=1,2,\cdots,k)$$

但是

$$\begin{aligned}p(x)&=\sum_{i=1}^{m}\sum_{j=1}^{m}u_i(x)v_j(x)\cdot\\&[t_1,\cdots,t_i]_{\Phi_i}f[t_j,\cdots,t_m]_{\Phi_{m-i+1}}g=\\&\left(\sum_{i=1}^{j}+\sum_{i=j+1}^{m}\right)u_i(x)v_j(x)\cdot\\&[t_1,\cdots,t_i]_{\Phi_i}f[t_j,\cdots,t_m]_{\Phi_{m-i+1}}g\end{aligned}$$

由于

$$(u_i(x)v_j(x))^{(v)}\mid_{x=x_i}=$$

$$\sum_{k=0}^{v} C_v^k u_l^{(k)}(x_i) v_j^{(v-k)}(x_i)=0$$

$$(v=0,1,\cdots,m_i-1;i=1,2,\cdots,k;l=j+1,\cdots,m)$$

记

$$H(x)=\sum_{i=1}^{j} u_i(x) v_j(x)\cdot$$

$$[t_1,\cdots,t_i]_{\Phi} f[t_j,\cdots,t_m]_{\Phi_{m-i+1}} g$$

则

$$H^{(j)}(x_i)=(f(x_i)g(x_i))^{(j)}$$

$$(j=0,1,\cdots,m_i-1,i=1,2,\cdots,k)$$

注意到

$$u_j(x)=\varphi_j(x)+\sum_{l=1}^{j-1}\alpha_{jl}\varphi_l(x)$$

$$v_j(x)=\varphi_{m-j+1}(x)+\sum_{l=1}^{m-j}\beta_{jl}\varphi_l(x)$$

其中

$$\beta_{jl}=(-1)^{m+l+1-j}\frac{\det\begin{pmatrix}t_{j+1},\cdots,t_m\\ \varphi_1,\cdots,\varphi_{l-1},\varphi_{l-1},\cdots,\varphi_{m-j+1}\end{pmatrix}}{\det\begin{pmatrix}t_{j+1},\cdots,t_m\\ \varphi_1,\cdots,\varphi_{m-j}\end{pmatrix}}$$

所以，对 $i=1,2,\cdots,j$，由引理 1

$$u_i(x)v_j(x)=\varphi_{m+i-j}(x)+\sum_{l=1}^{m-j}\beta_{jl}\varphi_{i+l-1}(x)+$$

$$\sum_{l=1}^{j-1}\alpha_{il}\varphi_{l+m-j}(x)+$$

$$\sum_{l=1}^{i-1}\sum_{k=1}^{m-j}\alpha_{il}\beta_{jk}\varphi_{k+l-1}(x)\in$$

$$X_{i+m-j}\subseteq X_m$$

因此，由引理 2，$H(x)$ 是 $f(x)g(x)$ 的 m 阶广义

Hermite插值,由差商的定义3.便得到(1).

注 取$L(D)=D^m$.定理1的式(1)就是一般重节点差商的Leibniz公式.因此,定理1是通常的重节点差商的Leibniz公式的推广.

定理2 设$L(D)$是具有幂基解组的微分算子.$\Phi_m=\{\varphi_i(x)\}_{i=1}^m$是$L(D)$的幂基解组,$\Psi_m=\{\Psi_i(x)\}_{i=1}^m$是$L(D)$的另一基解组,$\Phi_m$和$\Psi_m$均是$[a,b]$上的ECT系统且$\{\varphi_1(x),\cdots,\varphi_k(x)\}$与$\{\psi_1(x),\cdots,\psi_k(x)\}(k=1,2,\cdots,m)$等价,即

$$\begin{bmatrix}\varphi_1\\ \varphi_2\\ \vdots\\ \varphi_m\end{bmatrix}=\begin{bmatrix}a_{11} & & & \\ a_{21} & a_{22} & & 0\\ \vdots & \vdots & \ddots & \\ a_{m1} & a_{m2} & \cdots & a_{mm}\end{bmatrix}\begin{bmatrix}\psi_1\\ \psi_2\\ \vdots\\ \psi_m\end{bmatrix}$$

$$(a_{ii}\neq 0,i=1,2,\cdots,m)$$

则对于$\forall f(x),g(x)\in C^{\max\{m_i\}-1}[a,b]$有

$$[t_1,t_2,\cdots,t_m]_{\Psi_m}(fg)=$$
$$a_{mm}\sum_{i=1}^m a_{ii}^{-1}a_{m-i+1,m-i+1}^{-1}\cdot$$
$$[t_1,\cdots,t_i]_{\Psi_i}f[t_i,\cdots,t_m]_{\Psi_{m+1-i}}g \qquad (2)$$

证明 由引理3

$$[t,\cdots,t_m]_{\Psi_m}(fg)=a_{mm}[t_1,\cdots,t_m]_{\Phi_m}(fg)$$

由定理1

$$[t_1,\cdots,t_m]_{\Psi_m}(fg)=$$
$$a_{mm}\sum_{i=1}^m[t_1,\cdots,t_i]_{\Phi_i}f[t_i,\cdots,t_m]_{\Phi_{m-i+1}}g$$

从而得到(2).

3. Green函数的递推关系

定理1 设$L_k(D)$是具有幂基解组$\Phi_k=$

$\{\varphi_i(x)\}_{i=1}^{k}(k=1,2,\cdots,m)$ 的微分算子,$G_k(x,t)$ 是 $L_k(D)$ 的 Green 函数,则

$$\begin{cases}G_1(x,t)=(x-t)_+^0\\ G_k(x,t)=G_{k-1}(x,t)\dfrac{\varphi_2(x)-\varphi_2(t)}{(k-1)\varphi'_2(t)}\\ (k=2,3,\cdots,m)\end{cases}\tag{1}$$

证明　显然 $G_1(x,t)=(x-t)_+^0$.

设 $F_k(x,t)=G_{k-1}(x,t)\dfrac{\varphi_2(x)-\varphi_2(t)}{(k-1)\varphi'_2(t)}$,我们证明 $F_k(x,t)$ 满足 $L_k(D)$ 的 Green 函数定义的条件. 对任意指定的 $t\in[a,b]$,有:

(ⅰ) $F_k(x,t)=0(a\leqslant x<t)$;

(ⅱ) $L_k(D)F_k(x,t)=L_k(D)G_{k-1}(x,t)\dfrac{\varphi_2(x)-\varphi_2(t)}{(k-1)\varphi'_2(t)}=$

$$L_k(D)\frac{\begin{vmatrix}\varphi_1(t) & \varphi_2(t) & \cdots & \varphi_{k-1}(t)\\ \varphi'_1(t) & \varphi'_2(t) & \cdots & \varphi'_{k-1}(t)\\ \vdots & \vdots & & \vdots\\ \varphi_1^{(k-3)}(t) & \varphi_2^{(k-3)}(t) & \cdots & \varphi_{k-1}^{(k-3)}(t)\\ \varphi_2(x)-\varphi_2(t)\varphi_1(x) & \varphi_3(x)-\varphi_2(t)\varphi_2(x) & \cdots & \varphi_k(x)-\varphi_2(t)\varphi_{k-1}(x)\end{vmatrix}}{(k-1)\varphi'_2(t)\det(W(\varphi_1(t),\cdots,\varphi_{k-1}(t)))}=$$

$$\frac{\begin{vmatrix}\varphi_1(t) & \cdots & \varphi_{k-1}(t)\\ \varphi'_1(t) & \cdots & \varphi'_{k-1}(t)\\ \vdots & & \vdots\\ \varphi_1^{(k-3)}(t) & \cdots & \varphi_{k-1}^{(k-3)}(t)\\ L_k(D)\varphi_2(x)-\varphi_2(t)L_k(D)\varphi_1(x) & \cdots & L_k(D)\varphi_k(x)-\varphi_2(t)L_k(D)\varphi_{k-1}(x)\end{vmatrix}}{(k-1)\varphi'_2(t)\det(W(\varphi_1(t),\cdots,\varphi_{k-1}(t)))}=$$

$0\quad(t\leqslant x<b)$

（iii）

$$D_+^j F_k(x,t)|_{x=t}=\left[\frac{\varphi_2(x)-\varphi_2(t)}{(k-1)\varphi'_2(t)}D_+^j G_{k-1}(x,t)+G_{k-1}(x,t)\frac{\varphi_2^{(j)}(x)}{(k-1)\varphi'_2(t)}\right]_{x=t}=$$

$$0\quad(j=0,1,\cdots,k-2)$$

$$D_+^{k-1}F_k(x,t)|_{x=t}=\frac{\begin{vmatrix}\varphi_1(t) & \cdots & \varphi_{k-1}(t)\\ \varphi'_1(t) & \cdots & \varphi'_{k-1}(t)\\ \vdots & & \vdots\\ \varphi_1^{(k-3)}(t) & \cdots & \varphi_{k-1}^{(k-3)}(t)\\ \varphi_2^{(k-1)}(t)-\varphi_2(t)\varphi_1^{(k-1)}(t) & \cdots & \varphi_k^{(k-1)}(t)-\varphi_2(t)\varphi_{k-1}^{(k-2)}(t)\end{vmatrix}}{(k-1)\varphi'_2(t)\det(W(\varphi_1(t),\cdots,\varphi_{k-1}(t)))}$$

由 1 中的引理 1 中（iii）有

$$\begin{aligned}\varphi_i^{(k-1)}(t)=&\varphi_2(t)\varphi_{i-1}^{(k-1)}(t)+\\&(k-1)\varphi'_2(t)\varphi_{i-2}^{(k-2)}(t)+\\&\sum_{j=0}^{k-3}C_{k-1}^k\varphi_{i-1}^{(j)}(t)\varphi_2^{(k-i-1)}(t)\end{aligned}$$

所以

$$D_+^{k-1}F_k(x,t)|_{x=t}=\frac{\begin{vmatrix}\varphi_1(t) & \cdots & \varphi_{k-1}(t)\\ \varphi'_1(t) & \cdots & \varphi'_{k-1}(t)\\ \vdots & & \vdots\\ \varphi_1^{(k-3)}(t) & \cdots & \varphi_{k-1}^{(k-3)}(t)\\ (k-1)\varphi'_2(t)\varphi_1^{(k-2)}(t) & \cdots & (k-1)\varphi'_2(t)\varphi_{k-1}^{(k-2)}(t)\end{vmatrix}}{(k-1)\varphi'_2(t)\det(W(\varphi_1(t),\cdots,\varphi_{k-1}(t)))}=1$$

定理 2　在定理 1 的条件下

$$G_k(x,t)=\frac{(x-t)_+^0}{(k-1)!}\left[\frac{\varphi_2(x)-\varphi_2(t)}{\varphi'_2(t)}\right]^{k-1}$$

$$(k=1,2,\cdots,m)\tag{2}$$

证明　由 $G_1(x,t)=(x-t)_+^0$，定理对 $k=1$ 成立. 设定理对 $k=m-1$ 成立，即

$$G_{m-1}(x,t)=\frac{(x-t)_+^0}{(m-2)!}\left[\frac{\varphi_2(x)-\varphi_2(t)}{\varphi'_2(t)}\right]^{m-2}$$

当 $k=m$ 时,由

$$G_m(x,t)=G_{m-1}(x,t)\frac{\varphi_2(x)-\varphi_2(t)}{(m-1)\varphi'_2(t)}=$$
$$\frac{(x-t)_+^0}{(m-1)!}\left[\frac{\varphi_2(x)-\varphi_2(t)}{\varphi'_2(t)}\right]^{m-1}$$

推论 1　算子 D^k 的 Green 函数为

$$G_k(x,t)=\frac{(x-t)_+^{k-1}}{(k-1)!}\quad (k=1,2,\cdots,m) \tag{3}$$

推论 2　算子 $L_k(D)=D(D-1)\cdots(D-k+1)$ 的 Green 函数为

$$G_k(x,t)=\frac{(x-t)_+^0(\mathrm{e}^{(x-t)}-1)^{k-1}}{(k-1)!} \tag{4}$$

推论 3　$L_m^0(D)y(t)=0$ 的一基解组为

$$\frac{\partial^j}{\partial x^j}G_m(x,t)\mid_{x=b}=$$
$$\frac{1}{(m-1)!}\frac{\partial^j}{\partial x^j}\left[\frac{\varphi_2(x)-\varphi_2(t)}{\varphi'_2(t)}\right]^{m-1}\Bigg|_{x=k} \tag{5}$$

其中 $L_m^0(D)$ 是 $L_m(D)$ 的共轭算子.

我们知道,有了 $L_m(D)$ 的 Green 函数,又有了 $L_m^0(D)$ 的基解组,那么 $L_m(D)$ 的 B 样条函数实际上就给出了.

参考文献

[1] SCHUMAKER L L. Spline Function: Basic Theory[M]. New York:Cambridge University

Press,1981.
[2] CARI D B. A Practical Guide to Splines[M]. New York:Springer,1978.
[3] 李岳生. δ 函数、格林函数与样条函数[A]. 中山大学自然科学论文选(1955 — 1978)[C].

第5章　反差商

§1　定义和记号

设函数 $f(x)$ 对于 $x=a_0,a_1,\cdots,a_n$ 的值是已知的；假定数 $a_0,a_1,\cdots,a_n$ 是不同的（所有这些数都相同或其中某些是相同的情形将在 §5 中讨论）.

我们将表达式

$$\rho_1(a_k,a_v)=\frac{1}{f(a_k,a_v)}=\frac{a_k-a_v}{f(a_k)-f(a_v)}$$

叫作函数 $f(x)$ 的第一阶反差商.

在以后，函数的值 $f(a_k)$ 将叫作零阶反差商，并记作 $\rho_0(a_k)$.

例如，由自变量的值 a_0,a_1 和函数的值 $f(a_0)=\rho_0(a_0)$，$f(a_1)=\rho_0(a_1)$ 组成的第一阶反差商等于

$$\rho_1(a_0,a_1)=\frac{a_0-a_1}{\rho_0(a_0)-\rho_1(a_1)}$$

今可以对自变量的某三个值，例如 a_0,a_1,a_2 来定义第二阶反差商

$$\rho_2(a_0,a_1,a_2)=\frac{a_0-a_2}{\rho_1(a_0,a_1)-\rho_1(a_1,a_2)}+\rho_0(a_1)$$

仿此可作第三阶和更高阶的反差商.例如,对自变量值 a_0,a_1,a_2 和 a_3 的第三阶反差商可以写作

$$\rho_3(a_0,a_1,a_2,a_3)=$$

$$\frac{a_0-a_3}{\rho_2(a_0,a_1,a_2)-\rho_2(a_1,a_2,a_3)}+\rho_1(a_1,a_2)$$

一般来说,对于函数 $f(x)$ 的第 $n(n\geqslant 2)$ 阶反差商,有

$$\rho_n(a_0,a_1,\cdots,a_n)=$$

$$\frac{a_0-a_n}{\rho_{n-1}(a_0,a_1,\cdots,a_{n-1})-\rho_{n-1}(a_1,a_2,\cdots,a_n)}+$$

$$\rho_{n-2}(a_1,a_2,\cdots,a_{n-1})$$

因此,反差商的阶次与差商一样,比用来作反差商的 x 值的个数少 1.

反差商是由梯里引入.

为了作数值计算,利用以下(表 1) 所作的自变量值,函数值和反差商值的分布规律,较为方便.

表 1　反差商表

a_0	$f(a_0)$				
		$\rho_1(a_0,a_1)$			
a_1	$f(a_1)$		$\rho_2(a_0,a_1,a_2)$		
		$\rho_1(a_1,a_2)$		$\rho_3(a_0,a_1,a_2,a_3)$	$\rho_4(a_0,a_1,a_2,$
a_2	$f(a_2)$		$\rho_2(a_1,a_2,a_3)$		
		$\rho_1(a_2,a_3)$		$\rho_3(a_1,a_2,a_3,a_4)$	$a_3,a_4)$
a_3	$f(a_3)$		$\rho_2(a_2,a_3,a_4)$		
		$\rho_1(a_3,a_4)$			
a_4	$f(a_4)$				

在此表中位于由 $f(a_k)$ 和 $f(a_v)$($f(a_v)$ 在 $f(a_k)$ 之下) 出发的两斜列相交处的每一反差商等于两个数的和,其中一个数是以差 a_v-a_k 被紧靠在所求的反差商(在其左边一行) 的下面和上面两个相邻数的差除之所得的商,而另一个数是在由所求的反差商出发的水平线上与所求的反差商相邻且在其左方的数.

以下引入函数$\frac{1}{1+x^2}$的值(表 2)并按它们计算相继各阶的反差商.所得的表可作为反差商表的例子.

表 2　反差商表的例

	ρ_0	ρ_1	ρ_2	ρ_3	ρ_4
$a_0=0$	1				
		-2			
$a_1=1$	$\frac{1}{2}$		-1		
		$-\frac{10}{3}$		0	
$a_2=2$	$\frac{1}{5}$		$-\frac{1}{10}$		0
		-10		40	
$a_3=3$	$\frac{1}{10}$		$-\frac{1}{25}$		0
		$-\frac{170}{7}$		140	
$a_5=4$	$\frac{1}{17}$		$-\frac{1}{46}$		
		$-\frac{442}{9}$			
$a_5=5$	$\frac{1}{26}$				

此处,反差商$\rho_3=40$位于由$\frac{1}{2}$和$\frac{1}{17}$出发的两条斜线的交叉处.因此,$a_v-a_k=4-1=3$.紧靠在左下方(对于差商$\rho_3=40$而言)的数等于$-\frac{1}{25}$,而紧靠在左上方(对于同一差商而言)的数等于$-\frac{1}{10}$.与所求的差商相邻且与其位于同一水平线上的反差商等于-10.因此所

求的差商等于

$$\frac{3}{-\frac{1}{25}+\frac{1}{10}}-10=40$$

§2　将函数展成连分式

$f(x)$ 的对于自变值 $x,a_0,a_1,\cdots,a_{n-1}$ 的反差商可以由下列方程组确定

$$f(x)=\rho_0(a_0)+\frac{x-a_0}{\rho_1(x,a_0)}$$

$$\rho_1(x,a_0)=\rho_1(a_0,a_1)+\frac{x-a_1}{\rho_2(x,a_0,a_1)-\rho_0(a_0)}$$

$$\rho_2(x,a_0,a_1)=\rho_2(a_0,a_1,a_2)+\frac{x-a_2}{\rho_3(x,a_0,a_1,a_2)-\rho_1(a_0,a_1)}$$

$$\vdots$$

$$\rho_{n-1}(x,a_0,a_1,\cdots,a_{n-2})=\rho_{n-1}(a_0,a_1,\cdots,a_{n-1})+\frac{x-a_{n-1}}{\rho_n(x,a_0,a_1,\cdots,a_{n-1})-\rho_{n-2}(a_0,a_1,\cdots,a_{n-2})}$$

而当 $n=1$ 时,此处规定取

$$\rho_{n-2}(a_0,a_1,\cdots,a_{n-2})=0$$

$$\rho_{n-1}(x,a_0,a_1,\cdots,a_{n-2})=\rho_0(x)=f(x)$$

这些方程可使我们将 $f(x)$ 展成连分式

$$f(x)=\rho_0+\cfrac{x-a_0}{\rho_1+\cfrac{x-a_1}{\rho_2-\rho_0+\cfrac{x-a_2}{\rho_3-\rho_1+\cfrac{x-a_3}{\rho_4-\rho_2+\ddots}}}}$$

在所得的展开式中所写出的所有反差商都是在由表 1

中的差商 $\rho_0=f(a_0)$ 出发的下降一列上.

例为一个例子,我们将以表2所给的函数 $f(x)$ 展成连分式.

利用表2中第一斜列的反差商,便得

$$f(x)=1+\cfrac{x-0}{-2+\cfrac{x-1}{-2+\cfrac{x-2}{2+\cfrac{x-3}{1}}}}$$

§3　反差商可当作两个行列式的比

今把在前节中所得的将函数 $f(x)$ 展成连分式的式子写作下形

$$f(x)=\alpha_0+\cfrac{x-a_0}{\alpha_1+\cfrac{x-a_1}{\alpha_2+\cfrac{x-a_2}{\alpha_3+\cfrac{x-a_3}{\alpha_4+\ddots}}}}$$

其中

$$\alpha_0=\rho_0(a_0)=f(a_0)$$

$$\alpha_1=\rho_1(a_0,a_1)$$

而对任一 $v\geqslant 2$,有

$$\alpha_v=\rho_v(a_0,a_1,\cdots,a_v)-\rho_{v-2}(a_0,a_1,\cdots,a_{v-2}) \quad (1)$$

对此连分式的收敛性,我们并不加以探讨,而且也并不需要此连分式的收敛性,因为我们需要连分式,只是为了说明接续的渐近分式的分子和分母的某些结构上的性质.

如果在 $f(x)$ 的展开式中接续的写到 $\alpha_0,\alpha_1,\cdots,$

α_{v-1} 就中止,则便得到下列渐近公式

$$\frac{p_1}{q_1}=\frac{\alpha_0}{1}$$

$$\frac{p_2}{q_2}=\frac{p_1\alpha_1+(x-a_1)}{\alpha_1}$$

$$\frac{p_3}{q_3}=\frac{p_2\alpha_2+p_1(x-a_1)}{q_2\alpha_2+q_1(x-a_1)}$$

$$\vdots$$

$$\frac{p_v}{q_v}=\frac{p_{v-1}\alpha_{v-1}+p_{v-2}(x-a_{v-2})}{q_{v-1}\alpha_{v-1}+q_{v-2}(x-a_{v-2})}$$

因此,第 v 次渐近分式的分子和分母是借助于下列对 $v\geqslant 2$ 成立的递推公式确定的

$$p_v=p_{v-1}\alpha_{v-1}+p_{v-2}(x-a_{v-2}) \tag{2}$$

$$q_v=q_{v-1}\alpha_{v-1}+q_{v-2}(x-a_{v-2}) \tag{3}$$

在利用上列公式时,我们注意

$$p_0=1,q_0=0,p_1=\alpha_0,q_1=1$$

今以数学归纳法证明下列等式的真实性

$$p_{2k}(x)=A_0+A_1x+A_2x^2+\cdots+A_{k-1}x^{k-1}+x^k \tag{4}$$

$$q_{2k}(x)=B_0+B_1x+B_2x^2+\cdots+B_{k-2}x^{k-2}+x^{k-1}\rho_{2k-1} \tag{5}$$

$$p_{2k+1}(x)=C_0+C_1x+C_2x^2+\cdots+C_{k-1}x^{k-1}+x^k\rho_{2k} \tag{6}$$

$$q_{2k+1}(x)=D_0+D_1x+D_2x^2+\cdots+D_{k-1}x^{k-1}+x^k \tag{7}$$

其中系数 A_v,B_v,C_v 和 D_v 与 a_v 和 $f(a_v)$ 的值有关.

当 $k=1$ 时,这些等式是真的. 事实上,在公式(2)和(3) 中令 $v=2$ 和 3,便得

$$p_2(x)=A_0+x,q_2(x)=\rho_1$$

$$p_3(x)=C_0+x\rho_2,q_3(x)=D_0+x$$

今假定已建立等式(4)～(7)对$p_{2k}(x)$，$p_{2k+1}(x)$，$q_{2k}(x)$和$q_{2k+1}(x)$都是真的，我们要证，它们对$p_{2k+2}(x)$，$p_{2k+3}(x)$，$q_{2k+2}(x)$和$q_{2k+3}(x)$也将是真的. 今在公式(2)中，取$v=2k+2$并在所得的等式中将$p_{2k+1}(x)$和$p_{2k}(x)$按公式(4)和(6)来代换. 这样便得

$$p_{2k+2}(x)=A_0+A_1x+A_2x^2+\cdots+A_kx^k+x^{k+1}\tag{8}$$

但系数$A_v(v=0,1,\cdots,k)$的数值一般说来与在等式(4)中所写出的系数A_v的数值不同.

今在公式(2)中，取$v=2k+3$并在所得的等式中将$p_{2k+1}(x)$和$p_{2k+2}(x)$按公式(6)和(8)来代换. 我们得到(此处多项式$p_{2k+3}(x)$的系数A_v的数值与多项式(8)的系数A_v的数值不同)

$$p_{2k+3}(x)=A_0+A_1x+\cdots+A_kx^k+(\alpha_{2k+2}+\rho_{2k})x^{k+1}$$

但按公式(1)

$$\alpha_{2k+2}+\rho_{2k}=\rho_{2k+2}$$

因而最后便有

$$p_{2k+3}(x)=A_0+A_1x+\cdots+A_kx^k+x^{k+1}\rho_{2k+2}$$

利用公式(3)(5)(7)和(1)，对$q_{2k+2}(x)$和$q_{2k+3}(x)$也可得出同样的结果.

因此，只要不去注意系数的数值，那么$p_{2k+2}(x)$，$p_{2k+3}(x)$，$q_{2k+2}(x)$和$q_{2k+3}(x)$的表达式的构造与表达式(4)～(7)相同.

如果将连分式写到α_{2n-1}为止，则便得到渐近等式

$$f(x)=\frac{p_{2n}(x)}{q_{2n}(x)}=\frac{A_0+A_1x+A_2x^2+\cdots+A_{n-1}x^{n-1}+x^n}{B_0+B_1x+B_2x^2+\cdots+B_{n-2}x^{n-2}+x^{n-1}\rho_{2n-1}}\tag{9}$$

如果中止在 α_{2n}，则有

$$f(x)=\frac{p_{2n+1}(x)}{q_{2n+1}(x)}=\frac{C_0+C_1x+C_2x^2+\cdots+C_{n-1}x^{n-1}+x^n\rho_{2n}}{D_0+D_1x+D_2x^2+\cdots+D_{n-1}x^{n-1}+x^n}\tag{10}$$

接续的渐近公式 $\frac{p_v(x)}{q_v(x)}(v=1,2,\cdots)$ 在以后将用以逼近函数.

今要求等式(9)，其中有 $2n-1$ 个未知系数 A_v 和 B_v 和未知的反差商 ρ_{2n-1}，对 $x=a_v(v=0,1,\cdots,2n-1)$ 确为满足. 我们得到

$$A_0+A_1a_v+A_2a_v^2+\cdots+A_{n-1}a_v^{n-1}-B_0y_v-B_1a_vy_v-\cdots-B_{n-2}a_v^{n-2}y_v-a_v^{n-1}y_v\rho_{2n-1}=-a_v^n$$

其中 $y_v=f(a_v)$.

如所见，我们得到有 $2n$ 个未知数：$A_v(v=0,1,\cdots,n-1)$，$B_v(v=0,1,\cdots,n-2)$ 和 ρ_{2n-1} 的 $2n$ 个线性方程. 在以后，为简单起见，我们规定对用来解此线性方程组的行列式仅写出其中的一列. 这就给出所求的反差商如下

$$\rho_{2n-1}(a_0,a_1,\cdots,a_{2n-1})=\frac{|1,y_v,a_v,a_vy_v,a_v^2,a_v^2y_v^2,\cdots,a_v^{n-2},a_v^{n-2}y_v,a_v^{n-1},a_v^n|}{|1,y_v,a_v,a_vy_v,\cdots,a_v^{n-2},a_v^{n-2}y_v,a_v^{n-1},a_v^{n-1}y_v|}\tag{11}$$

同样地，由公式(10) 可得

$$\rho_{2n}(a_0,a_1,\cdots,a_{2n})=\frac{|1,y_v,a_v,a_vy_v,a_v^2,a_v^2y_v,\cdots,a_v^{n-1},a_v^{n-1}y_v,a_v^ny_v|}{|1,y_v,a_v,a_vy_v,\cdots,a_v^{n-1},a_v^{n-1}y_v,a_v^n|}\tag{12}$$

公式(11) 和(12) 给出将任意阶的反差商表为两

个行列式之比的形状，只要这些公式中在分母的行列式不等于零.

例如，我们可以写出

$$\rho_2(a_0,a_1,a_2)=\frac{\begin{vmatrix}1 & f(a_0) & a_0f(a_0)\\ 1 & f(a_1) & a_1f(a_1)\\ 1 & f(a_2) & a_2f(a_2)\end{vmatrix}}{\begin{vmatrix}1 & f(a_0) & a_0\\ 1 & f(a_1) & a_1\\ 1 & f(a_2) & a_2\end{vmatrix}}$$

但这个公式对于 $f(x)=x$ 便不成立.

公式(11) 和(12) 指出，反差商 $\rho(a_0,a_1,\cdots,a_v)$ 是其自变量的对称函数. 例如

$$\rho(a_0,a_1,\cdots,a_v)=\rho(a_1,a_0,\cdots,a_v)$$

在计算分数函数

$$\frac{y}{z}=\frac{f(x)}{F(x)}$$

的反差商的情形，将公式(11) 和(12) 稍加变形是有用的. 如取 $y_v=f(a_v)$ 和 $z_v=F(a_v)$，便可写出

$$\rho_{2n-1}(a_0,a_1,\cdots,a_{2n-1})=$$

$$\frac{|\,z_v,y_v,a_vz_v,a_vy_v,\cdots,a_v^{n-2}z_v,a_v^{n-2}y_v,a_v^{n-1}z_v,a_v^nz_v\,|}{|\,z_v,y_v,a_vz_v,a_vy_v,\cdots,a_v^{n-2}z_v,a_v^{n-2}y_v,a_v^{n-1}z_v,a_v^{n-1}y_v\,|}$$

$$\rho_{2n}(a_0,a_1,\cdots,a_{2n})=$$

$$\frac{|\,z_v,y_v,a_vz_v,a_vy_v,\cdots,a_v^{n-1}z_v,a_v^{n-1}y_v,a_v^ny_v\,|}{|\,z_v,y_v,a_vz_v,a_vy_v,\cdots,a_v^{n-1}z_v,a_v^{n-1}y_v,a_v^nz_v\,|}$$

当 $n=1$ 时，便有

$$\rho_1(a_0,a_1)=\frac{\begin{vmatrix}z_0 & a_0z_0\\ z_1 & a_1z_1\end{vmatrix}}{\begin{vmatrix}z_0 & y_0\\ z_1 & y_1\end{vmatrix}}$$

$$\rho_2(a_0,a_1,a_2)=\frac{\begin{vmatrix} z_0 & y_0 & a_0y_0 \\ z_1 & y_1 & a_1y_1 \\ z_2 & y_2 & a_2y_2 \end{vmatrix}}{\begin{vmatrix} z_0 & y_0 & a_0z_0 \\ z_1 & y_1 & a_1z_1 \\ z_2 & y_2 & a_2z_2 \end{vmatrix}}$$

§4 反差商的一些性质

以下在叙述本节定理时,我们将假定,偶$(2n)$阶的反差商是就自变量值 $a_0,a_1,\cdots,a_{2n}$ 来计算的,而奇$(2n-1)$阶的反差商则就自变量值 $a_0,a_1,\cdots,a_{2n-1}$ 来计算的.为书写简单起见,我们规定代替函数 $f(x)$ 的反差商 $\rho_{2n}(a_0,a_1,\cdots,a_{2n})$ 和 $\rho_{2n-1}(a_0,a_1,\cdots,a_{2n-1})$ 分别写作 $\rho_{2n}[f(x)]$ 和 $\rho_{2n-1}[f(x)]$.

今将反差商的一些性质表述为如下的容易证明的定理的形式.

定理 1

$$\rho_{2n}[cf(x)]=c\rho_{2n}[f(x)]$$

$$\rho_{2n-1}[cf(x)]=\frac{1}{c}\rho_{2n-1}[f(x)]$$

其中 c 是常数.

定理 2

$$\rho_{2n}[f(x)+c]=\rho_{2n}[f(x)]+c$$

$$\rho_{2n-1}[f(x)+c]=\rho_{2n-1}[f(x)]$$

其中 c 是常数.

定理 3

$$\rho_{2n}\left[\frac{1}{f(x)}\right]=\frac{1}{\rho_{2n}[f(x)]}$$

定理 4　形如$\frac{a+bf(x)}{c+df(x)}$的分式的$2n$阶反差商可以表作如下的分式

$$\frac{a+b\rho_{2n}[f(x)]}{c+d\rho_{2n}[f(x)]}$$

今来证明所述定理中的一个,例如证明第一个.利用公式(12),便得

$$\rho_{2n}[cf(x)]=$$

$$\frac{|1,cy_v,a_v,ca_vy_v,\cdots,a_v^{n-1},ca_v^{n-1}y_v,ca_v^ny_v|}{|1,cy_v,a_v,ca_vy_v,\cdots,a_v^{n-1},ca_v^{n-1}y_v,a_v^n|}=$$

$$c\rho_{2n}[f(x)]$$

§5　带自变量重复值的反差商

在自变量的某些(或所有)值相同时的情形,反差商的计算,也与差商的计算一样,需要去求形如$\frac{0}{0}$的不定型.

例如

$$\rho_1(x,x)=\lim_{a_1\to x}\rho_1(x,a_1)=$$

$$\lim_{a_1\to x}\frac{x-a_1}{f(x)-f(a_1)}=\frac{1}{f'(x)}$$

今计算$\rho_2(x,x,x)$.为此,我们首先去求$\rho_2(x,x,a_1)=\lim_{a_0\to x}\rho_2(x,a_0,a_1)$.此极限甚易求得,只要将反差商$\rho_2(x,a_0,a_1)$表作两个行列式的商,在其中以$x+h$

代替 a_0 并令 $h\to 0$ 以取极限

$$\rho_2(x,x,a_1)=$$

$$\lim_{h\to 0}\frac{\begin{vmatrix}1 & f(x) & xf(x)\\ 1 & f(x+h) & (x+h)f(x+h)\\ 1 & f(a_1) & a_1f(a_1)\end{vmatrix}}{\begin{vmatrix}1 & f(x) & x\\ 1 & f(x+h) & x+h\\ 1 & f(a_1) & a_1\end{vmatrix}}=$$

$$\frac{\begin{vmatrix}1 & f(x) & xf(x)\\ 0 & f'(x) & xf'(x)+f(x)\\ 1 & f(a_1) & a_1f(a_1)\end{vmatrix}}{\begin{vmatrix}1 & f(x) & x\\ 0 & f'(x) & 1\\ 1 & f(a_1) & a_1\end{vmatrix}}$$

如果自变量的所有三个值都相同，即 $a_0=a_1=a_2=x$，则

$$\rho_2(x,x,x)=\lim_{a_1\to x}\rho_2(x,x,a_1)=$$

$$\frac{\lim\limits_{h\to 0}\dfrac{\mathrm{d}^2}{\mathrm{d}h^2}\begin{vmatrix}1 & f(x) & xf(x)\\ 0 & f'(x) & xf'(x)+f(x)\\ 1 & f(x+h) & (x+h)f(x+h)\end{vmatrix}}{\lim\limits_{h\to 0}\dfrac{\mathrm{d}^2}{\mathrm{d}h^2}\begin{vmatrix}1 & f(x) & x\\ 0 & f'(x) & 1\\ 1 & f(x+h) & x+h\end{vmatrix}}$$

因此，最后可得

$$\rho(x,x,x)=f(x)-\frac{2[f'(x)]^2}{f''(x)}$$

计算带自变量重复值的反差商的公式，还可根据 §1 的定义和记号得到. 例如，我们有

$$\rho_2(x,x,a_1)=\frac{x-a_1}{\rho_1(x,x)-\rho_1(x,a_1)}+\rho_0(x)$$

由此可得

$$\rho_2(x,x,x)=\frac{1}{\lim\limits_{a_1\to x}\frac{\mathrm{d}}{\mathrm{d}a_1}\rho_1(x,a_1)}+f(x)=$$

$$f(x)-\frac{2[f'(x)]^2}{f''(x)}$$

§6 差分运算及其逆运算

武汉大学的李国平，陈银通，刘怀俊三位教授1981年深入研究了差分运算及其逆运算.

1. 设 x 为实变量，$f(x)$ 为 x 在区间 $[a,+\infty)$ 上的单值有限的连续函数，ω 为任一固定的实数，$\boldsymbol{W}$ 为 ω 所代表的算子：$\boldsymbol{W}f(x)=f(x+\omega)$，对一切 x 的实值考虑差分方程

$$\frac{(\boldsymbol{W}-1)}{\omega}f(x)=\varphi(x) \tag{1}$$

或

$$\underset{\omega}{D}f(x)=\varphi(x)$$

之解，其中 $\varphi(x)$ 为区间 $[a,+\infty)$ 上的单值有限的函数. 以 $\psi_\omega(x)$ 表示任一以 ω 为周期的单值有限的函数，以 $\left(\frac{\boldsymbol{W}-1}{\omega}\right)^{-1}=-\omega(1+\boldsymbol{W}+\boldsymbol{W}^2+\cdots+\boldsymbol{W}^n+\cdots)$ 表示 $\frac{\boldsymbol{W}-1}{\omega}$ 的逆算符，则形式地而有

$$-\left(\frac{\boldsymbol{W}-1}{\omega}\right)\omega(1+\boldsymbol{W}+\boldsymbol{W}^2+\cdots)=$$

$$-(1+\boldsymbol{W}+\boldsymbol{W}^2+\cdots)(\boldsymbol{W}-1)=1$$

注 $1f(x)=f(x)$. 这样,我们可以形式地把差分方程(1) 的解写成下列形式

$$f(x)=\psi_\omega(x)-\omega\sum_{S=0}^{+\infty}\boldsymbol{W}^s\varphi(x)=$$

$$\psi_\omega(x)-\omega\sum_{S=0}^{+\infty}\varphi(x+s\omega)$$

选择 $\psi_\omega(x)$ 为常数,这个常数表达为积分的形式则得出差分方程(1) 的主要解的形式为

$$f(x)=\int_a^{+\infty}\varphi(x)\mathrm{d}x-\omega\sum_{s=0}^{+\infty}\boldsymbol{W}^s\varphi(x) \qquad (2)$$

当右端的积分为收敛的,其无穷级数为广义一致收敛于$[a,+\infty)$ 上时,上式断然成立. 在积分为发散时,我们有下列假设

A: $$\int_a^{+\infty}\varphi(x)\mathrm{e}^{-\eta x^p(\log x)q}\mathrm{d}x$$

为对 η 而一致收敛于 $0<\eta<\rho$ 内($p\geqslant 1,q\geqslant 0$),并且当 $\eta\to 0$ 时

$$\lim_{\eta\to 0}\int_a^{+\infty}\varphi(x)\mathrm{e}^{-qx^p(\log x)q}\mathrm{d}x$$

存在而为有限,此仍表示为形式

$$\int_a^{+\infty}\varphi(x)\mathrm{d}x$$

B: $$\sum_{s=0}^{+\infty}\boldsymbol{W}^s\{\varphi(x)e^{-\eta x^p(\log x)q}\}$$

为广义一致收敛于$[a,+\infty)$ 及 $0<\eta<\rho$ 上并且

$$\lim_{\eta\to 0}\sum_{s=0}^{+\infty}\boldsymbol{W}^s\{\varphi(x)\mathrm{e}^{-\eta x^p(\log x)q}\}$$

存在而为有限,仍表示为形式

$$\sum_{s=0}^{+\infty}\boldsymbol{W}^{s}\varphi(x)$$

在这新的意义下,差分方程(1)的主要解仍可写为(2)的形式.

我们将(1)的解(2)表达为

$${}^{(\omega)}\int_{a}^{x}\varphi(x)\underset{\omega}{\mathrm{d}}x=\int_{a}^{+\infty}\varphi(x)\mathrm{d}x-\omega\sum_{s=0}^{+\infty}\boldsymbol{W}^{s}\varphi(x)$$

当 $\omega\neq0$ 时;当 $\omega=0$ 时 $\underset{\omega}{D}f(x)$ 应是 $\underset{0}{D}f(x)$,它是用来表示 $\frac{\mathrm{d}f(x)}{\mathrm{d}x}=Df(x)$ 的,${}^{(\omega)}\int_{a}^{x}$ 应是 ${}^{(0)}\int_{a}^{x}$,它正是用来表示寻常的积分 $\int_{a}^{x}$ 的.

注意,当 $\omega=0$ 时 $\underset{0}{D}f(x)=Df(x)$,$\underset{0}{\mathrm{d}}x=\mathrm{d}x$

${}^{(0)}\int_{a}^{x}\varphi(x)\underset{0}{\mathrm{d}}x$ 理解为 $\int_{a}^{+\infty}\varphi(x)\mathrm{d}x-\int_{a}^{+\infty}\varphi(x)\mathrm{d}x=\int_{a}^{x}\varphi(x)\mathrm{d}x$.

2. 推广上述的记号于多个实变量或复变量,则有全差分

$$\underset{\vec{\omega}}{\mathrm{d}}f(\vec{z})=(\vec{\boldsymbol{W}}-1)f(\vec{z})$$

其中

$$\vec{z}=(z_{1},\cdots,z_{n}),\vec{\boldsymbol{W}}=(\boldsymbol{W}_{1},\cdots,\boldsymbol{W}_{n})$$
$$\vec{\boldsymbol{W}}f(\vec{z})=f(z_{1}+\omega_{1},\cdots,z_{n}+\omega_{n})$$

全差分 $\underset{\vec{\omega}}{\mathrm{d}}(*)$ 的逆运算仍然选为

$${}^{(\vec{\omega})}\int_{\vec{a}}^{\vec{z}}(*)\underset{\vec{\omega}}{\mathrm{d}}\vec{z}$$

的形式. 全微分 $\mathrm{d}f(\vec{z})$ 可写为 $\underset{0}{\mathrm{d}}f(\vec{z})$. 则全差分方程

$$\underset{\vec{\omega}}{\mathrm{d}}f(\vec{z})\equiv\vec{\boldsymbol{W}}f(\vec{z})-f(\vec{z})=\varphi(\vec{z})$$

之主要解应是

$$f(\vec{z}) = {}^{(\vec{\omega})}\int_{\vec{a}}^{\vec{z}} \varphi(\vec{z})\, \underset{\vec{\omega}}{d}\vec{z} =$$

$$^{(\vec{\omega})}\int_{\vec{a}}^{+\infty} \varphi(\vec{z})\mathrm{d}\vec{z} - \sum_{s=0}^{+\infty} (\vec{\boldsymbol{W}})^s \varphi(\vec{z})$$

在这里，$(\vec{\boldsymbol{W}})^s$ 表示$(\boldsymbol{W}_1^{s_1}, \cdots, \boldsymbol{W}_n^{s_n})$，$s_1 + \cdots + s_n = s$，而

$$^{(\vec{\omega})}\int_{\vec{a}}^{\overrightarrow{+\infty}} \varphi(\vec{z}) d\vec{z} = \int_{a_1}^{+\infty} \cdots \int_{a_1}^{+\infty} \varphi(\vec{z}) dz_1 \cdots dz_n$$

这里的形式积分和形式和乃在选定收敛因子为

e

其中 $\vec{\eta} = (\eta_1, \cdots, \eta_n)$，$\lambda(\vec{z}) = (\lambda(z_1), \cdots, \lambda(z_n))$，$\lambda(z_1) = z_1^{p_i} (\log z_i)^{q_i}$，$p_i \geqslant 1$，$q_i \geqslant 0$，在相应的收敛性的假设下

$$^{(\vec{\omega})}\int_{\vec{a}}^{\vec{z}} \varphi(\vec{z})\, \underset{\vec{\omega}}{d}\vec{z} = \lim \left\{ \int_{\vec{a}}^{\overrightarrow{+\infty}} \varphi(\vec{z}) e^{-\eta} \mathrm{d}\vec{z} + \sum_{s=0}^{+\infty} (\vec{\omega}) [\varphi(\vec{z}) \mathrm{e}^{-\vec{\lambda} \cdot \lambda(\vec{z})}] \right\}$$

而

$$f(\vec{z}) \equiv {}^{(\vec{\omega})}\int_{\vec{a}}^{\vec{z}} \varphi(\vec{z}) \mathrm{d}\vec{z}$$

同样可推广于向量函数

$$\vec{f}(\vec{z}) = {}^{(\vec{\omega})}\int_{\vec{a}}^{\vec{z}} \vec{\varphi}(\vec{z})\, \underset{\vec{\omega}}{d}\vec{z}$$

矩阵函数

$$[f_{ij}(\vec{z})] = \left[{}^{\vec{\omega}}\int_{\vec{a}}^{\vec{z}} \varphi_{ij}(\vec{z})\, \underset{\vec{\omega}}{d}\vec{z} \right]$$

$$\boldsymbol{W}_i f(\vec{z}) - f(\vec{z}) = f(z_1, \cdots, z_i + \omega_1, \cdots, z_n) - f(z_1, \cdots, z_n)$$

叫作偏差分. 偏差分以 $\mathrm{d}f(\vec{z})$ 表达之.

全差分可以分解为偏差分，如

$$\underset{\vec{\omega}}{d}f = (\boldsymbol{W}_1 - 1) f(z_1, z_2 + \omega_2, \cdots, z_n + \omega_n) +$$

$$(\boldsymbol{W}_2-1)f(z_1,z_2,z_3+\omega_3,\cdots,z_n+\omega_n)+\cdots+$$
$$(\boldsymbol{W}_n-1)f(z_1,\cdots,z_n)$$

如果以$\underset{\omega_1}{\partial}$ 表示第 i 个偏差分算子,则

$$\underset{\vec{\omega}}{\mathrm{d}}f=\underset{\omega_1}{\partial}f(z_1,z_2+\omega_2,\cdots,z_n+\omega_n)+$$
$$\underset{\omega_2}{\partial}f(z_1,z_2,z_3+\omega_3,\cdots,z_n+\omega_n)+\cdots+$$
$$\underset{\omega_n}{\partial}f(z_1,\cdots,z_n)$$

如果我们推广外微分为外差分,则应作出关于外乘积 $\wedge$ 的假设,$\omega_1\wedge\omega_1=-\omega_1\wedge\omega_1$,据此则 $\omega_i\wedge\omega_i=0,i,j=1,2,\cdots,n.$

我们可以将偏差分表达为偏差分比$\underset{\omega_i}{D}$ 与 $\omega_i=\underset{\omega_i}{\mathrm{d}}x_i$ 之积:$\underset{\omega_s}{\mathrm{d}}z_d\underset{\omega_i}{D}$.因此全差分就可以写成

$$\underset{\vec{\omega}}{\mathrm{d}}f=\sum_{i=1}^{n}\underset{\omega_s}{\mathrm{d}}z_i\underset{\omega_i}{D}f(z_1,\cdots,z_i,z_{i+1}+\omega_{i+1},\cdots,z_n+\omega_n)$$

它也是函数 f 的外全差分.

引用张量记号,则一般的 m 阶齐次外差分形式应可以表达为

$$A_{i_1i_2\cdots i_m}(\vec{z})\underset{\omega_{1_1}}{\mathrm{d}}zi_1\wedge\cdots\wedge\underset{\omega_{1_m}}{\mathrm{d}}z_{i_m}$$

它的外差分定义为

$$\underset{\vec{\omega}}{\mathrm{d}}A_{i_1i_2\cdots i_m}(\vec{z})\wedge\underset{\omega_{1_1}}{\mathrm{d}}z_{i_1}\wedge\cdots\wedge\underset{\omega_{i_m}}{\mathrm{d}}z_{i_m}$$

我们用外差分形式的理论来处理偏差分方程的问题.当$\overrightarrow{\omega}=\overrightarrow{0}$ 时,外差分形式就转化为外微分形式.

这个定义要求过高,于推广外微分形式的理论颇有不便,因此下面我们提出较简单的定义.

3.我们现在定义函数 $f(\vec{x})$ 的全差分为

$$\underset{W}{\mathrm{d}}f(\vec{x})=\sum_{i=1}^{n}\underset{\omega_i}{D}f(\vec{x})\underset{\omega_i}{\mathrm{d}}x_i$$

其中$\underset{\omega_i}{D}=\dfrac{\boldsymbol{W}_i-1}{\boldsymbol{\omega}_i}$

$$\boldsymbol{W}_i f(\vec{x})=f(x_1,\cdots,x_i+\omega_i,\cdots,x_n)$$

当 $\omega_i=0$,则$\underset{\omega_i}{D}$就代表$\dfrac{\partial}{\partial x_i}$.

对于外差分形式

$$\Omega=\sum_{p=1}^{n} a_{j_1\cdots j_p}(\vec{x})\underset{\omega_{j_1}}{d}x_{j_1}\wedge\cdots\wedge\underset{\omega_{j_p}}{\mathrm{d}}x_{j_p}$$

(就 $j_1,\cdots,j_p=1,\cdots,n$ 求和)

定义其外差分为

$$\underset{\omega}{\mathrm{d}}\Omega\equiv\sum_{p-1}^{n}\underset{\omega_{j_{p+1}}}{D}a_{j_1,\cdots,j_p}(\vec{x})\underset{\omega_{j_{p+1}}}{\mathrm{d}}x_{j_{p+1}}\wedge\cdots\wedge\underset{\omega_{j_p}}{\mathrm{d}}x_i$$

我们需要证明:当Ω_p为P次外差分形式,θ为任一外差分形式时

$$\underset{W}{\mathrm{d}}(\Omega_p\wedge\theta)=\underset{W}{\mathrm{d}}\Omega_p\wedge\boldsymbol{W}\theta+(-1)^p\Omega_p\wedge\underset{W}{\mathrm{d}}\theta \qquad (1)$$

取 $\Omega_p\wedge\theta$ 中的一项

$$\underset{W}{\mathrm{d}}\Omega_p\wedge\boldsymbol{W}\theta=\underset{\omega_m}{\mathrm{d}}\Omega_p\wedge\boldsymbol{W}_a\theta(\text{对 }\alpha=1,\cdots,n\text{ 求和})$$

$$\Omega_p^{i_1\cdots i_p}\theta^{k_1\cdots k_q}\underset{\omega_{i_1}}{\mathrm{d}}x_{i_1}\wedge\cdots\wedge\underset{\omega_{i_p}}{\mathrm{d}}x_{i_p}\wedge\underset{\omega_{k_1}}{\mathrm{d}}x_{k_1}\wedge\cdots\wedge\underset{\omega_{k_q}}{\mathrm{d}}x_{k_q}$$

则相应于外差分$\underset{W}{\mathrm{d}}\Omega$ 中的几个项为

$$\underset{\omega_{i_{p+1}}}{D}(\Omega_p^{i_1\cdots i_p}(\vec{x})\theta^{k_{1-q}}(\vec{x}))\underset{\omega_{i_{p+1}}}{\mathrm{d}}x_{i_{p+1}}\wedge$$
$$\underset{\omega_{i_1}}{\mathrm{d}}x_{i_1}\wedge\cdots\wedge\underset{\omega_{i_p}}{\mathrm{d}}x_{i_p}\wedge\underset{\omega_{i_1}}{\mathrm{d}}x_{k_1}\wedge\cdots\wedge\underset{\omega_k}{\mathrm{d}}x_{k_q} \qquad (2)$$

但

$$\underset{\omega_{i_{p+1}}}{D}(\Omega_p^{i_1\cdots i_q}(\vec{x})\theta^{k_{1-q}}(\vec{x}))=$$
$$\underset{\omega_{i_{p+1}}}{D}(\Omega_p^{i_1\cdots i_p}(\vec{x}))\boldsymbol{W}\theta^{k_1\cdots k_q}(\vec{x})+$$

$$\Omega_{p}^{1_1\cdots 1_p}(\vec{x}) \underset{\omega_{i_{p+1}}}{D} \theta^{1_1\cdots 1_q}(\vec{x})$$

注意将 $\underset{\omega_{i_{p+1}}}{\mathrm{d}} x_{i_{p+1}}$ 在(2)中移至 $\underset{\omega_{i_p}}{\mathrm{d}} x_{i_p}$ 和 $\underset{\omega_{k_1}}{\mathrm{d}} x_{k_1}$ 之间则须变号 p 次而 $\underset{\omega_{i_{p+1}}}{D} \theta^{k_1\cdots k_q}(\vec{x}) \underset{\omega_{i_{p+1}}}{\mathrm{d}} x_{i_{p+1}} \wedge \underset{\omega_{k_1}}{\mathrm{d}} x_{k_1} \wedge \cdots \wedge \underset{\omega_{k_q}}{\mathrm{d}} x_{k_q}$ 又恰为 $\underset{W}{\mathrm{d}}\theta$ 中的一项. 故得式(1).

注意式(1)在 $\boldsymbol{W}=0$ 时恰为外微分形式中的定理.

当 $\vec{x}$ 经一个非奇异性变换 $\vec{x}=A\vec{y}$ 时关于 $\vec{x}$ 的外差分形式

$$\Omega=\sum_{p=0}^{n} a_{i_1\cdots i_p}(\vec{x}) \underset{\omega_{i_1}}{\mathrm{d}} x_{i_1} \wedge \cdots \wedge \underset{\omega_{i_p}}{\mathrm{d}} x_{i_p}$$

转化为关于 $\vec{y}$ 的外差分形式:

注意

$$a_{i_1\cdots i_p}(\vec{x})=a_{i_q\cdots i_p}(A\vec{y})$$

$$\underset{\omega_{i_1}}{\mathrm{d}} x_{i_1}=\underset{\omega_{i_1}}{D} x_{i_1} \underset{\vec{\omega}_{k_1}}{\mathrm{d}} y_{k_1}$$

此中第二式实即

$$\omega_{i_1}=A i_1 k \bar{\omega} k$$

因此 Ω 就转化为

$$\Omega^{*}=\sum_{p=0}^{n} a_{i_1\cdots i_p}(A\vec{y}) A_{i_1 k_1}\cdots A_{i_p k_p} \frac{\mathrm{d}}{\omega_{k_1}} y_{k_1} \wedge \cdots \wedge \frac{\mathrm{d}}{\omega_{k_p}} y_{k_p}$$

而

$$\frac{\mathrm{d}}{\omega}\Omega^{*}=\sum_{p=0}^{n} \underset{\omega_{k_{p+1}}}{D} a_{i_1\cdot i_p}(A\vec{y}) A_{i_1 k_1}\cdots A_{i_p k_p} \frac{\mathrm{d}}{\omega_{k_{p+1}}} y_{k_{p+1}} \wedge$$

$$\frac{\mathrm{d}}{\omega_{k_1}} y_{k_1} \wedge \cdots \wedge \frac{\mathrm{d}}{\omega_{k_p}} y_{k_p}$$

我们需要证明 $\frac{\mathrm{d}}{\omega}\Omega$ 转化为 $\frac{\mathrm{d}}{\omega}\Omega^{*}$.

以 $\vec{x}=A(\vec{y})$ 是

$$\frac{\mathrm{d}}{\omega}x_i=\frac{D}{\omega}x_i\ \frac{\mathrm{d}}{\omega}y_i=A_i,\frac{\mathrm{d}}{\omega_j}y_j$$

代入$\frac{\mathrm{d}}{\omega}\Omega$，注意

$$\underset{\omega_{i_{p+1}}}{D}a_{i_1\cdots i_p}(\vec{x})\underset{\omega_{i_{p+1}}}{\mathrm{d}x_{i_{p+1}}}\wedge\underset{\omega_{i_1}}{\mathrm{d}x_1}\wedge\cdots\wedge\underset{\omega_{i_p}}{\mathrm{d}x_{i_p}}$$

其中

$$\underset{\omega_{i_{p+1}}}{D}a_{i_1\cdots i_p}(\vec{x})=\underset{\omega_{k_{p+1}}}{D}\alpha_{i_1\cdots i_p}(A\vec{y})\frac{\omega_{k_{p+1}}}{\omega_{i_{p+1}}}$$

$$\underset{\omega_{i_{p+1}}}{\mathrm{d}x_{i_{p+1}}}=A_{i_{p+1}j}\frac{\mathrm{d}}{\omega_j}y_j=A_{i_{p+1}k_{p+1}}\frac{\mathrm{d}}{\omega_{k_{p+1}}}y_{k_{p+1}}=\frac{\omega_{i_{p+1}}}{\omega_{k_{p+1}}}\underset{\omega_{k_{p+1}}}{\mathrm{d}y_{k_{p+1}}}$$

则见$\underset{\omega}{\mathrm{d}D}$转化为

$$\frac{D}{\omega_{k_{p+1}}}\alpha_{i_1\cdots i_p}(A\vec{y})\frac{\mathrm{d}}{\omega_{k_{p+1}}}y_{k_{p+1}}\wedge A_{i_1k_1}\frac{\mathrm{d}}{\omega_1}y_{k_1}\wedge\cdots\wedge$$

$$A_{i_pk_p}\frac{\mathrm{d}}{\omega_p}\mathrm{d}y_{k_p}-\frac{D}{\omega_{k_{p+1}}}\alpha_{i_1\cdots i_p}(A\vec{y})A_{i_1n_1}\cdots$$

$$A_{i_pn_p}\frac{\mathrm{d}}{\omega_{p+1}}y_{n_{p+1}}\wedge\frac{\mathrm{d}}{\omega_{k_1}}y_{n_1}\wedge\cdots\wedge\frac{\mathrm{d}}{\omega_{k_p}}y_{n_p}=$$

$$\mathrm{d}\Omega^*$$

外差分形式 Ω 之致

$$\frac{\mathrm{d}}{W}\Omega\equiv 0$$

者叫作闭差分形式，设 $\theta=f(\vec{x})$ 为一连续函数.若

$$\Omega=\underset{O}{\mathrm{d}\theta}=\underset{\omega}{\mathrm{d}x_i}\wedge\underset{Ok}{D\theta}$$

则

$$\underset{W}{\mathrm{d}\Omega}=\underset{Oj}{\mathrm{d}x_j}\wedge\underset{Oi}{\mathrm{d}x_i}\underset{Oj}{D}\underset{Oi}{D\theta}$$

每一对 i,j 必有两项

$$\underset{O_j}{\mathrm{d}x_j} \wedge \underset{O_i}{\mathrm{d}x_i} \wedge \underset{\omega_j}{D}\underset{\omega_i}{D}\theta + \underset{\omega_i}{\mathrm{d}x_i} \wedge \underset{O_j}{\mathrm{d}x_j} \wedge \underset{\omega_i}{D}\underset{\omega_j}{D}\theta$$

但

$$\underset{\omega_j}{D}\underset{\omega_i}{D}\theta \equiv \underset{\omega_i}{D}\underset{\omega_j}{D}\theta, \underset{\omega_j}{\mathrm{d}x_j} \wedge \underset{\omega_i}{\mathrm{d}x_i} = -\underset{\omega_i}{\mathrm{d}x_i} \wedge \underset{\omega_j}{\mathrm{d}x_j}$$

故$\underset{W}{\mathrm{d}}\Omega$ 中之项两两相消正如外微分形式中一样. 得

$$\underset{W}{\mathrm{d}}\underset{W}{\mathrm{d}}\theta \equiv 0$$

若令 θ 为一般的外差分形式 L

$$\theta \equiv \sum_{p=0}^{n} \alpha_{i_1 \cdots i_p} \underset{\omega_{i_1}}{\mathrm{d}} x_{i_1} \wedge \cdots \wedge \underset{\omega_{i_p}}{\mathrm{d}} x_{i_p}$$

则$\underset{W}{\mathrm{d}}\theta$ 亦为闭的外差分形式. 即是

$$\underset{W}{\mathrm{d}}\underset{W}{\mathrm{d}}\theta \equiv 0$$

其实

$$\underset{W}{\mathrm{d}}\theta = \sum_{p=0}^{n} \underset{\omega}{\mathrm{d}}\alpha_{i \cdots i_p} \wedge \underset{\omega_{i_1}}{\mathrm{d}} x_{i_1} \wedge \cdots \wedge \underset{\omega_{i_p}}{\mathrm{d}} x_{i_p} =$$

$$\sum_{p=0}^{n} \underset{\omega_{i_{p+1}}}{D} \alpha_{i_1 \cdots i_p} \underset{\omega_{i_{p+1}}}{\mathrm{d}} x_{i_{p+1}} \wedge \underset{\omega_{i_1}}{\mathrm{d}} x_{i_1} \wedge \cdots \wedge \underset{\omega_{i_p}}{\mathrm{d}} x_{i_p}$$

而

$$\underset{W}{\mathrm{d}}\underset{W}{\mathrm{d}}\theta = \sum_{p=0}^{n} \underset{\omega_{i_{p+2}}}{D} \underset{\omega_{i_{p+1}}}{D} \alpha_{i_1 \cdots i_p} \underset{\omega_{i_{p+2}}}{\mathrm{d}} x_{i_{p+2}} \wedge \underset{\omega_{i_{p+1}}}{\mathrm{d}} x_{i_{p+1}} \wedge \Omega_{i_1 \cdots i_p}$$

其中　$\Omega_{i_1 \cdots i_p} \equiv \underset{\omega_{i_1}}{\mathrm{d}} x_{i_1} \wedge \cdots \wedge \underset{\omega_{i_p}}{\mathrm{d}} x_i$

由此,则当 i_{p+1}, i_{p+2} 在对调的两个位置上

$$\underset{O_{i_{p+1}}}{D}\underset{O_{i_{p+1}}}{D} = \underset{O_{i_{p+1}}}{D}\underset{O_{i_{p+1}}}{D}$$

$$\underset{\omega_{i_{p+3}}}{\mathrm{d}} x_{i_{p+2}} A \underset{\omega_{i_{p+1}}}{\mathrm{d}} x_{i_{p+1}} = -\underset{\omega_{i_{p+1}}}{\mathrm{d}} x_{i_{p+1}} \underset{\omega_{i_{p+2}}}{\mathrm{d}} x_{i_{p+2}}$$

故

$$\underset{\omega}{\mathrm{d}}\underset{\omega}{\mathrm{d}}\theta = 0$$

4. 外差分形式之环 $\mathscr{G}(\vec{\omega})$ 内提出一个子集合,使对

其元施以加法、减法、其与 $\mathcal{G}(\vec{\omega})$ 内每一元素的外乘法及在 $\boldsymbol{W}$ 的作用下仍然属于此子集合，则此子集合名为外差分伊德耶.

含 l 个对于 $\vec{\omega}$ 的齐次差分形式 $\theta i(i=1,\cdots,l)$ 的最小差分伊德耶，其元素具一般形式

$$\sigma=\theta_i \wedge \Omega_i+\underset{W}{\mathrm{d}}\theta_i \wedge \Omega_i+\underset{W}{\mathrm{d}}\theta_i \wedge \psi_i$$
$$(\text{对 } i=1,\cdots,l \text{ 求和})$$

其中 Ω_i,ψ_i 均为 $\mathcal{G}(\vec{\omega})$ 的元素.

前两节定义函数的全差分乃是两种不同的东西，它们对差分伊德耶的理论的建立引起不可克服的困难. 因此我们需要选择另一个定义.

我们将定义全差分算符为

$$\xrightarrow[\omega]{\mathcal{D}}=\omega_\alpha \wedge \frac{\boldsymbol{W}_\alpha^{-1}}{\boldsymbol{\omega}_\alpha}\prod_{j=\alpha}\boldsymbol{W}_j \quad (\text{对 } \alpha=1,\cdots,n \text{ 求和})$$

对此我们须要证明

$\xrightarrow[\omega]{\mathcal{D}}(\xrightarrow[\omega]{\mathcal{D}})=0$（注意这个 0 是轻写的 of $(x)=0$）.

$$\xrightarrow[\omega]{\mathcal{D}}(\xrightarrow[\omega]{\mathcal{D}})=\omega_\alpha \wedge \omega_\beta \wedge \frac{\boldsymbol{W}_\alpha^{-1}}{\boldsymbol{\omega}_\alpha}\frac{\boldsymbol{W}_\beta^{-1}}{\boldsymbol{\omega}_\beta}\prod_{j=\alpha}\boldsymbol{W}_j\prod_{k=\beta}\boldsymbol{W}_k=$$
$$-\omega_\beta \wedge \omega_\alpha \wedge \frac{\boldsymbol{W}_\beta^{-1}}{\boldsymbol{\omega}_\beta}\frac{\boldsymbol{W}_\alpha^{-1}}{\boldsymbol{\omega}_\alpha}\prod_{k\neq 3}\boldsymbol{W}_k\prod_{j\neq\alpha}\boldsymbol{W}_j$$

故得

$$\xrightarrow[\omega]{\mathcal{D}}(\xrightarrow[\omega]{\mathcal{D}})=-\xrightarrow[\omega]{\mathcal{D}}(\xrightarrow[\omega]{\mathcal{D}})$$

而
$$\xrightarrow[\omega]{\mathcal{D}}(\xrightarrow[\omega]{\mathcal{D}})=0$$

以 $\mathbf{C}_n^\infty$ 族的函数（关于 $x_1,\cdots,x_n$ 在 R_n 内的连续函数其各级偏导数都存在而且连续者）为系数的外差分形式之环为 $\mathcal{G}(\vec{\omega})$，在 $\mathcal{G}(\vec{\omega})$ 中提出一个子集合 g，对 g 的元素施以加法、减法，以及以 $\mathcal{G}$ 之每元素与之相外乘

的外积. 在一个固定的$\mathbf{W}$作用下仍然在g内,则此子集g名为$\mathscr{G}$的外差分伊德耶.

含l个齐次差分形式$\theta_i(i=1,\cdots,l)$的最小差分伊德耶g,其元素具一般形式

$$\sigma=\theta_\alpha \wedge \Omega_\alpha+\xrightarrow[\omega]{\mathscr{D}}\theta_\alpha \wedge \psi_\alpha \quad (\text{对 } \alpha=1,\cdots,l \text{ 求和})$$

这种形式的和及差仍然可写成这种形式显然可见. 兹证$\xrightarrow[\omega]{\mathscr{D}}\sigma$亦可写成同样的形式

$$\xrightarrow[\omega]{\mathscr{D}}\sigma=\xrightarrow[\omega]{\mathscr{D}}(\theta_\alpha \wedge \Omega_\alpha)+\xrightarrow[\omega]{\mathscr{D}}(\xrightarrow[\omega]{\mathscr{D}}\theta_\alpha \wedge \psi_\alpha),$$

$$\xrightarrow[\omega]{\mathscr{D}}=\omega_\delta \wedge \underset{c_\beta}{D}\prod_{j=\beta}\mathbf{W}_j$$

$$\begin{aligned}\xrightarrow[\omega]{\mathscr{D}}(\theta_\alpha \wedge \Omega_\alpha)=\omega_\beta \wedge \underset{\omega_\beta}{D}\prod_{j=\beta}\mathbf{W}_j(\theta_\alpha \wedge \Omega_\alpha)=\\ \omega_\beta \wedge \underset{\omega_\beta}{D}(\prod_{j\neq\beta}\mathbf{W}_j\theta_\alpha \wedge \prod_{j\neq\beta}\mathbf{W}_j\Omega_\alpha)=\\ \omega_\beta \wedge (\underset{\omega_\beta}{D}\prod_{i\neq\beta}\mathbf{W}_j\theta \wedge \prod_{i=1}^{n}\mathbf{W}_j\Omega_\alpha)+\\ (-1)^{p_\alpha}\theta_\alpha \wedge \omega_\beta \wedge \underset{\omega_\beta}{D}\prod_{j\neq\beta}\omega_j\Omega_\alpha\end{aligned}$$

因此得出

$$\begin{aligned}&\xrightarrow[\omega]{\mathscr{D}}(\theta \wedge \Omega_\alpha)=\\ &\xrightarrow[\omega]{\mathscr{D}}\theta_\alpha \wedge \prod_{j=1}^{n}\mathbf{W}_j\Omega_\alpha+(-1)^{p_\alpha}\theta_\alpha \wedge \xrightarrow[\omega]{\mathscr{D}}\Omega_\alpha\end{aligned}$$

同理可得

$$\begin{aligned}\xrightarrow[\omega]{\mathscr{D}}(\xrightarrow[\omega]{\mathscr{D}}\theta_\alpha \wedge \psi_\alpha)=\xrightarrow[\omega]{\mathscr{D}}\xrightarrow[\omega]{\mathscr{D}}\theta_\alpha \wedge \prod_{j=1}^{n}\mathbf{W}_i\psi_\alpha+\\ (-1)^{p_\alpha+1}\xrightarrow[\omega]{\mathscr{D}}\theta_\alpha \wedge \xrightarrow[\omega]{\mathscr{D}}\psi_2\end{aligned}$$

但$\xrightarrow[\omega]{\mathscr{D}}\xrightarrow[\omega]{\mathscr{D}}\theta_\alpha=0$,故得

$$\xrightarrow[\omega]{\mathscr{D}}(\xrightarrow[\omega]{\mathscr{D}}\theta_\alpha\wedge\psi_\alpha)=(-1)^{p_\alpha+1}\xrightarrow[\omega]{\mathscr{D}}\theta_\alpha\wedge\xrightarrow[\omega]{\mathscr{D}}\psi_\alpha$$

故$\xrightarrow[\omega]{\mathscr{D}}\sigma g$.即亦为差分伊德耶的一元.

外差分形式Ω之致$\xrightarrow[\omega]{\mathscr{D}}\Omega\equiv 0$者叫作闭的外差分形式.根据前面的结果则$\xrightarrow[\omega]{\mathscr{D}}\Omega$必为闭的外差分形式.

我们需要探寻一个转化方法使偏差分方程组

(1)$F_i(x_1,\cdots,x_n,z,p_1,\cdots,p_n,r_{11},\cdots,r_{nn})=0$,$(i=1,\cdots,p)$

为外差分微分形式.

(1) 的求解问题就归结为外差分微分形式

$$F_i(x_1,\cdots,x_n,z,p_1,\cdots,p_n,r_{11},\cdots,r_{nn})=0$$

$$\xrightarrow[\omega]{\mathscr{D}}z-\prod_{j\neq\beta}\omega_j p_\alpha\xrightarrow[\omega]{\mathscr{D}}x_\alpha=0$$

$$\xrightarrow[\omega]{\mathscr{D}}p_i-\prod_{j\neq\beta}\omega_j r_{i\alpha}\xrightarrow[\omega]{\mathscr{D}}x_\alpha=0$$

(对$\alpha=1,\cdots,n$求和,$i=1,2,\cdots,n$)

的解

$$z=\varphi(x_1,\cdots,x_n)$$

$$p_i=\varphi_i(x_1,\cdots,x_n)$$

$$r_{ij}=\psi_{ij}(x_1,\cdots,x_n)$$

这是n—维的流形解.

据此,我们可以形成关于外差分微分形式的问题.

我们统一外差分微分形式中的变量为

$$x_1,\cdots,x_n,x_{n+1},\cdots\cdots,x_{n+m}$$

假设其中前n个为自变量,对于它们固定一个增量

$\omega_\alpha(\alpha=1,\cdots,n)$，以 $\vec{\omega}$ 表示 $(\omega_1,\cdots,\omega)$.

$$\xrightarrow[\omega]{\mathscr{D}}=\omega_\alpha \underset{\omega_\alpha}{D}\prod_{j\neq\alpha}\boldsymbol{W}_j \quad (\text{对 } \alpha=1,\cdots,n \text{ 求和})$$

$$\xrightarrow[\omega]{\mathscr{D}} x_\alpha=\omega_\alpha=dx_\alpha$$

$$\xrightarrow[\omega]{\mathscr{D}} x_{n+p}=dx_\alpha \underset{\omega_\alpha}{D}\prod_{j\neq\alpha}\boldsymbol{W}_j x_{n+9}(x_1,\cdots,x_n)$$

$$(\beta=1,\cdots,m)$$

给出关于 $x^\gamma(\gamma=1,2,\cdots,n+m)$ 的外差分微分形式方程

(2)

$$\theta_j\equiv\sum_{a=0}^{D}A^D_{i_{p+i_{\gamma a}}}(x_1,\cdots,x_{n+m})\xrightarrow[\omega]{\mathscr{D}}x_{1p_i}\wedge\cdots\wedge\xrightarrow[\omega]{\mathscr{D}}x_{i_{p_w}}=0$$

$$(i_{p_1},\cdots,i_{p_\alpha}=1,2,\cdots,n+m)$$

则 $x_{n+\beta}=\varphi_\beta(x_1,\cdots,x_n)(\beta=1,\cdots,(*))$ 叫作(2)的 n — 维流形解，如果以此代入(2)的 θ_j 得出 ${}^*\theta_j\equiv 0$. 因而 ${}^*\theta_l$ 中各级齐次外差分形式（相应于 θ_i 中各级的齐次外差分形式）应为 0. 因此从(2)得出由齐次外差分表示出的方程

$$\theta_k\equiv B^{(k)}_{j_{q_1}\cdots j_{q_k}}\xrightarrow[\omega]{\mathscr{D}}x_{j^{q_1}}\wedge\cdots\wedge\xrightarrow[\omega]{\mathscr{D}}x_{l^{q_k}}=0 \quad (3)$$

这些方程的解就是由 $x_{n+\beta}=\psi_\beta(x_1,\cdots,x_n)(\beta=1,\cdots,m)$ 表示的 n — 维流形解.

定理 1 齐次差分形式所表达的方程组

$$\theta_k=A^{(k)}_{\alpha_1\cdots\alpha_{p_k}}(x_1,\cdots,x_n;x_{n+1},\cdots,x_{n+m})\xrightarrow[\omega]{\mathscr{D}}x_{\alpha_1}\wedge\cdots\wedge$$

$$\xrightarrow[\omega]{\mathscr{D}}x_{a_{p_k}}=0 \quad (k=1,\cdots,l) \qquad (4)$$

之解必致由 $\theta_k(k=1,\cdots,l)$ 所产生的差分伊德耶 $\alpha(\theta_1,\theta_2,\cdots,\theta_l)$ 为 0.

$\alpha(\theta_1,\theta_2,\cdots,\theta_l)$ 之元素如形

$$\sigma=\sum_{k=1}^{l}\theta_k\wedge\Omega_k+\sum_{k=1}^{l}\xrightarrow[\omega]{\mathscr{D}}\theta_k+\Phi_k$$

以(1)之解 $x_{n+i}=x_{n+i}(x_1,x_2,\cdots,x_n)(t=1,2,\cdots,m)$ 代入 θ_k 得出 $^*\theta_k\equiv 0$,故 $^*\theta_k\wedge{}^*\Omega_k\equiv 0$

$$^*(\xrightarrow[\omega]{\mathscr{D}}\theta_k\wedge\Phi_k)\equiv\xrightarrow[\omega]{\mathscr{D}}\theta_k\wedge\Phi_k$$

但 $^*\theta_k\equiv 0$,故 $\xrightarrow[\omega]{\mathscr{D}}{}^*\theta_k\equiv{}^*\xrightarrow[\omega]{\mathscr{D}}\theta_k\equiv 0$.

故得 $^*\sigma\equiv 0$. 即是说以 $x_{n+i}=x_{n+i}(x_1,\cdots,x_n)$ 代入 α 中得出 $^*\sigma\equiv 0$.

得定理之证明.

参考文献

[1] NÖRLUND N E. Vorlesungen über differenzenrechnaagen[J]. Berlin,1923.

[2] 李国平,陈银通,刘怀俊. 一级线性齐次差分方程组的一般性质[J]. 数学杂志,第一卷,第一期,1981,1-12.

第二编

差分与插值

第6章 有限差理论的问题提法

§1 插补问题

为了要更明显地提出有限差理论的一个基本问题,我们来研究下面的例子.

假定在不知道依凭关系 $y=f(x)$ 的解析表示式时,对于自变数 x 在区间 (a,b) 内的某些特定值,我们有确定函数 $f(x)$ 的值的可能性.设有点 $x_0,x_1,\cdots,x_n$,在这些点处的函数值,我们知道是 $y_0=f(x_0),\cdots,y_n=f(x_n)$.用几何语言来说,就是我们有位于曲线 $y=f(x)$ 上的分立点列 $(x_0,y_0),\cdots,(x_n,y_n)$.

问题在于要求解析表示式 $y=F(x)$,使它能准确地或近似地表示函数 $y=f(x)$ 并且适合条件

$$F(x_0)=y_0,F(x_1)=y_1,\cdots,F(x_n)=y_n$$

这样的问题当然没有唯一的解，因为通过 $n+1$ 个点 (x_0, y_0)，(x_1, y_1)，…，(x_n, y_n) 可以引出无限多条曲线，纵使假定这些曲线从解析意义上讲是作得足够完善的，它们也一样有无限多条.

但是有必要引出通过已知点的任意一条曲线，足够光滑而且没有很多的极大点和极小点. 在这种情形下，充分简单的解析表示式就起着巨大作用. 例如，我们有时希望得到多项式的或多项式同指数函数组合而成的解析表示式.

解析表示式的构成问题是有限差理论的基本问题之一 —— 插补问题. 我们可以把它表述为：如果关于一个函数，仅知道自变数数值和函数数值在分立点列处的对应关系，求构成函数依凭关系的近似解析表示式.

在某些情形下，当关于所求函数依凭关系的特点知道得较多时，我们就能构成 $f(x)$ 的解析表示式.

例如，若我们知道 $f(x)$ 是次数不高于 n 的多项式，即

$$f(x)=a_0x^n+a_1x^{n-1}+\cdots+a_n$$

那么，只要知道 $f(x)$ 在 $n+1$ 个不同点 x_0，x_1，…，x_n 处的值，便可以永远而且唯一地确定函数的系数，因为线性方程组

$$\begin{gathered}
a_0x_0^n+a_1x_0^{n-1}+\cdots+a_n=y_0\\
a_0x_1^n+a_1x_1^{n-1}+\cdots+a_n=y_1\\
\vdots\\
a_0x_n^n+a_1x_n^{n-1}+\cdots+a_n=y_n
\end{gathered}$$

的行列式（对于系数 a_0，a_1，…，a_n 的）是范德蒙行列式

$$D=\begin{vmatrix} x_0^n & x_0^{n-1} & \cdots & 1 \\ x_1^n & x_1^{n-1} & \cdots & 1 \\ \vdots & \vdots & & \vdots \\ x_n^n & x_n^{n-1} & \cdots & 1 \end{vmatrix}=\prod_{i>j}(x_i-x_j)$$

它对于彼此不同的 x_i 不等于零. a_k 的表示式是

$$a_k=\frac{\begin{vmatrix} x_0^n & \cdots & x_0^{k+1} & y_0 & x_0^{k-1} & \cdots & 1 \\ x_1^n & \cdots & x_1^{k+1} & y_1 & x_1^{k-1} & \cdots & 1 \\ \vdots & & \vdots & \vdots & \vdots & & \vdots \\ x_n^n & \cdots & x_n^{k+1} & y_n & x_n^{k-1} & \cdots & 1 \end{vmatrix}}{D}$$

在我们的例子中,对于 $f(x)$ 的准确解析表示式的构成是可能的,因为我们对 $f(x)$ 已经要求很多;次数不高于 n 的多项式事实上是很窄的一类函数. 对于插补问题的解决,通常是在关于 $f(x)$ 的更一般的特性的假设下来进行的.

这样的假设通常是 $f(x)$ 的解析性或 $f(x)$ 的任意高阶导数的存在性.

在给所求函数以如此的限制下,插补问题的解一般是所求函数的近似解析表示式. 在这种情形下,就产生了关于近似式特性及其准确度的重要问题.

§2　函数求和问题及有限差方程式

我们来看有限差理论的另外一些问题. 以如下方式叙述出来的函数求和问题是很重要的问题:对于变数 x 的整值,函数 $f(x)$ 由某一解析表示式给定,求有限形式

$$f(1)+f(2)+\cdots+f(n)$$

的准确和或近似和.

这问题的很多特殊情形在分析学内是众所周知的.事实上,公式

$$1+2+3+\cdots+n=\frac{n(n+1)}{2}$$

$$1^2+2^2+3^2+\cdots+n^2=\frac{n(n+1)(2n+1)}{6}$$

$$1+a+a^2+\cdots+a^n=\frac{a^{n+1}-1}{a-1}$$

$$\ln n!\ =\ln 1+\ln 2+\cdots+\ln n\approx$$

$$\ln\sqrt{2\pi n}+n(\ln n-1)$$

不是别的,而是对于函数

$$f(x)=x,f(x)=x^2,f(x)=a^x,f(x)=\ln x$$

的求和问题的解.

求和问题和另一个问题——有限差方程式解的问题,紧密地联系着.

在谈及有限差方程式解以前,我们当然必须引出有限差概念.

设函数 $y=f(x)$ 对于形状为 $x_n=a+nh$(a,h 是某两个定数,n 是任意整数)的一切 x 值是确定的.我们能够作成类似于 $f(x)$ 的导数的一个算式

$$\frac{y_{n+1}-y_n}{x_{n+1}-x_n}=\frac{f(x_{n+1})-f(x_n)}{x_{n+1}-x_n}=$$

$$\frac{f[a+(n+1)h]-f(a+nh)}{h}$$

这个表示式等于通过点(x_n,y_n)和(x_{n+1},y_{n+1})之直线的倾角的正切.

表示式 $f[a+(n+1)h]-f(a+nh)$ 我们用

$\Delta_h f(x_n)$ 表示，并称为函数 $f(x)$ 在点 x_n 处的一阶有限差. 一阶有限差能用来构成二阶有限差

$$\Delta_h f(x) = f(x+h) - f(x)$$
$$\Delta_h^{(2)} f(x) = \Delta_h f(x+h) - \Delta_h f(x)$$
$$\vdots$$
$$\Delta_h^{(k)} f(x) = \Delta_h^{(k-1)} f(x+h) - \Delta_h^{(k-1)} f(x)$$

可用如下方式提出有限差方程式解的问题.

给了关系式

$$F[x, f(x), \Delta_h f(x), \Delta_h^{(2)} f(x), \cdots, \Delta_h^{(k)} f(x)] = 0$$

求使此方程式变为恒等式的函数 $f(x)$.

方程式

$$\Delta f(x) = \varphi(x)[\Delta f(x) = \Delta_1 f(x) = f(x+1) - f(x)]$$

可以作为有限差方程式最简单的例子，其中 x 可以取值 $0,1,2,\cdots$.

从形式上看，函数 $f(x) = \varphi(1) + \varphi(2) + \cdots + \varphi(x-1)$ 是这个方程式的解，就是说，可以看出，这方程式的解和函数 $\varphi(x)$ 的求和问题的解是等价的.

§3　复变数解析函数的有限差理论的问题提法

作为古典分析学一部分的有限差理论在分析学的近似方法发展中——在近似积分法，在微分方程近似解法及其他问题中起着巨大作用. 它同函数近似值的一般理论密切地联系着，后者在现代被称为函数结构论. 在过去几十年内，有限差理论的另一思潮得到了有力的发展. 这种思潮同解析函数论紧密地联系着，并且在解析函数论和数论两方面有了应用.在这里,与古典问题比较起来是新产生的那些问题同所论函数的解析性有关.例如,假定我们考虑这样的一类整函数,它们的增减性是以确定的方式限制着,那么,我们自然会提出问题:如何按照函数在复变平面内点序列处的值,来寻找这类中的函数,而复变平面内点序列假定仅有一个极限点在无穷远处.这时,如同我们将在后来所见到的那样,必然要加限制在所论整函数的增减性上面去;这种限制同插补基点序列的稠密度有关.

当考察任一类解析函数的有限差问题的解时,与古典问题比较作为产生于有限差理论内的新问题的另一个例子,可以考虑方程式 $f(x+1)=f(x)$ 解的问题.这方程式有彼此线性无关的可数无限多个整解析解.是否能利用这方程式的特解表示出它的任一解析解,以及如何使这个表示法得以实现的问题自然就产生了.

插补问题

第7章

§1 插补问题的一般提法

1. 差分概念

让我们直接就来研究第一个问题——插补法. 设给了区间(a,b)内已知点处的$n+1$个函数$f(x)$的值. 我们用$x_0,x_1,\cdots,x_n$[①]表示这些点,而对应于它们的函数值则用

$$f(x_0),f(x_1),\cdots,f(x_n) \qquad (1)$$

来表示.

我们规定数值$f(x_i)(i=0,1,\cdots,n)$是已给的,函数$f(x)$是所要求出的. 这可能是一个简单的未知函数,或是一个已知函数,但它的值须从很复杂的试验或很复杂的解析表示式才能得到.

① 从此以后,我们也称这些点为插补基点.

插补问题在于，一般地说，要构成异于函数 $f(x)$ 的函数，但在点 $x_0,x_1,\cdots,x_n$ 处取得我们给定的函数值，即 $f(x_0),f(x_1),\cdots,f(x_n)$.

在这样一般的提法下，这问题当然没有唯一的解. 现在，我们来研究一个比较特殊的问题：确定次数不高于 n 的多项式 $P(x)$，在点 $x_0,x_1,\cdots,x_n$ 处使它取得数值 $f(x_0),f(x_1),\cdots,f(x_n)$.

为解决这个问题，我们要引进许多规定的符号. 我们用在中间带着字母 x 的方括号：$[x]$ 表示 $f(x)$ 在点 x 处的数值. 于是

$$[x_0]=f(x_0),[x_1]=f(x_1),\cdots,[x_n]=f(x_n) \tag{2}$$

其次，我们用符号 $[x_0x_1]$ 表示差 $[x_0]-[x_1]$ 除以 x_0-x_1 所得的商，用符号 $[x_0x_1x_2]$ 表示差 $[x_0x_1]-[x_1x_2]$ 除以 x_0-x_2 所得的商，等等. 用已知点处函数 $f(x)$ 的值及这些点处的自变量数值组成下面式(3)的表示式，我们称为函数 $f(x)$ 的各个差分. 在区间 (a,b) 上，对于所考虑的 $n+1$ 个点 x_1，可以组成下面各个差分

$$[x_0x_1]=\frac{[x_0]-[x_1]}{x_0-x_1},$$

$$[x_1x_2]=\frac{[x_1]-[x_2]}{x_1-x_2},\cdots,$$

$$[x_{n-1}x_n]=\frac{[x_{n-1}]-[x_n]}{x_{n-1}-x_n},$$

$$[x_0x_1x_2]=\frac{[x_0x_1]-[x_1x_2]}{x_0-x_2},$$

$$[x_1x_2x_3]=\frac{[x_1x_2]-[x_2x_3]}{x_1-x_3},\cdots, \tag{3}$$

$$[x_{n-2}x_{n-1}x_n]=\frac{[x_{n-2}x_{n-1}]-[x_{n-1}x_n]}{x_{n-2}-x_n},\cdots,$$

$$[x_0x_1x_2\cdots x_n]=\frac{[x_0x_1x_2\cdots x_{n-1}]-[x_1x_2\cdots x_n]}{x_0-x_n}$$

从递推关系式(3),我们要用 $x_0,x_1,\cdots,x_n$ 及函数值 $f(x_0),f(x_1),\cdots,f(x_n)$ 求出第 n 阶差分的明显表示式. 为了这个目的,必须依次地算出我们的差分,这样,组成差分 $[x_0x_1\cdots x_n]$ 的规律便立刻显然可见. 同时,用数学归纳法便可证明所得结果.

显然,我们有

$$[x_0x_1]=\frac{[x_0]-[x_1]}{x_0-x_1}=\frac{f(x_0)-f(x_1)}{x_0-x_1} \tag{4}$$

利用三阶差分的定义(关系式(3))及已得出的二阶差分的表示式,我们容易求得

$$[x_0x_1x_2]=\frac{[x_0x_1]-[x_1x_2]}{x_0-x_2}=\frac{\frac{f(x_0)-f(x_1)}{x_0-x_1}-\frac{f(x_1)-f(x_2)}{x_1-x_2}}{x_0-x_2}=$$

$$\frac{\{f(x_0)-f(x_1)\}(x_1-x_2)-\{f(x_1)-f(x_2)\}(x_0-x_1)}{(x_0-x_1)(x_1-x_2)(x_0-x_2)}$$

将所得分式分别地写成包含 $f(x_0),f(x_1)$ 和 $f(x_2)$ 的各项后,就将它分成了三个分式;于是我们得到

$$[x_0x_1x_2]=\frac{f(x_0)(x_1-x_2)}{(x_0-x_1)(x_1-x_2)(x_0-x_2)}+\frac{f(x_1)(x_2-x_0)}{(x_0-x_1)(x_1-x_2)(x_0-x_2)}+\frac{f(x_2)(x_0-x_1)}{(x_0-x_1)(x_1-x_2)(x_0-x_2)} \tag{5}$$

简化后,容易将上式写成如下形式

$$[x_0x_1x_2]=\frac{f(x_0)}{(x_0-x_1)(x_0-x_2)}+$$

$$\frac{f(x_1)}{(x_1-x_0)(x_1-x_2)}+$$
$$\frac{f(x_2)}{(x_2-x_0)(x_2-x_1)} \tag{6}$$

关系式(6)使我们能假定,用自变数数值及函数 $f(x)$ 在这些点处的值,可以将 $(n+1)$ 阶差分表示成如下的形式

$$[x_0x_1x_2\cdots x_n]=\frac{f(x_0)}{(x_0-x_1)(x_0-x_2)\cdots(x_0-x_n)}+\frac{f(x_1)}{(x_1-x_0)(x_1-x_2)\cdots(x_1-x_n)}+\cdots+\frac{f(x_n)}{(x_n-x_0)(x_n-x_1)\cdots(x_n-x_{n-1})} \tag{7}$$

实际上,这个结果容易用数学归纳法证明,但是我们不再做这一步,因为稍后我们用比较简便的方法就可得到这个证明.

2. 拉格朗日公式

从差分的构成法便足以得到所谓拉格朗日(Lagrange)插补公式. 这公式能使我们构成在 $x=x_i(i=0,1,\cdots,n)$ 时,取值 $f(x_i)$ 的多项式 $P(x)$,并且当函数 $f(x)$ 具有足够适宜的性质时(就解析意义上说),能用它估出差 $f(x)-P(x)$ 的值来. 为了得出这个公式,我们要展开 $(n+2)$ 阶差分 $[xx_0x_1\cdots x_n]$.

利用关系式(7),我们得到

$$[xx_0x_1\cdots x_n]=\frac{f(x)}{(x-x_0)(x-x_1)\cdots(x-x_n)}+\frac{f(x_0)}{(x_0-x)(x_0-x_1)\cdots(x_0-x_n)}+$$

$$\frac{f(x_1)}{(x_1-x)(x_1-x_0)\cdots(x_1-x_n)}+\cdots+$$

$$\frac{f(x_n)}{(x_n-x)(x_n-x_0)\cdots(x_n-x_{n-1})} \quad (8)$$

在推出拉格朗日公式的过程中，我们要来考虑由等式

$$\psi(x)=(x-x_0)(x-x_1)\cdots(x-x_n) \quad (9)$$

确定的函数 $\psi(x)$. 显然，$\psi(x)$ 是 $(n+1)$ 次多项式，并具有零值点

$$x_0, x_1, \cdots, x_n$$

不难看出，在关系式(8)右端，第一分式的分母就是 $\psi(x)$，而其余分式的分母是乘积 $(x_i-x)\psi'(x_i)$；事实上，从关系式(9)，我们容易得到

$$\frac{\psi(x)}{x-x_i}=(x-x_0)(x-x_1)\cdots$$

$$(x-x_{i-1})(x-x_{i+1})\cdots(x-x_n)$$

假定 $x\to x_i$，在左端，我们便得到在点 x_i 处的导数 ψ'，同时在右端，必须以 x_i 代替 x，因此我们得到

$$\psi'(x_i)=(x_i-x_0)(x_i-x_1)\cdots$$

$$(x_i-x_{i-1})(x_i-x_{i+1})\cdots(x_i-x_n)$$

$$\psi'(x_i)(x_i-x)=(x_i-x)(x_i-x_0)(x_i-x_1)\cdots$$

$$(x_i-x_{i-1})(x_i-x_{i+1})\cdots(x_i-x_n)$$

而这恰恰就是公式(8)内第 $i+2$ 个分式的分母. 因此，关系式(8)便取得如下的形式

$$[xx_0x_1\cdots x_n]=\frac{f(x)}{\psi(x)}+\frac{f(x_0)}{(x_0-x)\psi'(x_0)}+$$

$$\frac{f(x_1)}{(x_1-x)\psi'(x_1)}+\cdots+$$

$$\frac{f(x_n)}{(x_n-x)\psi'(x_n)}$$

或

$$[xx_0x_1\cdots x_n]=\frac{f(x)}{\psi(x)}+\sum_{i=0}^{n}\frac{f(x_i)}{(x_i-x)\psi'(x_i)} \tag{10}$$

从上面写出的关系式，$f(x)$ 便被确定为

$$f(x)=\sum_{i=0}^{n}\frac{f(x_i)\psi(x)}{(x-x_i)\psi'(x_i)}+\psi(x)[xx_0x_1\cdots x_n] \tag{11}$$

现在我们看看，在关系式(11) 内的函数 $f(x)$ 是用怎样的表示式组成的. 因为对于从 0 到 n 的任意一个 i 值，差 $x-x_i$ 包含在 $\psi(x)$ 的因式内，所以和式

$$P(x)=\sum_{i=0}^{n}\frac{f(x_i)\psi(x)}{(x-x_i)\psi'(x_i)} \tag{12}$$

乃是 n 次多项式. 我们将表示式 $\psi(x)[xx_0x_1\cdots x_n]$ 称为余项. 首先，我们来研究由关系式(12) 确定的多项式 $P(x)$ 的性质.

我们要证明，当 $x=x_k,k=0,1,\cdots,n$ 时

$$P(x_k)=f(x_k)$$

实际上，当以 x_k 代替 x 时，除 $\frac{f(x_k)\psi(x)}{(x-x_k)\psi'(x_k)}$ 外，所有加项都变成了零，因为在这些加项内，分子都包含有差式 $x-x_k$. 加项 $\frac{f(x_k)\psi(x)}{(x-x_k)\psi'(x_k)}$ 的值当 $x=x_k$ 时不确定. 所以必须求出当 x 趋于 x_k 时，表示式 $\frac{f(x_k)\psi(x)}{(x-x_k)\psi'(x_k)}$ 所趋向的值. 显然当 $x\to x_k$ 时，关系式 $\frac{\psi(x)}{x-x_k}$ 趋于 $\psi'(x_k)$，因此，最后的表示式便趋于 $f(x_k)$. 于是

$$P(x_k)=f(x_k) \quad (k=0,1,2,\cdots,n)$$

因此,多项式 $P(x)$ 符合下面的条件:这个多项式在点 x_k(对任意从 0 到 n 的 k) 的值就是 $f(x_k)$.

现在,有另外一个问题摆在我们面前.如果可能,我们应该估出误差的程度,就是在数值 $x_0,x_1,\cdots,x_n$ 所在的已知区间(a,b) 上,$f(x)$ 对 $P(x)$ 近似的程度.换句话说,如果以多项式 $P(x)$ 代换函数 $f(x)$ 时,就必须确定我们许可的误差的大小.

从形式上看,在点 $x_0,x_1,\cdots,x_n$ 处取值 $f(x_0)$,$f(x_1),\cdots,f(x_n)$ 的多项式是被我们构成了,但是它不能告诉我们,在异于 $x_0,x_1,\cdots,x_n$ 的其他点处这多项式近似于函数 $f(x)$ 到何种程度.为了要知道近似程度,关于函数 $f(x)$ 在所论 x 的变化区间上的形态,必须做一些另外的假设.假定所求函数在所论自变数变化区间内,具有到 $n+1$ 阶为止的各阶导数.

在包含点 $x_0,x_1,\cdots,x_n$ 的这个区间内,我们取不与 $x_0,x_1,\cdots,x_n$ 这些点中任何一点相合的点 x.

在函数 $f(x)$ 具有到$(n+1)$ 阶为止的各阶导数这一假定下,我们便可估出在整个所论区间(a,b) 上多项式 $P(x)$ 与函数 $f(x)$ 之间的差值.

为我们所求得的差值表示式 $\psi(x)[xx_0x_1\cdots x_n]$,在已知情形中之所以没有效果,是因为 $f(x)$ 包含在这个差值内;正是因为 $f(x)$ 包含在差分内,我们对于差分的值便不能谈说什么.

所以,我们要设法给出余项的另一表示式.为了这个目的,我们来考察函数

$$u(x)=f(x)-P(x)-k\psi(x) \tag{13}$$

其中 k 为常数.

显然，这函数在点 $x_0,x_1,\cdots,x_n$ 处等于零，因为在这些点处，$f(x)$ 的值与 $P(x)$ 的值相同，而对于指定的自变数值 $\psi(x)$ 也等于零.

设 k 为某一常量，选择它使得这个差值除在点 x_0，$x_1,\cdots,x_n$ 处为零外，还在我们选定的另一点处为零.为了与自变数区别起见，我们用 $\bar{x}$ 表示这个点. 现在，我们来设法找出此 k 值，使得这个条件能够成立.

首先，显然永远可以选出这样的 k 值，因为除 x_0，$x_1,\cdots,x_n$ 外，$\psi(x)$ 不再具有其他零值点，而按照假设 $\bar{x}$ 不与点 $x_0,x_1,\cdots,x_n$ 中任何一点重合. 因此，$\psi(\bar{x})\neq 0$，并且方程式

$$f(\bar{x})-P(\bar{x})-k\psi(\bar{x})=0 \tag{13'}$$

对于 k 永远是可以解出的.

设 k 具有为方程式(13′) 所确定的值. 那么，我们来考虑函数 $u(x)$. 这函数在区间 (a,b) 内具有 $n+2$ 个零值点. 导数 $u'(x)$ 在从 a 到 b 同一区间内所具有的零值点不少于 $n+1$ 个，因为 $u(x)$ 在点 $x_0,x_1,\cdots,x,\cdots,x_n$ 处变为零，按照罗尔定理便在区间

$$(x_0,x_1),(x_1,x_2),\cdots,(x_i,\bar{x}),$$
$$(\bar{x},x_{i+1}),\cdots,(x_{n-1},x_n)$$

中的每一区间内，$u'(x)$ 至少要等于零一次. 这样的区间有 $n+1$ 个. $u''(x)$ 所具有的零值点不少于 n 个也是显然的. 我们可以完全同样地继续下去并且说，$u^{(n)}(x)$ 在区间 (a,b) 内所具有的零值点不少于 2，以至于最后，$u^{(n+1)}(x)$ 在区间 (a,b) 内所具有的零值点不少于 1.

现在，我们假定函数 $u(x)$ 的 $(n+1)$ 阶导数有零值点 ξ.

我们来求 $u^{(n+1)}(x)$. 利用关系式(13)及函数 $f(x)$ 的第 $(n+1)$ 阶导数的存在性，容易得到

$$u^{(n+1)}(x)=f^{(n+1)}(x)-k(n+1)!$$

按照已证明的事实，便有这样的数 ξ 存在，使得 $u^{(n+1)}(\xi)$ 等于零. 数 ξ 显然在包含点 $x_0,x_1,\cdots,x_n$ 和 $\bar{x}$ 的区间内. 当代换 ξ 于 $u^{(n+1)}(x)$ 的表示式内的 x 时，我们得到

$$f^{(n+1)}(\xi)-k(n+1)!\ =0$$

由此可知

$$k=\frac{f^{(n+1)}(\xi)}{(n+1)!}\quad(a<\xi<b)$$

方程式(11)现在就能被写成如下的形式

$$f(\bar{x})=P(\bar{x})+\frac{f^{(n+1)}(\xi)}{(n+1)!}\psi(\bar{x})\tag{14}$$

其中 $a<\xi=\xi(\bar{x})<b$. 因为 $\bar{x}$ 是任意的，所以上面的关系式也可以写成

$$f(x)=P(x)+\frac{f^{(n+1)}(\xi)}{(n+1)!}\psi(x)\tag{15}$$

其中 $a<\xi=\xi(x)<b$. 因此，如果假定函数 $f(x)$ 具有第 $n+1$ 阶导数时，我们就得到了用新形式表示出的方程式(11)，借助于它，我们便可估出用 $P(x)$ 代替 $f(x)$ 时所引起的误差. 这个误差的大小显然依赖于 $x_0,x_1,\cdots,x_n$ 和 x 所在的区间.

为了说明上述结果，我们举一个简单的例子.

设有函数 $\left(\frac{3}{2}\right)^x$(我们取一个其值极易算出的解析函数).

设有区间(0,1). 在这区间内给定点：$\frac{0}{n}$，$\frac{1}{n}$，

$\frac{2}{n},\cdots,\frac{n-1}{n},\frac{n}{n}$. 这样,就给了我们 $n+1$ 个点. 在这些点处的函数值,我们是知道的(即使假定它们被近似地算出).

在构成多项式 $P(x)$ 之前,按照要使 $P(x)$ 近似于 $f(x)$ 时的准确度,我们求出将区间 $(0,1)$ 分成相等部分的点数 n.

公式(15) 立刻给出用 $P(x)$ 代换 $\left(\frac{3}{2}\right)^{x}$ 时所致误差的大小,这就是

$$\left(\frac{3}{2}\right)^{x}-P(x)=$$

$$\frac{\left(\ln\frac{3}{2}\right)^{n+1}\left(\frac{3}{2}\right)^{\xi}}{(n+1)!}x\left(x-\frac{1}{n}\right)\cdots(x-1)$$

由此可知

$$\left|\left(\frac{3}{2}\right)^{x}-P(x)\right|=$$

$$\frac{\left(\ln\frac{3}{2}\right)^{n+1}\left(\frac{3}{2}\right)^{\xi}}{(n+1)!}x\left|x-\frac{1}{n}\right|\cdots|x-1|$$

当假定 x 位于区间 $(0,1)$ 内并注意到这时每一个因子:$x,\left|x-\frac{1}{n}\right|,\cdots,|x-1|$ 都小于 1 时,我们便得到下面的不等式

$$\left|\left(\frac{3}{2}\right)^{x}-P(x)\right|<\frac{\left(\ln\frac{3}{2}\right)^{n+1}\left(\frac{3}{2}\right)^{\xi}}{(n+1)!}$$

ξ 如同 x 一样也在区间 $(0,1)$ 内,另外 $\ln\frac{3}{2}<\frac{1}{2}$,所以,合于实际计算的差式模数 $\left|\left(\frac{3}{2}\right)^{x}-P(x)\right|$ 的估值便

得到下面的形式

$$\left|\left(\frac{3}{2}\right)^{x}-P(x)\right|<\frac{\left(\frac{1}{2}\right)^{n+1}\left(\frac{3}{2}\right)^{\xi}}{(n+1)!}<\frac{1}{2^{n}(n+1)!}$$

对于 $0<x<1$.

例如,当选择 $n=5$ 时,对区间 $(0,1)$ 内的任一 x,我们将有

$$\left|\left(\frac{3}{2}\right)^{x}-P(x)\right|<0.000\ 05$$

就是说,当算出函数 $\left(\frac{3}{2}\right)^{x}$ 在点 $0,\frac{1}{4},\frac{2}{4},\frac{3}{4},1$ 处的数值以后,对于任一 x,利用多项式 $P(x)$,我们能够计算 $\left(\frac{3}{2}\right)^{x}$ 的值准确至 $0.000\ 05$.

我们将已经得到的拉格朗日公式写成

$$f(x)=\sum_{i=0}^{n}\frac{f(x_i)\psi(x)}{\psi'(x_i)(x-x_i)}+R_n(x) \tag{16}$$

其中

$$R_n(x)=\frac{f^{(n+1)}(\xi)}{(n+1)!}\psi(x)\quad(a<\xi<b,a<x<b) \tag{16'}$$

$$\psi(x)=(x-x_0)(x-x_1)\cdots(x-x_n)$$

3. 牛顿公式

完全相似地可以引出另一插补公式——牛顿公式.在本质上,与拉格朗日公式比较,它是同一个公式,只是用另外的形式表示出来而已.这另一种写法有时也有它的优越处.

为了要得到这个公式，我们必须返回到差分，也就是差分$[xx_0\cdots x_n]$.

利用差分定义，从等式(8)我们依次得到

$$[xx_0x_1\cdots x_n]=-\frac{[x_0x_1\cdots x_n]}{x-x_n}+\frac{[xx_0x_1\cdots x_{n-1}]}{x-x_n}$$

$$\frac{[xx_0x_1\cdots x_{n-1}]}{x-x_n}=-\frac{[x_0x_1\cdots x_{n-1}]}{(x-x_n)(x-x_{n-1})}+\frac{[xx_0x_1\cdots x_{n-2}]}{(x-x_n)(x-x_{n-1})}$$

$$\vdots$$

$$\frac{[xx_0x_1]}{(x-x_n)(x-x_{n-1})\cdots(x-x_2)}=\frac{-[x_0x_1]}{(x-x_n)(x-x_{n-1})\cdots(x-x_2)(x-x_1)}+\frac{[xx_0]}{(x-x_n)(x-x_{n-1})\cdots(x-x_2)(x-x_1)}$$

$$\frac{[xx_0]}{(x-x_n)(x-x_{n-1})\cdots(x-x_1)}=-\frac{[x_0]}{(x-x_n)(x-x_{n-1})\cdots(x-x_1)(x-x_0)}+\frac{[x]}{(x-x_n)(x-x_{n-1})\cdots(x-x_1)(x-x_0)}$$

将最后关系式代入倒数第二关系式内，依此类推，直到第一个关系式，我们便得到$(n+2)$阶差分的表示式

$$[xx_0x_1\cdots x_n]=-\frac{[x_0x_1\cdots x_n]}{x-x_n}-\frac{[x_0x_1\cdots x_{n-1}]}{(x-x_n)(x-x_{n-1})}-\cdots-\frac{[x_0x_1]}{(x-x_n)\cdots(x-x_1)}-$$

$$\frac{[x_0]}{(x-x_n)\cdots(x-x_0)}+$$

$$\frac{f(x)}{(x-x_n)\cdots(x-x_0)}$$

$f(x)$ 的表示式因而就得到下面的形式

$$\begin{aligned}f(x)=&[x_0]+[x_0x_1](x-x_0)+\\&[x_0x_1x_2](x-x_0)(x-x_1)+\cdots+\\&[x_0\cdots x_n](x-x_0)(x-x_1)\cdots(x-x_{n-1})+\\&[xx_0x_1\cdots x_n](x-x_0)(x-x_1)\cdots(x-x_n)\end{aligned}\tag{17}$$

在 $f(x)$ 的表示式内,如同对于拉格朗日公式的结论一样,我们也得到同样的余项;这就表明,包含在右端的多项式与研究拉格朗日公式的结论时引进的多项式 $P(x)$ 也是恒等的.因此,公式(17)是与拉格朗日公式相同的插补公式,只是另一种表示法.

公式(17)的余项与拉格朗日公式(16)的余项恒等的这一理由,就使我们能将牛顿公式写成

$$\begin{aligned}f(x)=&[x_0]+[x_0x_1](x-x_0)+\\&[x_0x_1x_2](x-x_0)(x-x_1)+\cdots+\\&[x_0x_1\cdots x_n](x-x_0)(x-x_1)\cdots(x-x_{n-1})+\\&R_n(x)\end{aligned}$$

其中

$$R_n(x)=\frac{f^{(n+1)}(\xi)}{(n+1)!}\psi(x)\tag{18}$$

$$\psi(x)=(x-x_0)(x-x_1)\cdots(x-x_n)$$

而 ξ 位于点 x_i 和 x 所在的那个区间内.由关系式(18)表示出的函数 $f(x)$ 的形象跟泰勒公式是相似的.差式乘积 $(x-x_0)(x-x_1)\cdots(x-x_n)$ 是二项式乘方的推广,而方括弧(差分)正好似广义导数.因此,牛顿公

式就是连续性分析学中的泰勒公式所对应的公式. 同时,牛顿公式是泰勒公式的推广,因为不难证明,只要 $x_0, x_1, \cdots, x_n$ 各点趋于一点例如点 x_0 的时候,那么牛顿公式就变成了泰勒公式.

为了证明存在于分立性分析学与连续性分析学之间的这种联系,我们要回到 $n+1$ 阶差分的表示式去. 从余项的表示式,也就是从关系式(16′)和(11),我们容易得到

$$[xx_0x_1\cdots x_n]=\frac{f^{(n+1)}(\xi)}{(n+1)!}$$

当改变上式中指标时,我们求得

$$[x_0x_1x_2\cdots x_{k+1}]=\frac{f^{(k+1)}(\xi)}{(k+1)!} \tag{19}$$

在这里,ξ 位于点 $x_0, x_1, \cdots, x_{k+1}$ 所在的那一个区间内. 在公式(19)内依次令 k 等于 $1,2,\cdots,n$,然后让所有的点 $x_0, x_1, \cdots$,因而 ξ 也同它们一起趋于点 x_0,我们便得到

$$\lim_{\substack{x_1\to x_0\\ x_2\to x_0\\ \vdots\\ x_{n+1}\to x_0}}[x_0x_1x_2\cdots x_{k+1}]=\lim_{\xi\to x_0}\frac{f^{(k+1)}(\xi)}{(k+1)!}=\frac{f^{(k+1)}(x_0)}{(k+1)!}$$

这就是,泰勒公式内指标为 $k+1$ 的那一项系数的表示式.

应该注意到,牛顿公式显然也可以写成下面的形式

$$f(x)=f(x_0)+f'(\xi_1)(x-x_0)+\frac{f''(\xi_2)}{2!}(x-x_0)(x-x_1)+\frac{f'''(\xi_3)}{3!}(x-x_0)(x-x_1)(x-x_2)+\cdots+\frac{f^{(n)}(\xi_n)}{n!}(x-x_0)(x-x_1)\cdots(x-x_{n-1})+R_n(x) \tag{20}$$

在这里,$R_n(x)$ 具有已经指出的值,而点 $\xi_i(i=1,2,3,\cdots,n)$ 位于点 $x_0,x_1,x_2,\cdots,x_n$ 所在的那个区间内.当点 x_i 趋于一点时,点 ξ_i 也趋于一点,那正是点 x_i 所趋向的点,因而我们又得到了泰勒公式.

§2　切比雪夫多项式

现在,我们从余项有减小的可能性这观点,来研究余项的大小.在拉格朗日公式内插补多项式仍然用 $P(x)$ 来表示

$$P(x)=\sum_{k=0}^{n}\frac{f(x_k)\psi(x)}{(x-x_k)\psi'(x_k)}$$

在牛顿公式内

$$P(x)=f(x_0)+\sum_{k=1}^{n}[x_0x_1\cdots x_k](x-x_0)\cdots(x-x_{k-1})$$

这样,我们就得到未知函数 $f(x)$ 与它的插补多项式 $P(x)$ 间的差呈下面的形式

$$f(x)-P(x)=\frac{f^{(n+1)}(\xi)}{(n+1)!}\psi(x)$$

由此可见

$$P_n = |f(x) - P(x)| = \frac{|f^{(n+1)}(\xi)|}{(n+1)!}|\psi(x)| \quad (21)$$

其中

$$\psi(x) = (x - x_0)(x - x_1)\cdots(x - x_n)$$

假定在区间(a,b)内，函数$f(x)$和它的到$(n+1)$阶为止的导数都是有界的，我们便可提出这样问题：用怎样的方法可以构成多项式$P(x)$，使它在区间(a,b)上最准确地近似于$f(x)$. 换句话说，我们要研究用什么方法可以减小关系式(21)内余项模数的值.

十分自然，首先，当选择插补点$x_0,x_1,\cdots,x_n$的数目更大时，我们便能得到一切更优的近似式. 一般说来，n愈大，在所论区间内R_n便愈小.

减小R_n不仅可以靠增加插补点来达到，而且也依靠这些点的选择. 即使表面地考察这问题就可证实所指出的情形. 事实上，假定在所论区间(a,b)上，插补点$x_0,x_1,\cdots,x_n$集中于这区间的某一位置，那么对于离开插补点极远的x，多项式$\psi(x)$的绝对值（因而R_n的值）便可有很大的增加，因为我们可以选择离$\psi(x)$的根很远之处的多项式$\psi(x)$的值. 这个简单的论述表明，为了使$f(x)$更优的近似于$P(x)$，在某种意义上说，我们应该均匀地分布插值点于区间(a,b)上.

设插补点的数目已经确定. 让我们来设法选择插补点，使在所论区间(a,b)上，差值R_n是最小的，换句话说，使在区间(a,b)上R_n的极大值是最小的.

显然，我们不能估计由于插补点的变化，在公式(21)内所引起的$|f^{(n+1)}(\xi)|$的变化，因为即使我们曾给未知函数$f(x)$以限制，但这些限制仍然具有十分

一般的性质. 所以,问题便归结为从所有的多项式 $\psi(x)$ 内(最高次 x 的系数等于1,所有的根是实数值而且不同),寻找在区间 (a,b) 上具有最小绝对值的那个多项式. 或如一般所说的,应该求出在所论区间 (a,b) 上"与零偏差最小"的多项式.

为了以后论述方便起见,我们变更多项式零值点的个数,而假定所求多项式 $\psi(x)=T_n(x)$ 具有 n 个零值点,并用 $x_0,x_1,\cdots,x_{n-1}$ 来表示它们. 另外,假定已给区间是区间 $(-1,1)$. 在下面,我们将要证明第二个假设不会损害提法的普遍性,也不影响在已知区间上寻找与零偏差最小的多项式这一问题的解. 于是,我们就假定所求多项式具有形式

$$T_n(x)=(x-x_0)(x-x_1)\cdots(x-x_{n-1})$$

我们应该选择多项式 $T_n(x)$,使它在区间 $(-1,1)$ 上的极大值是最小的.

要解决这个问题,就应该求出零值点 $x_0,x_1,\cdots,x_{n-1}$,我们假定它们是未知的,或是给出以形式

$$T_n(x)=x^n+a_1x^{n-1}+\cdots+a_n \tag{22}$$

表示出的 $T_n(x)$ 的明显表示式. 这个问题已经由伟大的俄罗斯数学家切比雪夫解决,并且他曾得到在区间 $(-1,1)$ 上与零偏差最小的 $T_n(x)$ 的表示式

$$T_n(x)=\frac{(x+\sqrt{x^2-1})^n+(x-\sqrt{x^2-1})^n}{2^n} \tag{23}$$

表示式(23)显然是 x 的多项式. 因为实际上,如果我们将第一个括号及第二个括号各乘 n 次方,那么,根式将包含在所有偶数项内,并且在第一个括号内的带着加号,而在第二个括号内的带着减号. 当相加时,

所有偶数项抵消,以至于只剩下 x 的整次幂.因此,由关系式(23)确定的函数 $T_n(x)$ 实质上是多项式.我们还要指出,这函数是 n 次多项式,x^n 的系数等于 1.

为了证明这个原理,我们要注意,每一个 n 次多项式 $P_n(x)$ 的最高次项的系数可以由

$$a_0=\lim_{x\to\infty}\frac{P_n(x)}{x^n}$$

确定.所以,为要确定关系式(23)右端所表示出的多项式的系数 a_0(及其次数),我们作关系式

$$\frac{T_n(x)}{x^n}$$

并求当 $x\to\infty$ 时这个关系式的极限.显然,我们得到

$$\frac{T_n(x)}{x^n}=\frac{\left(1+\sqrt{1-\frac{1}{x^2}}\right)^n+\left(1-\sqrt{1-\frac{1}{x^2}}\right)^n}{2^n}$$

从此可见

$$\lim_{x\to\infty}\frac{T_n(x)}{x^n}=1$$

这样,多项式 $T_n(x)$ 便满足了所提问题的要求:这多项式是 n 次的,x^n 的系数等于 1.

现在,我们要证明,多项式 $T_n(x)$(我们称它为切比雪夫多项式)的一切零值点是实数值而且不同.为了这个目的,在关系式(23)内,代替 x 我们引进变数 t

$$x=\cos t\tag{24}$$

于是多项式 $T_n(x)$ 就变成下面的形式

$$T_n(x)=\frac{(\cos t+\mathrm{i}\sin t)^n+(\cos t-\mathrm{i}\sin t)^n}{2^n}$$

或是,因为

$$(\cos t\pm\mathrm{i}\sin t)^n=\cos nt\pm\mathrm{i}\sin nt$$

而变成

$$T_n(x)=\frac{\cos nt}{2^{n-1}} \qquad (25)$$

应当注意到当 $t=\arccos x$ 时,切比雪夫多项式便具有下面的形式

$$T_n(x)=\frac{\cos (n\arccos x)}{2^{n-1}} \qquad (25)$$

关系式(25)能使我们容易地确定切比雪夫多项式的零值点及它的极值①.

变换式(24)将 x 的变化区间$(-1,1)$改变为 t 的变化区间$(0,\pi)$(而且这种改变是单一的,连续的);所以,只要我们对于不超出区间$(0,\pi)$之外的 t 值求出多项式 $T_n(x)$ 的零值点和极值点,那么,关系式(24)同时便确定了 x 的值,对于它们,切比雪夫多项式变为零或是取得极值.从关系式(25)显然可知,对于适合方程式

$$\cos nt=0 \qquad (27)$$

的每一个 t 值,$T_n(x)=0$.我们应该在区间$(0,\pi)$上选择上述方程式的解.于是就得到方程式(27)的与 $T_n(x)$ 零值点对应的解

$$\alpha_k=\frac{(2k+1)\pi}{2n} \quad (k=0,1,2,\cdots,n-1) \qquad (28)$$

从关系式(24)我们得到与所求 t 值相应的 x 值

$$x_k=\cos\frac{(2k+1)\pi}{2n} \quad (k=0,1,2,\cdots,n-1) \qquad (29)$$

因为在区间$(0,\pi)$内,余弦函数单调(减小)变化,

---

① 为了简便起见,我们把多项式模数在区间$[-1,1]$上取得的同一最大可能值称为极值.

所以多项式 $T_n(x)$ 的所有的根是不同的(并且显然可知是实值).

在几何上,对于给定的 n,零值点 $x_0,x_1,\cdots,x_{n-1}$ 可被如此构成:将区间$(-1,1)$的长度作为直径,把在它上面的半圆周的头两个象限分成 $2n$ 个等份后,投影所有偶数分点在这个区间上(规定从端点 1 到端点 -1).在几何上,这些射影对应于点 x_k.因此,切比雪夫多项式的零值点的分布是调和的分布.换句话说,它们的分布对应于圆周上点的均匀的分布.

现在我们来研究多项式 $T_n(x)$ 的极值.关系式(25)指明,$T_n(x)$ 与 $\cos nt$ 同时通过极值.用 β_k 表示 $\cos nt$ 在区间$(0,\pi)$内取得极值的那些点(因而切比雪夫多项式也取得极值),我们得到

$$\beta_k=\frac{k\pi}{n}\quad (k=0,1,2,\cdots,n) \tag{30}$$

我们之所以取 k 的值从 0 到 n,是因为这时 t 不超出区间$(0,\pi)$以外的缘故.

在几何上,点 β_k 能用构成点 α_k 时的相似方法构成.它们均匀地分布在用上述方法构成的圆周上.这时,β_k 是奇数分点(仍然规定是从右到左等分的).β_k 在区间$(-1,1)$上的射影便给出对应于它们的 x 值,我们用 x'_k 表示它们.数值 x'_k 由等式(24)确定

$$x'_k=\cos\frac{k\pi}{n}\quad (k=0,1,2,\cdots,n) \tag{31}$$

从公式(25),即可求得 $T_n(x)$ 在点 x'_k 处的值

$$T_n(x'_k)=\frac{\cos k\pi}{2^{n-1}}\quad (k=0,1,2,\cdots,n)$$

或

$$T_n(x'_k)=\frac{(-1)^k}{2^{n-1}}\quad (k=0,1,2,\cdots,n)$$

当 k 为偶数时，$T_n(x)$ 等于$\frac{1}{2^{n-1}}$的极大值，k 为奇数时，$T_n(x)$ 等于$-\frac{1}{2^{n-1}}$的极小值. 因此，在区间$(-1,1)$上 $T_n(x)$ 与零的偏差 $|T_n(x)|$ 不超过数量$\frac{1}{2^{n-1}}$，或是

$$|T_n(x)|\leqslant\frac{1}{2^{n-1}}\quad (-1\leqslant x\leqslant+1)\tag{32}$$

于是，由切比雪夫多项式所表示的曲线的形状和性质便为我们得到.

现在，我们要证明，切比雪夫多项式是与零偏差最小的多项式. 为了证明这个，假定我们有这样的 n 次多项式 $u(x)$

$$u(x)=x^n+a'_1x^{n-1}+a'_2x^{n-2}+\cdots+a'_n$$

它具有性质

$$|u(x)|\leqslant\frac{1}{2^{n-1}}\text{ 对于任意的 } x\quad (-1\leqslant x\leqslant+1)$$

我们要证明，$u(x)$ 和切比雪夫多项式彼此恒等. 为了证明这个，我们考察差式

$$R(x)=T_n(x)-u(x)\tag{A}$$

显然，$R(x)$ 是次数不高于 $n-1$ 的多项式. 只要我们揭露了在某一区间上这多项式具有 n 个零值点，那么，我们就证明了它对于任何 x 恒等于零，因而也就证明了恒等式

$$T_n(x)\equiv u(x)$$

我们来考虑在切比雪夫多项式取得极值时的那些点 x'_k 处的 $R(x)$ 值

$$R(x'_k)=T_n(x'_k)-u(x'_k) \tag{B}$$

或

$$R(x'_k)=\frac{(-1)^k}{2^{n-1}}-u(x'_k) \tag{C}$$

因为根据假设,在区间$(-1,1)$上$|u(x)|\leqslant\frac{1}{2^{n-1}}$,所以,$R(x'_k)$的符号将以如下方式确定:如果$k$为偶数,$R(x'_k)$便非负值,如果$k$为奇数,$R(x'_k)$便非正值.所以,我们可以假定

$$R(x'_k)=(-1)^k c_k \tag{D}$$

其中

$$c_k\geqslant 0,k=0,1,2,\cdots,n$$

从c_k的$n+1$个数值中,选出大于零的数.我们用c_{k_q}表示它们,其中q可以取从1到某一数p之间各值,p小于或等于$n+1$

$$q=1,2,\cdots,p\leqslant n+1$$

(应该注意到,可以规定$p>1$,因为如果所有的c_k,或除去其中之一的所有的c_k都等于零,那么$R(x)$在区间$(-1,1)$上零值点的数目将大于$n-1$,而这就表明$R(x)$恒等于零.)

我们用x'_{k_q}表示使c_k不等于零的那些x的对应值.于是

$$R(x'_{k_q})\neq 0\quad(q=1,2,\cdots,p\leqslant n+1)$$

我们来考虑点

$$x'_{k_1},x'_{k_2},\cdots,x'_{k_p}$$

如果$k_1=0$,点x'_{k_1}便与区间$(-1,1)$的左端点重合;如果$k_p=n$,点x'_{k_p}便与同一区间的右端点重合.

现在,我们来考虑任一区间$(x'_{k_{q+1}},x'_{k_q})$,并计算$R(x)$在这区间内的零值点的个数.根据选择x'_{k_q}时的

条件可知,函数 $R(x)$ 在所论区间内所具有的零值点数至少应该是

$$k_{q+1}-k_q-1$$

我们要证明,除这些零值点外,必然还有一个存在.我们规定用 $\operatorname{sign} A$ 表示单位数一,并具有与数 A 相同的符号.那么,显然就有(看等式(C)和(D))

$$\operatorname{sign} R(x'_{k_{q+1}})=(-1)^{k_{q+1}}$$

$$\operatorname{sign} R(x'_{k_q})=(-1)^{k_q}$$

设数 k_{q+1} 和 k_q 具有相同的奇偶性,那么在区间 $(x'_{k_{q+1}},x'_{k_q})$ 端点处 $R(x)$ 的符号是相同的.而这就表明,在已知区间内 $R(x)$ 应该偶数次地变为零.在数 k_{q+1} 和 k_q 具有相同奇偶性的条件下,零值点数 $k_{q+1}-k_q-1$ 显然是奇数.

这样,函数 $R(x)$ 在区间 $(x'_{k_{q+1}},x'_{k_q})$ 上已被确定有奇数个零值点,而又证明它们的数目应该是偶数个:这就是说,在所论区间内,至少还应增加一个零值点于所求得的数目内.

假定数 k_{q+1} 和 k_q 具有不同的奇偶性,那么,在区间 $(x'_{k_{q+1}},x'_{k_q})$ 端点处函数 $R(x)$ 的符号是不同的,而这就是说,在这个区间内,应该有函数 $R(x)$ 的奇数个零值点.另一方面,函数 $R(x)$ 的零值点数仍然如同上面所确定了的那样,就是 $k_{q+1}-k_q-1$.在数 k_{q+1} 和 k_q 具有不同奇偶性这一条件下,这个数是偶数.

这样,在区间 $(x'_{k_{q+1}},x'_{k_q})$ 内,我们曾找到了偶数个零值点,但又证明了,在这个区间内,整个的零值点应该是奇数个;这就是说,在这区间至少还有函数 $R(x)$ 的一个零值点.

因此,函数 $R(x)$ 在每个这样的区间

$$(x'_{k_{q+1}}, x'_{k_q})$$

具有不少于 $k_{q+1}-k_q$ 个的零值点.

在做了这些预先的考虑以后,我们来计算函数 $R(x)$ 在全区间$(-1,1)$上零值点的个数.如果 $k_1=0$,零值点的计算便从区间(x'_{k_1}, x'_{k_2})开始而且不会遇到任何困难.它们的数目是 k_2-k_1.如果 $k_1>0$,即对于 $x=1$,$R(x)$变为零,那么,就发生了计算区间$(1, x'_{k_1})$内零值点个数的问题.显然,在这区间内,一重零值点的数目是 $k_1\neq 0$.

我们再来考虑最后的一个区间

$$(x'_{k_{p-1}}, x'_{k_p})$$

如果 $k_p=n$,从已经证明的道理,在这个区间零值点的个数是 $n-k_{p-1}$.如果 $R(-1)=0$,即 $k_p<n$,则在区间$(x'_{k_p}, -1)$内的零值点将是 $n-k_p$ 个.已得出的关于区间端点处的论断及已证明的关于在形状为$(x'_{k_{q+1}}, x'_{k_q})$的区间内零值点个数的原理就许可我们写出 $R(x)$ 在全区间$(-1,1)$上零值点的总数

$$k_1+(k_2-k_1)+(k_3-k_2)+\cdots+$$
$$(k_p-k_{p-1})+(n-k_p)=n$$

这样,$R(x)$在区间上便具有个数不少于 n 的零值点,因此它恒等于零.

与切比雪夫多项式比较,与零偏差最小的多项式是不存在的这一论断就被证明.

我们来解决,在区间(a,b)上与零偏差最小的多项式的问题,就是我们要从所有多项式(22)中,求出在区间(a,b)上与零偏差最小的多项式.为此目的,我们引进变数 $\bar{x}$ 代替 x,$\bar{x}$ 与原来变数 x 由下面关系式联系着

$$x=\frac{b-a}{2}\bar{x}+\frac{b+a}{2} \tag{33}$$

显然，当 $x=a$ 时，$\bar{x}=-1$，当 $x=b$ 时，$\bar{x}=1$，这就是说，被指出的代换将 x 的变化区间 (a,b) 变换成了 $\bar{x}$ 的变化区间 $(-1,1)$.

在区间 $(-1,1)$ 上，与零偏差最小的多项式是

$$T_n(\bar{x})=(\bar{x}-\bar{x}_0)(\bar{x}-\bar{x}_1)\cdots(\bar{x}-\bar{x}_{n-1})$$

当以 x 代替 $\bar{x}$ 时，从关系式(33)我们得到对于 x 的多项式

$$T_n\left(\frac{2x-a-b}{b-a}\right)$$

这多项式内 x^n 的系数，如同关系式(9)所表明的，等于 $\left(\frac{2}{b-a}\right)^n$. 所以，多项式

$$\overline{T}_n(x)\equiv\frac{(b-a)^n}{2^n}T_n\left(\frac{2x-a-b}{b-a}\right) \tag{34}$$

最高次项系数等于 1. 不难证明，多项式 $\overline{T}_n(x)$ 在区间 (a,b) 与零的偏差最小. 实际上，假定有 x^n 的系数为 1 的 n 次多项式 $\bar{u}(x)$，且适合条件

$$|\bar{u}(x)|\leqslant|\overline{T}_n(x)| \quad (a\leqslant x\leqslant b)$$

那么，在区间 $(-1,1)$ 上，当考虑多项式

$$u(\bar{x})\equiv\frac{2^n}{(b-a)^n}\bar{u}\left(\frac{b-a}{2}\bar{x}+\frac{b+a}{2}\right)$$

$$T_n(\bar{x})\equiv\frac{2^n}{(b-a)^n}\overline{T}_n\left(\frac{b-a}{2}\bar{x}+\frac{b+a}{2}\right)$$

时，我们便应该得出结论

$$|u(\bar{x})|\leqslant|T_n(\bar{x})| \quad (-1\leqslant\bar{x}\leqslant1)$$

从关系式(34)可知，$T_n(\bar{x})$ 是切比雪夫多项式，所以

$$u(\bar{x})\equiv T_n(\bar{x})$$

因此

$$\bar{u}(x) \equiv \overline{T}_n(x)$$

这就证明,在区间(a,b)上,$\overline{T}_n(x)$实际上与零偏差最小.

对于区间$(-1,1)$,已导出的切比雪夫多项式的研究,我们容易运用它到$\overline{T}_n(x)$上面去,而$\overline{T}_n(x)$则是对于区间(a,b)构成的.多项式$\overline{T}_n(x)$的零值点将位于点x_k处

$$x_k = \frac{b-a}{2}\cos\frac{(2k+1)\pi}{2n} + \frac{b+a}{2}$$

$$(k=0,1,2,\cdots,n-1) \tag{29'}$$

多项式$\overline{T}_n(x)$的极值将位于点x'_k处

$$x'_k = \frac{b-a}{2}\cos\frac{k\pi}{n} + \frac{b+a}{2}$$

$$(k=0,1,2,\cdots,n) \tag{31'}$$

极值,即$\overline{T}_n(x)$在点x'_k处的值

$$\overline{T}_n(x'_k) = \frac{(b-a)^n}{2^n} \cdot \frac{(-1)^k}{2^{n-1}}$$

所以

$$\overline{T}_n(x_k) \leqslant \frac{(b-a)^n}{2^{2n-1}} \quad (a \leqslant x \leqslant b) \tag{32'}$$

我们已经进行了的研讨,与其说它具有实用的价值,不如说它更具有理论的特性.刚才由所论插补点的分布而引起的、结果的精确度的改进,并不能补偿由于要测定被插补函数$f(x)$的值而计算横坐标时所花的劳作.在实用上,用相等间隔在所论区间上来分布插补点常要方便得多.

在均匀分布插补点的条件下,所得公式的对称性和简单性使得这种情形在理论方面及实用方面都很有益.

§3　对于自变数等距离值的牛顿公式

1. 牛顿公式的第一结论

假定插补点横坐标 x_k 具有如下形式

$$x_k = x_0 + kh \quad (k = 0,1,2,\cdots,n)$$

我们来考虑,这时,牛顿公式内的插补多项式 $P(x)$

$$P(x) = f(x_0) + \sum_{k=1}^{n} [x_0 x_1 \cdots x_k] (x - x_0)(x - x_1)\cdots(x - x_{k-1})$$

可被变换成什么样子.我们来求出函数 $f(x)$ 的逐次差式.显然,我们有

$$\Delta f(x) = f(x + h) - f(x)$$

$$\Delta^2 f(x) = f(x + 2h) - f(x + h) - f(x + h) + f(x) = f(x + 2h) - 2f(x + h) + f(x)$$

$$\Delta^3 f(x) = f(x + 3h) - 2f(x + 2h) + f(x + h) - f(x + 2h) + 2f(x + h) - f(x) = f(x + 3h) - 3f(x + 2h) + 3f(x + h) - f(x)$$

一般地,当假定公式

$$\Delta^n f(x) = \sum_{k=0}^{n} (-1)^{n-k} C_n^k f(x + kh) \tag{35}$$

的正确性时,便不难证明

$$\Delta^{n+1} f(x) = \sum_{k=0}^{n+1} (-1)^{n+1-k} C_{n+1}^k f(x + kh)$$

实际上,当假定公式(35)对于 n 的正确性时,我们求得

$$\Delta^{n+1} f(x)=\sum_{k=0}^{n}(-1)^{n-k} C_{n}^{k} f[x+(k+1) h]-$$
$$\sum_{k=0}^{n}(-1)^{n-k} C_{n}^{k} f(x+k h)=$$
$$\sum_{k=1}^{n+1}(-1)^{n-k+1} C_{n}^{k-1} f(x+k h)+$$
$$\sum_{k=0}^{n}(-1)^{n-k+1} C_{n}^{k} f(x+k h)$$

将写出的和式分成相当于变动指标 $k=0, k=1,2,\cdots$, n 和 $k=n+1$ 的三个单独的表示式. 那么就得到

$$\Delta^{n+1} f(x)=(-1)^{n+1} f(x)+$$
$$\sum_{k=1}^{n}(-1)^{n-k+1}\left(C_{n}^{k}+C_{n}^{k-1}\right) f(x+k h)+$$
$$f[x+(n+1) h]$$

因为

$$C_{n}^{k}+C_{n}^{k-1}=C_{n+1}^{k}$$

所以

$$\Delta^{n+1} f(x)=\sum_{k=0}^{n+1}(-1)^{n+1-k} C_{n+1}^{k} f(x+k h)$$

至此,公式(35)对于 $n+1$ 的正确性便被证明.

当假定

$$x_{j}=x_{0}+j h \quad(j=0,1,2, \cdots, k)$$

时,我们来变换插补多项式 $P(x)$ 内的 $k+1$ 阶差分的表示式. 为了这个目的,我们取公式(7)形式的 $k+1$ 阶差分表示式

$$\left[x_{0} x_{1} \cdots x_{k}\right]=\sum_{p=0}^{k} \frac{f\left(x_{p}\right)}{\left(x_{p}-x_{0}\right)\left(x_{p}-x_{1}\right) \cdots\left(x_{p}-x_{p-1}\right)\left(x_{p}-x_{p+1}\right) \cdots\left(x_{p}-x_{k}\right)}$$

因为 $x_{j}=x_{0}+j h$,所以,对于所有小于或等于 k 的 j 和

$i, x_j - x_i = (j-i)h$. 当把差 $x_p - x_0, x_p - x_1, \cdots, x_p - x_k$ 代换成它们用 h 表示的表示式时,便得到

$$[x_0 x_1 \cdots x_k] = \sum_{p=0}^{k} \frac{f(x_p)}{ph(p-1)h\cdots 2hh(-h)(-2h)\cdots[-(k-p)h]}$$

或

$$[x_0 x_1 \cdots x_k] = \sum_{p=0}^{k} \frac{(-1)^{k-p} f(x_p)}{h^k p!\ (k-p)!}$$

因为

$$\frac{k!}{p!\ (k-p)!} = C_k^p$$

所以,$k+1$ 阶差分的表示式最后取得如下形式

$$[x_0 x_1 \cdots x_k] = \sum_{p=0}^{k} \frac{(-1)^{k-p} C_k^p f(x_p)}{k!\ h^k} =$$

$$\frac{1}{k!\ h^k} \sum_{p=0}^{k} (-1)^{k-p} C_k^p f(x_p)$$

公式(35)便使我们将$[x_0 x_1 \cdots x_k]$表示成如下最简单的形式

$$[x_0 x_1 \cdots x_k] = \frac{\Delta^k f(x_0)}{k!\ h^k}$$

插补多项式 $P(x)$ 便成为

$$P(x) = f(x_0) + \sum_{k=1}^{n} \frac{\Delta^k f(x_0)}{k!\ h^k}(x - x_0)[x - (x_0 + h)]\cdots [x - x_0 - (k-1)h] \tag{36}$$

令 $x_0 = 0$,我们就得到公式

$$P(x) = f(0) + \sum_{k=1}^{n} \frac{\Delta^k f(0)}{k!\ h^k} x(x-h)(x-2h)\cdots [x-(k-1)h] \tag{37}$$

2. 牛顿公式的第二结论

还可以引进这个公式的一个有趣的形式上的结果.我们规定用符号D(算子)表示对函数的变元增加数值h,于是$Df(x)=f(x+h)$.我们把从$f(x)$取有限差的这种运算看作是在这个函数上作用了算子Δ

$$\Delta f(x)=f(x+h)-f(x)$$

显然,我们有

$$\Delta f(x)=Df(x)-f(x)=(D-1)f(x)$$

我们看出,算子Δ的作用和算子$D-1$的作用是等价的,所以,自然就记为这些算子是相等的

$$\Delta=D-1\text{ 或 }\Delta+1=D$$

对函数$f(x)$的变元增加整数倍h自然就以相应的算子D的整数幂(重复)来表示.同样,其他任意的数p的增加自然也就以算子$D^{\frac{p}{h}}$表示.所以

$$D^{\frac{p}{h}}f(x)=f(x+p)$$

当$x=x_0$时,我们有

$$D^{\frac{p}{h}}f(x_0)=f(x_0+p)$$

用$1+\Delta$代替D,我们得到

$$(1+\Delta)^{\frac{p}{h}}f(x_0)=f(x_0+p)$$

现在,将二项式$(1+\Delta)^{\frac{p}{h}}$形式地按照已知规则展开成无穷级数(算子的),于是,我们得到

$$f(x_0+p)=\left\{1+\frac{p}{h}\Delta+\frac{p}{h}\left(\frac{p}{h}-1\right)\frac{1}{2!}\Delta^2+\right.$$
$$\left.\frac{p}{h}\left(\frac{p}{h}-1\right)\left(\frac{p}{h}-2\right)\frac{1}{3!}\Delta^3+\cdots\right\}f(x_0)$$

当展开括号时,我们得到一个级数,它的前$n+1$项代表插补多项式$P(x)$

$$f(x_0+p)=f(x_0)+\frac{p}{h}\Delta f(x_0)+$$
$$\frac{p}{h}\left(\frac{p}{h}-1\right)\frac{1}{2!}\Delta^2 f(x_0)+$$
$$\frac{p}{h}\left(\frac{p}{h}-1\right)\left(\frac{p}{h}-2\right)\frac{1}{3!}\Delta^3 f(x_0)+\cdots$$

令 $x_0+p=x$，因为 $p=x-x_0$，我们就将这个公式变成原来的表示法

$$f(x)=f(x_0)+\frac{\Delta f(x_0)}{h}(x-x_0)+$$
$$\frac{\Delta^2 f(x_0)}{h^2 2!}(x-x_0)(x-x_0-h)+$$
$$\frac{\Delta^3 f(x_0)}{h^3 3!}(x-x_0)(x-x_0-h)\cdot$$
$$(x-x_0-2h)+\cdots \tag{A}$$

这就是说，代表插补多项式 $P(x)$ 的级数(A)的前 $n+1$ 项可以从等式

$$f(x)=(1+\Delta)^{\frac{x-x_0}{h}}f(x_0)$$

得到. 这个结果的不严密性在于，依着算子展开 $(1+\Delta)^{\frac{p}{h}}$ 成为无穷级数始终是没有根据的. 另外，在这个形式的展开式内，当从某一项起弃掉其余各项时，判断函数近似值所需要的余项不存在. 当 $f(x)$ 是多项式时，这个结果就是普通所得的结果，只不过是被形式地得到的.

3. 广义乘幂概念

乘积

$$x(x-h)(x-2h)\cdots[x-(k-1)h]$$

在有限差理论内起着特殊作用. 这个乘积叫作 x 的广

义乘幂，并用 $x^{\left(\frac{k}{h}\right)}$ 表示它. 于是，按照定义

$$x^{\left(\frac{k}{h}\right)}=x(x-h)(x-2h)\cdots[x-(k-1)h] \tag{38}$$

按照 x 的广义乘幂在有限差理论内的性质来说，它起的作用如同 x 的广义乘幂在微分学内所起的作用一样. 如果我们想要算出 x^n 的有限差，即 Δx^n，那么它的表示式是十分复杂的，尤其重要的是，按照它的结构 $\left(\Delta x^n=hnx^{n-1}+h^2\dfrac{n(n-1)}{1.2}x^{n-2}+\cdots+h^n\right)$ 说来，它完全跟原来的函数 x^n 没有关联. x 的广义乘幂的有限差所具有的特性是它不破坏原来的结构. 实际上

$$\begin{aligned}\Delta x^{\left(\frac{k}{h}\right)}=&(x+h)x\cdots[x-(k-2)h]-\\&x(x-h)\cdots[x-(k-1)h]=\\&x(x-h)\cdots[x-(k-2)h]\cdot\\&(x+h-x+kh-h)=\\&khx(x-h)\cdots[x-(k-2)h]=\\&khx^{\left(\frac{k-1}{h}\right)}\end{aligned}$$

于是

$$\Delta x^{\left(\frac{k}{h}\right)}=khx^{\left(\frac{k-1}{h}\right)} \tag{39}$$

上述公式类似于连续性分析学中普通乘幂的微分公式.

在公式(37) 内，当代替乘积

$$x(x-h)\cdots[x-(k-1)h]$$

引进广义乘幂时，我们便得到

$$P(x)=f(0)+\sum_{k=1}^{n}\frac{\Delta^k f(0)}{h^k k!}x^{\left(\frac{k}{h}\right)} \tag{40}$$

这个公式可供我们解决许多有限差问题之用.

4. 例　　子

现在，让我们来考虑一些例题.

例 1　假设我们要对一个已知的 n 次多项式作一个 n 次插补多项式.

显然，已知的多项式就是插补多项式，因为插补多项式的余项是表示式

$$\frac{f^{(n+1)}(\xi)}{(n+1)!}\psi(x)$$

它对于 n 次多项式恒等于零.

例 2　从 x 的广义乘幂，我们要把函数 x^n 展开成为和式(根据例 1，它是有限项). 利用公式(40)，我们得到恒等式

$$x^n=\sum_{k=1}^{n}\frac{\Delta^k 0^n}{h^k k!}x^{\left(\frac{k}{h}\right)} \tag{41}$$

差值 $\Delta^k 0^n(k=1,2,\cdots,n)$ 可依公式(35)求出，在已给情形下，它是

$$\Delta^k 0^n=\sum_{p=0}^{k}(-1)^{k-p}C_k^p(ph)^n$$

当 $k=1$ 时，我们找到第一阶差值

$$\Delta^1 0^n=\sum_{p=0}^{1}(-1)^{1-p}C_1^p(ph)^n=h^n$$

当 $k=2$ 时，我们找到第二阶差值

$$\Delta^2 0^n=\sum_{p=0}^{2}(-1)^{2-p}C_2^p(ph)^n=$$
$$-2h^n+(2h)^n=$$
$$h^n(2^n-2)$$

当 $k=3$ 时，我们得到

$$\Delta^3 0^n = \sum_{p=0}^{3} (-1)^{3-p} C_3^p (ph)^n =$$
$$3h^n - 3(2h)^n + (3h)^n =$$
$$h^n (3^n - 3 \cdot 2^n + 3)$$

等等.

为了比较具体,我们来考虑 $n=3$ 的情形;这时,我们得到

$$\Delta^1 0^3 = h^3, \Delta^2 0^3 = 6h^3, \Delta^3 0^3 = 6h^3$$

于是,按照 x 的广义乘幂所得的 x^3 的展开式便被表示为如下形式

$$x^3 = h^2 x + 3hx(x-h) + x(x-h)(x-2h) \tag{42}$$

所得恒等式的正确性当然直接就可验证.

例 3 求作函数 $f(x)=a^x$ 的插补多项式.

用直接计算的方法,不难得到 $\Delta^k a^x$ 的如下表示式

$$\Delta^k a^x = (a^k - 1)^k a^x$$

由此可见

$$\Delta^k a^0 = (a^h - 1)^k$$

所以,应用公式(40) 便有

$$a^x \approx 1 + \sum_{k=1}^{n} \frac{(a^h - 1)^k}{h^k k!} x^{(\frac{k}{h})}$$

无论 n 是怎样的值(甚至是任意大的值),所得多项式将准确地表示 a^x. 只有关系级数

$$\sum_{k=1}^{\infty} \frac{(a^h - 1)^k}{h^k k!} x^{(\frac{k}{h})}$$

的收敛性问题可被提出. 这个级数的收敛性依赖于数值 a 和 h 是自然就会想到的事. 可以证明,对于任一 h 值,这样的数 a_1 和 a_2 就能被找到,使得当 $a_1 < a < a_2$

时，所论级数收敛并代表函数 a^x-1. 例如对于 $h=1$，在条件 $|\ln a|<\ln 2$ 下，级数将是收敛的. 余项 R_n 的数值的考查，会使这种研究变得方便得多. 余项具有如下形式

$$R_n=\frac{(\ln a)^{n+1}a^{\xi}}{(n+1)!}x^{\left(\frac{n+1}{h}\right)}\quad(0<\xi<nh)$$

§4　插补基点为一般分布时，差分的各种表示法

1. 差分的第一种表示法

各种不同的差分表示法首先被用于拉格朗日公式内余项的估计. 我们在上面已经看到，对于实值的 x，$x_1,\cdots,x_n$，差分可被表示为

$$[x,x_1,\cdots,x_n]=\frac{f^{(n)}(\xi)}{n!}\tag{43}$$

其中 ξ 是包含所有点 $x,x_1,\cdots,x_n$ 的最小区间 $[a,b]$ 内的某一点.

这种表示法的一个十分重要的推论是，如果 $f^{(n)}(x)$ 在包含点 $x,x_1,\cdots,x_n$ 的某一区间 $[a,b]$ 上不改变符号，那么，$[x,x_1,\cdots,x_n]$ 便与 $f^{(n)}(x)$ 同号. 例如，设 $f(x)=\alpha^x$，$0<\alpha<1$. 假定 $x_0,x_1,\cdots,x_n$ 具有任何非负数值. 于是，对于这个函数的差分，我们有不等式

$$(-1)^n[x_0,x_1,\cdots,x_n]=\ln^n\frac{1}{\alpha}\frac{\alpha^{\xi}}{n!}>0\tag{44}$$

2. 差分的第二种表示法及对于任意插补基点的牛顿公式

差分的第一种表示法对实值的 $x, x_1, \cdots, x_n$ 是有意义的. 现在, 假定 $x, x_1, \cdots, x_n$ 是任意的复数, 而 $f(z)$ 对于 z 有定义, z 变化于闭域 $\overline{D}$—— 复变平面内包含所有点 $x, x_1, \cdots, x_n$ 的最小凸域. 这个区域显然应该是一个多边形, 它在特殊情形下可以蜕化为直线线段. 我们再假定于区域 $\overline{D}$ 内, $f(z)$ 具有有界的第 n 阶导数. 我们来考虑函数 $u_k(x)(k=1,2,\cdots,n)$

$$u_k(x)=\int_0^1\int_0^{t_1}\cdots\int_0^{t_{k-1}} f^{(k)}[x_1+(x_2-x_1)t_1+\cdots+(x-x_k)t_k]\mathrm{d}t_1\cdots\mathrm{d}t_k \tag{45}$$

并令 $u_0(x)=f(x)$.

在 k 重积分号下, 函数 $f^{(k)}(z)$ 的变元, 如同我们现在就要证明的, 将不越出区域 $\overline{D}$ 的境界线. 这个变元具有形式

$$\begin{aligned}\zeta_k= & x_1+(x_2-x_1)t_1+\cdots+ \\ & (x_k-x_{k-1})t_{k-1}+(x-x_k)t_k= \\ & (1-t_1)x_1+(t_1-t_2)x_2+\cdots+ \\ & (t_{k-1}-t_k)x_k+t_kx= \\ & \lambda_1x_1+\lambda_2x_2+\cdots+\lambda_kx_k+\lambda_{k+1}x \\ & \qquad (1\leqslant k\leqslant n)\end{aligned}$$

在这里, $\sum_{i=1}^{k+1}\lambda_i=1$ 并且 $\lambda_i\geqslant 0, i=1,\cdots,k+1$, 因为

$$1\geqslant t_1\geqslant t_2\geqslant\cdots\geqslant t_n\geqslant 0$$

我们证明, 如果 $z_1, z_2, \cdots, z_k$ 是复变平面内的任意点, 那么点

$$\zeta_k=\lambda_1 z_1+\lambda_2 z_2+\cdots+\lambda_k z_k,\lambda_i\geqslant 0,\sum_{i=1}^{k}\lambda_i=1$$

便位于包含这些点的最小凸多边形内.我们用归纳法来证明.对于一个点的情形,论断是显然的.假定对于 $k-1$ 个点,它已被证明.我们写出

$$\zeta_k=\lambda_1 z_1+\lambda_2 z_2+\cdots+\lambda_k z_k=$$
$$\mu_k(\lambda'_1 z_1+\cdots+\lambda'_{k-1}z_{k-1})+\lambda_k z_k$$
$$\lambda'_i=\frac{\lambda_i}{\mu_k},\mu_k=\sum_{i=1}^{k-1}\lambda_i$$

因为 $\lambda'_i\geqslant 0$, $\sum_{i=1}^{k-1}\lambda'_i=1$,从归纳法假设,点 $\zeta'_k=\lambda'_1 z_1+\cdots+\lambda'_{k-1}z_{k-1}$ 便在包含点 $z_1,z_2,\cdots,z_{k-1}$ 的最小凸多边形内.其次

$$\zeta_k=\mu_k\zeta'_k+\lambda_k z_k=\zeta'_k+\lambda_k(z_k-\zeta'_k)$$
$$(\mu_k\geqslant 0,\lambda_k\geqslant 0,\lambda_k+\mu_k=1)$$

这就是说,点 ζ_k 位于 ζ'_k 同 z_k 之间的直线线段上.但是 ζ'_k 和 z_k 位于包含点 $z_1,z_2,\cdots,z_k$ 的最小凸多边形内,所以 ζ_k 也位于同一多边形内.正是由于这个,我们的论断便被证明.应用这个道理于点 $x_1,x_2,\cdots,x_n$,我们便证明了 $\zeta_k(k=1,2,\cdots,n)$ 在 $\overline{D}$ 内.

现在,在积分 $u_k(x)$ 内我们对 t_k 来积分.我们得到

$$u_k(x)=$$
$$\frac{1}{x-x_k}\left\{\int_0^1\cdots\int_0^{t_{k-2}}f^{(k-1)}[x_1+(x_2-x_1)t_1+\cdots+\right.$$
$$(x_{k-1}-x_{k-2})t_{k-2}+(x-x_{k-1})t_{k-1}]\mathrm{d}t_1\cdots\mathrm{d}t_{k-1}-$$
$$\int_0^1\cdots\int_0^{t_{k-2}}f^{(k-1)}[x_1+(x_2-x_1)t_1+\cdots+$$
$$\left.(x_{k-1}-x_{k-2})t_{k-2}+(x_k-x_{k-1})t_{k-1}]\mathrm{d}t_1\cdots\mathrm{d}t_{k-1}\right\}$$

在右端,当以 $u_k(x)$ 表示积分时,我们便得到关系式

$$u_k(x)=\frac{u_{k-1}(x)-u_{k-1}(x_k)}{x-x_k}$$

$$u_0(x)=f(x)\quad(k=1,\cdots,n)\tag{46}$$

把这些逐次定义 $u_k(x)$ 的关系式同本章 §1 内逐次定义差分的关系式(3) 相比较,我们看出这些关系式是相同的. 由此可见

$$[x,x_1,\cdots,x_n]=$$
$$\int_0^1\int_0^{t_1}\cdots\int_0^{t_{n-1}}f^{(n)}[x_1+(x_2-x_1)t_1+\cdots+\tag{47}$$
$$(x_n-x_{n-1})t_{n-1}+(x-x_n)t_n]\mathrm{d}t_1\cdots\mathrm{d}t_n$$

到现在为止,我们仅考虑过对于实值而且不同的 $x,x_1,\cdots,x_n$ 的差分. 递推关系式(46) 直接给出对于任意复值的 $x,x_1,\cdots,x_n$ 来定义差分的可能性. 但是关系式(47),对于不同的 $x,x_1,\cdots,x_n$ 正确,同时当点 $x,x_1,\cdots,x_n$ 中有任意个彼此相同的点时,在函数 $f(z)$ 于区域 $\overline{D}$ 内存在有界的 n 阶导数这一条件下,它也可以作为差分的定义.

从关系式(46) 也能推出公式

$$[x_0,x_1,\cdots,x_n]=\sum_{k=0}^{n}\frac{f(x_k)}{\prod\limits_{\substack{s=0\\s\neq k}}^{n}(x_k-x_s)}\tag{48}$$

它对于不同的 $x_0,x_1,\cdots,x_n$ 是正确的.

实际上,假定这个公式当 $n=k$ 时成立后,我们从关系式(46) 立刻就得到它当 $n=k+1$ 时也正确. 当 $n=2$ 时,这个公式显然是正确的. 这就是说,关系式(48) 对于任意的 n 都成立. 这个关系式表明,在差分符号 $[x_0,x_1,\cdots,x_n]$ 内,将插补基点做任何的重新排列不

会改变差分的大小.实际上,对于不同的 $x_0,x_1,\cdots,x_n$ 直接可从关系式(48)推出,而插补基点有相同值的情形则可考虑成极限步骤的结果.这就使我们能证明一般情形时的论断.

关于点 $x_0,x_1,\cdots,x_n$ 中有任意个相同点时的有限差表示法问题,我们将借助 $f(z)$ 的值及其导数在下面加以考虑.

从关系式(47)便直接推出不等式

$$
\begin{aligned}
&|[x,x_1,\cdots,x_n]|\leqslant\\
&\max_{x\in\overline{D}}|f^{(n)}(x)|\int_0^1\cdots\int_0^{t_{n-1}}\mathrm{d}t_1\cdots\mathrm{d}t_n=\\
&\frac{1}{n!}\max_{x\in\overline{D}}|f^{(n)}(x)|
\end{aligned}
\tag{49}
$$

它对于任意的 $x,x_1,\cdots,x_n$ 是正确的.

其次,从表示式(47),对于 z^k 也可推出

$$
[x,x_1,\cdots,x_k]=\begin{cases}0,0\leqslant k\leqslant n-1\\1,k=n\end{cases}\tag{50}
$$

而不论是怎样的点 $x,x_1,\cdots,x_n$.

让我们回到关系式(46).可知,对于 $f(x)$ 的差分 $[x_1,x_2,\cdots,x_{k+s},x]$ 等于对于 $u_k(x)$ 的差分 $[x_{k+1},x_{k+2},\cdots,x_{k+s},x]$,所以,由于(47)我们可以写出

$$
\begin{aligned}
u_{k+s}(x)=&\int_0^1\cdots\int_0^{t_{s-1}}u_k^{(s)}[x_{k+1}+(x_{k+2}-x_{k+1})t_1+\cdots+\\
&(x-x_{s+k})t_s]\mathrm{d}t_1\cdots\mathrm{d}t_s
\end{aligned}
$$

如果 $x_{k+1},x_{k+2},\cdots,x_{k+s}$ 趋于 x 而且 $u_k(z)$ 在点 x 处有第 s 阶导数,那么,于 $x_{k+1}=\cdots=x_{k+s}=x$ 时

$$
u_{k+s}(x)=u_k^{(s)}(x)\int_0^1\cdots\int_0^{t_{s-1}}\mathrm{d}t_1\cdots\mathrm{d}t_s=\frac{u_k^{(s)}(x)}{s!}
$$

为要得到有相同点时与关系式(46)类似的递推

关系式,我们假定在我们的 n 个点中仅有 v 个是不同的,比如说是,$x_1,x_2,\cdots,x_v$. 设 x_1,重复 p_1 次,x_2 重复 p_2 次,……,x_v 重复 p_v 次($p_1+p_2+\cdots+p_v=n$). 在这种情形下,关系式(46) 便有如下形式

$$\left.\begin{array}{l} u_k(x)=\dfrac{1}{x-x_m}\left[u_{k-1}(x)-\dfrac{1}{(s-1)!}u_{q_m}^{(s)}(x_{m+1})\right] \\ q_m<k\leqslant q_{m+1} \\ q_m=\sum\limits_{k=1}^{m}p_k,s=k-q_m-1 \\ k=1,2,\cdots,n; \\ m=0,1,\cdots,v \end{array}\right\} \tag{51}$$

这些递推关系式(51) 与关系式(46) 的不同之处仅在于关系式(51) 中曾被施以极限步骤. 在复变平面内的点 $z,z_1,\cdots,z_n$ 中有任意个不同的重复点而且具有点 $x_1,\cdots,x_v$ 的重复性并与这些点相同时,我们把关系式(51) 取作差分定义的一般关系式. 从关系式(51) 直接看出,在这种情形下,n 阶差分是于点 x_k 的重复数为 p_k 时函数值 $f(x),f(x_k),f'(x_k),\cdots,f^{(p_k-1)}(x_k)(k=1,\cdots,v)$ 的线性齐次形式. 因此,在插补基点全体具有上述的相同性质时,要给逐次差分形式地下定义,必然要假定在每一个插补基点处函数值存在而且具有阶数比重复数少 1 的导数. 从关系式(46) 又可推出

$$f(x)=\sum_{k=0}^{n}[x_0,x_1,\cdots,x_k](x-x_0)\cdots(x-x_{k-1})+[x,x_0,\cdots,x_n](x-x_0)\cdots(x-x_n) \tag{52}$$

其中 $x_0,x_1,\cdots,x_n,x$ 甚至是任意的复数,而 $f(x)$ 在每一点 x_k 处具有确定的阶数比插补基点的重复数少 1

的导数.

多项式

$$P(x)=\sum_{k=0}^{n}[x_0,x_1,\cdots,x_k](x-x_0)\cdots(x-x_{k-1})$$

将作为如下问题的解,而且由于关系式(50)它是唯一的.这问题是寻找次数不高于 n 且适合条件

$$P^{(s)}(y_k)=f^{(s)}(y_k),s=0,1,\cdots,p_k-1$$

$$k=1,\cdots,v;\ \sum_{s=1}^{v}p_s=n+1 \tag{53}$$

的多项式,如果具有重复数 p_k 的点 y_k 的全体和点 x_0, $x_1,\cdots,x_n$ 的全体相同.

实际上,由于关系式(52)以及$[x,x_0,\cdots,x_n](x-x_0)\cdots(x-x_n)$与其到 p_k-1 阶导数在点 y_k 处同时变为零,关系式(53)即被满足.根据条件(53),两个次数不高于 n 的多项式应该具有相同的差分$[x_0,x_1,\cdots,x_s](s=0,1,\cdots,n)$.这就是说,$Q(x)$——这些多项式的差也是次数不高于 n 的多项式,而且应当具有等于零的一切差分$[x_0,x_1,\cdots,x_s]$.但是,由于关系式(52),$Q(x)$恒等于零

$$Q(x)=\sum_{k=0}^{n}[x_0,\cdots,x_k](x-x_0)\cdots(x-x_{k-1})+[x,x_0,\cdots,x_n](x-x_0)\cdots(x-x_n)\equiv 0$$

实际上,$[x_0,\cdots,x_k]=0,k=0,1,\cdots,n$,而按照条件$[x,x_0,\cdots,x_n]\equiv 0$,因为$Q(x)$是次数不高于$n$的多项式(等式(50)).

适合条件(53)的多项式 $P(x)$ 的存在性及唯一性也可以直接地加以证明.实际上,如果令 $P(x)=\sum_{k=0}^{n}a_kx^k$,条件(53)可被写成显式,即

$$\sum_{k=s}^{n}k(k-1)\cdots(k-s+1)y_m^{k-s}a_k=f^{(s)}(y_m)$$

$$s=0,\cdots,p_m-1;m=1,2,\cdots,v;\sum_{k=1}^{v}p_k=n+1$$

因此,我们就有了要确定 $n+1$ 个未知数 $a_k(k=0,\cdots,n)$ 的 $n+1$ 个线性方程式所组成的方程组.

这方程组的行列式 Δ 可从范德蒙行列式

$$D=\begin{vmatrix}1 & x_0 & \cdots & x_0^n\\ 1 & x_1 & \cdots & x_1^n\\ \vdots & \vdots & & \vdots\\ 1 & x_n & \cdots & x_n^n\end{vmatrix}=\prod_{j>i}(x_j-x_i)$$

直接得到,只要我们从 D 中对 x_1 取一阶导数,对 x_2 取二阶导数,对 x_{p_2-1} 取 p_1-1 阶导数,对 x_{p_1+1} 取一阶导数,……,对 $x_{p_2}-1$ 取 p_2-1 阶导数,……,以及其他等;并令 $x_0=x_1=\cdots=x_{p_1-1}=y_1$;$x_{p_1}=x_{p_1+1}=\cdots=x_{p_1+p_2-1}=y_2,\cdots$. 简单的计算就表明

$$\Delta=\pm\prod_{k=1}^{v}\prod_{n=0}^{p_k-1}n!\ \prod_{k>s}(y_k-y_s)^{p_kp_s}$$

由此即得,$\Delta\neq 0$,因为当 $i\neq k$ 时,$y_i\neq y_k$. 这就是说,我们的方程组可对于 a_k 解出,并且具有唯一的解.

3. 差分的第三种表示法及爱尔米特公式

假定 $x_0,x_1,\cdots,x_n$ 是单连通域 D 的内点,在这域内解析函数 $f(z)$ 是正规的. 在这些假定下,我们要给出差分的表示法.

首先,我们假定这些点 $x_0,x_1,\cdots,x_n$ 是彼此不同的. 设 C 是复变数 z 平面内任一可测长的闭路,全部位于 $f(z)$ 的正规区域内,所有的点 $x_0,x_1,\cdots,x_n$ 也在 C

的内部.

我们来考虑积分

$$\frac{1}{2\pi i}\int_C \frac{f(z)\mathrm{d}z}{(z-x_0)\cdots(z-x_n)}$$

规定积分闭路是绕着正的方向进行的.我们要借助于残数来计算这个积分.被积函数在点 $x_0,x_1,\cdots,x_n$ 处具有级数不高于1的极点.利用找寻一级极点时的残数法则,我们得到

$$\frac{1}{2\pi i}\int_C \frac{f(z)\mathrm{d}z}{(z-x_0)\cdots(z-x_n)}=\sum_{k=0}^{n}\frac{f(x_k)}{\prod\limits_{\substack{s=0\\s\neq k}}^{n}(x_k-x_s)}$$

将所得表示式与(48)相比较,我们就得到差分的新的表示法

$$[x_0,x_1,\cdots,x_n]=\frac{1}{2\pi i}\int_C \frac{f(z)\mathrm{d}z}{(z-x_0)\cdots(z-x_n)} \tag{54}$$

这样表示法是在所有的点 $x_0,x_1,\cdots,x_n$ 彼此不同的假定下得到证明的.但是,根据表示法(47),这个等式的左端是变数 $x_i(i=0,1,\cdots,n)$ 中每一个变数的解析函数,这函数在境界线为闭路 C 的区域 D_1 内是正规的.因此,对于等式(54)的右端也有同样的情形发生.这就使我们断言,不管怎样重新排列 $x_0,x_1,\cdots,x_n$,表示法(54)将仍然正确,只要它们是区域 D_1 的内点.由此可见,对于在区域 D 内的正规函数 $f(z)$,表示法(54)在点 $x_0,x_1,\cdots,x_n$ 中有任意个数相同的情形下将仍成立.

只要利用积分模数不大于被积函数模数的最大值乘以积分路线的长度,从表示法(54),便可直接估出量 $[x_0,x_1,\cdots,x_n]$ 的大小.由于这个事实,我们得到不等

式

$$|[x_0,x_1,\cdots,x_n]|\leqslant\frac{L}{2\pi}\frac{\max\limits_{z\in C}|f(z)|}{\min\limits_{z\in C}|(z-x_0)\cdots(z-x_n)|}\tag{55}$$

其中 L 是闭路 C 的长度.

表示法(54)使我们很容易得到差分的显式表示式及插补基点相同时的拉格朗日公式.

设点 $x_0,x_1,\cdots,x_n$ 的全体与点 z_k 的全体相同,而且我们假定点 z_k 的重复数等于 $p_k(k=0,1,\cdots,v)$, $\sum\limits_{k=0}^{v}p_k=n+1$. 从表示法(54)即有

$$[x_0,x_1,\cdots,x_n]=\frac{1}{2\pi i}\int_C\frac{f(z)\mathrm{d}z}{(z-z_0)^{p_0}\cdots(z-z_v)^{p_v}}=$$

$$\frac{1}{2\pi i}\sum_{k=0}^{v}\int_{C_k}\frac{f(z)\mathrm{d}z}{(z-z_0)^{p_0}\cdots(z-z_v)^{p_v}}$$

在这里,闭路 C_k 是依次以 z_k 为圆心,半径为 r_k,彼此不相交地分布于 C 内的圆周. 沿着闭路的积分如此表示的可能性是柯西定理的一个简单的推论.

我们引进表示记号 $q(z)=\prod\limits_{k=0}^{v}(z-z_k)^{p_k}$ 并来考虑积分

$$I_k=\frac{1}{2\pi i}\int_{C_k}\frac{(z-z_k)^{p_k}}{q(z)}f(z)\frac{\mathrm{d}z}{(z-z_k)^{p_k}}$$

函数 $\frac{1}{q(z)}(z-z_k)^{p_k}f(z)$ 在以闭路 C_k 为境界线的圆域内是正规的,所以,当回忆起复变函数论内借助柯西积分而得的 p_k-1 阶导数的著名表示式时,我们将看出

$$I_k=\frac{1}{(p_k-1)!}\frac{\mathrm{d}^{p_k-1}}{\mathrm{d}z^{p_k-1}}\left[\frac{(z-z_k)^{p_k}}{q(z)}f(z)\right]\Bigg|_{z=z_k}\tag{56}$$

从此,利用求两函数乘积的任意阶导数的公式,我们便得到 I_k 的最后表示式

$$I_k=\sum_{m=0}^{p_k-1}\frac{f^{(m)}(z_k)}{m!\ (p_k-m-1)!}\frac{\mathrm{d}^m}{\mathrm{d}z^m}\left[\frac{(z-z_k)^{p_k}}{q(z)}\right]\Bigg|_{z=z_k}$$

$$(k=0,1,\cdots,v)$$

这样,我们现在就可写出用 $f(z)$ 及其在插补基点处的导数表出的 $[x_0,x_1,\cdots,x_n]$ 的显式. 将关系式(56)连在一起时,我们得到

$$[x_0,x_1,\cdots,x_n]=$$

$$\sum_{k=0}^{v}\sum_{m=0}^{p_k-1}\frac{f^{(m)}(z_k)}{m!\ (p_k-m-1)!}\frac{\mathrm{d}^m}{\mathrm{d}z^m}\left[\frac{(z-z_k)^{p_k}}{q(z)}\right]\Bigg|_{z=z_k} \tag{57}$$

这个表示法是在 $f(z)$ 的解析性条件下得到的. 但是,它对于任意的解析函数均成立,而从此便容易得到,当 $f^{(m)}(z)$ 具有有限而确定的值时这个表示法永远是正确的.

现在令 $p_0=1,x_0=x,q(z)=(z-x)Q(z)$,其中 $Q(z)=\prod_{k=1}^{v}(z-z_k)^{p_z}$ 与 x 无关,我们便从表示法(57)得到 $[x,x_1,\cdots,x_n]$ 的表示式

$$[x,x_1,\cdots,x_n]=\frac{f(x)}{Q(x)}-\sum_{k=1}^{v}\sum_{m=0}^{p_k-1}\frac{f^{(m)}(z_k)}{(p_k-m-1)!}\cdot$$

$$\sum_{s=0}^{m}\frac{1}{(m-s)!}\frac{\mathrm{d}^{m-s}}{\mathrm{d}z^{m-s}}\left[\frac{(z-z_k)^{p_k}}{Q(z)}\right]\Bigg|_{z=z_k}\times$$

$$\frac{1}{(x-z_k)^{s+1}}$$

由此就推得爱尔米特公式

$$f(x)=\sum_{k=1}^{v}\sum_{m=0}^{p_k-1}\sum_{s=0}^{m}\frac{f^{(m)}(z_k)}{(p_k-m-1)!\ (m-s)!}\frac{\mathrm{d}^{m-s}}{\mathrm{d}z^{m-s}}\left[\frac{(z-z_k)^{p_k}}{Q(z)}\right]\Bigg|_{z=z_k}\times$$

$$\frac{Q(x)}{(x-z_k)^{s+1}}+Q(x)[x,x_1,\cdots,x_n] \tag{58}$$

在这里,适合条件(53)的插补多项式 $P(x)$ 当以 $n-1$ 代替 n 时,已被写成显式的形状.

§5 对于三角阵列的插补步骤

1. 问题的提法及基本公式

在这一节内,我们要解决一个一般的插补问题.这问题包括在如下的叙述内.

给了任意个数的有限或无限的三角阵列

$$\begin{matrix} x_{0,0} & & & \\ x_{0,1} & x_{1,1} & & \\ \cdots & & & \\ \cdots & & & \\ x_{0,n} & x_{1,n} & \cdots & x_{n,n} \\ \cdots & & & \end{matrix}$$

这阵列确定了函数 $f(z)$ 的差分序列 $[x_{0,n},x_{1,n},\cdots,x_{n,n}]$ $(n=1,2,\cdots)$.

求构成次数不超过 n 的多项式 $P_n(z)$,适合条件:对 $P_n(z)$ 的差分 $[x_{0,k},x_{1,k},\cdots,x_{k,k}]$ 等于对 $f(z)$ 的相应差分 $[x_{0,k},x_{1,k},\cdots,x_{k,k}]$ $(k=0,1,\cdots,n)$,并研究差式 $f(z)-P_n(z)$ 的性态.

为要证明

$$\lim_{n\to\infty}P_n(z)=f(z)$$

我们将对 $f(z)$ 的解析性质做若干假定.

我们引进表示记号

$$\zeta_k = x_{0,k} + (x_{1,k} - x_{0,k})t_{1,k} + \cdots + (x_{k-1,k} - x_{k-2,k})t_{k-1,k} + (x_{k,k} - x_{k-1,k})t_{k,k} \tag{59}$$

及

$$\int_k F(\zeta_k)\mathrm{d}t_k = k!\int_0^1\int_0^{t_{1,k}}\cdots\int_0^{t_{k-1,k}} F(\zeta_k)\mathrm{d}t_{1,k},\cdots,\mathrm{d}t_{k,k} \tag{60}$$

其中 $x_{0,k},x_{1,k},\cdots,x_{k,k}$ 是复变平面内的任意点.于是，如同我们也已证明的，点 ζ_k 将不越出包含点 $x_{0,k}$，$x_{1,k},\cdots,x_{k,k}$ 的最小封闭凸域 $\overline{D}_k$ 的境界线.$\overline{D}_k$ 是某一个多边形，在特殊情形下，可以蜕化为直线线段或甚至于一个点.我们再引进量 $R_n(z)$，利用表示记号(60)将它写成

$$R_n(z) = \int_1\int_2\cdots\int_n\int_{\zeta_0}^{z}\int_{\zeta_1}^{z_1}\cdots\int_{\zeta_n}^{z_n} f^{(n+1)}(z_{n+1})\mathrm{d}z_1\cdots\mathrm{d}z_{n+1}\mathrm{d}t_1\cdots\mathrm{d}t_n \tag{61}$$

对 z_{n+1} 进行积分，我们便得关系式

$$\begin{aligned}R_n(z) = &\int_1\cdots\int_{n-1}\int_{\zeta_0}^{z}\cdots\int_{\zeta_{n-1}}^{z_{n-1}} f^{(n)}(z_n)\mathrm{d}z_1\cdots\mathrm{d}z_n dt_1\cdots\mathrm{d}t_{n-1}\int_n\mathrm{d}t_n - \\ &\int_1\cdots\int_{n-1}\int_{\zeta_0}^{z}\cdots\int_{\zeta_{n-1}}^{z_{n-1}}\mathrm{d}z_1\cdots \mathrm{d}z_n\mathrm{d}t_1\cdots\mathrm{d}t_{n-1}\int_n f^{(n)}(\zeta_n)\mathrm{d}t_n\end{aligned} \tag{62}$$

要注意

$$\int_n \mathrm{d}t_n = n!\int_0^1\cdots\int_0^{t_{n-1}}\mathrm{d}t_1\cdots\mathrm{d}t_n = 1 \tag{63}$$

并且

$$\int_n f^{(n)}(\zeta_n)\mathrm{d}t_n = n!\int_0^1\cdots\int_0^{t_{n-1}} f^{(n)}[x_{0,n}+\cdots+(x_{n,n}-x_{n-1,n})t_n]\mathrm{d}t_1\cdots\mathrm{d}t_n = n!\,[x_{0,n},x_{1,n},\cdots,x_{n,n}] \tag{64}$$

现在设

$$p_n(z)=n!\int_1\cdots\int_{n-1}\int_{\zeta_0}^{z}\cdots\int_{\zeta_{n-1}}^{z_{n-1}}\mathrm{d}z_1\cdots\mathrm{d}z_n\mathrm{d}t_1\cdots\mathrm{d}t_{n-1} \tag{65}$$

对 z，将 $p_n(z)$ 逐次微分 n 次，我们便直接得到

$$p_n^{(n)}(z)=n!\int_1\mathrm{d}t_1\cdots\int_{n-1}\mathrm{d}t_{n-1}=n!$$

由此可见，$p_n(z)$ 是 z 的 n 次多项式，且最高次项的系数为 1.

在做了这些考虑以后，我们便可把关系式(62)写成

$$R_n(z)=R_{n-1}(z)-[x_{0,n},x_{1,n},\cdots,x_{n,n}]p_n(z) \tag{66}$$

从这个对于任意 n 皆成立的关系式，当注意到 $R_0(z)=f(z)-f(x_{0,0})$ 时，即可直接推得

$$R_n(z)=f(z)-\sum_{k=0}^{n}[x_{0,k},\cdots,x_{k,k}]p_k(z) \tag{67}$$

或是

$$f(z)=\sum_{k=0}^{n}[x_{0,k},\cdots,x_{k,k}]p_k(z)+R_n(z)=P_n(z)+R_n(z) \tag{68}$$

其中 $P_n(z)$ 是对 z 次数不高于 n 的多项式. 我们来取函数 $R_n(z)$ 在点 $x_{0,k},\cdots,x_{k,k}$ 处的第 k 阶差分. 利用已知的 k 阶差分的表示法，对于 $R_n(z)$ 我们便有

$$[x_{0,k},\cdots,x_{k,k}]=\int_0^1\int_0^{t'_{1,k}}\cdots$$

$$\int_0^{t'_{k-1,k}}R_n^{(k)}[x_{0,k}+(x_{1,k}-x_{0,k})t'_{1,k}+\cdots+$$

$$(x_{k,k}-x_{k-1,k})t'_{k,k}]\mathrm{d}t'_{1,k}\cdots\mathrm{d}t'_{k,k}=$$

$$k!\int_k\int_k\int_{k+1}\cdots\int_n\int_{\zeta_k}^{\zeta'_k}\int_{\zeta_{k+1}}^{z_{k+1}}\cdots$$

$$\int_{\zeta_n}^{z_n}f^{(n+1)}(z_{n+1})\mathrm{d}z_{k+1}\mathrm{d}z_{n+1}\mathrm{d}t'_k\mathrm{d}t_k\cdots\mathrm{d}t_n\equiv 0$$

因为从 ζ_k 到 ζ'_k 的积分可被分成从 ζ_k 到 0 及从 0 到 ζ'_k 的积分，在这之后并可用 ζ_k 代替 ζ'_k，因而，我们的全部积分便等于两个恒为相等的积分的差. 由此可见，当 $k=0,1,\cdots,n$，插补基点为 $x_{0,k},\cdots,x_{k,k}$ 时，函数 $f(z)$ 及多项式 $P_n(z)$ 的 k 阶差分是相同的. 因此，我们就得到如下定理.

定理　如果给了插补基点的三角阵列

$$x_{0,k},x_{1,k},\cdots,x_{k,k}\quad(k=0,1,\cdots,n)$$

而函数在这些点处具有有限值(如果第二指标相同的 s 个点重合，我们还要求在相应点处 $f(z)$ 具有到 $s-1$ 阶的导数)，那么，借助于公式(66) 我们永远可以构成唯一的多项式 $P_n(x)$，它的差分$[x_{0,k},\cdots,x_{k,k}]$($k=0$, $1,\cdots,n$) 的值与 $f(z)$ 的同一差分的值相同. 同时，如果在包含一切点 $x_{s,k}$($0\leqslant s\leqslant k\leqslant n$) 及点 z 的最小封闭凸域 $\overline{D}$ 内，$f(z)$ 具有有界的第 $n+1$ 阶导数，那么，余项 $R_n(z)$ 便具有形式

$$R_n(z)=f(z)-P_n(z)=$$

$$\int_1\cdots\int_n\int_{\zeta_0}^{z}\cdots\int_{\zeta_n}^{z_n}f^{(n+1)}(z_{n+1})\mathrm{d}z_1\cdots\mathrm{d}z_{n+1}\mathrm{d}t_1\cdots\mathrm{d}t_n\qquad(69)$$

其中 ζ_k($k=0,\cdots,n$) 及等式右端的外部积分具有上面

已经规定的意义.

证明 首先,我们要指出,次数不高于 n,具有相同差分$[x_{0,k},\cdots,x_{k,k}](k=0,1,\cdots,n)$ 的两个多项式应该恒等. 实际上,它们的差,如果假定不等于零,则应该是次数为 $s\leqslant n$ 的多项式,它具有相应的等于零的 $n+1$ 个差分. 我们取这个多项式的 s 阶差分. 按照条件它应该等于零. 另一方面,如我们所知,它等于 a_s,这里 a_s 是这多项式最高乘幂为 s 的那一项的系数. 这样,多项式的次数将低于 s,因而,我们得到了矛盾.

在 $f^{(n+1)}(z)$ 于区域 $\overline{D}$ 内为有界的假定下,我们曾证明了基本表示法(68). 现在,让我们关于 $f(z)$ 在 $\overline{D}$ 内的解析性质不做任何假定,而仅规定它本身及在第二指标相同的点 $x_{s,k}$ 重合的情况下,它的被需要的导数在这些点 $x_{s,k}(0\leqslant s\leqslant k\leqslant n)$ 处是确定的. 那么,从爱尔米特公式便可构成次数不高于$\dfrac{(n+1)(n+2)}{2}-1$ 的多项式 $Q(z)$,它与 $f(z)$(如果点 $x_{s,k}$ 重合,便也与 $f(z)$ 的导数)在点 $x_{s,k}(0\leqslant s\leqslant k\leqslant n)$ 处相同. 对于这个多项式,表示法(68)是正确的,因为它的第 $n+1$ 阶导数在 $\overline{D}$ 内是无条件有界的. 但是,$P_n(z)$ 的系数只依赖于$[x_{0,k},\cdots,x_{k,k}](k=0,1,\cdots,n)$ 换言之,只依赖于 $f(z)$ 在点 $x_{0,k},\cdots,x_{k,k}$ 处的值. 如我们先已证明的,$P_n(z)$ 和 $Q(z)$ 的相应差分相同. 另一方面,从 $Q(z)$ 的构成来说,$f(z)$ 和 $Q(z)$ 的相应差分相同. 这些就完全证明了我们的定理.

我们来考虑一般问题的特殊情况. 设

$$x_{k,k}=x_{k,k+1}=\cdots=x_{k,n}=x_k\quad(k=0,1,\cdots,n)$$

那么,我们便有按照 $f(z)$ 在点 $x_0,x_1,\cdots,x_n$ 处的值来

定义 $f(z)$ 的最简单的插补问题，并且在这种情形下，至少由于唯一性的缘故

$$p_k(z)=(z-x_0)\cdots(z-x_{k-1})$$
$$(k=1,\cdots,n;p_0(x)=1)$$

而

$$P_n(z)=\sum_{k=0}^{n}[x_0,x_1,\cdots,x_n](z-x_0)\cdots(z-x_{k-1})$$

换句话说，我们得到的插补多项式是牛顿插补级数的一部分.

现在设

$$x_{0,k}=x_{1,k}=\cdots=x_{k,k}=x_k\quad(k=0,1,\cdots,n)$$

利用多项式 $p_k(z)$ 的表示法(65)之后，并注意在这种情形下 $\zeta_k=x_k(0\leqslant k\leqslant n)\zeta_k$ 本身是常量，我们就得到

$$p_k(z)=k!\int_{x_0}^{z}\cdots\int_{x_{k-1}}^{z_{k-1}}\mathrm{d}z_1\cdots\mathrm{d}z_k$$
$$[x_{0,k},\cdots,x_{k,k}]=\frac{f^{(k)}(x_k)}{k!}$$

由此可见

$$P_n(z)=\sum_{k=0}^{n}f^{(k)}(x_k)\int_{x_0}^{z}\cdots\int_{x_{k-1}}^{z_{k-1}}\mathrm{d}z_1\cdots\mathrm{d}z_k$$

我们已得到了构成次数不高于 n 的多项式这一问题的解，这多项式在点 x_k 处的各次导数的值是已经给了的，换句话说

$$P_n^{(k)}(x_k)=f^{(k)}(x_k)\quad(k=0,1,\cdots,n)$$

这个多项式 $P_n(z)$ 是阿库利－冈恰罗夫一般插补级数的一部分.

特别是，当 $x_k=k$ 时，我们可以求得 $p_k(z)$ 的更简单的表示式. 这时，我们要计算积分

$$q_n(z)=\int_0^z\cdots\int_{n-1}^{z_{n-1}}\mathrm{d}z_1\cdots\mathrm{d}z_n$$

当作一连串的变数更换并令 $z_2=t_2+1,z_3=t_3+1,\cdots,z_n=t_n+1$ 时,我们得到关系式

$$q_n(z)=\int_0^z\int_0^{z_1-1}\int_1^{t_2}\cdots\int_{n-2}^{t_{n-1}}\mathrm{d}z_1\mathrm{d}t_2\cdots\mathrm{d}t_n=$$

$$\int_0^z q_{n-1}(z_1-1)\mathrm{d}z_1$$

令 $q_{n-1}(z)=\frac{1}{(n-1)!}z(z-n+1)^{n-2}$,当积分上式时,我们得到

$$q_n(z)=\frac{1}{n!}z(z-n)^{n-1}$$

因为 $q_1(z)=z,q_2(z)=\frac{1}{2}z(z-2)$,所以,应用归纳法,我们就找到了 $q_n(z)$ 的形式. 在这种情形下

$$P_n(z)=\sum_{k=0}^{n}\frac{f^{(k)}(k)}{k!}z(z-k)^{k-1}$$

从零到无穷大所展开成的相似的级数叫作阿拜利的插补级数. 在稍后,我们将在关于 $f(z)$ 的解析形式的假定下,来研究这个级数的收敛性.

2. 一般插补公式的余项的估值及以插补级数表示函数的基本定理

在本小节中,我们将给出一般插补公式的余项 $R_n(z)$ 两个估值.

$R_n(z)$ 的第一个估值将在一切点 $x_{s,k}(0\leqslant s\leqslant k\leqslant n)$ 不越出半径为 r,圆心在原点的圆域的边界这一假定下得到,换句话说,$|x_{s,k}|\leqslant r$. 在这些假定下,我们来估计积分

$$Q_p(z)=\int_{\zeta_0}^{z}\cdots\int_{\zeta_{p-1}}^{z_{p-1}}\mathrm{d}z_1\cdots\mathrm{d}z_p$$

$$\zeta_k=x_{0,k}+\sum_{s=1}^{k}(x_{s,k}-x_{s-1,k})t_s$$

$$(1\geqslant t_1\geqslant t_2\geqslant\cdots\geqslant t_k\geqslant 0)\tag{70}$$

在对于 $x_{s,k}$ 的假定下,我们就直接得到 $|\zeta_k|\leqslant r$,因为 ζ_k 不超出包含点 $x_{0,k},x_{1,k},\cdots,x_{k,k}$ 的最小凸多边形的境界线.因此,当逐次进行积分时,我们得到

$$\begin{aligned}&Q_p(z)=\\&\int_{\zeta_0}^{z}\cdots\int_{\zeta_{p-2}}^{z_{p-2}}z_{p-1}\mathrm{d}z_{p-1}\mathrm{d}z_{p-2}\cdots\mathrm{d}z_1-\zeta_{p-1}Q_{p-1}(z)=\\&\int_{\zeta_0}^{z}\cdots\int_{\zeta_{p-3}}^{z_{p-3}}\frac{z_{p-2}^2}{2!}\mathrm{d}z_{p-2}\mathrm{d}z_{p-3}\cdots\mathrm{d}z_1-\frac{\zeta_{p-2}^2}{2!}Q_{p-2}(z)-\\&\zeta_{p-1}Q_{p-1}(z)=\cdots=\frac{z^p}{p!}-\frac{\zeta_0^p}{p!}Q_0(z)-\\&\frac{\zeta_1^{p-1}}{(p-1)!}Q_1(z)-\cdots-\zeta_{p-1}Q_{p-1}(z)\end{aligned}\tag{71}$$

从此,令 $|z|=\rho$,利用不等式 $|\zeta_k|\leqslant r$ 并在两端取模数时,我们就得到对任意的 $p=1,2,\cdots,n$ 皆成立的不等式

$$\begin{aligned}|Q_p(z)|\leqslant\frac{\rho^p}{p!}+\frac{r^p}{p!}|Q_0(z)|+\cdots+\\\frac{r^2}{2!}|Q_{p-2}(z)|+r|Q_{p-1}(z)|\end{aligned}\tag{72}$$

要注意 $Q_0(z)=1$. 这些递推不等式能使我们给出 $|Q_n(z)|$ 的估值.实际上,我们从递推关系式

$$z_p=\frac{\rho^p}{p!}+\frac{r^p}{p!}z_0+\frac{r^{p-1}}{(p-1)!}z_1+\cdots+$$

$$\frac{r^2}{2!}z_{p-2}+\frac{r}{1!}z_{p-1}$$

$$z_0=1\quad(p=1,2,\cdots)\tag{73}$$

便可确定量 z_k 的大小.为要寻找量 z_p,我们取函数

$$F(z)=\sum_{p=0}^{\infty}z_pz^p$$

并来考虑表示式 $e^{\rho z}+e^{rz}F(z)$.将 e^{rz},$e^{\rho z}$ 及 $F(z)$ 展开成泰勒级数时,我们便得到

$$e^{\rho z}+e^{rz}F(z)=$$

$$\sum_{p=0}^{\infty}\left[\frac{\rho^p}{p!}+\frac{r^p}{p!}z_0+\cdots+\frac{r}{1!}z_{p-1}+z_p\right]z^p=$$

$$2\sum_{p=0}^{\infty}z_pz^p=2F(z)\tag{74}$$

从此可见

$$F(z)=\frac{e^{\rho z}}{2-e^{rz}}=\frac{2^{\frac{\rho}{r}-1}}{\ln 2}\frac{1}{1-\frac{r}{\ln 2}z}+F_1(z)$$

并且,不难看出,点 $\frac{\ln 2}{r}\pm 2\pi i$ 将是 $F_1(z)$ 的最接近于原点的极点.因为 $2\pi>5\ln 2$,所以

$$\left|\frac{\ln 2}{r}\pm 2\pi i\right|>\frac{5\ln 2}{r}$$

这就是说,把 $F(z)$ 再展成泰勒级数时,我们将得到

$$z_p=\frac{2^{\frac{\rho}{r}-1}}{\ln 2}\left(\frac{r}{\ln 2}\right)^p+O\left[\left(\frac{r}{4\ln 2}\right)^p\right]<$$

$$C_0(\rho)\left(\frac{r}{\ln 2}\right)^p\tag{75}$$

但是,由于 $|Q_p(z)|$ 适合不等式(72),而 z_p 却由等式(73)确定,显然我们便得到对于 $|Q_p(z)|$ 的不等式

$(p=1,2,\cdots)$

$$|Q_p(z)|\leqslant z_p<C_0(\rho)\left(\frac{r}{\ln 2}\right)^p \quad (p=1,2,\cdots) \tag{76}$$

从这些不等式,将得出定理.

定理　如果 $f(z)$ 是整函数,满足加于其增减性上的条件

$$|f(z)|<C\rho^{-\frac{3}{2}-\varepsilon}2^{\frac{\rho}{r}},\ |z|=\rho>\rho_0,\varepsilon>0 \tag{77}$$

其中 C 是常量,ε 是任意小而确定的正数,而点 $x_{s,k}(0\leqslant s\leqslant k;k=1,2,\cdots)$ 就模数说不超过数 r,$|x_{s,k}|\leqslant r$,则 $f(z)$ 便为差分 $[x_{0,k},\cdots,x_{k,k}](k=0,1,\cdots)$ 的无限序列完全确定,并且 $f(z)$ 可被展成级数

$$f(z)=\sum_{k=0}^{\infty}[x_{0,k},\cdots,x_{k,k}]p_k(z) \tag{78}$$

($p_k(z)$ 由公式(65)确定)这级数在平面的每一个有限部分内都均匀收敛.

推论　如果在我们定理的条件下

$$[x_{0,k},\cdots,x_{k,k}]=0 \quad (k=0,1,\cdots)$$

则 $f(z)\equiv 0$.

证明　把关系式(62)写成

$$R_{n+1}(z)-R_n(z)=$$

$$\int_{n+1}f^{(n+1)}(\zeta_{n+1})\mathrm{d}t_{n+1}\int_1\cdots\int_n\int_{\zeta_0}^{z}\cdots\int_{\zeta_n}^{z_n}\mathrm{d}z_1\cdots \tag{79}$$

$$\mathrm{d}z_{n+1}\mathrm{d}t_1\cdots\mathrm{d}t_n$$

利用关系式(63)及不等式(76),我们首先得到不等式

$$\left|\int_1\cdots\int_n\int_{\zeta_0}^{z}\cdots\int_{\zeta_n}^{z_n}\mathrm{d}z_1\cdots\mathrm{d}z_{n+1}\mathrm{d}t_1\cdots\mathrm{d}t_n\right|<$$

$$C(\rho)\left(\frac{r}{\ln 2}\right)^{n+1} \tag{80}$$

其次,因为 $|\zeta_{n+1}|\leqslant r$,所以,从定理条件(77),借助于柯西积分我们得到不等式

$$|f^{(n+1)}(\zeta_{n+1})|=\frac{(n+1)!}{2\pi}\left|\int_{|z|=\frac{r}{\ln 2}n}\frac{f(z)dz}{(z-\zeta_{n+1})^{n+2}}\right|\leqslant$$

$$\frac{(n+1)!}{2\pi}2\pi\frac{r}{\ln 2}n\frac{C\left(\frac{r}{\ln 2}\right)^{-\frac{3}{2}-s}n^{-\frac{3}{2}-s}\mathrm{e}^{n}}{\left(\frac{r}{\ln 2}n-r\right)^{n+2}}$$

由此,即得不等式

$$|f^{(n+1)}(\zeta_{n+1})|<C_0\frac{n^{n+1}\mathrm{e}^{-n}\sqrt{n}}{n^{n+2}}n^{-\frac{1}{2}-s}\mathrm{e}^{n}\left(\frac{\ln 2}{r}\right)^{n+1}=$$

$$C_0n^{-1-s}\left(\frac{\ln 2}{r}\right)^{n+1}$$

其中 C_0 是常量. 由于关系式(63),从上面这些不等式即得不等式

$$\left|\int_{n+1}f^{(n+1)}(\zeta_{n+1})\mathrm{d}t_{n+1}\right|<\frac{C_0}{n^{1+\varepsilon}}\left(\frac{\ln 2}{r}\right)^{n+1}\tag{81}$$

从等式(79),由于不等式(80)及(81),我们得到不等式

$$|R_n(z)-R_{n+1}(z)|<\frac{C_0C(\rho)}{n^{1+\varepsilon}}\left(\frac{\ln 2}{r}\right)^{n+1}\left(\frac{r}{\ln 2}\right)^{n+1}=$$

$$\frac{C_1(\rho)}{n^{1+\varepsilon}}\tag{82}$$

其中 $C_1(\rho)$ 与 n 无关,而只依赖于圆域 $|z|\leqslant\rho$ 的半径,z 不超出这圆域的境界线.

现在,最后我们得到估值

$$|R_n(z)|=\left|\sum_{k=n}^{\infty}[R_{k+1}(z)-R_k(z)]\right|<$$

$$C_1(\rho)\sum_{k=n}^{\infty}\frac{1}{k^{1+\varepsilon}}\tag{83}$$

这最后不等式也将证明我们的定理,因为 $|R_n(z)|$ 不超过绝对收敛之数项级数的剩余与一仅依赖于圆减半径的量的乘积,z 不越出圆域的境界线. 这个不等式就表明了,级数(78) 在任一有限圆域内是均匀收敛的.

余项 $R_n(z)$ 的另外一个估值对于复变平面内点 $x_{i,k}$ 的其他分布是更为方便的. 当用其他方法估计积分

$$\int_{\zeta_0}^{z}\cdots\int_{\zeta_n}^{z_n} f^{(n+1)}(z_{n+1})\mathrm{d}z_1\cdots\mathrm{d}z_{n+1}=T_n(z)\qquad(84)$$

的值时,便可得到它. 在这里,我们将假定 $\zeta_0,\cdots,\zeta_n$ 和 z 可以有任意复数值,而 $f(\zeta)$ 在上面已定义过的区域 $\overline{D}_n$ 内是正规函数. 令 $z_k=z'_k+\zeta_{k-1}(k=1,2,\cdots,n+1)$ 之后,我们做变数更换. 于是,我们得到

$$T_n(z)=\int_0^{z-\zeta_0}\int_0^{z'_1+\zeta_0-\zeta_1}\cdots\int_0^{z'_n+\zeta_{n-1}-\zeta_n} f^{(n+1)}(z'_{n+1}+\zeta_n)\mathrm{d}z'_1\cdots\mathrm{d}z'_{n+1}\qquad(85)$$

因为 $\zeta_k=x_{0,k}+(x_{1,k}-x_{0,k})t_1+\cdots+(x_{k,k}-x_{k-1,k})t_k(1\geqslant t_1\geqslant t_2\geqslant\cdots\geqslant t_k\geqslant 0)$,所以,如同我们已指出的,$\zeta_k$ 不超出包含点 $x_{0,k},\cdots,x_{k,k}$ 的最小多边形的境界线;我们用 Δ_k 表示这多边形. 在特殊情形,Δ_k 可以是一线段. 设 d_k 是包含多边形 Δ_k 和 Δ_{k-1} 的最小圆周的直径. 如果 z 也在某一有界区域内变化,则更设 $d_0=\max|z-\zeta_0|=\max|z-x_{0,0}|$. 我们用 $\overline{D}_n$ 表示包含所有区域 $\Delta_k(k=1,2,\cdots,n)$,z 的变域及点 $x_{0,0}$ 的最小闭域. 不难看出,区域 $\overline{D}_n$ 的直径,换句话说,区域 $\overline{D}_n$ 所在的最小圆域的直径不超过量 $S_n=d_0+d_1+\cdots+d_n$.

同时,我们令

$$\max_{z\in D}|f^{(n+1)}(z)|=M_{n+1}(D) \tag{86}$$

其中 D 是 z 的某一变域.

我们再引进表示符号

$$I_k=\int_0^{z_k+\zeta_{k-1}-\zeta_k}\cdots\int_0^{z_n+\zeta_{n-1}-\zeta_n}f^{(n+1)}(z_n+\zeta_n)\mathrm{d}z_{k+1}\cdots\mathrm{d}z_{n+1}$$

$$(k=0,1,\cdots,n;z_0=z;\zeta_{-1}=0)$$

当规定积分是沿着直线段进行,并利用积分模数不大于被积函数模的最大值乘以积分路线的长度时,我们便得到一系列的不等式

$$|I_n|\leqslant\int_0^{|z_n+\zeta_{n-1}-\zeta_n|}\mathrm{d}t_{n+1}M_{n+1}(\overline{D}_n),\ |z_{n+1}|=t_{n+1}$$

$$|I_{n-1}|\leqslant\int_0^{|z_{n-1}+\zeta_{n-2}-\zeta_{n-1}|}|I_n|\mathrm{d}t_n,\ |z_n|=t_n$$

$$\vdots$$

$$|I_0|\leqslant\int_0^{|z-\zeta_0|}|I_1|\mathrm{d}t_1,\ |z_1|=t_1$$

从这些不等式直接即得

$$|I_0|=|T_n(z)|\leqslant$$

$$M_{n+1}(\overline{D}_n)\int_0^{|z-\zeta_0|}\int_0^{t_1+|\zeta_1-\zeta_0|}\cdots$$

$$\int_0^{t_n+|\zeta_n-\zeta_{n-1}|}\mathrm{d}t_1\cdots\mathrm{d}t_{n+1}$$

其次,因为当 $A>0,a\geqslant 0,F(t)\geqslant 0,0\leqslant t\leqslant A+a$ 时

$$\int_0^A\mathrm{d}t_1\int_0^{t_1+a}F(t_2)\mathrm{d}t_2=\int_0^{A+a}\mathrm{d}t_1\int_0^{t_1}F(t_2)\mathrm{d}t_2\leqslant$$

$$\int_0^{A+a}\mathrm{d}t_1\int_0^{t_1}F(t_2)\mathrm{d}t_2$$

所以,我们能把对于 $|T_n(z)|$ 的不等式改写成更简单的形式

$$
\begin{aligned}
&|T_n(z)| \leqslant \\
&M_{n+1}(\overline{D}_n)\int_0^{|z-\zeta_0|+|\zeta_1-\zeta_0|+\cdots+|\zeta_n-\zeta_{n-1}|}\int_0^{t_1}\cdots\int_0^{t_n}\mathrm{d}t_1\cdots\mathrm{d}t_{n+1} = \\
&M_{n+1}(\overline{D}_n)\frac{[|z-\zeta_0|+\zeta_1-\zeta_0|+\cdots+|\zeta_n-\zeta_{n-1}|]^{n+1}}{(n+1)!} \leqslant \\
&M_{n+1}(\overline{D}_n)\frac{S_n^{n+1}}{(n+1)!}
\end{aligned} \tag{87}
$$

其中 S_n 具有之前规定的数值.

利用上述最后不等式,我们就可给出 $|R_n(z)|$ 的估值

$$
|R_n(z)| = \left|\int_1\cdots\int_n T_n(z)\mathrm{d}t_1\cdots\mathrm{d}t_n\right| \leqslant M_{n+1}(\overline{D}_n)\frac{S_n^{n+1}}{(n+1)!} \tag{88}
$$

完全同样地,我们可以得到对于 $|P_n^{(v)}(z)|$ 的估值. 实际上,我们将有

$$
\begin{aligned}
&R_n^{(v)}(z) = \\
&\int_v\int_{v+1}\cdots\int_n\int_{\zeta_v}^{z}\cdots\int_{\zeta_n}^{z_n} f^{(n+1)}(z_{n+1})\mathrm{d}z_{v+1}\cdots\mathrm{d}z_{n+1}\mathrm{d}t_v\cdots\mathrm{d}t_n = \\
&\int_v\cdots\int_n T_n^{(v)}(z)\mathrm{d}t_v\cdots\mathrm{d}t_n
\end{aligned} \tag{89}
$$

但是在这种情形,包含着 z 的变域,$\Delta_v,\Delta_{v+1},\cdots,\Delta_n$ 的最小区域就是 z_{n+1} 的变域. 我们用 $\overline{D}_{n,v}$ 表示这个区域. 于是,我们得到对于 $T_n^{(v)}(z)$ 的不等式,它类似于不等式(87)

$$
\begin{aligned}
&|T_n^{(v)}(z)| \leqslant M_{n+1}(\overline{D}_{n,v})\cdot \\
&\frac{[|z-\zeta_v|+|\zeta_{v+1}-\zeta_v|+\cdots+|\zeta_n-\zeta_{n-1}|]^{n-v+1}}{(n-v+1)!} <
\end{aligned}
$$

$$M_{n+1}(\overline{D}_{n,v})\frac{[|z-x|+\tau_v+S_n-S_v]^{n-v+1}}{(n-v+1)!}$$

$$\tau_v=\max|\zeta_v-x| \tag{90}$$

其中 S_n 具有先前的数值，而 x 则是任意数. 从这个不等式即得对于 $|R_n^{(v)}(z)|$ 的不等式，因为

$$|R_n^{(v)}(z)|\leqslant\int_v\cdots\int_n|T_n^{(v)}(z)|\,\mathrm{d}t_v\cdots\mathrm{d}t_n\leqslant$$

$$M_{n+1}(\overline{D}_{n,v})\frac{[|z-x|+\tau_v+S_n-S_v]^{n-v+1}}{(n-v+1)!} \tag{91}$$

当把表示式(65)和(69)加以比较时，我们将看出，在对于 $R_n^{(v)}(z)$ 的表示式内令 $f^{(n+1)}(z)\equiv 1$ 并以 $(n+1)!$ 乘其右端之后，我们就得到 $p_{n+1}^{(v)}(z)$. 这就使我们能够立即给出 $|p_{n+1}^{(v)}(z)|$ 的估值. 实际上，我们有不等式

$$|p_{n+1}^{(v)}(z)|=$$

$$(n+1)!\left|\int_v\cdots\int_n\int_{\zeta_n}^{z}\cdots\int_{\zeta_n}^{z_n}\mathrm{d}z_{v+1}\cdots\mathrm{d}z_{n+1}\mathrm{d}t_v\cdots\mathrm{d}t_n\right|\leqslant$$

$$[|z-x|+\tau_v+S_n-S_v]^{n+1-v}\cdot(n+1)^v$$

$$\tau_v=\max|\zeta_v-x|,S_n-S_v=\sum_{k=v+1}^{n}d_k \tag{92}$$

这不等式是不等式(91)的直接推论. 不等式(87), (91)和(92)能使我们证明借助一般插补级数表示解析函数的定理. 应当指出，对于特殊情形 $x_{0,k}=x_{1,k}=\cdots=x_{k,k}=x_k(k=0,1,\cdots)$ 的不等式(87)～(92)最早由冈恰罗夫证明过.

3. 以一般插补级数表示函数的基本定理

定理 1① 　如果极限存在

$$\lim_{\substack{0\leqslant s\leqslant k\\ k\to\infty}} x_{s,k}=x \tag{93}$$

并且更有级数 $\sum_{k=1}^{\infty} d_k$ 收敛，而解析函数 $f(z)$ 在半径为 R 中心在 x 处的圆域内是正规的，所有点 $x_{s,k}(0\leqslant s\leqslant k,k=0,1,2,\cdots)$ 均在这圆域内部，那么，函数 $f(z)$ 可用级数表示为

$$f(z)=\sum_{k=0}^{\infty}[x_{0,k},x_{1,k},\cdots,x_{k,k}]p_k(z) \tag{94}$$

这级数在圆域 $|z-x|\leqslant R$ 内部的每一个圆域内都均匀收敛.

证明　设 R_1 是中心在 x 的圆域的半径，$R_1<R$，并设所有的点 $x_{s,k}(0\leqslant s\leqslant k,k=0,1,2,\cdots)$ 在这圆域内. 再设 $R>R_2>R_1$ 及 $\frac{R_2-R_1}{8}>\varepsilon>0$ 是任意小的数. 由于极限(93)存在与级数 $\sum_{k=1}^{\infty} d_k$ 的收敛性，便可求得这样的 N，当 $k\geqslant N$ 时

$$|x_{s,k-1}-x|\leqslant \varepsilon,0\leqslant s\leqslant k-1;\varepsilon_k=\sum_{n=k}^{\infty}d_k\leqslant \varepsilon \tag{95}$$

从差分的第三种表示法

① 这个定理曾由冈恰罗夫[2]于 $x_{0,k}=\cdots=x_{k,k}$ 情形下证明过.

$$[x_{0,k},\cdots,x_{k,k}]=\frac{1}{2\pi i}\int_{\Gamma}\frac{f(z)\mathrm{d}z}{\prod_{s=0}^{k}[(z-x)+(x-x_{s,k})]}$$

其中Γ是圆周$|z-x|=R_2$，现在，当$k\geqslant N$时，即得不等式

$$|[x_{0,k},\cdots,x_{k,k}]|\leqslant \frac{R_2}{[R_2-\varepsilon]^{k+1}}\max_{|z-x|=R_2}|f(z)|<MR_3^{-k}$$

$$R_3=R_2-\varepsilon>\frac{R_2+R_1}{2}\tag{96}$$

其中M与k无关.

我们来考虑级数

$$\sum_{k=N}^{\infty}[x_{0,k},\cdots,x_{k,k}]p_k^{(N)}(z)\tag{97}$$

在我们的情形下，不等式(92)便给出

$$\begin{aligned}&k^{-N}|p_k^{(N)}(z)|<\\&[|z-x|+\tau_{N-1}+S_{k-1}-S_{N-1}]^{k-N}<\\&[R_1+2\varepsilon]^{k-N}<\\&\left[R_1+\frac{R_2-R_1}{4}\right]^{k-N}\end{aligned}\tag{98}$$

只要z不越出圆域$|z-x|\leqslant R_1$的境界线.

从不等式(96)和(98)直接即得不等式

$$|[x_{0,k},\cdots,x_{k,k}]p_k^{(N)}(z)|< M_1\left[\frac{R_1+\frac{R_2-R_1}{4}}{R_1+\frac{R_2-R_1}{2}}\right]^k k^N\quad(k\geqslant N)$$

当$|z-x|\leqslant R_1$时. 换句话说，级数(97)是均匀收敛的，只要z不越出圆域$|z-x|\leqslant R_1$的境界线之外. 因为解析函数项的均匀收敛级数可以沿着任意的不越出

均匀收敛域外的有限路线任意次地积分，所以，从级数(97)的均匀收敛性，也直接推出下面的级数在圆域 $|z-x|\leqslant R_1$ 内的均匀收敛性

$$\sum_{k=0}^{\infty}[x_{0,k},\cdots,x_{k,k}]p_k(z)=f_1(z) \tag{99}$$

这就是说，对于任意的 $R_1<R$，$f_1(z)$ 在圆域 $|z-x|\leqslant R_1$ 内是正规解析函数.

现在，我们要证明 $f_1(z)\equiv f(z)$.

我们来考试量 $R_n^{(N)}(z), n\geqslant N$

$$R_n^{(N)}(z)=f^N(z)-P_n^{(N)}(z) \tag{100}$$

其中 $P_n(z)$ 由等式(68)确定.

利用估值(91)之后，我们将有不等式

$$|R_n^{(N)}(z)|\leqslant M_{n+1}(\overline{D}_{n,N})\frac{[|z-x|+\tau_N+S_n-S_N]^{n-N+1}}{(n-N+1)!} \tag{101}$$

其次，因为 $M_{n+1}(\overline{D}_{n,N})$ 是 $|f^{(n+1)}(\zeta)|$ 的极大值，其中 ζ 不越出包含 z 及所有点 $x_{s,k}(0\leqslant s\leqslant,k\geqslant N)$ 的最有区域的境界线，所以，在条件 $|z-x|\leqslant\varepsilon$ 下，由于不等式(95)我们即有不等式

$$\begin{aligned}&M_{n+1}(\overline{D}_{n,N})\leqslant\\&\max|f^{(n+1)}(\zeta)|=\\&\max\left|\frac{(n+1)!}{2\pi}\int_\Gamma\frac{f(\eta)\mathrm{d}\eta}{(\eta-\zeta)^{n+2}}\right|<\\&\frac{R_2(n+1)!}{(R_2-\varepsilon)^{n+2}}\max_{|\eta-x|=R_2}|f(\eta)|<\\&M'(n+1)!\ (R_2-\varepsilon)^{-n}\end{aligned} \tag{102}$$

其中 Γ 是圆周 $|\eta-x|=R_2$，而 M' 与 n 无关. R_2 仍然适合条件 $R_1<R_2<R$，这里 R_1 具有先前的意义.

现在,从不等式(101)和(102),当注意到 $\tau_N \leqslant \varepsilon$ 及 $S_n - S_N \leqslant \varepsilon$ 时,我们得到,当 $|z-x| \leqslant \varepsilon$ 时

$$
\begin{aligned}
&|R_n^{(N)}(z)|< \\
&M'(n+1)!\ (R_2-\varepsilon)^{-n}\frac{(3\varepsilon)^{n-N+1}}{(n-N+1)!}< \\
&M''n^N\left[\frac{3\varepsilon}{R_2-\varepsilon}\right]^n
\end{aligned}
\tag{103}
$$

其中 M'' 也与 n 无关.

但是 ε 可以取任意小的数,特别可以这样取,使得满足不等式 $6\varepsilon < R_2 - \varepsilon$. 以如此方式选定 ε 并求出对应于这个 ε 的数 N 之后,我们便得到不等式

$$
|R_n^{(N)}(z)|< M''\frac{(n+1)^N}{2^n},\ |z-x| \leqslant \varepsilon \tag{104}
$$

不等式(104)表明,当 $|z-x| \leqslant \varepsilon$ 时 $R_n^{(N)}(z)$ 随着 n 的增大而均匀地趋于零. 由此可见

$$
f^{(N)}(z)=\sum_{k=M}^{\infty}[x_{0,k},\cdots,x_{k,k}]p_1^{(N)}(z)=f_1^{(N)}(z)
$$

从函数 $f(z)$ 与 $f_1(z)$ 的 n 阶导数相同便可推出,$f_1(z)-f(z)=q(z)$,其中 $q(z)$ 是次数不高于 $N-1$ 的多项式. 但是,对于函数 $f(z)$ 与 $f_1(z)$,差分$[x_{0,k},\cdots,x_{k,k}]$$(k=0,1,2,\cdots,N,\cdots)$ 是相同的,因为对于多项式 $p_s(z)$ 的差分$[x_{0,k},\cdots,x_{k,k}]$当 $s \neq k$ 时等于零,而当 $s=k$ 时等于 1. 这就是说,对于多项式 $q(z)$,所有的差分$[x_{0,k},\cdots,x_{k,k}]=0$,当 $k=0,1,\cdots,N$ 时. 从此可见,$q(z)\equiv 0$,因而 $f_1(z)\equiv f(z)$. 这样一来,我们的定理便被完全证明.

现在,设 $f(z)$ 是整函数,点 $x_{s,k}$ 当 k 趋于无穷大时

而趋于无穷大.在这种情形,不论数 $x_{s,k}$ 趋于无穷大是如何的缓慢,永远可以构成整函数 $f(z)$,对于它,级数(94)的所有系数都等于零.换句话说级数(94)不论在怎样小的区域内均不能收敛于函数 $f(z)$.

我们要证明,对于阿拜利－冈恰罗夫一般级数的特别情形,即当 $x_{s,k}=x_k(s=0,1,\cdots,k)$①时,这个命题是正确的.在这种情形,级数(94)将有形式

$$\sum_{k=0}^{\infty}f^{(k)}(x_k)\int_{x_0}^{z}\int_{x_1}^{z_1}\cdots\int_{x_{n-1}}^{z_{n-1}}dz\cdots\mathrm{d}z_n \tag{105}$$

我们给出任意的正数序列

$$a_0<a_1<a_2<\cdots<a_n<\cdots,a_0>0,\lim a_k=\infty$$

并构成整函数

$$f(Z)=\prod_{k=0}^{\infty}\left(1-\frac{z}{a_k}\right)\mathrm{e}^{\sum_{s=1}^{n_k}\frac{z^s}{sa_k^s}}$$

其中 n_k 是使得右端的无穷乘积在任意的有限圆域内是均匀收敛的.由于条件 $\lim\limits_{n\to\infty}a_n=\infty$,这个显然可以做得到.这个函数对于 z 的实数值是取实数值的,并且按照罗尔定理,在每一个区间 (a_k,a_{k+1}) 内,$k=0,1,\cdots$ 将至少有导函数 $f'(z)$ 的一个零值点,我们用 $a_k^{(1)}$ 表示它,$a_k<a_k^{(1)}<a_{k+1}$.完全同样,在每一个区间 $(a_k^{(1)},a_{k+1}^{(1)})$ 内将至少有 $f''(z)$ 的一个零值点,我们用 $a_k^{(2)}$ 表示它.一般说来,当继续这种步骤时,我们可以断言,在 $f^{(v)}(z)$ 的每两个零值点 $a_k^{(v)}$ 和 $a_{k+1}^{(v)}$ 之间至少存在函数 $f(z)$ 的紧接着的导函数 $f^{(v+1)}(z)$ 的一个零值点 $a_k^{(v+1)}$,$a_k^{(v)}<a_k^{(v+1)}<a_{k+1}^{(v)}$.现在设 $x_k=a_0^{(k)}$.于是,显然便有不等式 $x_{n-1}<x_n$ 与 $x_n=a_0^{(n)}<a_1^{(n-1)}<\cdots<a_n$.

---

① 参看[2]内冈恰罗夫的例子.

由此可见

$$\sum_{v=1}^{n} | x_{v-1} - x_v | = \sum_{v=1}^{n} (x_v - x_{v-1}) = x_n < a_n$$

但是,从选择 x_n 的方式来说,我们将有 $f^{(n)}(x_n) = 0$, $n = 0, 1, \cdots$. 这样,无论在怎样的区域内以及对于在平面有限部分内有极限点的无论怎样的点序列,级数(105)都不可能收敛于 $f(z)$,因为在这种情形,$f(z)$ 应该是恒等于零的. x_k 增大的任意迟缓性保证了选择 a_n 的任意性.

现在令

$$S_n - S_0 = S_n - \max_{|z| \leqslant R} | z - x_{0,0} | = \sum_{k=1} d_k = \tau_n$$

并在考虑过程中引进函数 $N(r)$,这函数由下述条件确定

$$\tau_n \leqslant r, n \leqslant N(r); \tau_n > r, n > N(r) \qquad (106)$$

这是一个单调非减逐段等于常量的函数,当 τ_n 随着 n 的增大而趋于无穷大时,它也无限增大.

定理 2① 我们用 $M(r)$ 表示整函数 $f(z)$ 模的极大值. 换句话说,设

$$M(r) = \max_{|z| = r} f(z) \qquad (107)$$

如果这个函数适合条件

$$\ln M(r) < \lambda N(\theta r) \quad \left(0 < \lambda < \ln \frac{1-\theta}{\theta}, r > r_0\right) \qquad (108)$$

① 定理 2 曾于 $x_{0,k} = \cdots = x_{k,k}$ 及 $F(z)$ 为有限阶数的情形下由弗·勒·冈恰罗夫证明过[2],而在同样情形下,当 $F(z)$ 为任意整函数时,则由伊·伊·伊卜拉基莫夫证明了("关于阿拜利-冈恰罗夫一般插补级数的收敛性",数学论文集 21(63,1947,49 页).

其中 $N(r)$ 由条件(106) 确定,而 θ 是任一确定的实数 $0<\theta<\frac{1}{2}$,那么,$f(z)$ 便可用一般插补级数表示为

$$f(z)=\sum_{k=0}^{\infty}[x_{0,k},\cdots,x_{k,k}]p_k(z) \qquad (109)$$

这级数在任一半径为有限的圆内均匀收敛于 $f(z)$($p_k(z)$ 由等式(65) 确定).

量 τ_n 在这里仍然由下面关系式确定

$$\left.\begin{aligned}&\tau_n=\sum_{k=1}^{n}\max|\zeta_k-\zeta_{k-1}|,\zeta_k=x_{0,k}+\sum_{s=1}^{k}x_{s,k}t_k\\&1\geqslant t_1\geqslant t_2\geqslant\cdots\geqslant t_n\geqslant 0;\lim_{n\to\infty}\tau_n=\infty\end{aligned}\right\} \qquad (110)$$

证明　我们来考虑 $R_n(z)$ 的性态. 设 z 不越出圆域 $|z|\leqslant\rho$ 的境界线之外. 于是,由不等式(98),我们可以写出估值

$$|R_n(z)|<M_{n+1}(\overline{D}_n)\frac{s_n^{n+1}}{(n+1)!}<M_{n+1}(\overline{D}_n)\frac{(\rho+a+\tau_n)^{n+1}}{(n+1)!}$$

$$a=|x_{0,0}| \qquad (111)$$

区域 $\overline{D}_0$ 是包含着 z 的变域及一切点 $x_{s,k}(0\leqslant s\leqslant k;k=0,1,2,\cdots,n)$ 的最小凸域. 因为 d_k 是包含着点 $x_{s,k}(0\leqslant s\leqslant k)$ 及 $x_{s,k-1}(0\leqslant s\leqslant k-1)$ 的最小圆域的直径,所以,十分明显,区域 $\overline{D}_n$ 将不越出中心在原点半径为 $\rho+a+\tau_n$ 的圆域的境界线. 现在,我们选择适合条件 $\theta<\frac{1}{\eta}<\frac{1}{2}$ 及 $\ln(\eta-1)>\lambda$ 的数 η;因为 $\ln\left(\frac{1}{\theta}-1\right)>\lambda$,这样的选择是可能的. 于是,在令 $\rho+$

$a+\tau_n=\mu_n$ 之后，我们便可估计量 $M_{n+1}(\overline{D}_n)$，因为

$$M_{n+1}(\overline{D}_n)<\frac{(n+1)!}{2\pi}\max_{|\zeta|\leqslant\mu_n}\left|\int_\Gamma\frac{f(z)\mathrm{d}z}{(z-\zeta)^{n+2}}\right|$$

其中 Γ 是圆周 $|z|=\eta\mu_n$. 利用积分模不超过被积函数的极大值乘以积分路线的长度，这个不等式就给出量 $M_{n+1}(\overline{D}_n)$ 的可能性. 因此，我们得到不等式

$$M_{n+1}(\overline{D}_n)<\eta(n+1)!\ \frac{M(\eta\mu_n)}{(\eta-1)^{n+2}\mu_n^{n+1}}\tag{112}$$

从不等式(111)和(112)，我们就直接得到当 $n<n_0(\rho)$ 时的 $|R_n(z)|$ 的估值

$$\begin{aligned}|R_n(z)|&<\eta(\eta-1)^{-n-2}M(\eta\mu_n)<\\&\frac{\eta}{(\eta-1)^2}(\eta-1)^{-n}\mathrm{e}^{\lambda N(\eta\theta\mu_n)}<\\&\frac{\eta}{(\eta-1)^2}\mathrm{e}^{-[\ln(\eta-1)-\lambda]_n}\end{aligned}\tag{113}$$

因为当 $n\geqslant n_0(\rho)$ 时，$\theta\eta(\rho+a+\tau_n)<\tau_n$，所以

$$\ln M(\eta\mu_n)<\lambda N(\theta\eta\mu_n)<\lambda_n$$

而 $N(\eta\theta\mu_n)$ 按照定义小于或等于 n.

由于 $\ln(\eta-1)-\lambda>0$，不等式(113)就证明了级数(109)的任意有限圆域内的均匀收敛性.

在本定理内，我们曾假定量 θ 小于 $\frac{1}{2}$. 这个假设是极其重要的. 对于 $x_{s,k}=x_k$，$\varepsilon=0,1,\cdots,k$ 这个特殊情形，伊·伊·伊卜拉基莫夫曾证明了，永远可以选择这样的整函数 $f(z)$ 及点 x_k，使得当 $\frac{1}{2}<\theta<1$ 时，级数(109)是发散的，纵然条件 $M(r)<N(\theta r)$ 是被满足的.

§6　函数的近似式

1. 问题的提法及连续函数的性质

拉格朗日公式给出在区间上近似于函数的多项式，但这公式并非永远是关于用多项式近似函数这一问题的解. 已经知道[①]，不管是怎样的插补基点的三角阵列，于区间上连续的函数类中能找到这样的函数，对于它，拉格朗日的插补步骤将不收敛. 但是尽管如此，关于用多项式近似在区间上连续的任意函数这问题仍然有了肯定的解决. 换句话说，如果函数 $f(x)$ 在区间 $[a,b]$ 上连续，那么，不论 ε 如何小，永远能找到这样的多项式 $P_n(x)$，使得

$$\max_{a\leqslant x\leqslant b}|f(x)-P_n(x)|<\varepsilon$$

x 乘幂的这种性质叫作在任意有限区间上连续的函数类中、x 乘幂的完备性. 反过来，每一个在区间 $[a,b]$ 上均匀收敛的多项式序列将收敛于这个区间上连续的函数. 换句话说，一切多项式的总体在连续函数空间内是处处稠密的. 关于 $1,x,x^2,\cdots,x^n,\cdots$ 这一系列 x 乘幂的完备性定理曾由维尔斯特拉斯建立了，并以他的名字来命名这个定理.

同确定的插补基点三角阵列

① 参看那汤松的《函数结构论》.

$$
\begin{array}{llll}
x_{0,0} & & & \\
x_{1,0} & x_{1,1} & & \\
\cdots & & & \\
x_{n,0} & x_{n,1} & \cdots & x_{n,n} \\
\cdots & & &
\end{array}
$$

关联着的拉格朗日插补步骤，对于跟所有的连续函数比较起来较窄的一类函数才是收敛的步骤，而且这一类函数是由给定的无限基点序列确定的. 如果我们仍然保留着这一要求：在基点 $x_{n,0},\cdots,x_{n,n}$ 处多项式的值和 $f(x)$ 的值相同，那么，可以容易地构成多项式序列 $P_n(x)$，均匀收敛于在区间上连续的任意函数，只要假定 $P_n(x)$ 的乘幂不超过 $\varphi(n)$，$\varphi(n)>n$，其中 $\varphi(n)$ 的增大仅与基点的三角阵列有关. 另外，也有其他许多方法：改变对插补步骤所提的条件，以使插补步骤对所有连续函数都是收敛的. 作为从结构方面来讲类似于插补步骤的一个例子，可举出按照连续函数在区间[0,1]上点 $\frac{k}{n}(k=0,1,\cdots,n)$ 处的值而求此连续函数的伯恩斯坦步骤. 他曾证明过，对于每一个在区间[0,1]上连续的函数 $f(x)$，多项式序列

$$P_n(x)=\sum_{k=0}^{n} f\left(\frac{k}{n}\right)\frac{n!}{k!\ (n-k)!}x^k(1-x)^{n-k}$$

均匀收敛于这个函数.

我们将只讲到函数近似问题中的某一些问题，要对函数近似问题有更深刻的研究，建议读者去看那汤松的《函数结构论》一书. 任何种逼近函数的步骤，其收敛性同那一类函数的解析特性，特别是连续特性紧密地联系着，而这类函数假定是能用所选择的步骤来均匀地逼近的. 所以，我们要引进函数 $f(z)$ 在看区间

$[a,b]$ 上的连续模的概念. 我们用 $\omega(\delta)$ 表示连线模,在这里

$$\omega(\delta)=\max_{|x-y|\leqslant\delta}|f(x)-f(y)|,a\leqslant x;y\leqslant b \tag{114}$$

在区间上连续的函数 $f(x)$ 的连线模 $\omega(\delta)$,由于 $f(x)$ 在这区间上的均匀连线性,它是 δ 的连线函数. 此外,连线模是 δ 的单调非减函数,这个性质从它的定义就可直接推出. 其次

$$\begin{aligned}&|f(d)-f(c)|\leqslant|f(c+\delta)-f(c)|+\\&|f(c+2\delta)-f(c+\delta)|+\cdots+\\&|f(d)-f(c+n\delta)|\leqslant\\&(n+1)\omega(\delta)\quad\left(n=\left[\frac{(c-d)}{\delta}\right]\right)\end{aligned}$$

在 $\delta=\dfrac{c-d}{n}$ 时,则有

$$|f(d)-f(c)|\leqslant n\omega\left(\frac{c-d}{n}\right)$$

(因为 $d=c+n\delta$).

由 $\omega(\delta)$ 的定义及其单调非减性,可见

$$\begin{aligned}\omega(\delta)=\max_{|x-y|\leqslant\delta}|f(x)-f(y)|=\\|f(x')-f(y')|<\\n\omega\left(\frac{x'-y'}{n}\right)\leqslant\\n\omega\left(\frac{\delta}{n}\right)\end{aligned} \tag{115}$$

在特别情形:$[c,d]$ 同全区间 $[a,b]$ 重合时

$$|f(b)-f(a)|\leqslant n\omega\left(\frac{b-a}{n}\right) \tag{116}$$

此外,因为 $\delta\leqslant b-a$,便可以写出

$$| f(b) - f(a) | < \left(\frac{b-a}{\delta} + 1\right)\omega(\delta)$$

或

$$\omega(\delta) > \frac{| f(b) - f(a) |}{2(b-a)}\delta \qquad (116')$$

将区间$[a,b]$用点 $x_1,\cdots,x_{n-1},x_0=a,x_n=b;x_{k+1}-x_k=\frac{b-a}{n},0\leqslant k\leqslant n-1$ 分成 n 个相等部分，并将平面上位于曲线 $y=f(x)$ 上的点$[x_k,f(x_k)]$和$[x_{k+1},f(x_{k+1})]$，$k=0,1,\cdots,n-1$，连成线段，于是，我们就得到某一具有方程式 $y=f_n(x)$ 的连线折线. 函数 $y=f_n(x)$ 是内接于曲线 $y=f(x)$ 的折线，而且每一线段对 x 轴的斜角的正切就绝对值来说不超过

$$\frac{n}{b-a}\left| f\left(x+\frac{b-a}{n}\right) - f(x) \right| \leqslant \frac{n}{b-a}\omega\left(\frac{b-a}{n}\right)$$

所以，$f_n(x)$ 以同一常量$\frac{n}{b-a}\omega\left(\frac{b-a}{n}\right)$适合利普希兹条件

$$| f_n(x) - f_n(y) | \leqslant \frac{n}{b-a}\omega\left(\frac{b-a}{n}\right) | x-y | \qquad (117)$$

另一方面，从初等几何原理即有不等式

$$| f(x) - f_n(x) | = | \alpha[f(x) - f(x_k)] + \beta[f(x) - f(x_{k+1})] \leqslant \omega\left(\frac{b-a}{n}\right) \qquad (118)$$

其中 $x_k \leqslant x \leqslant x_{k+1}, \alpha \geqslant 0; \beta \geqslant 0; \alpha+\beta=1$.

现在假定 $f(x)$ 是具有周期 τ 可微分 s 次的函数，而 $f^{(s)}(x)$ 在全数轴上具有连续模 $\omega(\delta)$.

对任意的 $x,t_1,\cdots,t_{s+1}$，我们来考虑量

$$\Delta_{s+1}(x,t)=\Delta_{s+1}(x,t_1,\cdots,t_{s+1})=$$
$$(-1)^{s+1}\int_0^{t_1}\cdots\int_0^{t_s}[f^{(s)}(x+x_1+\cdots+$$
$$x_s+t_{s+1})-$$
$$f^{(s)}(x+x_1+\cdots+x_s)]\mathrm{d}x_1\cdots\mathrm{d}x_s \quad (199)$$

直接积分便容易证明下述等式的正确性

$$\Delta_{s+1}(x,t)=f(x)-\sum_{k=1}^{s+1}f(x+t_k)+$$
$$\sum_{1\leqslant k<l\leqslant s+1}f(x+t_k+t_l)-\cdots\pm$$
$$f(x+t_1+\cdots+t_{s+1}) \quad (120)$$

将区间 $[-p\tau,p\tau]$ 分成 $2pn$ 个等份并联结点 $\left[k\frac{\tau}{n},f^{(s)}\left(k\frac{\tau}{n}\right)\right]$ 和 $\left[(k+1)\frac{\tau}{n},f^{(s)}\left[(k+1)\frac{\tau}{n}\right]\right]$，$k=-pn,-pn+1,\cdots,0,\cdots,pn-1$，成为直线段以后，我们就得到函数 $f_n(x)$，它适合在不等式(117)和(118)内以 $f^{(s)}(x)$ 代替 $f(x)$ 以 $2p\tau$ 及 $2pn$ 各代替 $b-a$ 及 n 后而得的不等式. 如果我们在全部数轴上借助方程式 $f_n(x+\tau)=f_n(x)$ 来补足 $f_n(x)$ 的定义，则将得知：$f_n(x)$ 是周期为 τ 的函数(因为 $f^{(s)}(x)$ 具有周期 τ)，它永远满足不等式(117)和不等式(118). 等式(119)，在令

$$\xi=x+x_1+\cdots+x_s+t_{s+1},\eta=x+x_1+\cdots+x_s$$

之后，我们可以将它改写成

$$(-1)^{s+1}\Delta_{s+1}(x,t)=\int_0^{t_1}\cdots\int_0^{t_s}\{[f^{(s)}(\xi)-f_n(\xi)]+$$
$$[f_n(\eta)-f^{(s)}(\eta)]\}\mathrm{d}x_1\cdots\mathrm{d}x_s+\int_0^{t_1}\cdots\int_0^{t_s}[f_n(\xi)-$$
$$f_n(\eta)]\mathrm{d}x_1\cdots\mathrm{d}x_s \quad (121)$$

假定 $|t_{s+1}|<p\tau$，从上述等式，利用不等式(117)和

(118) 之后,我们就得到不等式

$$\Delta_{s+1}(x+t)<$$

$$\int_0^{|t_1|}\cdots\int_0^{|t_s|}\left[2\omega\left(\frac{\tau}{n}\right)+\frac{n}{\tau}\omega\left(\frac{\tau}{n}\right)|t_{s+1}|\right]\mathrm{d}x_1\cdots\mathrm{d}x_s=$$

$$|t_1\cdots t_s|\left[2\omega\left(\frac{\tau}{n}\right)+\frac{n}{\tau}\omega\left(\frac{\tau}{n}\right)|t_{s+1}|\right] \tag{122}$$

因此,我们便得到了辅助原理.

引理 如果 $f(x)$ 是周期为 τ、可微分 s 次的周期函数,$f^{(s)}(x)$ 在全部数轴上具有连续模 $\omega(\delta)$,而 $n\geqslant 1$ 是任意整数,那么,由等式(120) 确定的 $\Delta_{s+1}(x,t)$ 对于任意的 $x,t_1,\cdots,t_{s+1}$ 满足不等式(122).

2. 函数的近似多项式

设 $f(x)$ 是周期为 2π 的连续周期函数. 我们令

$$E_n=\min_{P_n}\max_x|f(x)-P_n(x)|$$

$$P_n(x)=a_0+\sum_{k=1}^{n}(a_k\cos kx+b_k\sin kx) \tag{123}$$

在(123) 右端取得极小值的三角多项式叫作最优近似三角多项式. 数 E_n 显然是单调非增的.

设 $f(x)$ 在$[a,b]$上连续. 我们令

$$E_n=\min_{P_n}\max_{a\leqslant x\leqslant b}|f(x)-P_n(x)|,P_n(x)=\sum_{k=0}^{n}a_kx^k \tag{124}$$

在(124) 右端取得极小值的多项式 $P_n(x)$ 叫作最优近似多项式,而数 E_n 也是单调非增的. 维尔斯特拉斯曾证明过数 E_n 和 E'_n 趋于零. 因为数 E_n 和 E'_n 减小的速度同所近似之函数的解析特性有关,所以,在这里我们

要讲述两个定理,它们不仅单纯的给出数 E_n 和 E'_n 趋于零的数量上的事实,而且也告诉我们它们减小的方式依赖于函数的性质. 这些估计在今后对于我们也是需要的.

在完整的近似理论的发展中,最大的功绩属于伯恩斯伯. 他在自己的研究中是从最优近似理论的奠基人物切比雪夫所建立的卓越的一般原理出发的.

定理　如果 $f(x)$ 是周期为 2π、可微分 s 次的周期函数,并且 $f^{(s)}(x)$ 的连续模是 $\omega_s(\delta)$,则

$$E_n < \mathrm{e}^{\lambda(s+1)} \frac{\omega_s\left(\frac{1}{n}\right)}{n^s} \tag{125}$$

其中 λ 是绝对常量.

证明　我们令

$$\varphi_n(x) = \left[\frac{\sin \frac{n}{2}x}{n\sin \frac{x}{2}}\right]^4 = \frac{1}{n^4}\left[\frac{\mathrm{e}^{-\frac{nix}{2}} - \mathrm{e}^{\frac{nix}{2}}}{\mathrm{e}^{-\frac{ix}{2}} - \mathrm{e}^{\frac{ix}{2}}}\right]^4 =$$

$$\frac{1}{n^4}\left[\mathrm{e}^{-\frac{(n-1)ix}{2}}\sum_{k=0}^{n-1}\mathrm{e}^{ikx}\right]^4 =$$

$$\frac{1}{n^4}\sum_{k=0}^{2n-2}a_k\cos kx$$

于是

$$\varphi_n(t-x) = \sum_{k=0}^{2n-2}[a_k(t)\cos kx + b_k(t)\sin kx]$$

换句话说，$\varphi_n(t-x)$ 对 x 是 $2n-2$ 次的三角多项式[①]。我们要注意 $\varphi_n(x)$ 的周期是 π。由于这种情形，如果 $u(x)$ 是周期为 2π 的周期函数，那么，当 $p\leqslant k$ 时

$$\int_{-x}^{x}\cdots\int_{-x}^{x}u(x+t_1+\cdots+t_p)\sum_{v=1}^{k}\varphi_n(t_v)\mathrm{d}t_1\cdots\mathrm{d}t_k=$$

$$\int_{-x}^{x}\cdots\int_{-x}^{x}u(t_1+\cdots+t_p)\sum_{v=2}^{k}\varphi_n(t_v)\varphi(t_1-x)\mathrm{d}t_1\cdots\mathrm{d}t_k=$$

$$\sum_{m=0}^{2n-2}[\alpha_k\sin mx+\beta_k\cos mx)$$

换句话说，我们的积分是次数不高于 $2n-2$ 的三角多项式.

现在，来考虑表示式

$$P_n(x)=\frac{1}{(2A_n)^{s+1}}\int_{-\pi}^{\pi}\cdots\int_{-\pi}^{\pi}[f(x)-$$

$$\Delta_{s+1}(x,t)]\prod_{k=1}^{s+1}\varphi_n(t_k)\mathrm{d}t_1\cdots\mathrm{d}t_{s+1}$$

$$A_n=\int_0^{\pi}\varphi_n(t)dt \tag{126}$$

按照(120)

$$f(x)-\Delta_{s+1}(x,t)=\sum_{k=1}^{s+1}f(x+t_k)-$$

$$\sum_{1\leqslant k\leqslant 1\leqslant s+1}f(x+t_k+t_1)+\cdots\pm$$

$$f(x+t_1+\cdots+t_{s+1})$$

因此，由于上面所说过的理由，$P_n(x)$ 便是次数不高于

① 如果 $a_n^2+b_n^2>0$，我们就称多项式

$$a_0+\sum_{k=1}^{n}a_k\cos kx+b_k\sin kx$$

为三角多项式.

$2n-2$ 的三角多项式.

我们来估计差式

$$R_n(x)=f(x)-P_n(x)=$$

$$\frac{1}{(2A_n)^{s+1}}\int_{-\pi}^{\pi}\cdots\int_{-\pi}^{\pi}\Delta_{s+1}(x,t)\prod_{k=1}^{s+1}\varphi_n(t_k)\mathrm{d}t_1\cdots\mathrm{d}t_{s+1} \quad (127)$$

$f(x)$ 适合引理的条件,这就是说,我们可以应用不等式(122),并因而得到不等式

$$\begin{aligned}|R_n(x)|\leqslant&\frac{1}{(2A_n)^{s+1}}\int_{-\pi}^{\pi}\cdots\int_{-\pi}^{\pi}|\Delta_{s+1}(x,t)|\cdot\\&\prod_{k=1}\varphi_n(t_k)\mathrm{d}t_1\cdots\mathrm{d}t_{s+1}\leqslant\\&\frac{1}{(2A_n)^{s+1}}\int_{-\pi}^{\pi}\cdots\int_{-\pi}^{\pi}|t_1\cdots t_s|\cdot\\&\left[2\omega_s\left(\frac{2\pi}{n}\right)+\frac{n}{2\pi}\omega_s\left(\frac{2\pi}{n}\right)|t_{s+1}\right]\\&\prod_{k=1}\varphi_n(t_k)\mathrm{d}t_1\cdots\mathrm{d}t_{s+1}\end{aligned}$$

但是 $\varphi_n(t)$ 具有周期 π,所以

$$\begin{aligned}|R_n(x)|\leqslant&2\left(\frac{B_n}{A_n}\right)^s\omega_s\left(\frac{2\pi}{n}\right)+\\&\left(\frac{B_n}{A_n}\right)^{s+1}\frac{n}{2\pi}\omega_s\left(\frac{2\pi}{n}\right)\end{aligned}\quad (128)$$

$$A=\int_0^{\pi}\varphi_n(t)\mathrm{d}t,B_n=\int_0^{\pi}t\varphi_n(t)\mathrm{d}t$$

我们再来估计比$\frac{B_n}{A_n}$. 我们有

$$\begin{aligned}A_n=&\int_0^{\pi}\left(\frac{\sin\frac{nt}{2}}{n\sin\frac{t}{2}}\right)^4\mathrm{d}t>\frac{1}{n^4}\int_0^{\frac{2\pi}{n}}\left(\frac{\sin\frac{nt}{2}}{\sin\frac{t}{2}}\right)\mathrm{d}t=\\&\frac{2}{n^5}\int_0^{\pi}\frac{\sin^4 t}{\sin^4\frac{t}{n}}\mathrm{d}t>\frac{2}{n}\int_0^{\pi}\frac{\sin^4 t}{t^4}\mathrm{d}t\end{aligned}\quad (129)$$

$$B_n=\int_0^{\pi} t\left(\frac{\sin\dfrac{nt}{2}}{n\sin\dfrac{t}{2}}\right)^4 \mathrm{d}t\leqslant$$

$$\left(\frac{\pi}{n}\right)^4\int_0^{\pi}\frac{\sin^4\dfrac{nt}{2}}{t^3}\mathrm{d}t<$$

$$\frac{\pi^4}{4}\cdot\frac{1}{n^2}\int_0^{\infty}\frac{\sin^4 t}{t^3}\mathrm{d}t \tag{130}$$

从不等式(128)和(129),直接即得估值

$$\frac{B_n}{A_n}<\frac{\pi^4\displaystyle\int_0^{\infty}\frac{\sin^4 t}{t_3}\mathrm{d}t}{4\displaystyle\int_0^{\pi}\left[\frac{\sin t}{t}\right]^4\mathrm{d}t}\frac{1}{2n}=C\,\frac{1}{2n} \tag{131}$$

利用不等式(128)(129)及(131),最后,由不等式(115)及$\omega(\delta)$的单调性,我们得到

$$|R_n(x)|<\left(4+\frac{C}{2\pi}\right)C^s\frac{\omega_s\left(\dfrac{2\pi}{n}\right)}{(2n)^s}<$$

$$\mathrm{e}^{\lambda(s+1)}\frac{\omega_s\left(\dfrac{1}{2n}\right)}{(2n)^s}$$

$$\omega_s\left(\frac{2\pi}{n}\right)<14\omega\left(\frac{\pi}{7n}\right)<14\omega\left(\frac{1}{2n}\right) \tag{132}$$

因此

$$E_{2n-2}<\mathrm{e}^{\lambda(s+1)}\frac{\omega_s\left(\dfrac{1}{2n}\right)}{(2n)^s}<\mathrm{e}^{\lambda(s+1)}\frac{\omega_s\left(\dfrac{1}{2n-2}\right)}{(2n-2)^s} \tag{133}$$

因为$E_{2n-1}\leqslant E_{2n-2}$,所以

$$E_{2n-1} < \mathrm{e}^{\lambda(s+1)} \frac{\omega_s\left(\frac{1}{2n}\right)}{(2n)^s} < \mathrm{e}^{\lambda(s+1)} \frac{\omega_s\left(\frac{1}{2n-1}\right)}{(2n-1)^s} \tag{134}$$

就是说，不论是奇数 n 或偶数 n，不等式(125)都将成立.

在定理1内将周期 2π 转换成任意周期 τ 是不困难的，因为如果 $\varphi(x)$ 是周期为 τ 的函数并满足我们定理的其余条件，那么，$f(x)=\varphi\left(\frac{\tau x}{2\pi}\right)$ 便有周期 2π，而 $f^{(s)}(x)$ 的连续模将是 $\left(\frac{\tau}{2\pi}\right)^s \omega_s\left(\frac{\tau\delta}{2\pi}\right)$，只要 $\omega_s(\delta)$ 是 $\varphi(x)$ 的连续模.

从已证明的一般定理，我们要引出三个推论.

推论1　因为对于每一个在有限区间上连续的函数，$\lim\limits_{n\to\infty}\omega\left(\frac{1}{n}\right)=0$，所以，当 $f(x)$ 为周期函数时，三角近似式均匀地收敛于该函数. 这是维尔斯特拉斯的第一定理.

推论2　如果 $f(z)$ 在包含实轴的带域 $|\operatorname{Im} z|\leqslant r$ 内是解析函数，r 是任意小的数，则

$$E_n < \mathrm{e}^{-\theta n}, \theta > 0, n > n_0 \tag{135}$$

其中 θ 与 n 无关.

事实上，从中值定理

$$\omega_s\left(\frac{1}{n}\right) = \max_{|x-y|<\frac{1}{n}} |f^{(s)}(x) - f^{(s)}(y)| = \max_x |f^{(s+1)}(x)| \frac{1}{n} \tag{136}$$

其中极大值是按照周期区间的一切 x 值来取的. 但是 $f(z)$ 在带域 $|\operatorname{Im} z|\leqslant r$ 内是解析函数，所以，在实轴

上每一点 x 处,下面估值是正确的

$$|f^{(s+1)}(x)|=\frac{(s+1)!}{2\pi}\left|\int_{|z-x|=\frac{r}{2}}\frac{f(z)dz}{(z-x)^{s+2}}\right|<$$

$$M_0(s+1)!\left(\frac{2}{r}\right)^{s+1}<$$

$$M_0(s+1)!\ \mathrm{e}^{q(s+1)} \tag{137}$$

于是,从定理 1,对于任何整数 s

$$E_n<\mathrm{e}^{\lambda(s+1)}\frac{\omega_s\left(\frac{1}{n}\right)}{n^s}<M_0\frac{(s+1)!}{n^{s+1}}\mathrm{e}^{(\lambda+q)(s+1)}<$$

$$M_0\left(\frac{s+1}{n}\right)^{s+1}\mathrm{e}^{\lambda_1(s+1)},\lambda_1\geqslant 0$$

当从区间 $n\mathrm{e}^{-\lambda_1-1}-2<s\leqslant n\mathrm{e}^{-\lambda_1-1}-1$ 选取 s 时,我们便得到

$$E_n<M\mathrm{e}^{-n\mathrm{e}^{-\lambda_1-1}},n>n_0$$

推论 3 如果 $f(z)$ 是整函数,则

$$\lim_{n\to\infty}\sqrt[n]{E_n}=0 \tag{138}$$

实际上,如果 $f(z)$ 是整函数,那么,在不等式(137)内的 r 便可取为任意大的数,而这就是说,q 也可假定是任意大的数.从不等式(137)和(136)便可推出不等式

$$E_n<\mathrm{e}^{\lambda(s+1)}\frac{\omega_s\left(\frac{1}{n}\right)}{n^s}<M(r)\left(\frac{s+1}{n}\right)^{s+1}\mathrm{e}^{(\lambda-q)(s+1)}$$

当令 $s=\left[\frac{n}{4}\right]$ 时,因为 $q>0$ 是任意大的数,从这个不等式我们立刻就得到关系式(138).不等式(135)以及极限关系式(138)曾首先由伯恩斯坦证明过.

定理 2 如果在区间 $[a,b]$ 上,$f(x)$ 是可微分 s 次的函数,而 $f^{(s)}(x)$ 具有连线模 $\omega_s(\delta)$,那么,这个函数

的 E'_n 适合不等式

$$E'_n < e^{\lambda(s+1)}\left(\frac{b-a}{2}\right)^s \frac{\omega_s\left[\frac{b-a}{2(n-s)}\right]}{n(n-1)\cdots(n-s+1)} \tag{139}$$

其中 λ 是绝对常量.

证明　首先我们假定区间$[a,b]$是$[-1,1]$.对于这个区间,我们来考虑函数 $f_1(x)=f\left[a+\frac{b-a}{2}(x+1)\right]$.如果 $f(x)$ 在$[a,b]$上是可微分 s 次的函数,那么,$f_1(x)$ 便也是可微分 s 次的函数,而 $\bar{\omega}_s(\delta)$——$f_1(x)$ 的连续模将满足关系式

$$\bar{\omega}_s(\delta)=\left[\frac{a-b}{2}\right]^s\omega_s\left(\frac{b-a}{2}\delta\right) \tag{140}$$

因为

$$\max_{|x-y|\leqslant\delta}|f_1^{(s)}(x)-f_1^{(s)}(y)|=$$
$$\left(\frac{b-a}{2}\right)^s\max_{|x-y|\leqslant\delta}\left|f^{(s)}\left(a+\frac{b-a}{2}x\right)-f^{(s)}\left(a+\frac{b-a}{2}y\right)\right|$$

如果任一函数 $\varphi(x)$ 在$[-1,1]$上连续并有连续模 $\omega(\delta)$,那么,函数 $\varphi_1(x)=\varphi(\cos x)$ 就是周期为 2π 的连续函数.因为 $|\cos x-\cos y|<|x-y|$,所以,对于函数 $\varphi_1(x)$ 的连续模 $\omega_1(\delta)$,不等式

$$\omega_1(\delta)=\max_{|x-y|\leqslant\delta}|\varphi(\cos x)-\varphi(\cos y)|<\omega(\delta) \tag{141}$$

是正确的,其中 $\omega(\delta)=\omega(2)$ 当 $\delta\geqslant 2$ 时.

从定理1,当 $s=0$ 时,函数 $\varphi_1(x)$ 可以次数不高于 m 的多项式 $P_m(x)$ 近似表示,并具有准确度

$$|\varphi_1(x)-P_m(x)|<e^{\lambda}\omega\left(\frac{1}{m}\right)$$

因为 $\varphi_1(-x)=\varphi(\cos x)=\varphi_1(x)$，所以

$$|\varphi_1(x)-Q_m(x)|<\mathrm{e}^{\lambda}\omega\left(\frac{1}{m}\right)$$

$$Q_m(x)=\frac{P_m(x)+P_m(-x)}{2}$$

这就是说，$Q_m(x)=\sum_0^m A_k\cos kx$. 当以 $\arccos x$ 代替 x 时，我们得到 $\varphi(x)=\varphi_1(\arccos x)$，由此可见

$$|\varphi(x)-R_m(x)|<\mathrm{e}^{\lambda}\omega\left(\frac{1}{m}\right)$$

$$R_m(x)=\sum_{k=0}^m A_k\cos k\arccos x \tag{142}$$

其中 $R_m(x)$ 是次数不高于 m 的多项式，因为 $\cos k\cdot\arccos x$，如我们所知，与切比雪夫多项式仅差一常量. 于是便有次数不高于 $n-s$ 的多项式，便得

$$|f^{(s)}(x)-P_{n-s}(x)|<\mathrm{e}^{\lambda}\bar{\omega}_s\left(\frac{1}{n-s}\right) \tag{148}$$

令

$$f_{s-1}(x)=\int_{-1}^{x}[f^{(s)}(t)-P_{n-s}(t)]\mathrm{d}t$$

并注意到

$$|f_{s-1}(x)-f_{s-1}(y)|=\left|\int_x^y[f^{(s)}(t)-P_{n-s}(t)]\mathrm{d}t\right|<\mathrm{e}^{\lambda}\bar{\omega}_s\left(\frac{1}{n-s}\right)|x-y|$$

我们便可断定：$\omega_{s-1}(\delta)$——$f_{s-1}(x)$ 的连续模不超过

$$\mathrm{e}^{\lambda}\bar{\omega}_s\left(\frac{1}{n-s}\right)\delta$$

因而便有这样的次数不高于 $n-s+1$ 的多项式，使得

$$|f_{s-1}(x)-P_{n-s+1}(x)|<\mathrm{e}^{2\lambda}\bar{\omega}_s\left(\frac{1}{n-s}\right)\frac{1}{n-s+1}$$

再令

$$f_{s-2}(x)=\int_{-1}^{x}[f_{s-1}(t)-P_{n-s+1}(t)]\mathrm{d}t$$

我们同样可以证明,它的连续模 $\omega_{s-2}(\delta)$ 不超过量

$$\mathrm{e}^{2\lambda}\bar{\omega}_s\left(\frac{1}{n-s}\right)\frac{1}{n-s+1}\delta$$

当以次数不高于 $n-s+2$ 的多项式近似于函数 $f_{s-2}(x)$ 时,我们用先前的方法又构成函数 $f_{s-3}(x)$ 等. 连续这种步骤并注意到 $f_{s-k}(x)$ 同 $f^{(s-k)}(x)$ 差一次数不高于 $n-s+k$ 的多项式,我们就得出结论:$f(x)$ 与 $f_0(x)$ 仅差一次数不高于 n 的多项式,最后,它可以 n 次多项式近似表示,所以

$$|f(x)-P_n(x)|<\mathrm{e}^{\lambda(s+1)}\frac{\bar{\omega}_s\left(\frac{1}{n-s}\right)}{(n-s+1)\cdots n}$$

其中 λ 是定理 1 的绝对常量.

将区间$[-1,1]$变换为区间$[a,b]$,同时利用不等式(140)之后,我们就得到我们定理的基本不等式(139). 定理 1 和定理 2 叫作杰克森定理.

定理 2 的推论.

推论 1　每一个在有限区间上连续的函数可用均匀收敛于它的多项式级数近似它. 这是维尔斯特拉斯定理.

推论 2　如果 $f(z)$ 在区间的每一点处是解析函数,则

$$E'_n<\mathrm{e}^{-\theta n}\quad(\theta>0)\tag{144}$$

其中 θ 与 n 无关,而与圆 $|z-a|=r$ 的微小半径一同增加,a— 区间的任意点,在区间上 $f(z)$ 是正规的.

推论 3　如果 $f(z)$ 是整函数,则

$$\lim_{n\to\infty}\sqrt[n]{E'_n}=0 \tag{145}$$

推论 2 和推论 3 的证明同定理 1 的推论 2 和推论 3 的证明无异. 不等式(144) 以及极限关系式(145) 是由伯恩斯坦证明的. 在下面,我们要给出包含着这些推论的伯恩斯坦定理.

3. 拉格朗日插补步骤的收敛性及伯恩斯坦定理

牛顿插补步骤的特征是给出插补基点序列 x_0, $x_1,\cdots,x_n,\cdots$,并且按照插补基点 $x_0,x_1,\cdots,x_n$ 来构成 n 次插补多项式. 在拉格朗日插补步骤内,我们同插补基点的三角阵列

$$\left.\begin{matrix} x_{0,0} & & & \\ x_{1,0} & x_{1,1} & & \\ \cdots & & & \\ x_{n,0} & x_{n,1} & \cdots & n_{n,n} \end{matrix}\right\} \tag{146}$$

有关系. 这些基点分布于任一区间 $[a,b]$ 上,而且 n 次插补多项式是按照基点 $x_{n,0},x_{n,1},\cdots,x_{n,n}$ 来构成的. 为了讨论简便起见,在这里我们将考虑这种情形:对于同一个 n,当 $i\neq k$ 时,$x_{n,i}\neq x_{n,k}$. 插补多项式,如我们已知道的,将具有形式

$$P_n(x)=q_n(x)\sum_{k=0}^{n}\frac{f(x_{n,k})}{q'_n(x_{n,k})(x-x_{n,k})}$$

$$q_n(x)=\prod_{k=0}^{n}(x-x_{n,k}) \tag{147}$$

当 $f(x)$ 具有有界的 s 阶导数时,我们已经引出了 $f(x)$ 与 $P_n(x)$ 之差的一个估值[参看(18)]. 为了要仅仅在 $f(x)$ 于 $[a,b]$ 上连续这一条件下得出相似的估值,我们要引入有关插补基点分布的一些附带特性. 设

基点分布于$[a,b]$上,我们令

$$\lambda_n(x)=\sum_{k=0}^{n}\left|\frac{q_n(x)}{q'_n(x_{n,k})(x-x_{n,k})}\right|$$

$$\max_{a\leqslant x\leqslant b}\lambda_n(x)=\lambda_n \tag{148}$$

定理 3　如果E'_n是$f(x)$在$[a,b]$上与其n次最优近似多项式的偏差量,而$\lambda_n(x)$由关系式(148)确定,则在条件

$$\lim_{n\to\infty}E'_n\lambda_n(x)=0 \tag{149}$$

下,插补多项式$P_n(x)$在点x处收敛于$f(x)$.如果

$$\lim_{n\to\infty}E'_n\lambda_n=0 \tag{150}$$

则插补多项式在$[a,b]$上均匀收敛于$f(x)$.

证明　我们要注意,对于次数不高于n的最优近似多项式有等式

$$Q_n(x)=q_n(x)\sum_{k=0}^{n}\frac{Q_n(x_{n,k})}{q'_n(x_{n,k})(x-x_{n,k})}$$

因为次数不高于n的多项式被它的$n+1$个点处的值唯一地确定.所以,如果$P_n(x)$是对于$f(x)$的拉格朗日插补多项式,则

$$|f(x)-P_n(x)|<|f(x)-Q_n(x)|+$$

$$\sum_{k=0}^{n}|f(x_{n,k})-Q_n(x_{n,k})|\cdot\frac{|q_n(x)|}{|q'(x_{n,k})(x-x_{n,k})|}$$

由此即有不等式

$$|f(x)-P_n(x)|<$$

$$E'_n\left[1+\sum_{k=0}^{n}\frac{|q_n(x)|}{|q'(x_{n,k})(x-x_{n,k})|}\right]<$$

$$E'_n[1+\lambda_n(x)]$$

其中$\lambda_n(x)$是由等式(148)确定的,我们的定理因而即得到证明.

定理 2 给出了 E'_n 的上界. 特别是,从定理 2 和定理 3,我们能得到一个推论:

推论 如果 $f(x)$ 在$[a,b]$上有连续模 $\omega(\delta)$,并且

$$\lim_{n\to\infty}\lambda_n\omega\left(\frac{1}{n}\right)=0 \tag{151}$$

则多项式 $P_n(x)$ 均匀地收敛于 $f(x)$. 实际上,在这种情形,定理 2 便给出不等式

$$E'_n<\mathrm{e}^{\lambda}\omega\left(\frac{b-a}{2n}\right)<\frac{2\mathrm{e}^{\lambda}}{2+b-a}\omega\left(\frac{1}{n}\right)$$

因此,由(150)便得到(151). 作为一个例子,我们对

$$x_{n,k}=\cos\frac{2k+1}{2n}\pi\quad(k=0,1,\cdots,n)$$

来考虑插补步骤,换句话说,当阵列(146)是由切比雪夫多项式的根作为基点而组成时,我们来考虑插补步骤. 伯恩斯坦曾有一个卓越的不等式,他曾证明,在这种情形

$$\lambda_n<8+\frac{4}{\pi}\ln(n+1)$$

我们要证明一个较少精确性的不等式,它给出 λ_n 的以同样方式增大的界限值. 在我们的情形, 可以取 $q_n(x)=\cos(n\arccos x)$ 作为 $q(x)$,因为在公式(148)内,以任一不等于 0 的常量 c 乘 $q_n(x)$ 不会改变右端的值. 对于这样选择的 $q(x)$,我们得到

$$\lambda_n(x)=\sum_{k=1}^{n}\frac{|\cos(n\arccos x)|\sin\frac{2k-1}{2n}\pi}{n\left|x-\cos\frac{2k-1}{2n}\pi\right|}=$$

$$\sum_{k=1}^{n}\frac{|\cos \pi n\varphi|\sin \frac{2k-1}{2n}\pi}{n\left|\cos \pi\varphi-\cos \frac{2k-1}{2n}\pi\right|}=\theta(\varphi)$$

其中曾令 $x=\cos \pi\varphi$，而 φ 在区间$[0,1]$上变动. 我们要注意 $\theta(1-\varphi)=\theta(\varphi)$，因为，以 $1-\varphi$ 代替 φ，而以 $n-k+1$ 代替 k 后，我们得到 $\theta(x)$ 的同一表示式. 所以，当从上方估计 $\theta(\varphi)$ 时，我们只要考虑 $\varphi\leqslant\frac{1}{2}$ 就已足够. 因为有初等不等式

$$\sin|\alpha|\leqslant\alpha;\sin|\beta|\geqslant\frac{2\sqrt{2}}{3\pi}|\beta|,|\beta|\leqslant\frac{3}{4}\pi$$

$$\sin|\beta|\geqslant\frac{2}{\pi}|\beta|,|\beta|\leqslant\frac{\pi}{2}$$

所以，当 $0<\beta\leqslant\frac{\pi}{2},0<\alpha\leqslant\pi$ 时

$$\frac{|\sin \alpha|}{|\cos \beta-\cos \alpha|}=\frac{|\sin \alpha|}{2\sin\left|\frac{\alpha+\beta}{2}\right|\sin\left|\frac{\alpha-\beta}{2}\right|}<$$
$$\frac{3\pi^2}{2\sqrt{2}}\frac{\alpha}{|\alpha-\beta||\alpha+\beta|}$$

从这里，只要令

$$\alpha=\frac{2k-1}{2n}\pi,\beta=\pi\varphi=\frac{\pi}{2}\frac{2m-1-2t}{n}$$

$$1\leqslant m\leqslant\frac{n+2}{2};0\leqslant t<\frac{1}{2}$$

就推得

$$\frac{\sin \frac{2k-1}{2n}\pi}{\left|\cos \pi\varphi-\cos \frac{2k-1}{2n}\pi\right|}<$$

$$\frac{3\pi n}{4\sqrt{2}} \frac{2k-1}{|m+k-1-t||m-k-t|} \tag{152}$$

我们有权利令 $\varphi=\frac{2m-1-2t}{2n}\left(1\leqslant m\leqslant 1+\frac{n}{2}\right)$，因为当给 m 以这两界限内的值，并在 $\left[0,\frac{1}{2}\right]$ 上改变 t 的值时，我们可以使 φ 具有区间 $\left[0,\frac{1}{2}\right]$ 上的任何值. 其次

$$|\cos \pi n\varphi|=\left|\cos \frac{\pi}{2}(2k-1-2t)\right|=\sin \pi t<\pi t \tag{153}$$

利用不等式(152)和(153)，我们便得到对于 $\theta(\varphi)$ 的不等式

$$\theta(\varphi)<\frac{3\pi^2}{4\sqrt{2}}\sum_{k=1}^{n}\frac{(2k-1)t}{|m-k-1-t||m-k-t|}$$

由此可见，当 $m=1$ 时

$$\begin{aligned}\theta(\varphi)&<\frac{3\pi^2}{4\sqrt{2}}\left[\frac{1}{1-t}+t\sum_{k=2}^{n}\left(\frac{1}{k-1+t}+\frac{1}{k-t}\right)\right]<\\&\frac{3\pi^2}{4\sqrt{2}}\left(2+\sum_{k=1}^{n-1}\frac{1}{k}\right)<\\&\frac{3\pi^2}{4\sqrt{2}}\left(3+\int_1^n\frac{\mathrm{d}t}{t}\right)=\\&\frac{3\pi^2}{4\sqrt{2}}(3+\ln n)\end{aligned}$$

当 $m\geqslant 2, m\leqslant\frac{n}{2}+1$ 时

$\theta(\varphi) <$

$\frac{3\pi^2}{4\sqrt{2}}\left[\frac{2m-1}{2m-1-t}+\frac{1}{2}\sum_{k=1}^{n-1}\left(\frac{1}{m-k-t}-\frac{1}{m+k-1-t}\right)+\right.$

$\left.\frac{1}{2}\sum_{k=m+1}^{n}\left(\frac{1}{m+k-1-t}+\frac{1}{k-m+t}\right)\right]<$

$\frac{3\pi^2}{4\sqrt{2}}\left(4+\sum_{k=2}^{n}\frac{1}{k}\right)<\frac{3\pi^2}{4\sqrt{2}}(4+\ln n)$

因此,我们就得到不等式

$$\lambda_{n-1}=\max_{0\leqslant\varphi\leqslant 1}\theta(\varphi)<\frac{3\pi^2}{4\sqrt{2}}(4+\ln n)$$

现在,从关系式(151)即得插补步骤收敛的条件,只要基点阵列是由切比雪夫多项式的根组成的. 这条件就是

$$\lim_{n\to\infty}\omega\left(\frac{1}{n}\right)\ln n=0 \tag{154}$$

其中 $\omega(\delta)$ 是 $f(x)$ 在$[-1,1]$上的连续模. 现在假定 $f(x)$ 在区间$[-1,1]$上每点处是解析的. 为要得到在区间之外收敛的条件,我们来考虑 $T_n(z)=\cos n\cdot\arccos z$ 对于复数 z 及较大 n 值的形式. 如果 $z=x+\mathrm{i}y$,则令

$$x=\frac{1}{2}\left(\rho+\frac{1}{\rho}\right)\cos\varphi$$

$$y=\frac{1}{2}\left(\rho-\frac{1}{\rho}\right)\sin\varphi\quad(\rho>1)$$

之后,我们得到 z 是椭圆

$$\frac{x^2}{a^2}+\frac{y^2}{b^2}=1,a=\frac{1}{2}\left(\rho+\frac{1}{\rho}\right);b=\frac{1}{2}\left(\rho-\frac{1}{\rho}\right) \tag{155}$$

上的点. 这椭圆的轴与坐标轴重合,轴长为 $2a$ 及 $2b$,焦

点在区间$[-1,1]$的两端. 设 z 是以 ρ 为参数的椭圆上的点,那么 $z=\frac{1}{2}\left(\rho e^{i\varphi}+\frac{1}{\rho}e^{-i\varphi}\right)$. 而

$$T_n(z)=\frac{1}{2}[(z+\sqrt{z^2-1})^n+(z-\sqrt{z^2-1})^n]=$$

$$\frac{1}{2}(\rho^n e^{in\varphi}+\rho^{-n}e^{-in\varphi})$$

所以

$$|T_n(z)|=2^{-1}\rho^n[1+\theta\rho^{2n}]\quad(|\theta|\leqslant 1)\tag{156}$$

对于某一固定 ρ,方程式(155)便确定一个椭圆. 现在假定在以这椭圆作境界线的闭域内是正规的. 我们用字母 C 表示这个椭圆. 利用复变平面内拉格朗日插补公式余项的积分表示法

$$R_n(z)=\frac{1}{2\pi i}\int_C\frac{(z-x_0)\cdots(z-x_{n-1})}{(\zeta-x_0)\cdots(\zeta-x_{n-1})}\frac{f(\zeta)}{\zeta-z}d\zeta=$$

$$f(z)-P_{n-1}(z)\tag{157}$$

其中 C 是包含一切点 $z,x_0,x_1,\cdots,x_{n-1}$ 在其内部的封闭境界线,并假定 C 是平面 ζ 内的椭圆(155),而 z 不越出具有参数 $\rho_0<\rho$ 的椭圆的边界,于是在此情形下,就得到

$$|R_n(z)|=\frac{1}{2\pi}\left|\int_C\frac{T_n(z)}{T_n(\zeta)}\frac{f(\zeta)}{\zeta-z}d\zeta\right|<$$

$$\frac{LM}{2\pi\delta}\left(\frac{\rho_0}{\rho}\right)^n\frac{1+\rho_0^{-2n}}{1-\rho^{-2n}}\tag{158}$$

其中 $\delta=\min|\zeta-z|\geqslant k(\rho,\rho_0)>0$,$L$ 为椭圆的长度,而 M 是 $|f(\zeta)|$ 的极大值. 这个不等式表明,如果 $f(z)$ 在具有境界线的闭域内是正规的,换句话说,在椭圆 $x=\frac{1}{2}\left(\rho+\frac{1}{\rho}\right)\cos\varphi,y=\frac{1}{2}\left(\rho-\frac{1}{\rho}\right)\sin\varphi$ 内是

正规的，而 z 不越出椭圆 $x=\frac{1}{2}\left(\rho_0+\frac{1}{\rho_0}\right)\cos\varphi, y=\frac{1}{2}\left(\rho_0-\frac{1}{\rho_0}\right)\sin\varphi, \rho_0<\rho$ 的边界，则具有切比雪夫插补基点的插补多项式在这椭圆内均匀收敛于 $f(z)$.

现在，我们就可以来证明属于伯恩斯坦的关于最优近似的重要定理.

定理 4　如果 $f(z)$ 是解析函数，它在椭圆 $z=\frac{1}{2}[\rho e^{i\varphi}+\rho^{-1}e^{-i\varphi}](0\leqslant\varphi\leqslant 2\pi)$ 内是正规的，并且参数 ρ 在 $f(z)$ 为正规的条件下，具有极大值. 而 E'_n 是在 $[-1,1]$ 上最优近似多项式与 $f(z)$ 的偏差量，则

$$\overline{\lim_{n\to\infty}}\sqrt[n]{E'_n}=\frac{1}{\rho}$$

证明　设 $f(z)$ 在椭圆 $z=\frac{1}{2}\left[\rho e^{i\varphi}+\frac{1}{\rho}e^{-i\varphi}\right]$ 之内是正规的，其中 ρ 具有极大值. 那么，$P_{n-1}(x)$——以切比雪夫多项式的根为基点的拉格朗日插补多项式于 $-1\leqslant x\leqslant 1$ 时，由(156)，将满足不等式

$$|f(x)-P_{n-1}(x)|=\frac{1}{2\pi}\left|\int_{C_1}\frac{T_n(x)}{T_n(z)}\frac{f(z)dz}{z-x}\right|<\frac{LM}{\pi\delta}\frac{\rho_1^{-n}}{1-\rho_1^{-2n}}$$

其中 C_1 是椭圆 $z=\frac{1}{2}\left[\rho_1 e^{i\psi}+\frac{1}{\rho_1}e^{-i\psi}\right](1<\rho_1<\rho)$，$M$ 是 $f(z)$ 在这椭圆上模的极大值，L 是椭圆的长度，而 δ 是从这椭圆到区间 $[-1,1]$ 上各点的距离的极小值. 因为 $P_{n-1}(x)$ 在 $[-1,1]$ 上不可能比 $n-1$ 次的最优近似多项式更近似于 $f(x)$，并且 ρ_1 随意接近于 ρ，所以

$$\overline{\lim_{n\to\infty}}\sqrt[n]{E'_n}\leqslant\rho^{-1}$$

假定

$$\overline{\lim_{n\to\infty}}\sqrt[n]{E'_n}=\rho_1^{-1}<\rho^{-1}$$

那么，当 $n>n_0$ 时，$E'_n<\rho_2^{-n}$，$\rho_1>\rho_2>\rho$，而这就是说，对于每一个 $n>n_0$，存在这样的 $n-1$ 次多项式 $Q_{n-1}(x)$，使得

$$\max_{-1\leqslant x\leqslant 1}|f(x)-Q_{n-1}(x)|<\rho_2^{-n+1}$$

我们来考虑由下述级数确定的函数 $u(x)$

$$u(x)=\sum_{n=0}^{\infty}\cos n\arccos x\int_{-\pi}^{\pi}f(\cos\varphi)\cos n\varphi\,\mathrm{d}\varphi=$$

$$\sum_{n=0}^{\infty}T_n(x)\int_{-\pi}^{\pi}f(\cos\varphi)\cos n\varphi\,\mathrm{d}\varphi$$

因为 $Q_{n-1}(\cos\varphi)$ 是次数不高于 $n-1$ 的三角多项式，而 $\cos n\varphi$ 在区间 $[-\pi,\pi]$ 上正交于 $\sin kx$，$\cos kx$ $(k<n)$，所以

$$\left|\int_{-\pi}^{\pi}f(\cos\varphi)\cos n\varphi\,\mathrm{d}\varphi\right|=\left|\int_{-\pi}^{\pi}[f(\cos\varphi)-\right.$$

$$\left.Q_{n-1}(\cos\varphi)]\cos n\varphi\,\mathrm{d}\varphi\right|<2\pi\rho_2^{-n+1}\quad(n>n_0)$$

如果 z 不越出椭圆

$$z=\frac{1}{2}\left[\rho_3\mathrm{e}^{\mathrm{i}\psi}+\frac{1}{\rho_3}\mathrm{e}^{-\mathrm{i}\psi}\right](\rho<\rho_3<\rho_2)$$

的边界，则由于不等式(156)即有不等式

$$|T_n(z)|\left|\int_{-\pi}^{\pi}f(\cos\varphi)\cos n\varphi\,\mathrm{d}\varphi\right|<$$

$$2\pi\left(\frac{\rho_3}{\rho_2}\right)^{n-1}\quad(n>n_0)$$

由这些不等式可见，$u(z)$ 表示为在具有参数 $\rho_3>\rho$ 的椭圆内均匀收敛的级数，而这就是说，在这个椭圆内 $u(z)$ 是正规解析函数. 但是从 $u(z)$ 的定义可知

$$\int_{-\pi}^{\pi}[u(\cos\varphi)-f(\cos\varphi)]\cos n\varphi\mathrm{d}\varphi=$$

$$\int_{-\pi}^{\pi}[u(\cos\varphi)-f(\cos\varphi)]\sin n\varphi\mathrm{d}\varphi=$$

$$0\quad(n=0,1,\cdots)$$

由此可见,对于 $F(\varphi)=u(\cos\varphi)-f(\cos\varphi)$ 的傅里叶级数,其所有系数都等于零. 我们要证明,这种情形就会产生使 $F(\varphi)$ 变为零的结果,$F(\varphi)$ 的连续性则由 $f(x)$ 的连续性便可知道. 设在 $[-\pi,\pi]$ 上点 a 处,$F(a)\neq 0$. 由于 $F(\varphi)$ 的连续性,将有区间 $[a-\delta,a+\delta]$ 存在,在其上 $|F(\varphi)|\geqslant\varepsilon>0$,因为规定 $a>0$ 并无损于普遍性. 我们来考虑 $\psi(x)$

$$\psi(x)=\begin{cases}0,-\pi\leqslant x\leqslant a-\delta\\ \dfrac{x-a+\delta}{\delta},a-\delta\leqslant x\leqslant a\\ \dfrac{a+\delta-x}{\delta},a\leqslant x\leqslant a+\delta\\ 0,a+\delta\leqslant x\leqslant\pi\end{cases}$$

$$\psi(-1)=\psi(1)=0$$

这个函数在 $[-\pi,\pi]$ 上连续,而这就是说,它可以与在 $[-\pi,\pi]$ 上均匀收敛于它的三角多项式级数 $R_n(x)$ 近似. 因为 $F(x)$ 正交于任何多项式 $R_n(x)$,所以

$$\left|\int_{-\pi}^{\pi}F(x)\psi(x)\mathrm{d}x\right|=$$

$$\lim_{n\to\infty}\left|\int_{-\pi}^{\pi}F(x)[\psi(x)-R_n(x)]\mathrm{d}x\right|=0$$

就是说

$$0=\left|\int_{a-\delta}^{a+\delta}F(x)\psi(x)\mathrm{d}x\right|>$$

$$\varepsilon\int_{a-\delta}^{a+\delta}\psi(x)\mathrm{d}x=\delta\varepsilon>0$$

从这里就知道 $F(\varphi)=0$. 于是，在区间$[-1,1]$上 $u(z)=f(z)$，而这就是说，在$[-1,1]$上为正规的 $f(z)$ 也在具有参数 $\rho_3>0$ 的椭圆内是正规的. 但是按照条件，具有参数 ρ 的椭圆是 $f(z)$ 在其中为正规的椭圆中最大的椭圆，这就是说，假设 $\rho_1^{-1}<\rho^{-1}$ 是不正确的，因此

$$\overline{\lim_{n\to\infty}}\sqrt[n]{E'_n}\geqslant\frac{1}{\rho}$$

就一些事实就完全证明了伯恩斯坦定理.

当插补基点均匀地分布在区间$[-1,1]$上时

$$x_{n,k}=\frac{k}{n}\quad(k=0,\pm1,\cdots,\pm n;n=1,2,\cdots)$$

为了要拉格朗日的插补步骤是收敛的，就必须在 $f(x)$ 上比切比雪夫基点情形下要附加更有力的限制. 这收敛性跟$\dfrac{1}{\left|q'\left(\dfrac{k}{n}\right)\right|}$是相当大数这情况关联着. 实际上，在这种情形

$$\lambda_{2n}(x)=|x|\prod_{k=1}^{n}\left|x^2-\frac{k^2}{n^2}\right|\sum_{k=-n}^{n}\frac{n^{2n}}{(n+k)!\ (n+k)!}\cdot\frac{1}{\left|x-\dfrac{k}{n}\right|}$$

设 $x=\dfrac{p+t}{n}$，$|t|\leqslant\dfrac{1}{2}$. 显然，在$[-1,1]$上任何 x 都可以表示成这个形状. 为了确切起见，也可以规定 $0\leqslant p\leqslant n$，因为 $\lambda_{2n}(x)=\lambda_{2n}(-x)$. 这样，我们就有不等式

$$\lambda_{2n}(x)=\sum_{k=-n}^{k=n}\left|\frac{p+k-t}{n}\right|\cdot$$

$$\sum_{k=-n}^{n}\frac{n^{2n}}{(n+k)!\ (n-k)!}\frac{n}{|p-k+t|}<$$

$$4n^3\frac{(n+p)!\ (n-p)!}{(n!\ )^2}$$

利用公式 $\ln n!\ =n\ln n-n+O(\ln n)$ 后,我们便得到

$$\ln\lambda_{2n}(x)\leqslant$$
$$(p+n)\ln(p+n)+\ln(n-p+1)(n-p+1)-$$
$$2\ln n+O(\ln n)=n\left[\left(1-\frac{p}{n}\right)\ln\left(1+\frac{p}{n}\right)+\right.$$
$$\left.\left(1-\frac{p}{n}\right)\ln\left(1-\frac{p}{n}\right)\right]+O(\ln n)=$$
$$n[(1+x)\ln(1+x)+(1-x)\ln(1-x)]+O(\ln n)$$

函数 $u(x)=(1+x)\ln(1+x)+(1-x)\ln(1-x)$ 是偶函数而且随着 x 的模的增大而增大,因为当 $x>0$ 时

$$u'(x)=\ln\frac{1+x}{1-x}>0$$

除此而外,$u(0)=0,u(1)=2\ln 2$.由此可见

$$\overline{\lim_{n\to\infty}}\sqrt[2n]{\lambda_{2n}}\leqslant 2$$

所以,为了要按照定理3使插补多项式在$[-1,1]$上均匀地收敛于函数 $f(x)$,只要满足条件

$$\overline{\lim_{n\to\infty}}\sqrt[n]{E'_n}<2^{-1}$$

就足够了,换句话说,按照伯恩斯坦定理,只要 $f(z)$ 在参数 $\rho>2$ 的椭圆 $z=\frac{1}{2}\left[\rho e^{i\psi}+\frac{1}{\rho}e^{-i\psi}\right]$ 内是正规的就足够了.由于定理3和定理4,如果 $f(z)$ 在参数为 ρ 的椭圆内是正规的,那么,具有基点 $x_{k,n}=\frac{k}{n}(k=0,\pm 1,\pm 2,\cdots,\pm n)$ 的插补多项式在由不等式

$$(1+x)\ln(1+x)+(1-x)\ln(1-x)<\rho$$

确定的区间上便收敛于 $f(x)$. 如果 $f(z)$ 是整函数,则直接从拉格朗日公式余项的积分表示法,对于任意大的 $r > \frac{1}{2}|z|$,我们将有

$$|f(z)-P_n(z)<\frac{1}{\pi}\prod_{k=-n}^{n}\left|z-\frac{k}{n}\right|\cdot$$

$$\left|\int_{|\zeta|=r}\frac{f(\zeta)\mathrm{d}\zeta}{\prod\limits_{k=-n}^{n}\left(\zeta-\frac{k}{n}\right)(\zeta-z)}\right|<$$

$$2M(r)\left[\frac{|z|+1}{r-1}\right]^{2n+1}$$

从这里,也可看出在任一有限圆内 $P_n(z)$ 收敛于 $f(z)$ 的均匀性. 也可以证明,对于等距离的插补基点,插补步骤收敛性的充分条件实质上是不可能改变得更好了.

4. 伯恩斯坦多项式及其推广

在各种分析学问题中,用多项式近似在[0,1]上连续的任意函数的一个十分重要的插补步骤曾被伯恩斯坦找到. 如同伯恩斯坦所证明的,多项式

$$P_n(x)=\sum_{k=0}^{n}f\left(\frac{k}{n}\right)\frac{n!}{k!\ (n-k)!}x^k(1-x)^{n-k} \tag{159}$$

均匀地收敛于 $f(x)$,只要 $f(x)$ 在[0,1]上是连续的. 近似程度的估计由不等式

$$|f(x)-P_n(x)|<\omega\left(\frac{1}{\sqrt{n}}\right)$$

给出,其中 $\omega(\delta)$ 是 $f(x)$ 在[0,1]上的连续模,而且这个估计一般说来不可能被改变得更好. 纵然由于伯恩

斯坦多项式不能用于需要最优近似多项式,或其他使多项式足够好地近似于函数的那些问题,但是伯恩斯坦多项式在近似多项式跟函数之间需要有简单关系的那些问题中还是起着很大的作用.特别精彩的是,这些多项式能用来解决有限区间上的矩量问题.我们要注意,伯恩斯坦多项式原是由概率上的某一些问题才被求得的.

我们要来考虑推广的伯恩斯坦多项式,借助于它,就能直接建立函数组

$$\left.\begin{array}{l}1, x^{\gamma_k}\ln^m x, m=0,1,\cdots,v_{k-1}; k=1,2,\cdots \\ 0<\gamma_1<\gamma_2<\cdots<\gamma_n<\cdots; \lim \gamma_n=\infty\end{array}\right\} \tag{160}$$

在所有于$[-1,1]$上连续的连续函数中的完备性,只要条件

$$\sum_{k=1}^{\infty}\frac{v_k+1}{\gamma_k}=\infty \tag{161}$$

成立.设 $\alpha_0=0,\alpha_0<\alpha_1\leqslant\alpha_2\leqslant\alpha_3\leqslant\cdots\leqslant\alpha_n\leqslant\cdots$ 并且$\lim\limits_{n\to\infty}\alpha_n=\infty$.再设 $0<x\leqslant 1$.我们将同一α在数串中重复出现的次数叫作α的重复数.对于函数 $f(z)=x^z$,我们以基点 $\alpha_m,\alpha_{m+1},\cdots,\alpha_n$ 来构成差分.按照本章公式(57)

$$[\alpha_m,\cdots,\alpha_n]=\sum_{v=1}^{s}\sum_{k=0}^{q_v}A_{v,k}x^{\beta_v}\ln^k x \tag{162}$$

只要 $\beta_1,\beta_2,\cdots,\beta_s$ 没有等于序列 $\alpha_m,\cdots,\alpha_n$ 中的数,而 q_v+1 不超过我们基本序列中 β_v 的重复数.

因为 $x^z,x>0$ 是可微分任意次数的函数,本章不等式(44)便对于序列 $\alpha_0,\alpha_1,\cdots,\alpha_n$ 也是成立的.由于不等式(44)

$$(-1)^{n-m}[\alpha_m,\alpha_{m+1},\cdots,\alpha_n]>0 \qquad (163)$$

多项式 $P(z)$,如我们所知道的

$$P(z)=[\alpha_n]+[\alpha_{n-1},\alpha_n](z-\alpha_n)+\cdots+ [\alpha_0,\alpha_1,\cdots,\alpha_n](z-\alpha_n)\cdots(z-\alpha_1) \qquad (164)$$

是适合条件

$$P(\alpha_0)=x^0=1,P^{(k)}(\alpha_s)=x^{\alpha_s}\ln^k x\,(k=0,1,\cdots,v_s) \qquad (165)$$

的插补多项式,其中 v_s 是点 α_s 在序列 $\alpha_0,\alpha_1,\cdots,\alpha_n$ 中的频率.

当引进表示记号

$$p_{k,n}(x)=(-1)^{n-k}\alpha_{n+1}\alpha_{n+2}\cdots\alpha_n[\alpha_k,\cdots,\alpha_n] \quad (k=0,\cdots,n) \qquad (166)$$

在(164)内并令 $z=0$ 时,我们便得到恒等式

$$1=\sum_{k=0}^{n}p_{k,n}(x) \qquad (167)$$

因为由于不等式(163),$p_{k,n}(x)>0$,所以从上式便知

$$0<p_{k,n}(x)<1 \quad (k=0,1,\cdots,n) \qquad (168)$$

在恒等式(167)内令 $z=\alpha_1$,我们便得到恒等式

$$x^{\alpha_1}=\sum_{k=0}^{n}[\alpha_n,\cdots,\alpha_k](\alpha_1-\alpha_n)(\alpha_1-\alpha_{k+1})= \sum_{k=0}^{n}\left(1-\frac{\alpha_1}{\alpha_{k+1}}\right)\cdots\left(1-\frac{\alpha_1}{\alpha_n}\right)p_{k,n}(x)$$

令

$$\mu_{k,n}=\left(1-\frac{\alpha_1}{\alpha_{k+1}}\right)\cdots\left(1-\frac{\alpha_1}{\alpha_n}\right),\mu_{n,n}=1$$

$$\tau_{k,n}=\mu_{k,n}^{\frac{1}{\alpha_1}} \quad (k=0,1,\cdots,n) \qquad (169)$$

于是

$$x^{\alpha_1}=\sum_{k=0}^{n}\mu_{k,n}p_{k,n}(x) \tag{170}$$

对函数 x^z，我们以基点 $\alpha_n,\cdots,\alpha_1,2\alpha_1$ 构成差分并来考虑插补多项式

$$\begin{aligned}Q(z)=&[\alpha_n]+[\alpha_{n-1},\alpha_n](z-\alpha_n)+\cdots+\\&[\alpha_1,\cdots,\alpha_n](z-\alpha_z)\cdots(z-\alpha_n)+\\&[2\alpha_1,\alpha_1,\alpha_2,\cdots,\alpha_n](z-\alpha_1)\cdots(z-\alpha_n)\end{aligned} \tag{171}$$

令 $z=2\alpha_1$，我们就得到

$$\begin{aligned}x^{2\alpha_1}=&\sum_{k=1}^{n}\left(1-\frac{2\alpha_1}{\alpha_{k+1}}\right)\cdots\left(1-\frac{2\alpha_1}{\alpha_n}\right)p_{k,n}(x)+\\&\frac{1}{2}\left(1-\frac{2\alpha_1}{\alpha_1}\right)\cdots\left(1-\frac{2\alpha_1}{\alpha_n}\right)\theta_n(x)\end{aligned} \tag{172}$$

其中

$$\theta_n(x)=(-1)^{n+1}2\alpha_1^2\alpha_2\cdots\alpha_n[2\alpha_1,\alpha_1,\cdots,\alpha_n]$$

对于 $\theta_n(x)$，与对 $p_{k,n}(x)$ 一样，做同样的讨论，所以，$0<\theta_n(x)<1$. 令

$$\mu'_{k,n}=\left(1-\frac{2\alpha_1}{\alpha_{k+1}}\right)\cdots\left(1-\frac{2\alpha_1}{\alpha_n}\right),\mu'_{n,n}=1 \tag{173}$$

我们便从(172)得到恒等式

$$x^{2\alpha_1}=\sum_{k=1}^{n}\mu'_{k,n}p_{k,n}(x)+\frac{1}{2}\mu'_{0,n}\theta_n(x)\quad(0<\theta_n<1) \tag{174}$$

我们来考虑函数

$$S_2(x)=\sum_{k=0}^{n}(x^{\alpha_1}-\mu_{k,n})^2p_{k,n}(x) \tag{175}$$

首先，我们要注意，$S_2(x)>0$.

$$S_2(x)=$$
$$x^{2\alpha_1}-2x^{\alpha_1}\sum_{k=1}^{n}\mu_{k,n}p_{k,n}(x)+\sum_{k=1}^{n}\mu'_{k,n}p_{k,n}(x)+$$
$$\sum_{k=1}^{n-1}(\mu_{k,n}^2-\mu'_{k,n})p_{k,n}(x)=$$
$$\sum_{k=1}^{n-1}(\mu_{k,n}^2-\mu'_{k,n})p_{k,n}(x)-$$
$$\frac{\theta_n(x)}{2}\mu'_{0,n} \tag{176}$$

当在条件 $\alpha_{v-1}\leqslant 2\alpha_1<\alpha_v$ 之下选择 v,并令

$$\rho_n=\prod_{k=v}^{n-1}\left(1-\frac{2\alpha_1}{\alpha_k}\right),\mu_n=\max_{v\leqslant k\leqslant n-1}|\mu_{k,n}^2-\mu'_{k,n}| \tag{177}$$

而且注意到

$$\mu'_{k,n}<\mu_{k,n}^2,n-1\geqslant k\geqslant v$$

时,我们便从关系式(176)得到不等式

$$\lambda_n=\max_{0\leqslant x\leqslant 1}S_2(x)<C_0\rho_n+\mu_n \tag{178}$$

其中 C_0 是与 n 及 x 无关的常量. 在条件 $\lim\limits_{n\to\infty}\alpha_n=\infty$, $\sum\limits_{k=v}^{\infty}\frac{1}{\alpha_k}=\infty$ 之下,量 λ_n 随 n 的增大而趋于零. 此处我们将在稍后证明,但暂时引用把它当作已知的事实.

现在来考虑和式 $S_1(x)$

$$S_1(x)=\sum_{k=0}^{n}|x^{\alpha_1}-\mu_{k,n}|p_{k,n}(x) \tag{179}$$

当利用不等式

$$\sum_{k=0}^{n}|a_kb_k|<\sqrt{\left(\sum_{k=0}^{n}a_k^2\right)\left(\sum_{k=0}^{n}b_k^2\right)}$$

并令

$$a_k=|x^{\alpha_1}-\mu_{k,n}|\sqrt{p_{k,n}(x)},b_k=\sqrt{p_{k,n}(x)}$$

时,我们直接得到不等式

$$S_1(x)<\sqrt{S_2(x)}\leqslant\sqrt{\lambda_n}\tag{180}$$

最后,我们来考虑和式 $S_0(x)$

$$S_0(x)=\sum_{k=0}^{n}|x-\mu_{k,n}^{\frac{1}{\alpha_1}}|p_{k,n}(x)=$$
$$\sum_{k=0}^{n}|x-\tau_{k,n}|p_{k,n}(x)\tag{181}$$

按照 $\alpha_1>1$ 与 $\alpha_1\leqslant 1$ 这两种情形,我们要给出这个和式的两个估值. 设 $\alpha_1\leqslant 1$. 于是,当 $0\leqslant x\leqslant 1,0\leqslant t\leqslant 1$ 时

$$\left|\frac{x-t^{\frac{1}{\alpha_1}}}{x^{\alpha_1}-t}\right|=\frac{1}{\alpha_1}\xi^{\frac{1}{\alpha_1}-1}<\frac{1}{\alpha_1}\quad(0<\xi<1)$$

所以

$$S_0(x)\leqslant\frac{1}{\alpha_1}\sum_{k=0}^{n}|x^{\alpha_1}-\mu_{k,n}|p_{k,n}(x)=$$
$$\frac{1}{\alpha_1}S_1(x)<\frac{1}{\alpha_1}\sqrt{\lambda_n}\tag{182}$$

现在设 $\alpha_1>1$. 因为当 $\alpha_1>1$ 时

$$\left|\frac{x-t}{x^{\alpha_1}-t^{\alpha_1}}\right|<\frac{1}{(x-t)^{\alpha_1-1}}$$

所以,对于任何 $\delta(0<\delta<1)$

$$|x-t|<\delta+\delta^{1-\alpha_1}|x^{\alpha_1}-t^{\alpha_1}|$$

这就是说

$$S_0(x)=\sum_{k=0}^{n}|x-\mu_{k,n}^{\frac{1}{\alpha_1}}|p_{k,n}(x)<$$
$$\delta+\delta^{1-\alpha_1}S_1(x)<$$
$$\delta+\delta^{1-\alpha_1}\sqrt{\lambda_n}$$

令 $\delta=\lambda_n^{\frac{1}{2\alpha_1}}$ 时，最后，我们得到不等式

$$S_0(x)<2\lambda_n^{\frac{1}{2\alpha_1}} \tag{182'}$$

当规定 $\lambda_n<1$ 常注意到(182) 时，我们便知：对于任何 $\alpha_1(0<\alpha_1)$，不等式

$$S_0(x)<\left(2+\frac{1}{\alpha_1}\right)\lambda_n^{\frac{1}{2\alpha_1+2}} \tag{183}$$

是成立的.

对于任一在$[0,1]$上有界的函数 $f(x)$，我们定义

$$B_n(x)=\sum_{k=0}^{n}f(\tau_{k,n})p_{k,n}(x) \tag{184}$$

为推广的伯恩斯坦多项式. 这多项式同序列 $0,0\leqslant\alpha_1\leqslant\alpha_2\leqslant\cdots\leqslant\alpha_n\leqslant\cdots$ 关联着. 如果令 $\alpha_k=k(k=0,1,\cdots)$，那么，简单的计算将表明，这个多项式就变为普通伯恩斯坦多项式(159).

定理 5 如果给了序列

$$\alpha_0=0,\alpha_0<\alpha_1\leqslant\alpha_2\leqslant\cdots\leqslant\alpha_n$$

$$\lim_{n\to\infty}\alpha_n=\infty,\sum_{n=1}^{\infty}\frac{1}{\alpha_n}=\infty \tag{185}$$

而 $f(x)$ 在$[0,1]$上是有界的，则在 $f(x)$ 的每一个连续点处，多项式 $B_n(x)$ 收敛于 $f(x)$. 如果同时 $f(x)$ 在$[0,1]$上连续而 $\omega(\delta)$ 是它的连续模，则在条件 $\alpha_1\leqslant 1$ 下即有不等式

$$|f(x)-B_n(x)|<2\left(1+\frac{1}{\alpha_1}\right)\omega(\sqrt{\lambda_n}) \tag{186}$$

最后，如果 $f(x)$ 在$[0,1]$上具有以常量 K 满足利普希茨条件的导函数，并且 $\alpha_1=1$，则

$$|f(x)-B_n(x)|<K\lambda_n \tag{187}$$

证明 我们先证明定理的第一部分. 我们来考虑不等式

$$| f(x) - B_n(x) | \leqslant \sum_{k=0}^{n} | f(\tau_{k,n} - f(x) | p_{k,n}(x) \quad (188)$$

由于关系式(167)及 $p_{k,n}(x)$ 的非负性,它是成立的.如果 x 是 $f(x)$ 的连续点,而 M 是 $| f(x) |$ 在[0,1]上的极大值,则对于任意一个 $\varepsilon > 0$,能找到这样的 δ,使得

$$| f(x) - f(t) | < \varepsilon + \frac{2M}{\delta} | x - t | \quad (189)$$

实际上,如果 $| x - t | \leqslant \delta$,则这个不等式从 $f(x)$ 在点 x 处的连续性就可知道,而如果 $| x - t | > \delta$,则它便可从 $| f(x) |$ 的有界性简单地推得.利用这个不等式,我们从(188)就得到不等式

$$| f(x) - B_n(x) | \leqslant \varepsilon \sum_{k=0}^{n} p_{k,n}(x) + \frac{2M}{\delta} \sum_{k=0}^{n} | x - \tau_{k,n} | p_{k,n}(x)$$

从这里,由于(183),我们将有:当 $n > n_0$ 时

$$| f(x) - B_n(x) | \leqslant \varepsilon + \frac{2M(1 + 2\alpha_1)}{\alpha_1 \delta} \lambda_n^{2\frac{1}{\alpha_1 + 2}} < 2\varepsilon$$

因为 λ_n 随着 n 的增大而趋于零.这也就证明了定理的第一部分.如果同时 $f(x)$ 在[0,1]上有连续模 $\omega(\delta)$,则对于任意的 m,将连接曲线 $y = f(x)$ 上对应于 $x = \frac{k}{m}$ 和 $x = \frac{k+1}{m}$ $(k = 0, 1, \cdots, m-1)$ 的点而成的线段作成具有方程式 $y = f_m(x)$ 的折线之后,由于不等式(117)和(118)我们将有

$$\begin{aligned} | f(x) - f(t) | < & | f(x) - f_m(x) | + \\ & | f_m(x) - f_m(t) | + \end{aligned}$$

$$|f_m(t)-f(t)|<$$
$$2\omega\left(\frac{1}{m}\right)+m\omega\left(\frac{1}{m}\right)|x-t| \tag{190}$$

利用这个不等式,我们从不等式(188)就得到不等式

$$|f(x)-B_n(x)|<2\omega\left(\frac{1}{m}\right)+m\omega\left(\frac{1}{m}\right)\cdot$$
$$\sum_{k=0}^{n}|x-\tau_{k,n}|p_{k,n}(x)<$$
$$2\omega\left(\frac{1}{m}\right)+\frac{m}{\alpha_1}\omega\left(\frac{1}{m}\right)\sqrt{\lambda_n}$$

因此,当从区间 $\lambda_n^{-\frac{1}{2}}\leqslant m\leqslant\lambda^{-\frac{1}{2}}+1$ 选择 m 时,我们得到

$$|f(x)-B_n(x)|<\left[2+\frac{1+\sqrt{\lambda_n}}{\alpha_1}\right]\omega(\sqrt{\lambda_n})<$$
$$\frac{2(\alpha_1+1)}{\alpha_1}\omega(\sqrt{\lambda_n})$$

换句话说,就是不等式(186)当 $\alpha_k=k$ 时

$$\tau_{k,n}=\prod_{s=k+1}^{n}\left(1-\frac{1}{s}\right)=\frac{k}{n},p_{k,n}(x)=[k,k+1,\cdots,n]=$$
$$\frac{n!}{k!\ (n-k)!}x^k(1-x)^{n-k}$$

并可直接算出 $\lambda_n\geqslant S_2(x)$. 实际上

$$S_2(x)=\sum_{k=0}^{n}\left(x-\frac{k}{n}\right)^2\frac{n!}{k!\ (n-k)!}x^k(1-x)^{n-k}=$$
$$x^2-2x^2+\frac{x}{n}\sum_{k=0}^{n-1}\frac{k+1}{n!}\frac{(n-1)!}{(n-1-k)!}x^k(1-$$
$$x)^{n-1-k}=\frac{x-x^2}{n}\leqslant\frac{1}{4n}$$

所以,对于普通的伯恩斯坦多项式,不等式(186)具有

形式

$$|f(x)-B_n(x)|<4\omega\left(\frac{1}{2\sqrt{n}}\right)$$

我们来证明定理的第二部分.如果 $f'(x)$ 以常量 K 满足利普希茨条件,则

$$|f'(x)-f'(t)|<K|x-t|$$

并且

$$\begin{aligned}&|f(t)-f(x)-f'(x)(t-x)|=\\&|f'(\zeta)-f'(x)||t-x|<\\&K|\zeta-x||t-x|<K(t-x)^2\end{aligned}\tag{191}$$

因为 $|\zeta-x|<|t-x|$.

从关系式

$$\begin{aligned}&|f(x)-B_n(x)|=\\&|\sum_{k=0}^{n}[f(x)-f(\tau_{k,n})]p_k(x)|=\\&|\sum_{k=0}^{n}[f(x)-f(\tau_{k,n})+\\&f'(x)(\tau_{k,n}-x)]p_{k,n}(x)|<\\&K\sum_{k=0}^{n}(x-\tau_{k,n})^2p_{k,n}(x)<\\&K\lambda_n\end{aligned}$$

因为当 $\alpha_1=1$ 时,$\tau_{k,n}=\mu_{k,n}$,及

$$\sum_{k=0}^{n}(x-\mu_{k,n})p_{k,n}(x)=x-x=0(n\geqslant 3)\tag{192}$$

即得我们定理的最后论断.因为 $\lambda_n=\frac{1}{4n}$,于是对于普通的伯恩斯坦多项式将有不等式

$$|f(x)-B_n(x)|<\frac{K}{4n} \tag{193}$$

现在来证明 $\lambda_n \to 0$. 从不等式(178) 可得

$$\lambda_n < C_0\prod_{k=v}^{n-1}\left(1-\frac{1}{\alpha_{k+1}}\right)^2+\max_{v\leqslant k\leqslant n-1}[\mu_{k,n}^2-\mu'_{k,n}] \tag{194}$$

首先由于级数 $\sum\limits_{k=v+1}^{\infty}\alpha_k^{-1}$ 的收敛性,可以断言

$$\lim_{n\to\infty}\prod_{k=v}^{n-1}\left(1-\frac{1}{\alpha_{k+1}}\right)\leqslant\lim_{n\to\infty}\frac{1}{\sum\limits_{k=v}^{n-1}\alpha_{k+1}^{-1}}=0 \tag{195}$$

我们让

$$\theta_k=\prod_{s=k}^{n-1}\left(1-\frac{\alpha_1}{\alpha_{s+1}}\right)^2-\prod_{s=k}^{n-1}\left(1-\frac{2\alpha_1}{\alpha_{s+1}}\right)$$
$$(k=v,v+1,\cdots,n-1)$$

因而有

$$\theta_v=\prod_{k=v}^{n-1}\left(1-\frac{\alpha_1}{\alpha_{k+1}}\right)^2-\prod_{k=v}^{n-1}\left(1-\frac{2\alpha_1}{\alpha_{k+1}}\right),\theta_{n-1}=\frac{\alpha_1^2}{\alpha_n^2}$$

所以,如果数列 $\theta_v,\cdots,\theta_{k-1}$ 中最大的数是这数列两端之一,则的确便有

$$\theta_k<\frac{\alpha_1^2}{\alpha_n^2}+\prod_{k=v}\left(1-\frac{\alpha_1}{\alpha_{k+1}}\right)^2$$

这就是说,由于条件 $\sum\limits_{k=v}^{\infty}\alpha_k^{-1}=\infty,\lim\limits_{k\to\infty}\alpha_k=\infty$

$$\overline{\lim_{n\to\infty}}\lambda_n=0$$

假定在数列 $\theta_v,\cdots,\theta_{n-1}$ 中最大的数是 $\theta_p,p<n-1$. 于是从恒等式

$$\theta_p=\left(1-\frac{\alpha_1}{\alpha_{p+1}}\right)^2\theta_{p+1}+\frac{\alpha_1^2}{\alpha_{p+1}^2}\prod_{k=p+1}^{n-1}\left(1-\frac{2\alpha_1}{\alpha_{k+1}}\right)$$

由于 θ_p 是最大值,即有不等式

$$\theta_p \leqslant \left(1-\frac{\alpha_1}{\alpha_{p+1}}\right)^2\theta_p+\frac{\alpha_1^2}{\alpha_{p+1}^2}\prod_{k=p+1}^{n-1}\left(1-\frac{2\alpha_1}{\alpha_{k+1}}\right)$$

或不等式

$$\theta_p<\frac{\alpha_1}{\left(2-\frac{\alpha_1}{\alpha_{p+1}}\right)\alpha_{p+1}}\prod_{k=p+1}^{n-1}\left(1-\frac{2\alpha_1}{\alpha_{k+1}}\right)<$$

$$\frac{\alpha_1}{\alpha_{p+1}}\prod_{k=p+1}^{n-1}\left(1-\frac{2\alpha_1}{\alpha_{k+1}}\right)$$

因此,量 $\theta_v,\cdots,\theta_{n-2}$ 中的最大数不超过数

$$\gamma_k=\frac{\alpha_1}{\alpha_{k+1}}\prod_{s=k+1}^{n-1}\left(1-\frac{2\alpha_1}{\alpha_{s+1}}\right)(k=v,v+1,\cdots,n-2)$$

中的最大数. 对于任一 ε 及 $n>n(\varepsilon)$,两个不等式

$$\alpha_{k+1}<\frac{1}{\varepsilon},\prod_{s=k+1}^{n-1}\left(1-\frac{2\alpha_1}{\alpha_{s+1}}\right)>\varepsilon\quad(k=v,\cdots,n-2)$$

中之一,由于加于 α_k 的条件,应该是不正确的. 所以,当 $n>n_0$ 时

$$\max\theta_s\leqslant\max\gamma_k\leqslant\alpha_1\varepsilon,\ n>n(\varepsilon)$$

因此

$$\lim_{n\to\infty}\max_{v\leqslant k\leqslant n-1}[\mu_{k,n}^2-\mu'_k,n]=\lim_{n\to\infty}\max_{v\leqslant k\leqslant n-1}\theta_k=0$$

我们来考察一个例子. 设 $\alpha_k=k^\gamma(0<\gamma<1,k=0,1,\cdots)$. 于是 $\alpha_1=1$ 并且

$$\rho_n=\prod_{k=v}^{n-1}\left(1-\frac{2}{k^\gamma}\right)<\mathrm{e}^{-2\sum\limits_{k=v}^{n-1}k^{-\gamma}}<\mathrm{e}^{-2\frac{2}{1-\gamma}[(n-1)^{1-\gamma}-v^{1-\gamma}]}$$

其次

$$\gamma_k=\frac{1}{(k+1)^\gamma}\prod_{s=k+2}^{n-1}\left(1-\frac{2}{s^\gamma}\right)<$$

$$\mathrm{e}^{-(1-2^\gamma)n^{1-\gamma}=0(n^{1-\gamma})}\quad\left(k\leqslant\frac{n}{2}\right)$$

并且

$$\gamma_k < \frac{2}{n^\gamma} \quad \left(k > \frac{n}{2}\right)$$

所以

$$\lambda_n < C_1 n^{-\gamma}$$

其中 C_1 是常量.

从定理 5 即得定理 6.

定理 6 函数组

$$1, x^{\beta_k} \ln^v x \quad (0 \leqslant v \leqslant p_k - 1; k = 1, 2, \cdots) \tag{196}$$

其中 v 是整有理数,于区间[0,1]上连续的函数类中是完备的,只要 $0 < \beta_1 \cdots < \beta_n < \cdots$,并且

$$\text{(A)} \lim_{k \to \infty} \beta_k = \infty; \text{(B)} \sum_{k=1}^{\infty} \frac{p_k}{\beta_k} = \infty \tag{197}$$

当 $p_k = 1 (k = 1, 2, \cdots)$ 时,我们便得到敏茨定理. 对于这个函数组的完备性而言,条件 B 是必要的(条件 A,一般说来,不是必要的).

实际上,若设 $p_k = 1 (k = 1, 2, \cdots)$,那么,如果没有条件 B 定理 6 也对的话,则对于任意的 ε,将有这样的伪多项式 $P_n(x)$ 存在,使得

$$\max_{0 \leqslant x \leqslant 1} | f(x) - P_n(x) | < \varepsilon, P_n(x) = \sum_{k=0}^{n} A_k x^{\alpha_k}$$

因而便有

$$\int_0^1 [f(x) - P_n(x)]^2 \mathrm{d}x \leqslant \varepsilon^2$$

而这就是说

$$\lim_{n \to \infty} \min_{P_n} \int_0^1 [f(x) - P_n(x)]^2 \mathrm{d}x = 0 \tag{198}$$

其中极小值是按照所有次数不高于 α_n 的伪多项式来

取的. 在 $\alpha_0=0(0<\alpha_1<\alpha_2<\cdots)$ 及 $\sum_{k=1}^{\infty}a_k^{-1}<\infty$ 的情形下,我们来对函数 $x^{\lambda}(\lambda\neq a_k,k=0,1,\cdots)$ 精确地解决关于极小值的问题. 我们选择这样的数 $a_0,a_1,\cdots,a_n$ 使得积分

$$I_n=\int_0^1\left[x^{\lambda}+\sum_{k=0}^{n}a_kx^{\alpha_k}\right]^2\mathrm{d}x \tag{199}$$

取得它的极小值. 为此,我们对 $a_k(k=0,1,\cdots,n)$ 连续微分 I_n,并求出适合下述条件的 a_k

$$\frac{1}{2}\frac{\partial I_n}{\partial a_k}=\frac{1}{\lambda+\alpha_k+1}+\sum_{s=0}^{n}\frac{a_s}{\alpha_s+\alpha_k+1}=0$$
$$(k=0,1,\cdots,n) \tag{200}$$

令

$$Q(z)=(z+\lambda+1)\prod_{s=0}^{n}(z+\alpha_s+1)$$
$$R(z)=\prod_{k=0}^{n}(z-\alpha_k)$$

之后,我们将有

$$\frac{1}{z+\lambda+1}+\sum_{s=0}^{n}\frac{a_s}{\alpha_s+z+1}=\frac{P(z)}{Q(z)}=C\frac{R(z)}{Q(z)} \tag{201}$$

其中 C 是常量,因为 $P(z)$ 的次数不高于 $n+1$ 而且满足条件(200). 要确定 C,只要于恒等式(201) 的两端各乘以 $z+\lambda+1$ 并令 $z=-\lambda-1$ 就足够了. 于是,我们得到

$$C=\frac{R(-\lambda-1)}{Q(-\lambda-1)}=\frac{R(\lambda)}{Q(\lambda)} \tag{202}$$

从(109) 和(200),我们得到

$$I_n=\frac{1}{2\lambda+1}+\sum_{s=0}^{n}\frac{a_s}{\alpha_s+\lambda+1}=$$

$$C\frac{R(\lambda)}{Q(\lambda)}=\left[\frac{R(\lambda)}{Q(\lambda)}\right]^2 \tag{203}$$

换句话说

$$I_n=\prod_{k=0}^{n}\left(\frac{\alpha_k-\lambda}{\alpha_k+\lambda+1}\right)^2=\frac{\lambda^2}{(\lambda+1)^2}\prod_{k=1}^{n}\left(\frac{1-\frac{\lambda}{\alpha_k}}{1+\frac{\lambda+1}{\alpha_k}}\right)^2$$

因此,由于级数 $\sum\limits_{k=1}^{\infty}\alpha_k^{-1}$ 的收敛性,可见

$$\lim_{n\to\infty}I_n=\frac{\lambda^2}{(\lambda+1)^2}\prod_{k=1}^{\infty}\left(\frac{1-\frac{\lambda}{\alpha_k}}{1+\frac{\lambda+1}{\alpha_k}}\right)^2>0$$

这与极限关系式(198) 矛盾,因而证明了条件 B 的必要性.

5. 在复变平面内,函数的近似多项式、法贝尔多项式

我们知道,每一个在区间上连续的函数总可任意好地以多项式来近似它.

在复变平面内,也有类似的情况. 每一个在某一有限单连通域 D 内正规的函数可在这区域的每一个子域的内部用多项式来近似. 同时,在闭域 $\overline{D}$ 内均匀近似的可能性同一些必须加于境界线结构上的限制关联着.

今后,对于我们,有用的仅是具有正常境界线的那些区域.

对于复变平面内的近似问题,利用法贝尔多项式是最为方便的.

设 D 是 z 平面内有限的单连通域,它被正规解析

曲线界限着.从对于保角映射的黎曼基本定理即知,包含着无穷远点的区域 D 的外部,借助于函数

$$z=\varphi(\zeta)=\frac{1}{\zeta}+a_0+a_1\zeta+a_2\zeta^2+\cdots$$

可被保角映射为 ζ 平面内圆 $|\zeta|=R$ 的内部. R 由区域 D 确定,而 z 平面内的无穷远点被变换为 ζ 平面内的原点.因按照假设 D 有解析曲线境界线,所以 $\varphi(\zeta)-\frac{1}{\zeta}$ 便是圆 $|\zeta|=R$ 内的正规函数,换句话说,在圆域 $|\zeta|\leqslant R_1$ 内,其中 $R_1>R$,是正规函数.我们来考虑函数

$$f(\zeta)=\frac{\varphi'(\zeta)}{\varphi(\zeta)-t}=\frac{-\zeta^{-2}+a_1+2a_2\zeta+\cdots}{\zeta^{-1}+(a_0-t)+a_1\zeta+\cdots} \tag{204}$$

其中 t 是区域 D 的某一个内点.设点 t 不越出在区域 D 内的区域 $\overline{D}_1$ 的境界线.因为 $\varphi(\zeta)$ 在圆周 $|\zeta|=R$ 上是正规的,所以,选择充分小的 $\varepsilon>0$ 之后,我们可以断言,将圆周 $|\zeta|=R+\varepsilon$ 变换成境界线 C_1 时,C_1 便与区域 $\overline{D}_1$ 无共同点,因为圆周 $|\zeta|=R$ 变换成 D 的境界线 C,而 $\overline{D}_1$ 在 D 内.由此可见,只要 t 不越出区域 $\overline{D}_1$ 的境界线,在 $|\zeta|\leqslant R+\varepsilon=\rho$ 情形下,$\varphi(\zeta)-t$ 便不会变为零.函数 $f(\zeta)$ 是 $\varphi(\zeta)-t$ 的对数导函数,$\varphi(\zeta)-t$ 在圆域 $|\zeta|\leqslant\rho$ 内仅有一个奇点 —— 在点 $\zeta=0$ 处的一级奇点,而且在这个圆域内不会变为零.所以,$f(\zeta)$ 在圆域 $|\zeta|\leqslant\rho$ 内除点 $\zeta=0$ 外处处是正规的,在 $\zeta=0$ 处 $f(\zeta)$ 有一级极点且具有残数 -1.由此可见,当 $t\in\overline{D}_1$ 时

$$f(\zeta)=-\frac{1}{\zeta}-\sum_{k=0}^{\infty}P_{k+1}(t)\zeta^k,\ \overline{\lim_{n\to\infty}}\sqrt[n]{|P_n(t)|}\leqslant\frac{1}{\rho} \tag{205}$$

其中 ρ 与 t 无关.

我们要证明,$P_k(t)$ 是 t 的 k 次多项式. 实际上,从关系式(204) 直接可以得到

$$f(\zeta)=-\frac{1}{\zeta}+\frac{a_0-t+a_1\zeta+2a_2\zeta^2+\cdots}{1+(a_0-t)\zeta+a_1\zeta^2+\cdots}=$$

$$-\frac{1}{\zeta}-\left[t-a_0-\sum_{k=1}^{\infty}ka_k\zeta^k\right]\cdot$$

$$\sum_{s=0}^{\infty}\left[(t-a_0)\zeta-\sum_{k=1}^{\infty}a_k\zeta^{k+1}\right]^s$$

因为在第一个因式内 t 仅包含在自由项内,而在第二因式内 t 仅被乘以 ζ,所以,这个公式直接证明了:$P_n(t)$ 是最高次项为 t^n 的 t 的多项式.

现在设 $F(z)$ 在区域 D 内为正规并在 D 的境界线上连续. 对于区域 D,我们仍然保留先前的假设. 更设 t 是闭域 $\overline{D}_1$ 的点,所有 $\overline{D}_1$ 的点都是 D 的内点.

我们来考虑柯西积分

$$F(z)=\frac{1}{2\pi\mathrm{i}}\int_C\frac{F(z)}{z-t}\mathrm{d}t$$

其中 C 是 D 的境界线. 因为封闭境界线 C 是正规解析曲线并且 $z=\varphi(\zeta)$ 单值地映射境界线成为圆周 $|\zeta|=R$,所以,可以在柯西积分内做变数更换,而令 $z=\varphi(\zeta)$. 于是,当注意到积分路线的正方向被代以相反方向时,我们将有

$$F(t)=-\frac{1}{2\pi\mathrm{i}}\int_{|\zeta|=R}\frac{F[\varphi(\zeta)]\varphi'(\zeta)}{\varphi(\zeta)-t}\mathrm{d}\zeta$$

由此,因为级数(205) 当 $|\zeta|\leqslant R+\frac{\varepsilon}{2}=\rho-\frac{\varepsilon}{2}$ 时均匀收敛并且沿着路线 $|\zeta|=R$ 可以逐次积分,最后,我们便有表示式

$$F(t)=\sum_{k=0}^{\infty}A_kP_k(t),P_0(t)=1 \qquad (206)$$

其中

$$A_0=\frac{1}{2\pi i}\int_{|\zeta|=R}\frac{F[\varphi(\zeta)]}{\zeta}d\zeta$$

$$A_k=\frac{1}{2\pi i}\int_{|\zeta|=R}F[\varphi(\zeta)]\zeta^{k-1}d\zeta \quad (k\geqslant 1) \quad (207)$$

并且 $t\in\overline{D}_1$. 利用不等式(205),我们得到当 $t\in\overline{D}_1$ 时

$$\left|F(t)-\sum_{k=0}^{n}A_kP_k(t)\right|<C_0(\varepsilon)\sum_{k=N+1}^{\infty}\left(R+\frac{\varepsilon}{2}\right)^{-k}\cdot$$

$$\left|\frac{1}{2\pi}\int_{|\zeta|=R}F[\varphi(\zeta)]\zeta^k\frac{d\zeta}{\zeta}\right|<C_0(\varepsilon)M\left[\frac{R}{R+\frac{\varepsilon}{2}}\right]^N$$

其中 M 是 $F(z)$ 在 D 的境界线上的最大模. 因此,我们就证明了多项式

$$Q_N(z)=\sum_{k=0}^{N}A_kP_k(z) \qquad (208)$$

在每一个属于 D 的区域 $\overline{D}_1$ 的内部均匀收敛于 $F(z)$. 多项式 $P_k(z)$ 叫作法贝尔多项式,它仅与给定的区域 D 有关.

我们来考虑特例. 设区域 D 是圆域 $|z-a|\leqslant r$. 那么,函数 $\zeta=\frac{1}{z-a}$ 便将这个圆域的外部变换为圆域 $|\zeta|\leqslant\frac{1}{z}$ 的内部. 在这种情形,$\varphi(\zeta)=\frac{1}{\zeta}+a$ 并且

$$f(\zeta)=-\frac{1}{\zeta[1-(t-a)\zeta]}=-\sum_{k=0}^{\infty}(t-a)^k\zeta^{k-1}$$

级数(206) 于是就成为泰勒级数. 函数

$$z=\varphi(\zeta)=\frac{1}{2}\left(\zeta+\frac{C^2}{\zeta}\right) \quad (C>0) \qquad (209)$$

保角地将圆域 $|\zeta| \leqslant \rho < C$ 映射成在平面 $z=x+\mathrm{i}y$ 内的椭圆

$$\frac{x^2}{\frac{1}{4}\left(\rho+\frac{C^2}{\rho}\right)^2}+\frac{y^2}{\frac{1}{4}\left(\rho-\frac{C^2}{\rho}\right)^2}=1 \tag{210}$$

的外部,这是因为在 $|\zeta| < C$ 情形下,函数 $\varphi(\zeta)$ 是单叶函数,并且只要 $\zeta=\mathrm{e}^{\mathrm{i}\psi}$,则

$$z=x+\mathrm{i}y=\frac{1}{2}\left(\rho+\frac{C^2}{\rho}\right)\cos\psi+\frac{1}{2}\mathrm{i}\left(\rho-\frac{C^2}{\rho}\right)\sin\psi$$

函数 $f(\zeta)$ 在这种情形下将是

$$f(\zeta)=\frac{2\zeta-2t}{\zeta(\zeta^2-2t\zeta+C^2)}=$$

$$-\frac{1}{\zeta}+\frac{1}{\zeta+t-\sqrt{t^2-C^2}}+$$

$$\frac{1}{\zeta-t+\sqrt{t^2-C^2}}$$

因为

$$\frac{1}{\zeta-[t-\sqrt{t^2-C^2}]}=-\sum_{n=0}^{\infty}[t-\sqrt{t^2-C^2}]^{-n-1}\zeta^n=$$

$$-\sum_{n=0}^{\infty}[t+\sqrt{t^2-C^2}]^{n+1}C^{-2n-2}\zeta^n \cdot$$

$$\frac{1}{\zeta-[t+\sqrt{t^2-C^2}]}=$$

$$-\sum_{n=0}^{\infty}[t+\sqrt{t^2-C^2}]^{-n-1}\zeta^n=$$

$$-\sum_{n=0}^{\infty}[t-\sqrt{t^2-C^2}]^{n+1}C^{-2n-2}\zeta^n$$

所以

$$f(\zeta)=-\frac{1}{\zeta}-\sum_{n=0}^{\infty}C^{-2n-2}[(t+\sqrt{t^2-C^2})^{n+1}+$$

$$(t-\sqrt{t^2-C^2})^{n+1}]\zeta^n$$

而这就是说

$$P_n(t)=C^{-2n}[(t+\sqrt{t^2-C^2})^n+(t-\sqrt{t^2-C^2})^n] \tag{211}$$

换句话说,$P_n(t)$ 中区间$[+C,-C]$上的 n 次切比雪夫多项式仅相差一个常数因子. 上面证明的把在椭圆(210) 内正规的函数 $F(z)$ 按照法贝尔多项式展成级数的定理就使我们得出早先已建立过的将这样的函数表示成切比雪夫多项式的这一事实.

由方程式(210) 给出的椭圆,它的焦点在$(\pm C,0)$处,短轴之半等于 $\frac{1}{2}\left(\frac{C^2}{\rho}-\rho\right)$,长轴之半等于 $\frac{1}{2}\left(\frac{C^2}{\rho}+\rho\right)$. 当固定短轴之半的长度而令

$$\frac{C^2}{\rho}-\rho=2k, C^2=\rho^2+2k\rho \quad (k>0)$$

且无限地增大 ρ 时,我们将得到这样的椭圆:它的半个短轴为定数 k,无限增大的半长轴 $m=\rho+k$

$$\frac{x^2}{(\rho+k)^2}+\frac{y^2}{k^2}=1 \tag{212}$$

在平面 $z=x+\mathrm{i}y$ 内,属于带域 $|y|<k$ 的不论什么样的点(x_0,y_0),$|y_0|<k$,在 ρ 充分大的情形下将一定落入椭圆(212) 内,因为对于这个椭圆的内点

$$|y|>k\sqrt{1-\frac{x^2}{(\rho+k)^2}}=$$

$$k-\frac{kx^2}{(\rho+k)[\rho+k+\sqrt{(\rho+k)^2-x^2}]}$$

换句话说,不论怎样的 x_0,在 ρ 充分大的情形下,对于内点的量 $|y|$ 将任意地接近于数 k. 由此可见,在带域

$|y|<k$ 内的正规函数 $F(z)$，在这带域子域的任一有限内部可用切比雪夫多项式(211)尽可能地近似它.

第三编

差分算子的应用

第8章　正交多项式回归理论中一个递推关系的证明

令 $\varphi_k(t)$ 表示 k 阶多项式，对于一组首项系数为 1 的多项式 $\{\varphi_k(t),k\geqslant 0\}$ 在 $t=0,1,\cdots,(N-1)$ 处正交，即

$$\sum_{t=0}^{N-1}\varphi_i(t)\varphi_j(t)=\begin{cases}0, i\neq j\\ \sum\limits_{t=0}^{N-1}[\varphi_i(t)]^2\neq 0, i=j\end{cases}$$

西南交通大学应用数学系的宋学坤教授利用差分算子证明了它们有递推关系 $\varphi_{k+1}(t)=\varphi_1(t)\varphi_k(t)-a_{k-1}\varphi_{k-1}(t)$，其中

$$a_{k-1}=\frac{k^2(N^2-k^2)}{4(4k^2-1)}$$

§1 引　　言

设$\{\varphi_k(t), k \geqslant 0\}$为一组首项系数为 1 的多项式，在 $t=0,1,\cdots,(N-1)$ 处正交，即

$$\sum_{t=0}^{N-1}\varphi_i(t)\varphi_j(t)=\begin{cases}0, i\neq j\\ \sum_{t=0}^{N-1}[\varphi_i(t)]^2 \triangleq V_i\neq 0, i=j\end{cases} \tag{1}$$

其中 φ_k 表示 k 阶多项式. 在此条件下，如何构造这一组正交多项式是正交多项式回归理论中的一个关键问题之一. 这个构造问题实际上在很早以前已被解决，即它们有递推关系

$$\varphi_{k+1}(t)=\varphi_1(t)\varphi_k(t)-a_{k-1}\varphi_{k-1}(t) \tag{2}$$

其中

$$a_{k-1}=\frac{k^2(N^2-k^2)}{4(4k^2-1)} \tag{3}$$

取 $\varphi_0(t)=1$，由正交性容易得到 $\varphi_1(t)=t-\bar{t}$，其中 $\bar{t}=\frac{(N-1)}{2}$. 于是我们便可以通过(2) 及(3) 求出更高阶数的正交多项式[1].

1987 年夏，项可风先生在西南交通大学讲学时提出，证明此结果的文献已很难找到，希望能重新给出证明. 本章的目的就是给出此递推关系的一种证明.

本章的结构如下：第二节我们给出若干引理；第三节我们在承认这些引理之下给出主要结果的证明；第四节我们再来证明第二节中的引理.

§2　若干引理

定义　设$\{f_k(x),k\geqslant 0\}$是一组多项式，它们正交，如果

$$\sum_{x=0}^{N-1} f_i(x)f_j(x)=\begin{cases}0,i\neq j\\ \sum\limits_{x=0}^{N-1}[f_i(x)]^2\neq 0,i=j\end{cases}\tag{1}$$

其中$f_k(x)$记为k阶多项式.

引理1　$f_k(x)=(-1)^k f_k(N-1-x)$.

引理2　$\sum\limits_{x=0}^{N-1} f_1(x)[f_k(x)]^2=0$.

引理3　首项系数为1的正交多项式唯一.

引理4　对于任意给定的一个阶数低于k的i阶多项式$\mu_i(x)$，有

$$\sum_{x=0}^{N-1}\mu_i(x)f_k(x)=0$$

引理5

$$\Delta^k\binom{x-j}{j}=\binom{x-j}{j-k}\quad (k\leqslant j)$$

而当$k>j$时，约定

$$\Delta^k\binom{x-j}{j}=0$$

其中，$\binom{x}{m}$表示广义的组合数[2]，并且Δ表示差分算子，即对任意一函数$h(x)$有$\Delta h(x)=h(x+1)-h(x)$. 如果以T表示位移算子，即$Th(x)=h(x+1)$，

那么

$$\Delta = T - I \tag{2}$$

其中 I 记为单位算子，且约定 $T^0 = I$. 对任意一个 j 阶多项式 $f_j(x)$，$\Delta^{-k} f_j(x) = \{j+k$ 阶多项式$\}+C$，其中 C 为任意常数. 因此，为了使此负幂差分运算具有唯一性，我们给出边界条件如下：对任意一函数 $f(t)$

$$\Delta^{-k} f(t) = 0 \quad (0 \leqslant t < k) \tag{3}$$

$$\Delta^{-k} f(N) = \sum_{t=0}^{N-k} \binom{N-1-t}{k-1} f(t) \tag{4}$$

引理 6

(a) $\binom{x-N}{k} = \sum_{j=0}^{k} (-1)^j \binom{x-k}{k-j} \binom{N-k+j-1}{j}$；

(b) $\binom{x}{j} \binom{x-N}{j} = (-1)^j \binom{x}{j} \binom{N-x+j-1}{j}$.

§3　主要结果的证明

首先我们考虑用正交多项式 $\{\varphi_k(t), k \geqslant 0\}$ 为基展开 $\varphi_1(t)\varphi_k(t)$. 显然 $\varphi_1(t)\varphi_k(t)$ 是首项系数为 1 的 $k+1$ 阶多项式，于是有

$$\varphi_1(t)\varphi_k(t) = \varphi_{k+1}(t) + a_k \varphi_k(t) + a_{k-1}\varphi_{k-1}(t) + \cdots + a_1 \varphi_1(t) + a_0 \tag{1}$$

由引理 2 知

$$a_k = \sum_{t=0}^{N-1} \varphi_1(t) [\varphi_k(t)]^2 = 0 \tag{2}$$

又注意到 $j \geqslant 2$

$$a_{k+1-j}=\frac{\sum_{t=0}^{N-1}\varphi_1(t)\varphi_k(t)\varphi_{k+1-j}(t)}{\sum_{t=0}^{N-1}[\varphi_{k+1-j}(t)]^2}=$$

$$\frac{V_k}{V_{k+1-j}}\cdot\frac{\sum_{t=0}^{N-1}\varphi_1(t)\varphi_{k+1-j}(t)\varphi_k(t)}{V_k}$$

上式右边第二项实际上是用正交多项式$\{\varphi_k(t),k\geqslant 0\}$为基展开$\varphi_1(t)\varphi_{k+1-j}(t)$中$\varphi_k(t)$项前的系数. 当$j>2$时,显然$\varphi_1(t)\varphi_{k+1-j}(t)$是低于$k$阶的多项式. 因此

$$a_{k+1-j}=0\quad(j\geqslant 3)\tag{3}$$

于是(1)变成

$$\varphi_1(t)\varphi_k(t)=\varphi_{k+1}(t)+a_{k-1}\varphi_{k-1}(t)\tag{4}$$

在(4)两边同乘$\varphi_{k-1}(t)$并对t求和得

$$\sum_{t=0}^{N-1}\varphi_1(t)\varphi_k(t)\varphi_{k-1}(t)=a_{k-1}\sum_{t=0}^{N-1}[\varphi_{k-1}(t)]^2\tag{5}$$

(4)还可以写成

$$\varphi_1(t)\varphi_{k-1}(t)=\varphi_k(t)+a_{k-2}\varphi_{k-2}(t)\tag{6}$$

在(6)两边同乘$\varphi_k(t)$并对t求和得

$$\sum_{t=0}^{N-1}\varphi_1(t)\varphi_{k-1}(t)\varphi_k(t)=\sum_{t=0}^{N-1}[\varphi_k(t)]^2\tag{7}$$

由(5)及(7)有

$$a_{k-1}=\frac{\sum_{t=0}^{N-1}[\varphi_k(t)]^2}{\sum_{t=0}^{N-1}[\varphi_{k-1}(t)]^2}\tag{8}$$

为求得a_{k-1},只需求出$V_k=\sum_{t=0}^{N-1}[\varphi_k(t)]^2$即可. 为此,我们转而考虑这样一组多项式$\{\varphi_k(t),k\geqslant 0\}$满足

$$\sum_{t=0}^{N-1}\phi_i(t)\phi_j(t)=\begin{cases}0,i\neq j\\1,i=j\end{cases}\tag{9}$$

的构造问题. 注意到此时 $\phi_k(t)$ 的首项系数不再为 1，那么我们令

$$\varphi_k^*(i)=H_k\varphi_k(t)\tag{10}$$

其中 H_k 是使 $\varphi_k^*(t)$ 之首项系数为 1,且有

$$\sum_{t=0}^{N-1}\varphi_i^*(t)\varphi_j^*(t)=\begin{cases}0,i\neq j\\H_i^2,i=j\end{cases}\tag{11}$$

那么由引理 3 即有

$$\varphi_k^*(t)=\varphi_k(t)\tag{12}$$

且

$$V_k=H_k^2\tag{13}$$

因而我们只需求出 H_k 即可.

在引理 4 中取 $\mu_i(t)=\binom{N-1-t}{i}(i<k)$；$f_k(t)=\varphi_k(t)$,那么

$$\sum_{t=0}^{N-1}\mu_i(t)\varphi_k(t)=0\tag{14}$$

注意到，当 $t=(N-1),(N-2),\cdots,(N-i)$ 时，$\mu_i(t)=0$,于是由(4) 知

$$\sum_{t=0}^{N-1}u_i(t)\varphi_k(t)=\sum_{t=0}^{N-i-1}\binom{N-1-t}{i}\varphi_k(t)=$$

$$\Delta^{-(i+1)}\varphi_k(N)\tag{15}$$

因此

$$\Delta^{-(i+1)}\varphi_k(N)=0\quad(i=0,1,\cdots,k-1)\tag{16}$$

现令 $g(t)=\Delta^{-k}\varphi_k(t)$,那么 $g(t)$ 为 $2k$ 阶多项式,且

$$\varphi_k(t)=\Delta^k g(t)\tag{17}$$

注意到

(1) 由(16)知，在 $t=N$ 处，$\Delta^l g(t)=0(l=0,1,2,\cdots,k-1)$，其中约定 $\Delta^0 g(t)=g(t)$，那么由 $0=\Delta g(N)=g(N+1)-g(N)$ 知 $g(N+1)=0$. 类似地递推知

$$g(t)=0, t=N,N+1,\cdots,N+k-1 \tag{18}$$

(2) 由 §2(3) 知

$$g(t)=0 \quad (t=0,1,2,\cdots,k-1) \tag{19}$$

于是由(18)及(19)我们有

$$g(t)=C_k\prod_{m=0}^{k-1}(t-m)(t-N-m) \tag{20}$$

或

$$g(t)=\hat{C}_k\binom{t}{k}\binom{t-N}{k} \tag{21}$$

其中 C_k 与 $\hat{C}_k$ 均是仅依赖于 k 的常数.

由引理6(a)知，(21)可变成

$$g(t)=\hat{C}_k\sum_{t=0}^{k}(-1)^j\binom{t-k}{k-j}\binom{N-k+j-1}{j}\binom{t}{k}=$$

$$\hat{C}_k\sum_{j=0}^{k}(-1)^j\binom{t}{2k-j}\binom{2k-j}{k}\binom{N-k+j-1}{j} \tag{22}$$

又由引理5及差分算子的线性性质知

$$\varphi_k(t)=\hat{C}_k\sum_{j=0}^{k}(-1)^j\binom{t}{k-j}\binom{2k-j}{k}\binom{N-k+j-1}{j} \tag{23}$$

下面来求 $\hat{C}_k$. 为此我们考虑

$$\Delta^{-(k+1)}\varphi_k(N)=\sum_{t=0}^{N-k-1}\binom{N-t-1}{k}\varphi_k(t) \tag{24}$$

因 $\binom{N-t-1}{k}$ 是 k 阶多项式，那么我们可用 $\{\varphi_i(t),$

$0\leqslant i\leqslant k\}$ 将其展开. 其首项系数为$(-1)^k(k!)^{-1}$. 由(23) 知,$\varphi_k(t)$ 中 x^k 的系数为

$$\hat{C}_k\binom{2k}{k}(k!)^{-1} \tag{25}$$

于是

$$\binom{N-t-1}{k}=(-1)^k\left[\hat{C}_k\binom{2k}{k}\right]^{-1}\varphi_k(t)+ b_{k-1}\varphi_{k-1}(t)+\cdots+b_1\varphi_1(t)+b_0 \tag{26}$$

其中 $b_{k-l}(l=1,2,\cdots,k)$ 均为适当的常数.

在(26) 两边同乘 $\varphi_k(t)$ 并对 t 求和得

$$\Delta^{-(k+1)}\varphi_k(N)=(-1)^k\left[\hat{C}_k\binom{2k}{k}\right]^{-1} \tag{27}$$

注意到(27) 左边为 $\Delta^{-1}g(N)$,从而由 §2(4) 及本节(21) 知

$$\Delta^{-1}g(N)=\hat{C}_k\sum_{t=0}^{N-1}\binom{t}{k}\binom{t-N}{k} \tag{28}$$

于是(28) 变成

$$\hat{C}_k\sum_{t=0}^{N-1}\binom{t}{k}\binom{t-N}{k}=(-1)^k\left[\hat{C}_k\binom{2k}{k}\right]^{-1} \tag{29}$$

由引理 6(b) 知

$$(\hat{C}_k)^{-2}=\binom{2k}{k}(-1)^k\sum_{t=0}^{N-1}\binom{t}{k}\binom{t-N}{k}= \binom{2k}{k}\sum_{t=0}^{N-1}\binom{t}{k}\binom{N-t+k-1}{k} \tag{30}$$

注意到$\binom{t}{k}$是$(1+x)^{-(k+1)}$ 展开式中$(-x)^{t-k}$ 项的系数,而$\binom{N-t+k-1}{k}$是$(-x)^{N-t-1}$ 项的系数,因而

$\sum_{t=0}^{N-1}\binom{t}{k}\binom{N-t+k-1}{k}$ 是 $(1+x)^{-2(k+1)}$ 展开式中 $(-x)^{N-k-1}$ 项的系数，即为 $\binom{N+k}{2k+1}$. 于是

$$\hat{C}_k^2=\left[\binom{2k}{k}\binom{N+k}{2k+1}\right]^{-1} \tag{31}$$

为使 $\varphi_k(t)$ 首项系数为 1，由(25) 知，只需取

$$H_k=(k!)\left[\hat{C}_k\binom{2k}{k}\right]^{-1} \tag{32}$$

因而

$$\sum_{t=0}^{N-1}[\varphi_k(t)]^2=H_k^2=(k!)^2(\hat{C}_k)^{-2}\left[\binom{2k}{k}\right]^{-2}=$$

$$\frac{(k!)^2}{\left[\binom{2k}{k}\right]^2}\cdot\binom{2k}{k}\binom{N+k}{2k+1}=$$

$$(k!)^2\binom{N+k}{2k+1}\left[\binom{2k}{k}\right]^{-1}$$

于是

$$a_{k-1}=\frac{V_k}{V_{k-1}}=\frac{H_k^2}{H_{k-1}^2}=\frac{k^2(N^2-k^2)}{4(4k^2-1)}$$

到此完成了主要结果的证明.

§4　引理的证明

引理 4 的证明　将 $\mu_i(x)$ 用 $f_l(x)(l=0,1,\cdots,i<k)$ 展开得

$$\mu_i(x)=c_if_i(x)+c_{i-1}f_{i-1}(x)+\cdots+c_0f_0(x) \tag{1}$$

其中 $c_l=\sum_{x=0}^{N-1}\mu_i(x)f_l(x)(l=0,1,\cdots,i)$. 那么

$$\sum_{x=0}^{N-1}\mu_i(x)f_k(x)=\sum_{x=0}^{N-1}\left(\sum_{l=0}^{i}c_lf_l(x)\right)f_k(x)=$$
$$\sum_{l=0}^{t}c_l\sum_{x=0}^{N-1}f_l(x)f_k(x)=0$$

引理1的证明 容易验证$\{f_k(N-1-x),k\geqslant 0\}$满足 §2(1). 于是 $f_k(x)$ 可用$\{f_l(N-1-x)\}_{l=0}^{k}$ 展开. 注意到若 $f_k(x)$ 的首项系数为α_k,那么 $f_k(N-1-x)$ 的首项系数为$(-1)^k\alpha_k$. 于是

$$f_k(x)=(-1)^kf_k(N-1-x)+\alpha'_{k-1}f_{k-1}(N-1-x)+\cdots+\alpha'_0f_0(N-1-x) \tag{2}$$

其中

$$\alpha'_{k-j}=\frac{\sum_{x=0}^{N-1}f_k(x)f_{k-j}(N-1-x)}{\sum_{x=0}^{N-1}[f_{k-1}(N-1-x)]^2}\quad(j=1,2,\cdots,k)$$

由引理 4 知,当 $j\geqslant 1$ 时

$$\sum_{x=0}^{N-1}f_k(x)f_{k-j}(N-1-x)=0 \tag{3}$$

故 $\alpha'_{k-j}=0(j=1,2,\cdots,k)$.

引理 2 的证明. 由引理 1 知

$$\sum_{x=0}^{N-1}f_1(x)[f_k(x)]^2=$$
$$-\sum_{x=0}^{N-1}f_1(N-1-x)[f_k(N-1-x)]^2=$$
$$-\sum_{x=0}^{N-1}f_1(x)[f_k(x)]^2=0$$

引理 3 的证明 设$\{p_k(x),k\geqslant 0\}$为一组首项系数为1的正交多项式,其中$p_k(x)$表示k阶多项式.显然$p_0(x)\equiv 1$,唯一;今设$p_j(x)(j=0,1,\cdots,k-1)$唯一,下面证$p_k(x)$唯一.由

$$\sum_{x=0}^{N-1}p_k(x)p_j(x)=0\quad(k\neq j)\tag{4}$$

今若还有一首项系数为1的k阶多项式$p'_k(x)\neq p_k(x)$,满足

$$\sum_{x=0}^{N-1}p'_k(x)p_j(x)=0\quad(k\neq j)\tag{5}$$

那么(4)～(5)得

$$\sum_{x=0}^{N-1}(p_k(x)-p'_k(x))p_j(x)=0\quad(k\neq j)\tag{6}$$

记$q_{(k)}(x)\triangleq p_k(x)-p'_k(x)$,显然$q_{(k)}(x)$的阶数低于$k$,设为$l(<k)$.不妨设$q_{(k)}(x)$的首项系数为1,否则若$q_{(k)}(x)$的首项系数为非零常数$c_l(\neq 1)$,那么在等式(6)两边同除以$c_l$.于是由归纳假设知$q_{(k)}(x)=p_l(x)$,且取$j=l$,则(6)变成

$$\sum_{x=0}^{N-1}p_l(x)p_l(x)=0$$

矛盾.故必有$p_k(x)\equiv p'_k(x)$.

引理 5 的证明 为证明引理5为真,我们在下面给出一个更广的结果

$$\Delta^k\binom{x}{j}=\binom{x}{j-k}\quad(0\leqslant k\leqslant j)\tag{7}$$

当$k=0$时,(7)显然成立.

设当$k=i(\leqslant j-1)$时,(7)成立,那么

$$\Delta^{i+1}\binom{x}{j}=\Delta\left[\Delta^i\binom{x}{j}\right]=\Delta\binom{x}{j-i}=$$

$$\binom{x+1}{j-i}-\binom{x}{j-i}=$$

$$\frac{x!}{(j-i-1)!\ (x+i+1-j)!}=$$

$$\binom{x}{j-i-1}$$

引理6的证明 先证(b),后证(a).

因

$$\binom{x-N}{j}=\frac{(x-N)(x-N-1)\cdots(x-N-j+1)}{j!}=$$

$$(-1)^j\binom{N-x+j-1}{j}$$

故

$$\binom{x}{j}\binom{x-N}{j}=(-1)^j\binom{x}{j}\binom{N-x+j-1}{j}$$

注意到(b),有

$$\sum_{j=0}^{k}(-1)^j\binom{N-k+j-1}{j}\binom{x-k}{k-j}=$$

$$\sum_{i=0}^{k}\binom{k-N}{j}\binom{x-k}{k-j}=$$

$$\binom{x-N}{k}$$

其中最后一个等式是由[2]中第35个组合恒等式得到的.

参考文献

[1] 项可风,试验设计与数据处理[M]. 上海:上海科

技出版社,1989.
[2] 徐利治,蒋茂森,朱自强.计算组合数学[M].上海:上海科技出版社,1983.

差分算子在研究一类三角级数的特征中的应用

第 9 章

浙江农业大学的杨义群教授 1985 年通过引用差分算子研究了一类三角级数的特征.

§1 引 言

若对于任意 $\delta > 0$,存在 $a > 0$,使当 $x > a$ 时 $l(x) > 0$,$x^{\delta}l(x)\uparrow$ 及 $x^{-\delta}l(x)\downarrow$,则称 $l(x)$ 为慢变函数[1-7].为简单计,本章的 l 都是慢变函数,不再特别说明.

设 β 为实数.当下述级数收敛时,记

$$c_{\beta}(x)=\sum_{n=0}^{\infty}\lambda_n\cos\ (n+\beta)x$$

及

$$s_{\beta}(x)=\sum_{n=0}^{\infty}\lambda_n\sin\ (n+\beta)x \qquad (1)$$

本章在 λ_n 满足较弱的条件下,给出了

$$c_\beta(x) \simeq x^{\alpha-1} l\left(\frac{1}{x}\right) \quad (x \to 0+) \tag{2}$$

或

$$s_\beta(x) \simeq x^{\alpha-1} l\left(\frac{1}{x}\right) \quad (x \to 0+) \tag{3}$$

时 λ_n 具有的特征性质. 这里不仅比较系统地改进与拓广了[4－15]中这方面的一系列结果,而且可以从中见到这些结果之间的密切关系.

当式(1)中的一个级数在正测度上收敛时就有① $\lambda_n \to 0$. 而当 $\lambda_n \downarrow 0$ 时就有(参见[16]的附注2)

$$c_\beta(x) = o\left(\frac{1}{x}\right) \text{ 及 } s_\beta(x) = o\left(\frac{1}{x}\right) \quad (x \to 0+) \tag{4}$$

所以我们在式(2)与(3)中只考察

$$x^{\alpha-1} l\left(\frac{1}{x}\right) = o\left(\frac{1}{x}\right) \quad (x \to 0+) \tag{5}$$

的情形. 由上式可得 $\alpha \geqslant 0$,从而我们只考察式(2)与(3)在 $\alpha \geqslant 0$ 的情形.

§2 记号与引理

引理1 当 $\lambda_n \simeq l(n)$ 且 $\alpha > 0$ 时有

$$\sum_{k=1}^{n} k^{\alpha-1} \lambda_k \simeq \frac{n^\alpha}{\alpha} l(n)$$

及

---

① 当 $\beta = 0$ 时这是Gantor-Lebesque定理,当 $\beta \neq 0$ 时可类似地证明.

$$\sum_{k=n}^{\infty} k^{-\alpha-1}\lambda_k \simeq \frac{n^{-\alpha}}{\alpha} l(n)$$

证明 对于 $0<\delta<\alpha$，存在 $N>0$，使当 $n \geqslant N$ 时有

$$n^{\delta} l(n) \uparrow \text{ 及 } \lambda_n \leqslant (1+\delta) l(n)$$

于是有

$$\overline{\lim} \frac{n^{-\alpha}}{l(n)} \sum_{k=1}^{n} k^{\alpha-l}\lambda_k = \overline{\lim} \frac{n^{-\alpha}}{l(n)} \sum_{k=N}^{n} k^{\alpha-1} \leqslant$$

$$\overline{\lim}(1+\delta) n^{\delta-\alpha} \sum_{k=N}^{n} k^{\alpha-\delta-1} =$$

$$\frac{1+\delta}{\alpha-\delta}$$

再类似地考察下极限，就可由 $\delta \in (0,\alpha)$ 的任意性得到引理 1.

引理 2 若四种情形

$$\sum_{k=0}^{n} \lambda_k \begin{cases} \simeq l(n) \\ = o[l(n)] \end{cases}$$

及

$$\sum_{k=n}^{\infty} \lambda_k \begin{cases} \simeq l(n) \\ = o[l(n)] \end{cases}$$

之一成立，则对于一切 $\alpha>0$ 有

$$\sum_{k=1}^{n} k^{\alpha}\lambda_k = o[n^{\alpha} l(n)]$$

及

$$\sum_{k=r}^{\infty} k^{-\alpha}\lambda_k = o[n^{-\alpha} l(n)]$$

若其中的 o 都改成 O，则命题仍然成立.

证明 设 $\sum_{k=0}^{n} \lambda_k \simeq l(n)$. 由慢变函数的匀敛定理，

关于 $x,y\in\left[\frac{a}{2},a\right]$ 均匀地有

$$\sum_{k=[y]+1}^{[x]}\lambda_k=\sum_{k=0}^{[x]}\lambda_k-\sum_{k=0}^{[y]}\lambda_k=$$
$$l(x)-l(y)+o[l(a)]=$$
$$o[l(a)]\quad(a\to+\infty)$$

从而对于 $\varepsilon>0$ 及 $\alpha>0$,存在 $b>0$,使当 $a>\frac{b}{2}$ 时对于一切 $x,y\in\left[\frac{a}{2},a\right]$ 及 $z>a$ 有

$$z^{\frac{\alpha}{2}}l(z)>a^{\frac{\alpha}{2}}l(a)$$

及

$$\left|\sum_{k=[y]+1}^{[x]}\lambda_k\right|\leqslant\varepsilon l(a)$$

于是利用 Abel 变换可得

$$\left|\sum_{k=1}^{n}k^{\alpha}\lambda_k\right|\leqslant\sum_{v=0}^{\left[\log_2\frac{n}{b}\right]}\left|\sum_{k=[2^{-v-1}n]+1}^{[2^{-v}n]}k^{\alpha}\lambda_k\right|+O(1)\leqslant$$
$$\sum_{v=0}^{\left[\log_2\frac{n}{b}\right]}(2^{-v}n)^{\alpha}\varepsilon l(2^{-v}n)+O(1)\leqslant$$
$$\varepsilon n^{\frac{\alpha}{2}}l(n)\sum_{v=0}^{\left[\log_2\frac{n}{b}\right]}(2^{-v}n)^{\frac{\alpha}{2}}+O(1)\leqslant$$
$$\varepsilon n^{\alpha}l(n)\sum_{v=0}^{\infty}2^{-v\frac{\alpha}{2}}+O(1)$$

由此可得求证的前一等式.其余的证明是类似的.引理 2 证毕.

引理 3　设 $\beta\neq0$.若

$$\sum_{k=1}^{n}\lambda_k\simeq n^{\beta}l(n)\text{ 或 }-\sum_{k=n}^{\infty}\lambda_k\simeq n^{\beta}l(n)\qquad(1)$$

则有

$$\sum_{k=n}^{\infty} k^{-\alpha}\lambda_k \simeq \frac{\beta}{\alpha-\beta} n^{\beta-\alpha} l(n) \quad (\forall \alpha > \beta) \tag{2}$$

及

$$\sum_{k=1}^{n} k^{-\alpha}\lambda_k \simeq \frac{\beta}{\beta-\alpha} n^{\beta-\alpha} l(n) \quad (\forall \alpha < \beta) \tag{3}$$

证明 当 $n^{\beta} l(n) \to 0$ 不成立时(1) 的右式必不成立，而当 $n^{\beta} l(n) \to 0$ 成立时，只要赋 λ_1 以适当的值，可使(1) 的两式等价. 若设(1) 的左式成立，并记

$$\mu_n = \sum_{k=1}^{n} \lambda_k$$

则由引理 1

$$\sum_{k=1}^{n} k^{-\alpha}\lambda_k = \sum_{k=1}^{n-1} \mu_k [k^{-\alpha} - (k+1)^{-\alpha}] + n^{-\alpha}\mu_n$$

及

$$\mu_k [k^{-\alpha} - (k+1)^{-\alpha}] \simeq \alpha k^{\beta-\alpha-1} l(k)$$

可得式(3). 式(2) 可类似地得到. 引理 3 证毕.

引理 4 设 $k \geqslant 0, a_0 \neq 0$ 及

$$p_k(n) = \sum_{i=0}^{k} a_i n^{k-i}$$

其中 $a_i (i=0,1,\cdots,k)$ 都是实数. 则级数 $\sum_i p_k(i)\lambda_i$ 与 $\sum_i i^k \lambda_i$ 同时收敛或发散，且

$$\sum_{i=n}^{\infty} p_k(i)\lambda_i \simeq n^{\beta} l(n) \text{ 等价于 } a_0 \sum_{i=n}^{\infty} i^k \lambda_i \simeq n^{\beta} l(n) \tag{4}$$

若 $n^{\beta} l(n) \to +\infty$，则

$$\sum_{i=1}^{n} p_k(i)\lambda_i \simeq n^{\beta} l(n) \text{ 等价于 } a_0 \sum_{i=1}^{n} i^k \lambda_i \simeq n^{\beta} l(n) \tag{5}$$

证明　两个级数的同时敛散性由数列

$$\left\{\frac{p_k(i)}{i^k}\right\}_{i=1}^{\infty}$$

及

$$\left\{\frac{i^k}{p_k(i)}\right\}_{i}^{\infty}=1$$

的有界变差性(参见下述式(6))可知.由引理2与3可知,(4)的右式含有左式.另一方面,当(4)的左式成立时,若记

$$\mu_n = \sum_{i=n}^{\infty} p_k(i)\lambda_i$$

则由

$$a_0 \sum_{i=n}^{\infty} i^k \lambda_i = \frac{a_0 n^k}{p_k(n)}\mu_n - \sum_{i=n+1}^{\infty} \mu_i \left[\frac{a_0 i^k}{p_k(i)} - \frac{a_0 (i-1)^k}{p_k(i-1)}\right]$$

及

$$\frac{a_0 i^k}{p_k(i)} = 1 - \frac{a_1}{a_0 i} + O(i^{-2}) \tag{6}$$

可得(4)的右式.其余的证明类似.引理4证毕.

引理5　设λ_n拟单调[3],也即存在实数a与N,使当$n>N$时$n^a\lambda_n$单调.

(ⅰ)当$\sum_{k=0}^{n}\lambda_k \simeq n^{\alpha} l(n)$或$-\sum_{k=n}^{\infty}\lambda_k \simeq n^{\alpha} l(n)$时有

$$\lambda_n \begin{cases} \simeq \alpha n^{\alpha-1} l(n), \alpha \neq 0 \\ = o\left[\dfrac{l(n)}{n}\right], \alpha = 0 \end{cases} \tag{7}$$

(ⅱ)当$\sum_{k=0}^{n}\lambda_k = o[n^{\alpha} l(n)]$或$\sum_{k=n}^{\infty}\lambda_k = o[n^{\alpha} l(n)]$时

有

$$\lambda_n = o[n^{\alpha-1} l(n)]$$

若其中的 o 都改成 O,则命题仍然成立.

证明 设 $\sum_{k=0}^{n} \lambda_k \simeq n^{\alpha} l(n)$ 且有 $a > 0$, n 充分大时 $n^{-a}\lambda_n \downarrow$. 则当 $\delta > 0$ 及 $n \leqslant v \leqslant (1+\delta)n$ 时有

$$\lambda_v \leqslant \left(\frac{v}{n}\right)^a \lambda_n \leqslant (1+\delta)^a \lambda_n$$

从而有

$$\delta(1+\delta)^a \frac{n^{1-\alpha}}{l(n)} \lambda_n \geqslant \frac{n^{-\alpha}}{l(n)} \sum_{k=n}^{[(1+\delta)n]} \lambda_k =$$

$$(1+\delta)^{\alpha} \frac{l[(1+\delta)n]}{l(n)} - 1 + o(1)$$

及

$$\varliminf n^{1-\alpha} \frac{\lambda_n}{l(n)} \geqslant \frac{[(1+\delta)^{\alpha} - 1](1+\delta)^{-a}}{\delta}$$

再类似地考察上极限,就可由 $\delta > 0$ 的任意性得到式(7). 其余的证明是类似的. 引理 5 证毕.

引理 6 设 $a(>0) < \alpha < 2$, $A_n = \int_0^a h(x)(1 - \cos nx)\mathrm{d}x$ 存在并有限,且

$$h(x) \simeq x^{-1-\alpha} l\left(\frac{1}{x}\right) \quad (x \to 0+)$$

则

$$A_n \simeq n^{\alpha} l(n) \int_0^{\infty} (1 - \cos x) x^{-1-\alpha} \mathrm{d}x$$

证明 设 $0 < \delta < \min(\alpha, 2-\alpha)$,则有 $N > \frac{1}{a}$,

使

$$\varlimsup \frac{A_n}{n^{\alpha} l(n)} \leqslant$$

$$\overline{\lim}\frac{1+\delta}{n^{\alpha}l(n)}\int_0^{\frac{1}{N}}x^{-1-\alpha}l\left(\frac{1}{x}\right)(1-\cos nx)\mathrm{d}x\leqslant$$

$$\overline{\lim}\frac{1+\delta}{n^{\alpha}}\left[n^{-\delta}\int_0^{\frac{1}{n}}x^{-1-\alpha-\delta}(1-\cos nx)\mathrm{d}x+\right.$$

$$\left.n^{\delta}\int_{\frac{1}{n}}^{\frac{1}{N}}x^{\delta-1-\alpha}(1-\cos nx)\mathrm{d}x\right]\leqslant$$

$$(1+\delta)\left[\int_0^1 x^{-1-\alpha-\delta}(1-\cos x)\mathrm{d}x+\right.$$

$$\left.\int_1^{\infty}x^{\delta-1-\alpha}(1-\cos x)\mathrm{d}x\right]$$

再类似地考察下极限，就可由 $\delta>0$ 的任意小性，得到引理 6.

注 1　若在引理 6 或下述引理与定理中，将“$\simeq$”都改为“$=o(\quad)$”，或都改为“$=O(\quad)$”，则命题仍真. 例如在引理 6 中，若 $h(x)=o\left[x^{-1-\alpha}l\left(\frac{1}{x}\right)\right](x\to 0+)$，则 $A_n=o[n^{\alpha}l(n)]$.

对于实数列 $(\lambda_n)\triangleq\{\lambda_0,\lambda_1,\cdots\}$，记

$$\Delta^0\lambda_n=\lambda_n$$

及

$$\Delta^{k+1}\lambda_n=\Delta^k\lambda_n-\Delta^k\lambda_{n+1}\quad(k,n=0,1,\cdots)\tag{8}$$

且当下述级数收敛时，记

$$\Delta^{-k-1}\lambda_n=\sum_{j=n}^{\infty}\Delta^{-k}\lambda_i\quad(k,n=0,1,\cdots)\tag{9}$$

当 $k\geqslant 0$ 时 $\Delta^k\lambda_n$ 就是通常的 k 阶差分，而 $\Delta^{-k}\lambda_n$ 可称为 k 阶定和分. 易见，当 k 为负整数时，只要 $\Delta^k\lambda_1$ 存在，式(8)仍成立. 又对于整数 k 记 $\Lambda_k=\{(\lambda_n):$ 若 $\Delta^{-k}\lambda_1$ 存在，则 n 充分大时 $\Delta^{-k}\lambda_n$ 单调$\}$ 及 $\Lambda'_k=\{(\lambda_n):$ 若 $\Delta^{-k}\lambda_1$ 存在，则 n 充分大时 $\Delta^{-k}\lambda_n$ 不变号$\}$.

显然，$(\lambda_n)\in\Lambda_0$ 就是 n 充分大时 λ_n 单调，$(\lambda_n)\in$

Λ'_0 就是 n 充分大时 λ_n 不变号，$(\lambda_n)\in\Lambda_{-1}$ 就是 n 充分大时 λ_n 凸(或凹). 而且还有

$$\Lambda_k\subset\Lambda'_k\subset\Lambda_{k+1}\quad(k=0,\pm1,\pm2,\cdots)$$

及

$$\Lambda'_{-k-1}=\Lambda_{-k}\quad(k=0,1,\cdots)$$

下述引理 7 含有[14](参见[15])的定理 1 及[13]的定理 5.

引理 7 (ⅰ) 若$(\lambda_n)\in\Lambda'_0$ 且 $\sum\lambda_n\cos nx$ 是傅里叶级数，则

$$c_0(x)\simeq l\left(\frac{1}{x}\right)\quad(x\to0+)\tag{10}$$

含有

$$\sum_{k=0}^{n}\lambda_k\simeq l(n)\tag{11}$$

(ⅱ) 若$(\lambda_n)\in\Lambda_1$，则

$$c_0(x)-c_0(0)\simeq l\left(\frac{1}{x}\right)\quad(x\to0+)\tag{12}$$

含有

$$-\sum_{k=n}^{\infty}\lambda_k\simeq l(n)\tag{13}$$

(ⅲ) 若$(\lambda_n)\in\Lambda_0$，则式(10)与(11)等价，式(12)与(13)等价.

证明 (ⅰ) 当 $\sum\lambda_n\cos nx$ 是傅里叶级数且式(10)成立时，记

$$c(x)=\overline{\lim_{r\to1-}}\sum_{n=0}^{\infty}r^n\lambda_n\cos nx$$

则由 $c(x)\simeq l\left(\frac{1}{x}\right)(x\to0+)$ 及引理 6 得

$$\sum_{k=0}^{n-1}\sum_{i=0}^{k}\lambda_i=\frac{1}{\pi}\int_0^{\pi}c(x)\frac{1-\cos nx}{2\sin^2\frac{x}{2}}\mathrm{d}x\simeq$$

$$\frac{2}{\pi}\int_0^{\pi}l\left(\frac{1}{x}\right)\frac{1-\cos nx}{x^2}\mathrm{d}x\simeq nl(n)$$

再由$(\lambda_n)\in\Lambda'_0$及引理5,就得到式(11).

(ⅱ)当$(\lambda_n)\in\Lambda_1$且式(12)成立时,由(ⅰ)即得

$$\sum_{k=0}^{n-1}\lambda_k-c_0(0)=-\sum_{k=n}^{\infty}\lambda_k\simeq l(n)$$

(ⅲ)设$(\lambda_n)\in\Lambda_0$.当式(10)成立时$\lambda_n\to 0$,所以$\sum\lambda_n\cos nx$是傅里叶级数.于是由(ⅰ)知,式(10)含有式(11).当式(11)成立时,由引理2与5以及

$$\cos x=1+O(x^2)$$

得

$$\lambda_n=o\left[\frac{l(n)}{n}\right]$$

$$\sum_{k=1}^{n}k^2\lambda_k=o[n^2l(n)]$$

及

$$c_0(x)=\sum_{n=0}^{\left[\frac{1}{x}\right]}\lambda_n\cos nx+\sum_{n=\left[\frac{1}{x}\right]+1}^{\infty}\lambda_n\cos nx=$$

$$\sum_{n=0}^{\left[\frac{1}{x}\right]}\lambda_n[1+O(n^2x^2)]+O\left(\frac{1}{x}\left|\lambda_{\left[\frac{1}{x}\right]}\right|\right)=$$

$$l\left(\frac{1}{x}\right)+o\left[l\left(\frac{1}{x}\right)\right]\quad(x\to 0+)$$

类似地可以证明式(13)含有式(12).引理7证毕.

引理8　设$(\lambda_n)\in\Lambda_0$.

(ⅰ)当$0<\alpha<1$时 §1式(3)等价于

$$\lambda_n \simeq \frac{2}{\pi}\Gamma(\alpha)\sin\frac{\alpha\pi}{2}\cdot n^{-\alpha}l(n) \tag{14}$$

（ⅱ）当 $0<\alpha<1$ 时 §1 式(2) 等价于

$$\lambda_n \simeq \frac{2}{\pi}\Gamma(\alpha)\cos\frac{\alpha\pi}{2}\cdot n^{-\alpha}l(n) \tag{15}$$

（ⅲ）当 $1\leqslant\alpha<2$ 时 §1 式(3) 等价于式(14).

（ⅳ）当 $\alpha=1$ 时 §1 式(2) 与式(11) 等价，式(13) 等价于

$$c_\beta(x)-c_\beta(0)\simeq l\left(\frac{1}{x}\right)\quad(x\to 0+) \tag{16}$$

证明 （ⅰ）设 $0<\alpha<1$. 当 §1 式(3) 或

$$s_0(x)\simeq x^{\alpha-1}l\left(\frac{1}{x}\right)\quad(x\to 0+) \tag{17}$$

成立时 $\lambda_n\to 0$，于是由 §1 式(4) 及

$$s_\beta(x)=s_0(x)\cos\beta x+c_0(x)\sin\beta x=$$
$$s_0(x)\cos\beta x+o(1)(x\to 0+) \tag{18}$$

可知，§1 式(3) 与(17) 等价. 再由[12]或[7]的定理B可知，§1 式(3) 与(14) 等价.

（ⅱ）的证明类似于（ⅰ）.

（ⅲ）设 $1\leqslant\alpha<2$. 若 §1 式(3) 或(17) 成立，则由

$$s_\beta(x) 或 s_0(x)=o(x^{\frac{\alpha}{2}-1})\quad(x\to 0+)$$

可得（利用注 1 以及（ⅰ）与（ⅱ））$\lambda_n=o(n^{-\frac{\alpha}{2}})$ 及 $c_0(x)=o(x^{\frac{\alpha}{2}-1})(x\to 0+)$. 以此代入式(18)，就有

$$s_\beta(x)=s_0(x)\cos\beta x+o(x^{\frac{\alpha}{2}})\quad(x\to 0+)$$

所以 §1 式(3) 与(17) 在 $0<\alpha<2$ 时等价. 类似于（ⅰ）的证明，可知 §1 式(3) 与(14) 在 $0<\alpha<2$ 时等价.

(ⅳ) 设 $\alpha=1$. 类似于(ⅲ) 可证 §1 式(2) 与(10) 等价,式(12) 与(16) 等价. 于是由引理 7 知,§1 式(2) 与(11) 等价,式(13) 与(16) 等价. 引理 8 证毕.

下述引理 9 含有[4] 中的定理 11.3.

引理 9　设 $\alpha=0$ 及 $\lambda_n\in\Lambda_{-1}$. 则 §1 式(2) 等价于

$$\lambda_n-\lambda_{n+1}\simeq\frac{\frac{2}{\pi}l(n)}{n}$$

且

$$\lambda_n\to 0$$

而 §1 式(3) 等价于 $\lambda_n\simeq l(n)\to 0$.

证明　记 $\lambda_{-1}=0$. 当$(\lambda_n)\in\Lambda_{-1}$ 且 $\lambda_n\to 0$ 时,由 Abel 变换可得

$$2c_\beta(x)\sin\frac{x}{2}=\sum_{n=0}^{\infty}(\lambda_{n-1}-\lambda_n)\sin\left(n+\beta-\frac{1}{2}\right)x$$

及

$$2s_\beta(x)\sin\frac{x}{2}=\sum_{n=0}^{\infty}(\lambda_n-\lambda_{n-1})\cos\left(n+\beta-\frac{1}{2}\right)x$$

于是由引理 8 在 $\alpha=1$ 的情形可得引理 9.

注 2　由[16] 的定理 7 与 8 可知,引理 9 中的 Λ_{-1} 不能改为 Λ_0.

引理 10　设 $v,k\in\{0,1,\cdots\}$. 当级数 $\sum\limits_n n^k\Delta^{-v}\lambda_n$ 收敛时,$\Delta^{-k-v-1}\lambda_1$ 存在,且有

$$\Delta^{-k-v-1}\lambda_j=\frac{1}{k!}\sum_{n=j}^{\infty}\frac{(n+k-j)!}{(n-j)!}\Delta^{-v}\lambda_n\quad(j=0,1,\cdots)$$

证明　当级数 $\sum n^k\Delta^{-v}\lambda_n$ 收敛时,不难由归纳法得到

$$\Delta^{-l-1}\lambda_n = o(n^{l-k-v}) \quad (l = v, v+1, \cdots, k+v-1)$$

于是对于 $j = 0, 1, \cdots$ 当 $n \to +\infty$ 时有

$$\begin{aligned}
\sum_{i_1=j}^{n} \Delta^{-k-v}\lambda_{i_1} &= \sum_{i_1=j}^{n}\sum_{i_2=i_1}^{n} \Delta^{1-k-v}\lambda_{i_2} + o(1) = \cdots = \\
&\sum_{i_1=j}^{n}\sum_{i_2=i_1}^{n}\sum_{i_3=i_2}^{n}\cdots\sum_{i=i_k}^{n}\Delta^{-v}\lambda_i + o(1) = \\
&\sum_{i_2=j}^{n}(i_2+1-j)\sum_{i_3=i_2}^{n}\cdots \\
&\sum_{i=i_k}^{n}\Delta^{-v}\lambda_i + o(1) = \\
&\sum_{i_3=j}^{n}\frac{(i_3+1-j)(i_3+2-j)}{2}\sum_{i_4=i_3}^{n}\cdots \\
&\sum_{i=i_k}^{n}\Delta^{-v}\lambda_i + o(1) = \cdots = \\
&\frac{1}{k!}\sum_{i=j}^{n}(i+1-j)(i+2-j)\cdots \\
&(i+k-j)\Delta^{-v}\lambda_i + o(1)
\end{aligned}$$

由此即得引理10.

当下述级数收敛时，记（为简单记，我们约定 $a^0 = 1\ \forall a \in (-\infty, +\infty)$）

$$A_k = \sum_{n=0}^{\infty} n^k \lambda_n$$

$$B_k = \sum_{n=0}^{\infty} (n+\beta)^k \lambda_n$$

$$E_j^{-1-k} = \Delta^k \lambda_j$$

及

$$E_j^k = \frac{1}{k!}\sum_{n=j}^{\infty}\frac{(n+k-j)!}{(n-j)!}\lambda_n \quad (j, k = 0, 1, \cdots)$$

又对于 $i = 0, 1, \cdots$ 记

$$\Delta_c^i=\sum_{j=0}^{i}(-1)^{i-j}\binom{i}{j}\cos(\beta+j)x$$

及

$$\Delta_s^i=\sum_{j=0}^{i}(-1)^{i-j}\binom{i}{j}\sin(\beta+j)x$$

引理 11　设 $k\in\{0,1,\cdots\}$ 及 $\lambda_{-1}=0$.

（i）在下述六个等式中，若其中一个等式的一边存在，则另一边也存在，且该等式成立

$$c_\beta(x)-\sum_{i=0}^{2k}\Delta_c^i\Delta^{-i-1}\lambda_i=$$

$$-(-1)^k\left(2\sin\frac{x}{2}\right)^{2k+1}\sum_{n=k}^{\infty}\Delta^{-1-2k}\lambda_{n+k+1}\cdot$$

$$\sin\left(n+\beta+\frac{1}{2}\right)x \tag{19}$$

$$c_\beta(x)-\sum_{i=0}^{k}\frac{B_{2i}}{(2i)!}(-x^2)^i=$$

$$-(-1)^k\left(2\sin\frac{x}{2}\right)^{2k+1}\sum_{n=k}^{\infty}E_{n+k+1}^{2k}\sin\left(n+\beta+\frac{1}{2}\right)x+$$

$$O(x^{2k+2}) \tag{20}$$

$$c_\beta(x)-\sum_{i=0}^{2k-1}\Delta_c^i\Delta^{-i-1}\lambda_i=$$

$$(-1)^k\left(2\sin\frac{x}{2}\right)^{2k}\sum_{n=k}^{\infty}\Delta^{-2k}\lambda_{n+k}\cos(n+\beta)x \tag{21}$$

$$s_\beta(x)-\sum_{i=0}^{2k-1}\Delta_s^i\Delta^{-i-1}\lambda_i=$$

$$(-1)^k\left(2\sin\frac{x}{2}\right)^{2k}\sum_{n=k}^{\infty}\Delta^{-2k}\lambda_{n+k}\sin(n+\beta)x \tag{22}$$

$$s_\beta(x)-\sum_{t=0}^{k-1}\frac{B_{2i+1}}{(2i+1)!}(-x^2)^i x=$$

$$(-1)^k\left(2\sin\frac{x}{2}\right)^{2k}\sum_{n=k}^{\infty}E_{n+k}^{2k-1}\sin(n+\beta)x+O(x^{2k+1})$$

(23)

及

$$s_\beta(x)-\sum_{i=0}^{2k}\Delta_s^i\Delta^{-i-1}\lambda_i=$$

$$(-1)^k\left(2\sin\frac{x}{2}\right)^{2k+1}\sum_{n=k+1}^{\infty}\Delta^{-1-2k}\lambda_{n+k}\cos\left(n+\beta-\frac{1}{2}\right)x$$

(24)

（ⅱ）在下述两个等式中,若其中一个等式的右边存在,则其左边也存在,且该等式成立

$$c_\beta(x)-\sum_{i=0}^{k}\frac{B_{2i}}{(2i)!}(-x^2)^i=$$

$$-(-1)^k\left(2\sin\frac{x}{2}\right)^{2k+2}\sum_{n=k+1}^{\infty}\sum_{i=n}^{\infty}E_{i+k+1}^{2k}\cos(n+\beta)x+O(x^{2k+2})$$

(25)

及

$$s_\beta(x)-\sum_{i=0}^{k-1}\frac{B_{2i+1}}{(2i+1)!}(-x^2)^ix=$$

$$(-1)^k\left(2\sin\frac{x}{2}\right)^{2k+1}\sum_{n=k+1}^{\infty}\sum_{i=n}^{\infty}E_{i+k}^{2k-1}\cos\left(n+\beta-\frac{1}{2}\right)x+O(x^{2k+1})$$

(26)

若式(25)的左边存在且级数 $\sum E_i^{2k}$ 收敛,则式(25)成立.若式(26)的左边存在且级数 $\sum E_i^{2k-1}$ 收敛,则式(26)成立.

证明　式(19)任何一边的存在都含有 $\Delta^{-1-2k}\lambda_1$ 存在,于是多次运用 Abel 变换就可得到式(19).由引理 4,式(20)任何一边的存在都含有级数 $\sum n^{2k}\lambda_n$ 收

敛.当该级数收敛时,由引理10得

$$E_{n+k}^{2k-2}=\Delta^{-1-2k}\lambda_{n+k}\quad(n=0,1,\cdots)\tag{27}$$

及

$$\Delta^{-i-1}\lambda_i=\frac{1}{i!}\sum_{n=0}^{\infty}n(n-1)\cdots(n-i+1)\lambda_n=\sum_{j=0}^{i}a_{ij}A_j\quad(i=0,1,\cdots,2k)$$

其中 a_{ij} 仅跟 i 与 j 有关.又由于

$$\Delta_c^i=\sum_{j=0}^{i}(-1)^{i-j}\binom{i}{j}\sum_{m=0}^{k}\frac{[-(\beta+j)^2x^2]^m}{(2m)!}+O(x^{2k+2})\quad(i=0,1,\cdots)$$

所以有

$$\sum_{i=0}^{2k}\Delta_c^i\Delta^{-i-1}\lambda_i=\sum_{i=0}^{k}\frac{(-x^2)^i}{(2i)!}\sum_{j=0}^{2k}b_{ij}A_j+O(x^{2k+2})\tag{28}$$

其中 b_{ij} 仅跟 i,j,k 及 β 有关.现取 (λ_n) 使

$$\lambda_n=0\quad(\forall n>2k)\tag{29}$$

则由式(19)与(28)得

$$c_\beta(x)=\sum_{i=0}^{k}\frac{(-x^2)^i}{(2i)!}\sum_{j=0}^{2k}b_{ij}A_j+O(x^{2k+2})\tag{30}$$

另一方面,由泰勒展开,得

$$c_\beta(x)=\sum_{i=0}^{k}\frac{(-x^2)^i}{(2i)!}B_{2i}+O(x^{2k+2})\tag{31}$$

比较上两式,就有

$$\sum_{j=0}^{2k}b_{ij}A_j=B_{2i}=\sum_{j=0}^{2i}\binom{2i}{j}\beta^{2i-j}A_i\quad(i=0,1,\cdots,k)\tag{32}$$

由于 $\det(i^j)_{i,j=0}^{2k}=\det(i^j)_{i,j=1}^{2k}\neq 0$,后者是范德蒙行列

式,所以在取定式(29)后,$A_0, A_1, \cdots, A_{2k}$ 还可任意取值,于是由式(32)得

$$b_{ij}=\begin{cases}\binom{2i}{j}\beta^{2i-j}, i=0,1,\cdots,2i\\ 0, j=2i+1,\cdots,2k\end{cases}$$
$$(i=0,1,\cdots,k) \tag{33}$$

将式(27)(28)及(33)代入(19),就得到式(20).

类似于式(28)~(33),可以证明,对于 $k=0,1,\cdots$ 当 B_{2k} 存在时有

$$\sum_{i=0}^{v}\Delta_c^i\Delta^{-i-1}\lambda_i=\sum_{i=0}^{k}\frac{(-x^2)^i}{(2i)!}B_{2i}+O(x^{2k+2})$$
$$(v=2k,2k+1) \tag{34}$$

当 B_{2k+1} 存在时有

$$\sum_{i=0}^{v}\Delta_s^i\Delta^{-i-1}\lambda_i=\sum_{i=0}^{k}\frac{(-x^2)^i x}{(2i+1)!}B_{2i+1}+O(x^{2k+3})$$
$$(v=2k+1,2k+2) \tag{35}$$

由此可类似地证明式(21)~(26).引理 11 证毕.

引理 8 在 $1<\alpha<2$ 的情形显然有

$$(\lambda_n)\in\Lambda_1, \text{且 } \Delta^{-1}\lambda_1 \text{ 存在} \tag{36}$$

下述引理 12 在这较弱的条件(36)下,仍然给出了相应情形下 λ_n 的特征.引理 12 含有[14]的定理 2.

引理 12 设 $(\lambda_n)\in\Lambda_1$.

(i)当 $1<\alpha<2$ 时

$$\sum_{k=n}^{\infty}\lambda_k\simeq\frac{2}{\pi}\Gamma(\alpha)\sin\frac{\alpha\pi}{2}\cdot\frac{n^{1-\alpha}}{\alpha-1}l(n) \tag{37}$$

等价于 $\Delta^{-1}\lambda_1$ 存在,且 §1 式(3)成立.

(ii)当 $\alpha=2$ 时

$$\sum_{i=0}^{n}(i+\beta)\lambda_i\simeq l(n) \tag{38}$$

等价于 $\Delta^{-1}\lambda_1$ 存在，且 §1 式(3) 成立.

(ⅲ) 若有 $\alpha>1$ 使 §1 式(3) 成立，且 $(\lambda_n)\in\Lambda_0$，则 $\Delta^{-1}\lambda_1$ 存在.

(ⅳ) 若有 $\alpha>1$ 使式(17) 成立，且 $(\lambda_n)\in\Lambda'_0$，则 $\Delta^{-1}\lambda_1$ 的存在等价于 $\sum\lambda_n\sin nx$ 是傅里叶级数.

证明　(ⅰ) 由式(26)$(k=0)$ 及引理 8(ⅱ) 可知.

(ⅱ) 当 $(\lambda_n)\in\Lambda_1$ 且式(38) 成立时，由引理 2 与 4 以及 $\sin x=x+O(x^3)$ 得

$$\sum_{k=1}^{n}k^3\lambda_k=o[n^2l(n)]$$

$$\sum_{k=n}^{n}\lambda_k=o\left[\frac{l(n)}{n}\right]$$

及

$$s_\beta(x)=\sum_{n=0}^{\left[\frac{1}{x}\right]}\lambda_n\{(n+\beta)x+O[(n+\beta)^3x^3]\}+$$

$$O\Big(\sum_{n=\left[\frac{1}{x}\right]}^{\infty}|\lambda_n|\Big)=xl\left(\frac{1}{x}\right)+$$

$$o\left[xl\left(\frac{1}{x}\right)\right]\quad(x\to 0+)$$

反之，设 $\alpha=2$ 且式(36) 及 §1 式(3) 成立. 这时由式(24)$(k=0)$ 知，§1 式(3) 等价于

$$\beta\Delta^{-1}\lambda_0+\sum_{n=1}^{\infty}\Delta^{-1}\lambda_n\cos\left(n+\beta-\frac{1}{2}\right)x\simeq$$

$$l\left(\frac{1}{x}\right)\quad(x\to 0+)\tag{39}$$

又由引理 8(ⅳ) 知，式(39) 等价于

$$\beta\Delta^{-1}\lambda_0+\sum_{k=1}^{n}\Delta^{-1}\lambda_k\simeq l(n)\tag{40}$$

而由引理 2 与 5 知，当式(38) 或(40) 成立时有

$$\beta\Delta^{-1}\lambda_0+\sum_{k=1}^{n}\Delta^{-1}\lambda_k-\sum_{k=0}^{n}(k+\beta)\lambda_k=$$
$$(\beta+n)\Delta^{-1}\lambda_{n+1}=o[l(n)] \tag{41}$$

所以式(38) 与(40) 等价.

(ⅲ) 由引理 8(ⅲ) 及注 1 可知.

(ⅳ) 由 Dini 定理关于共轭级数在点 $x=0$ 的收敛性可知. 引理 12 证毕.

§3　主要结果

下述定理改进了[8] 与[13] 中的所有定理(参见[4] 的 §11). [8] 与[13] 都是在$(\lambda_n)\in\Lambda'_0$ 的条件下讨论的，而且[13] 中所有的五个定理都没有给出(λ_n) 的特征，所以在其最后只能做类似于 Hardy 在[9] 中的说明. 这里继续[14] 的工作，在弱于[8] 与[13] 的各种条件下都给出了(λ_n) 的特征.

定理 1　设 $k\in\{0,1,\cdots\}$ 及$(\lambda_n)\in\Lambda_{2k-1}$. 当 $\alpha=2k$ 时

$$s_\beta(x)-\sum_{i=0}^{2k-1}\Delta_t^i\Delta^{-i-1}\lambda_i\simeq x^{\alpha-1}l\left(\frac{1}{x}\right)\quad(x\to0+) \tag{1}$$

等价于$(-1)^k\Delta^{-2k}\lambda_n\simeq\lambda(n)\to0$

$$\frac{s_\beta(x)-\sum_{i=0}^{k-1}B_{2i+1}(-x^2)^i x}{(2i+1)!}\simeq$$
$$x^{\alpha-1}l\left(\frac{1}{x}\right)\quad(x\to0+) \tag{2}$$

等价于$(-1)^k E_n^{2k-1} \simeq l(n) \to 0$.

定理1由§2式(22)与(23),以及引理9可得.

定理2　设$k \in \{0,1,\cdots\}$及$(\lambda_n) \in \Lambda_{2k}$.

(ⅰ)当$2k < \alpha < 2k+2$时式(1)等价于

$$\Delta^{-2k}\lambda_n \simeq \frac{2}{\pi}\Gamma(\alpha-2k)\sin\frac{\alpha\pi}{2}\cdot n^{2k-\alpha}l(n)$$

式(2)等价于

$$E_n^{2k-1} \simeq \frac{2}{\pi}\Gamma(\alpha-2k)\sin\frac{\alpha\pi}{2}\cdot n^{2k-\alpha}l(n)$$

(ⅱ)当$\alpha=2k+2$时,式(1)等价于

$$(-1)^k\sum_{i=k}^{n}(i+\beta)\Delta^{-2k}\lambda_{i+k} \simeq l(n) \tag{3}$$

式(2)等价于

$$\sum_{i=0}^{2k}\Delta^{-i-1}\lambda_i\Delta^i(\beta,2k+1)+ (-1)^k\sum_{i=2k+1}^{n}(i-2k)E_i^{2k-1} \simeq l(n) \tag{4}$$

其中

$$\Delta^i(\beta,k)=(-1)^{\left[\frac{k}{2}\right]}\sum_{j=0}^{i}(-1)^{i-j}\binom{i}{j}\frac{(\beta+j)^k}{k!} \quad (i,k=0,1,\cdots) \tag{5}$$

(ⅲ)当$\alpha=2k+1$时

$$c_\beta(x)-\sum_{i=0}^{2k}\Delta_c^i\Delta^{-i-1}\lambda_i \simeq x^{\alpha-1}l\left(\frac{1}{x}\right) \quad (x\to 0+) \tag{6}$$

等价于$-(-1)^k\Delta^{-1-2k}\lambda_n \simeq l(n)$

$$\frac{c_\beta(x)-\sum_{i=0}^{k}B_{2i}(-x^2)^i}{(2i)!} \simeq x^{\alpha-1}l\left(\frac{1}{x}\right)$$

$$(x \to 0+) \tag{7}$$

等价于 $-(-1)^k E_n^{2k} \simeq l(n)$.

证明 (ⅰ)由§2式(22)与(23)以及引理8(ⅰ)与(ⅲ)不难得到.

(ⅱ)设 $\alpha = 2k+2$. 由§2式(22)及引理12(ⅱ)与(ⅲ)知,式(1)与(3)等价.由(ⅰ)与注1,以及引理2与4可知,当式(2)或(4)成立时 $\Delta^{-1-2k}\lambda_1$ 存在,于是式(2)与(4)的等价性由下述定理3(ⅱ)得到.

(ⅲ)由§2式(19)与(20)及引理9可得.定理2证毕.

定理2在 $2k+1 < \alpha \leqslant 2k+2$ 的情形有着

$$(\lambda_n) \in \Lambda_{2k+1},\text{且 } \Delta^{-1-2k}\lambda_1 \text{ 存在} \tag{8}$$

下述定理3在这较弱的条件(8)下,仍然给出了相应情形下 λ_n 的特征.

定理3 设 $k \in \{0,1,\cdots\}$ 及 $(\lambda_n) \in \Lambda_{2k+1}$.

(ⅰ)当 $2k+1 < \alpha < 2k+2$ 时

$$\Delta^{-1-2k}\lambda_n \simeq \frac{2}{\pi}\Gamma(\alpha-2k-1)\sin\frac{\alpha\pi}{2}\cdot n^{1+2k-\alpha}l(n)$$

等价于 $\Delta^{-1-2k}\lambda_1$ 存在,且式(1)成立

$$\sum_{i=n}^{\infty} E_i^{2k-1} \simeq \frac{2}{\pi}\Gamma(\alpha-2k-1)\sin\frac{\alpha\pi}{2}\cdot n^{1+2k-\alpha}l(n)$$

等价于 $\Delta^{-1-2k}\lambda_1$ 存在,且式(2)成立.

(ⅱ)当 $\alpha = 2k+2$ 时,式(3)等价于 $\Delta^{-1-2k}\lambda_1$ 存在,且式(1)成立,式(4)等价于 $\Delta^{-1-2k}\lambda_1$ 存在,且式(2)成立.

(ⅲ)当 $2k+1 < \alpha < 2k+3$ 时,式(6)等价于

$$\Delta^{-1-2k}\lambda_n \simeq \frac{2}{\pi}\Gamma(\alpha-2k-1)\cos\frac{\alpha\pi}{2}\cdot n^{1+2k-\alpha}l(n)$$

式(7)等价于

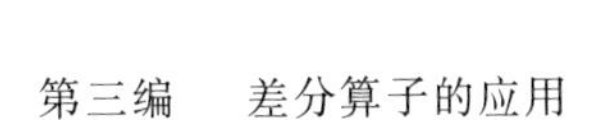

$$E_n^{2k} \simeq \frac{2}{\pi}\Gamma(\alpha-2k-1)\cos\frac{\alpha\pi}{2}\cdot n^{1+2k-\alpha}l(n)$$

(iv) 当 $\alpha=2k+3$ 时,式(6) 等价于

$$-(-1)^k\sum_{i=k+1}^{n}\left(i+\beta-\frac{1}{2}\right)\Delta^{-1-2k}\lambda_{i+k}\simeq l(n) \quad (9)$$

式(7) 等价于

$$\sum_{i=0}^{2k+1}\Delta^{-i-1}\lambda_i\Delta^i(\beta,2k+2)-(-1)^k\sum_{i=2k+2}^{n}(i-2k-1)E_i^{2k}\simeq l(n) \quad (10)$$

证明　(i) 由 §2 式(24) 与(26),引理 8(ii) 以及 $\Delta_s^{2k}=O(x^{2k+1})$ 不难得到.

(ii) 设 $\alpha=2k+2$ 且 $\Delta^{-1-2k}\lambda_1$ 存在. 由引理 11 可知,式(1) 与(2) 分别等价于

$$\Delta^{-1-2k}\lambda_{2k}\Delta^{2k}(\beta,2k+1)+(-1)^k\sum_{n=k+1}^{\infty}\Delta^{-1-2k}\lambda_{n+k}\cdot\cos\left(n+\beta-\frac{1}{2}\right)x\simeq l\left(\frac{1}{x}\right)\quad(x\to 0+) \quad (11)$$

与

$$\sum_{i=0}^{2k}\Delta^{-1-i}\lambda_i\Delta^i(\beta,2k+1)+(-1)^k\sum_{n=k+1}^{\infty}\sum_{i=n}^{\infty}E_{i+k}^{2k-1}\cdot\cos\left(n+\beta-\frac{1}{2}\right)x\simeq l\left(\frac{1}{x}\right)\quad(x\to 0+) \quad (12)$$

又由引理8(ⅳ)知,式(11)与(12)分别等价于

$$\Delta^{-1-2k}\lambda_{2k}\Delta^{2k}(\beta,2k+1)+(-1)^k\sum_{i=k+1}^{n}\Delta^{-1-2k}\lambda_{i+k}\simeq l(n) \tag{13}$$

与

$$\sum_{i=0}^{2k}\Delta^{-1-i}\lambda_i\Delta^i(\beta,2k+1)+(-1)^k\sum_{i=k+1}^{n}\sum_{v=i}^{\infty}E_{v+k}^{2k-1}\simeq l(n) \tag{14}$$

与§2式(41)类似地可以证明式(13)与(3)等价,式(14)与(4)等价.

(ⅲ)与(ⅳ)的证明类似于定理2的(ⅰ)与(ⅱ).定理3证毕.

定理4 设 $k\in\{0,1,\cdots\}$ 及 $(\lambda_n)\in\Lambda_{2k}$.

(ⅰ)当 $2k<\alpha<2k+1$ 时

$$\Delta^{-2k}\lambda_n\simeq\frac{2}{\pi}\Gamma(\alpha-2k)\cos\frac{\alpha\pi}{2}\cdot n^{2k-\alpha}l(n)$$

等价于 $\Delta^{-2k}\lambda_1$ 存在,且式(6)成立

$$\sum_{i=n}^{\infty}E_i^{2k-2}\simeq\frac{2}{\pi}\Gamma(\alpha-2k)\cos\frac{\alpha\pi}{2}\cdot n^{2k-\alpha}l(n)$$

等价于 $\Delta^{-2k}\lambda_1$ 存在,且式(7)成立.

(ⅱ)当 $\alpha=2k+1$ 时,式(9)等价于 $\Delta^{-2k}\lambda_1$ 存在,且式(6)成立,式(10)等价于 $\Delta^{-2k}\lambda_1$ 存在,且式(7)成立.

定理4的证明类似于定理3的(ⅰ)与(ⅱ).

参考文献

[1] ПАК И Н. О слабо колеблющнхся функцнях [J]. Асцмттотцческце метобы в теорцц сцстем, 1976(9):277-235.

[2] BOJANIC R, SENETA E. Slowly varying functions and asymptotic relations[M]. Singapore: Elsevier, 1971.

[3] 杨义群. 慢变函数的特征[J]. 自然杂志, 1982, 5(2):153-154.

[4] ПАК N H. O суммах тригонометрических рядов[J]. усиехц M. H., 1980, 35(2):91-144.

[5] ZYGMUND A. Trigonometrical Series[M]. Cambridge: Cambridge Uni. Press, 1979.

[6] 陈建功. 三角级数论(下册)[M]. 上海:上海科技出版社, 1979.

[7] 杨义群. 单调系数的三角级数[J]. 杭州大学学报, 1966, 3(1):53-61.

[8] YONG C H. On the asymptotic behavior of trigonometric series I[J]. J. Math. Anal. Appl., 1971, 33:23-34.

[9] HARDY G H. Some theorems concerning trigonometrical series of a special type[J]. Proc. L. M. S., 1931, 32:441-448.

[10] HARDY G H, ROGOSINSKI W W. Asymptotic formulae for the sums of certain

trigonometrical series[J]. Quart. J. M., 1945, 16: 50-58.

[11] HEYWOOD P. A note on a theorem of Hardy on trigonometrical series[J]. Journ. L. M. S., 1954,29:373-378.

[12] ALJANCIC S, BOJANIC R, TOMIC M. Sur le comportement asymptotiques an voisinage de zero des series trigonometriques de sinus a coefficients monotones[J]. Publ. Inst. Math., Acad. Serbe, 1956,10:101-120.

[13] YONG C H. On the asymptotic behavior of trigonometric series Ⅱ[J]. J. Math. Anal. Appl., 1972,38:1-14.

[14] 杨义群.关于三角级数论中哈代的一个问题[J].科学通报,1981,26(10):584-586.

[15] 王斯雷.傅里叶级数论中一些定理的等价性[J].科学通报,1982,27(7):446-447.

[16] ШМУКЛЕР А И. О некоторых специальных тригонометрических рядах[J]. Матем. сб., 1967,72(3):339-364.

用算子逼近周期连续函数

第10章

浙江大学的沙震教授1979年开展了利用算子逼近周期连续函数的研究工作.

§1 引　　言

设 $f(x)$ 是以 2π 为周期的连续函数(以下简记为 $f(x) \in C_{2\pi}$),我们考虑算子

$$U_n(f,x)=\frac{1}{\pi}\int_{-\pi}^{\pi} f(v)u_n(v-x)\mathrm{d}v \tag{1}$$

其中

$$u_n(t)=\frac{1}{2}+\sum_{k=1}^{n}\rho_k^{(n)}\cos kt \tag{2}$$

我们知道$\rho_k^{(n)}\equiv 1$时,$U_n(f,x)$即为傅里叶级数的部分和;又若$u_n(t)\geqslant 0(0\leqslant t\leqslant 2\pi)$,那么$U_n(f,x)$即所谓线性正算子,关于正算子的逼近问题,文[1]和[2]都做了详细的讨论,其中有这样的一个结果(参阅[1]第73页定理14):

定理　若$f(x)\in C_{2\pi}$,则

$$|U_n(f,x)-f(x)|\leqslant w\left(\frac{1}{m}\right)\left(1+m\cdot\frac{\pi}{\sqrt{2}}\sqrt{1-\rho_1^{(n)}}\right) \tag{3}$$

其中m是任意正数,$\omega(\delta)$是$f(x)$的连续模.

众所周知用线性正算子逼近函数的逼近度是有一定限制的,因此适当改变算子形式以提高逼近度是一个重要的问题,这方面已有一些工作,例如Ditzian和Freud对Valleé-Poussin算子及Bernstein多项式算子提出了一些变形,它对Valleé-Poussin算子

$$\nabla_n(f,x)=\alpha_n\int_{-\pi}^{\pi}f(t)\cos^{2n}\frac{t-x}{2}\mathrm{d}t$$

$$\alpha_n=\frac{2\cdot 4\cdot\cdots\cdot 2n}{1\cdot 3\cdot\cdots\cdot(2n-1)}\cdot\frac{1}{2\pi}$$

定义

$$\nabla_n^{(2)}(f,x)=2\nabla_{2n-1}(f,x)-\nabla_{n-1}(f,x)$$

及

$$\nabla_n^{(3)}(f,x)=\left(\frac{8}{3}\right)\nabla_{4n-1}(f,x)-2\nabla_{2n-1}(f,x)+\left(\frac{1}{3}\right)\nabla_{n-1}(f,t)$$

得到

$$\|\nabla_n^{(2)}(f,x)-f(x)\|\leqslant c(n^{-2}+\omega(n^{-\frac{1}{2}}))$$

$$\|\nabla_n^{(3)}(f,x)-f(x)\|\leqslant K\left(n^{-3}+\omega_6\left(f,\frac{x}{\sqrt{n}}\right)\right)$$

由此可见用这样变形的 Valleé-Poussin 算子逼近函数是提高了逼近度,但是随着逼近度的提高,逼近多项式的次数亦随之很快增加,这对于实际的计算是不利的.

本章对所有正算子提出一种变形,既提高了逼近度,又使逼近多项式次数不变,只是改变了它的系数.

下章中的算子 $U_n(f,x)$ 都是指正算子,并记

$$\nabla_{f,n}=\|U_n(f,x)-f(x)\|=\sup_x|U_n(f,x)-f(x)| \tag{4}$$

我们讨论 $U_n(f,x)$ 的变形算子

$$P_{U_n}^{[l]}(f,x)=\frac{1}{\pi}\int_{-\pi}^{\pi}f(v)\left\{\frac{1}{2}+\sum_{k=1}^{n}\lambda_{n,k}^{[l]}\cos k(v-x)\right\}\mathrm{d}v \tag{5}$$

其中

$$\lambda_{n,k}^{[l]}=1-(1-\rho_k^{(n)})^l\quad(l\text{ 是自然数})$$

显然当 $U_n(f,x)$ 是费叶尔和时,变形算子 $P_{U_n}^{[l]}(f,x)$ 就是熟知的傅里叶级数的典型平均数.

本章还讨论了另一种的傅里叶级数的典型平均 $Q_n^{[l]}(f,x)$ 的逼近度问题,它的定义是

$$Q_n^{[l]}(f,x)=\frac{1}{\pi}\int_{-\pi}^{\pi}f(t)\left[\frac{1}{2}+\sum_{k=1}^{n}(\rho_k^{(n)})^l\cos k(t-x)\right]\mathrm{d}t=\frac{1}{2}a_0+\sum_{k=1}^{n}(\rho_k^{(n)})^l(a_k\cos kx+b_k\sin kx) \tag{6}$$

为了讨论方便,我们把满足下列(ⅰ),(ⅱ)条件的函数 $f(x)$ 的全体记为 $C_{2\pi}^{[l]}(l\geqslant 1)$,并用 $f(x)\in C_{2\pi}^{[l]}$ 表示:(ⅰ) $f(x)\in C_{2\pi}$;(ⅱ) $f^{(l-1)}(x)$ 在 $[-\pi,\pi]$ 上为绝对连续.

§2 几个引理

引理1 设 $|Q_n^{[l-1]}(f,x)-f(x)|\leqslant\alpha_{l-1}\|U_n(f,x)-f(x)\|$.
则

$$|Q_n^{[l]}(f,x)-f(x)|\leqslant(3\alpha_{l-1}+1)\cdot\|U_n(f,x)-f(x)\|\quad(l\geqslant 2)$$

证明 注意到§1式(6)有

$$Q_n^{[l]}(f,x)=\frac{1}{\pi}\int_{-\pi}^{\pi}f(t)\left[\frac{1}{2}+\sum_{k=1}^{n}(\rho_k^{(n)})^l\cos k(t-x)\right]\mathrm{d}t=\frac{1}{\pi^2}\int_{-\pi}^{\pi}f(t)\mathrm{d}t\int_{-\pi}^{\pi}u_n(t-v)\cdot\left[\frac{1}{2}+\sum_{k=1}^{n}(\rho_k^{(n)})^{l-1}\cos k(v-x)\right]\mathrm{d}v$$

因此

$$Q_n^{[l]}(f,x)-f(x)=\frac{1}{\pi^2}\int_{-\pi}^{\pi}\mathrm{d}t\int_{-\pi}^{\pi}[f(t)-f(x)]u_n(t-v)\cdot\left[\frac{1}{2}+\sum_{k=1}^{n}(\rho_k^{(n)})^{l-1}\cos k(v-x)\right]\mathrm{d}v=$$

$$\frac{1}{\pi^2}\int_{-\pi}^{\pi}\mathrm{d}t\int_{-\pi}^{\pi}[f(t)-f(v)]u_n(t-v)\cdot\left[\frac{1}{2}+\sum_{k=1}^{n}(\rho_k^{(n)})^{l-1}\cos k(v-x)\right]\mathrm{d}v+$$

$$\frac{1}{\pi^2}\int_{-\pi}^{\pi}\mathrm{d}t\int_{-\pi}^{\pi}[f(v)-f(x)]u_n(t-v)\cdot$$

$$\left[\frac{1}{2}+\sum_{k=1}^{n}(\rho_k^{(n)})^{l-1}\cos k(v-x)\right]\mathrm{d}v=$$

$$\frac{1}{\pi^2}\int_{-\pi}^{\pi}\left[\frac{1}{2}+\sum_{k=1}^{n}(\rho_k^{(n)})^{l-1}\cos k(v-x)\right]\mathrm{d}v\cdot$$

$$\int_{-\pi}^{\pi}\{[f(t)-f(v)]u_n(t-v)-$$

$$[f(t)-f(x)]u_n(t-x)+$$

$$[f(t)-f(x)]u_n(t-x)\}\mathrm{d}t+$$

$$\frac{1}{\pi^2}\int_{-\pi}^{\pi}[f(v)-f(x)]\cdot$$

$$\left[\frac{1}{2}+\sum_{k=1}^{n}(\rho_k^{(n)})^{l-1}\cos k(v-x)\right]\mathrm{d}v\cdot$$

$$\int_{-\pi}^{\pi}u_n(t-v)\mathrm{d}t$$

令

$$F(v)=\frac{1}{\pi}\int_{-\pi}^{\pi}[f(t)-f(v)]u_n(t-v)\mathrm{d}t$$

那么

$$Q_n^{[l]}(f,x)-f(x)=\frac{1}{\pi}\int_{-\pi}^{\pi}[F(v)-F(x)]\cdot$$

$$\left[\frac{1}{2}+\sum_{k=1}^{n}(\rho_k^{(n)})^{l-1}\cos k(v-x)\right]\mathrm{d}v+$$

$$\frac{1}{\pi}\int_{-\pi}^{\pi}[f(t)-f(x)]u_n(t-x)\mathrm{d}t+$$

$$\frac{1}{\pi}\int_{-\pi}^{\pi}[f(v)-f(x)]\cdot$$

$$\left[\frac{1}{2}+\sum_{k=1}^{n}(\rho_k^{(n)})^{l-1}\cos k(v-x)\right]\mathrm{d}v=$$

$$[Q_n^{[l-1]}(F,x)-F(x)]+[U_n(f,x)-f(x)]+$$

$$[Q_n^{[l-1]}(f,x)-f(x)]$$

利用引理的条件可得

$$\begin{aligned}&|Q_n^{[l-1]}(F,x)-F(x)|\leqslant\\&\alpha_{l-1}\|U_n(F,x)-F(x)\|\leqslant 2\alpha_{l-1}\|F\|=\\&2\alpha_{l-1}\|U_n(f,x)-f(x)\|\end{aligned}$$

所以

$$\begin{aligned}&|Q_n^{[l]}(f,x)-f(x)|\leqslant 2\alpha_{l-1}\|U_n(f,x)-f(x)\|+\\&\|U_n(f,x)-f(x)\|+\alpha_{l-1}\|U_n(f,x)-f(x)\|=\\&(3\alpha_{l-1}+1)\|U_n(f,x)-f(x)\|\end{aligned}$$

引理 1 证毕.

另外,直接可以证明

$$|Q_n^{[2]}(f,x)-f(x)|\leqslant 2\|U_n(f,x)-f(x)\|$$

因此,若记 $\alpha_1=1,\alpha_2=2,\alpha_l=3\alpha_{l-1}+1(l\geqslant 3)$,那么由引理 1 可得

$$|Q_n^{[l]}(f,x)-f(x)|\leqslant\alpha_l\|U_n(f,x)+f(x)\| \tag{1}$$

引理 2 $|P_{U_n}^{[l]}(f,x)-f(x)|\leqslant\sum_{j=1}^{l}C_l^j\cdot\alpha_j\cdot\|U_n(f,x)-f(x)\|$ (2)

证明

$$\begin{aligned}P_{U_n}^{[l]}(f,x)=&\frac{1}{\pi}\int_{-\pi}^{\pi}f(v)\left\{\frac{1}{2}+\sum_{k=1}^{n}[1-(1-\right.\\&\left.\rho_k^{(n)})^l]\cos k(v-x)\right\}\mathrm{d}v=\\&\frac{1}{\pi}\int_{-\pi}^{\pi}f(v)\left\{\frac{1}{2}+\sum_{k=1}^{n}\sum_{j=1}^{l}(-1)^{j-1}C_l^j\cdot\right.\\&\left.(\rho_k^{(n)})^j\cos k(v-x)\right\}\mathrm{d}v\end{aligned}$$

因为

$$\sum_{j=1}^{l}(-1)^{j-1}C_l^j=1$$

所以

$$P_{U_n}^{[l]}(f,x)=\frac{1}{\pi}\sum_{j=1}^{l}(-1)^{j-1}C_l^j\cdot$$

$$\int_{-\pi}^{\pi}f(v)\left\{\frac{1}{2}+\sum_{k=1}^{n}(\rho_k^{(n)})^j\cos k(v-x)\right\}dv$$

由式(1)我们得到

$$|P_{U_n}^{[l]}(f,x)-f(x)|\leqslant$$

$$\sum_{j=1}^{l}C_l^j\|Q_n^{[j]}(f,x)-f(x)\|\leqslant$$

$$\sum_{j=1}^{l}C_l^j\alpha_j\|U_n(f,x)-f(x)\|$$

引理 2 证毕.

推论　$$\|P_{U_n}^{[l]}\|=\sup_{\substack{\|f\|\leqslant 1\\ f\in C_{2\pi}}}\|P_{U_n}^{[l]}(f,x)\|\leqslant$$

$$1+2\sum_{j=1}^{l}C_l^j\alpha_j \tag{3}$$

证明　$$|P_{U_n}^{[l]}(f,x)|\leqslant$$

$$|P_{U_n}^{[l]}(f,x)-f(x)|+\|f\|\leqslant$$

$$\sum_{j=1}^{l}C_l^j\alpha_j\|U_n(f,x)-$$

$$f(x)\|+\|f\|\leqslant$$

$$\left(1+2\sum_{j=1}^{l}C_l^j\alpha_j\right)\|f\|$$

所以

$$\sup_{f\in C_{2\pi}}\frac{\|P_{U_n}^{[l]}(f,x)\|}{\|f\|}\leqslant 1+2\sum_{j=1}^{l}C_l^j\alpha_j$$

于是推论得证.

同样可证对于算子 $Q_n^{[l]}(f,x)$ 有

$$\|Q_n^{[l]}\|\leqslant 1+2\alpha_l$$

引理 3　设 $f(x)\in C_{2\pi}^{[1]}$，则

$$P_{U_n^1}^{[l_1+l_2]}(f,x)=P_{U_n^1}^{[l_1]}\{f(t)-\int_{\pi}^{t}P_{U_n^2}^{[l_2]}(f',t_1)\mathrm{d}t_1,x\}\tag{4}$$

证明 事实上

$$P_{U_n^1}^{[l_1]}\left\{f(t)-\int_x^t P_{U_n^2}^{[l_2]}(f',t_1)\mathrm{d}t_1,x\right\}=$$

$$P_{U_n^1}^{[l_1]}\left\{f(t)-\int_x^t \mathrm{d}t_1\cdot\frac{1}{\pi}\int_{-\pi}^{\pi}f'(v)\cdot\right.$$

$$\left.\left[\frac{1}{2}+\sum_{k=1}^{n}(1-(1-\rho_k^{(n)})^{l_2})\cos k(v-t_1)\right]\mathrm{d}v,x\right\}=$$

$$P_{U_n^1}^{[l_1]}\left\{f(t)-\int_x^t\sum_{j=1}^{l_2}(-1)^{j-1}\mathrm{C}_{l_2}^{j}\cdot\frac{1}{\pi}\int_{-\pi}^{\pi}f'(v)\cdot\right.$$

$$\left.\left[\frac{1}{2}+\sum_{k=1}^{n}(\rho_k^{(n)})^j\cos k(v-t_1)\right]\mathrm{d}v\mathrm{d}t_1,x\right\}=$$

$$P_{U_n^1}^{[l_1]}\left\{f(t)+\sum_{j=1}^{l_2}(-1)^{j-1}\mathrm{C}_{l_2}^{j}\cdot\frac{1}{\pi}\int_{-\pi}^{\pi}f(v)\mathrm{d}v\cdot\right.$$

$$\left.\int_x^t\frac{\mathrm{d}}{\mathrm{d}v}\left[\frac{1}{2}+\sum_{k=1}^{n}(\rho_k^{(n)})^j\cos k(v-t_1)\right]\mathrm{d}t_1,x\right\}=$$

$$P_{U_n^1}^{[l_1]}\left\{f(t)+\sum_{j=1}^{l_2}(-1)^{j-1}\mathrm{C}_{l_2}^{j}\cdot\right.$$

$$\frac{1}{\pi}\int_{-\pi}^{\pi}f(v)\left[\frac{1}{2}+\sum_{k=1}^{n}(\rho_k^{(n)})^j\cos k(v-x)\right]\mathrm{d}v-$$

$$\sum_{j=1}^{l_2}(-1)^{j-1}\mathrm{C}_{l_2}^{j}\cdot$$

$$\left.\frac{1}{\pi}\int_{-\pi}^{\pi}f(v)\left[\frac{1}{2}+\sum_{k=1}^{n}(\rho_k^{(n)})^j\cos k(v-t)\right]\mathrm{d}v,x\right\}=$$

$$I_1+I_2-I_3$$

$$I_1=P_{U_n^1}^{[l_1]}\{f(t),x\}=\frac{1}{\pi}\int_{-\pi}^{\pi}f(t)\cdot\sum_{j=1}^{l_1}(-1)^{j-1}\mathrm{C}_{l_1}^{j}\cdot$$

$$\left\{\frac{1}{2}+\sum_{k=1}^{n}(\rho_k^{(n)})^j\cos k(t-x)\right\}\mathrm{d}t$$

$$I_2=P_{U_n}^{[l_1]}\left\{\sum_{j=1}^{l_2}(-1)^{j-1}\mathrm{C}_{l_2}^{j}\cdot\right.$$

$$\left.\frac{1}{\pi}\int_{-\pi}^{\pi}f(v)\left[\frac{1}{2}+\sum_{k=1}^{n}(\rho_k^{(n)})^j\cos k(v-x)\right]\mathrm{d}v,x\right\}=$$

$$\frac{1}{\pi}\int_{-\pi}^{\pi}f(v)\sum_{j=1}^{l_2}(-1)^{j-1}\mathrm{C}_{l_2}^{j}\cdot$$

$$\left[\frac{1}{2}+\sum_{k=1}^{n}(\rho_k^{(n)})^j\cos k(v-x)\right]\mathrm{d}v$$

$$I_3=P_{U_n}^{[l_1]}\left\{\sum_{j=1}^{l_2}(-1)^{j-1}\mathrm{C}_{l_2}^{j}\cdot\frac{1}{\pi}\int_{-\pi}^{\pi}f(v)\cdot\right.$$

$$\left.\left[\frac{1}{2}+\sum_{k=1}^{n}(\rho_k^{(n)})^j\cos k(v-t)\right]\mathrm{d}v,x\right\}=$$

$$\frac{1}{\pi}\int_{-\pi}^{\pi}f(v)\sum_{i=1}^{l_1}\sum_{j=1}^{l_2}(-1)^{i+j}\mathrm{C}_{l_1}^{i}\mathrm{C}_{l_2}^{j}\cdot$$

$$\left[\frac{1}{2}+\sum_{k=1}^{n}(\rho_k^{(n)})^{i+j}\cos k(v-x)\right]\mathrm{d}v$$

注意到

$$\sum_{i+j=m}\mathrm{C}_{l_1}^{i}\mathrm{C}_{l_2}^{j}=\mathrm{C}_{l_1+l_2}^{m}$$

那么容易得到

$$I_1+I_2-I_3=$$

$$\frac{1}{\pi}\int_{-\pi}^{\pi}f(v)\left\{\frac{1}{2}+\sum_{k=1}^{n}[1-(1-\rho_k^{(n)})^{l_1+l_2}]\cos k(v-x)\right\}\mathrm{d}v=$$

$$P_{U_n}^{[l_1+l_2]}(f,x)$$

引理 3 证毕.

§3　关于算子 $P_{U_n}^{[l]}(f,x)$ 的若干结果

定理 1　设 $f(x)\in C_{2\pi}^{[l]}(l\geqslant 1)$ 则

$$|P_{U_n}^{[l+1]}(f,x)-f(x)|\leqslant \left(1+m\cdot\frac{\pi}{\sqrt{2}}\sqrt{1-\rho_1^{(n)}}\right)^l\frac{\Delta_{f^{(l)},n}}{m^l}\qquad(1)$$

这里 m 是任意正数.

证明　我们用归纳法证明,先证 $l=1$ 时成立.

在 §2 式(4) 中取 $l_1=l_2=1$,得到

$$f(x)-P_{U_n}^{[2]}(f,x)=P_{U_n}^{[1]}\left\{\int_x^t[P_{U_n}^{[1]}(f',t_1)-f'(t_1)]\mathrm{d}t_1,x\right\}$$

令

$$\Phi(\tau)=\int_0^\tau[P_{U_n}^{[1]}(f',t_1)-f'(t_1)]\mathrm{d}t_1$$

注意到 §1 式(4),我们有

$$\sup_\tau|\Phi'(\tau)|=\sup_\tau|P_{U_n}^{[1]}(f',\tau)-f'(\tau)|=\Delta_{f',n}$$

又大家知道,若 $|g'(x)|\leqslant M$,则

$$\omega\left(g,\frac{1}{m}\right)\leqslant\frac{M}{m}$$

再注意到 §1 式(3),即得

$$|P_{U_n}^{[2]}(f,x)-f(x)|\leqslant\left(1+m\cdot\frac{\pi}{\sqrt{2}}\sqrt{1-\rho_1^{(n)}}\right)\cdot\frac{\Delta_{f',n}}{m}$$

所以 $l=1$ 时式(1) 是成立的.

现设

$$|P_{U_n}^{[k+1]}(f,x)-f(x)|\leqslant$$

$$\left(1+m\cdot\frac{\pi}{\sqrt{2}}\sqrt{1-\rho_1^{(n)}}\right)^k\cdot\frac{\Delta_{f^{(k)},n}}{m^k}$$

当 $1\leqslant k\leqslant l-1$ 时成立，那么

$$f(x)-P_{U_n}^{[l+1]}(f,x)=$$

$$P_{U_n}^{[1]}\left\{\int_x^t[P_{U_n}^{[l]}(f',t_1)-f'(t_1)]\mathrm{d}t_1,x\right\}$$

令

$$\Phi(\tau)=\int_0^\tau[P_{U_n}^{[l]}(f',t_1)-f'(t_1)]\mathrm{d}t_1$$

有

$$\max|\Phi'(\tau)|=\|P_{U_n}^{[l]}(f',t_1)-f'(t_1)\|\leqslant$$

$$\left(1+m\cdot\frac{\pi}{\sqrt{2}}\sqrt{1-\rho_1^{(n)}}\right)^{l-1}\cdot\frac{\Delta_{f^{(l)},n}}{m^{i-1}}$$

因此

$$|P_{U_n}^{[l+1]}(f,x)-f(x)|\leqslant$$

$$\left(1+m\cdot\frac{\pi}{\sqrt{2}}\sqrt{1-\rho_1^{(n)}}\right)^i\cdot\frac{\Delta_{f^{(l)},n}}{m^l}$$

注意若记 $C_{2\pi}\equiv C_{2\pi}^{[0]}$，则由于 §1 式(4) 知道式(1) 当 $l=0$ 时也是成立的. 于是定理 1 证毕.

定理 2　若 $f(x)\in C_{2\pi}(l\geqslant 1)$，则

$$f(x)-P_{U_n}^{[l+1]}(f,x)=$$

$$O\left(n'(1-\rho_1^{(n)})^{\frac{l}{2}}\cdot\omega_l\left(f,\frac{1}{n}\right)\right)\qquad(2)$$

这里 $\omega_l(f,\delta)$ 是 $f(x)$ 的 l 级连续模.

证明　设 T_n 是 $f(x)$ 的最佳 n 阶逼近多项式，那么

$$\|T_n-f(x)\|=O\left(\omega_l\left(f,\frac{1}{n}\right)\right)$$

又由[4]知

$$\| T_n^{(l)} \| = O\left(n^l \omega_l\left(f, \frac{1}{n}\right)\right)$$

于是有

$$f(x) - P_{U_n}^{[l+1]}(f,x) = f(x) - T_n(x) + T_n(x) - P_{U_n}^{[l+1]}(T_n,x) + P_{U_n}^{[l+1]}(T_n,x) - P_{U_n}^{[l+1]}(f,x) = O\left(\omega_l\left(f, \frac{1}{n}\right)\right) + P_{U_n}^{[l+1]}(T_n - f, x) + T_n - P_{U_n}^{[l+1]}(T_n,x) \tag{3}$$

由 §2 式(2) 有

$$P_{U_n}^{[l+1]}(T_n - f, x) = O(\| T_n - f \|) = O\left(\omega_l\left(f, \frac{1}{n}\right)\right) \tag{4}$$

又利用式(1) 得到

$$T_n - P_{U_n}^{[l+1]}(T_n,x) = O\left[\left(1 + m \cdot \frac{\pi}{\sqrt{2}}\sqrt{1 - \rho_1^{(n)}}\right)^l \cdot \frac{\Delta_{T_n^{(l)},n}}{m^l}\right] \tag{5}$$

$$\Delta_{T_n^{(l)},n} = \| U_n(T_n^{(l)},x) - T_n^{(l)}(x) \| = O(\| T_n^{(l)}(x) \|) = O\left(n^l \omega_l\left(f, \frac{1}{n}\right)\right)$$

若在式(5) 中取 $m = n$,则

$$T_n - P_{U_n}^{[l+1]}(T_n,x) = O\left[\left(1 + n \cdot \frac{\pi}{\sqrt{2}}\sqrt{1 - \rho_1^{(n)}}\right)^l \cdot \frac{1}{n^l} \cdot n^l \cdot \omega_l\left(f, \frac{1}{n}\right)\right] = O\left[n^l (1 - \rho_l^{(n)})^{\frac{1}{2}} \omega_l\left(f, \frac{1}{n}\right)\right] \tag{6}$$

将(4) 及(6) 代入(3) 即得

$$f(x) - P_{U_n}^{[l+1]}(f,x) =$$

$$O\left[n^l(1-\rho_1^{(n)})^{\frac{1}{2}}\omega_l\left(f,\frac{1}{n}\right)\right]$$

定理 2 证毕.

作为定理 2 的一个应用,我们来考虑 Jackson 算子,即

$$D_n(f,x)=\frac{1}{\pi}\int_{-\pi}^{\pi}f(t)d_n(t-x)\mathrm{d}t$$

这里

$$d_n(x)=\frac{3}{2n(2n^2+1)}\left(\frac{\sin\frac{nx}{2}}{\sin\frac{x}{2}}\right)^4=$$

$$\frac{1}{2}+\rho_1^{(2n-2)}\cos x+\cdots+\rho_{2n-2}^{(2n-2)}\cos(2n-2)x$$

且

$$\rho_1^{(2n-2)}=1-\frac{3}{2n^2}+O(n^{-3})$$

它的变形算子

$$D_n^{[l]}(f,x)=\frac{1}{\pi}\int_{-\pi}^{\pi}f(t)d_n^{[l]}(t-x)\mathrm{d}t$$

这里

$$d_n^{[l]}(x)=\frac{1}{2}+[1-(1-\rho_1^{(2n-2)})^l]\cos x+\cdots+$$

$$[1-(1-\rho_{2n-2}^{(2n-2)})^l]\cos(2n-2)x$$

于是从定理 2 我们可得下述推论:

推论　若 $f(x)\in C_{2\pi}$,则

$$f(x)-D_n^{[l+1]}(f,x)=O\left(\omega_l\left(f,\frac{1}{n}\right)\right)\quad(l\geqslant 1)\tag{7}$$

§4 $P_{U_n^*}^{[l]}(f,x)$ 的一个渐近表达式

本节考虑一类特殊的正算子的变形算子，得到它的一个渐近表达式，这种表达式与 Вороновская 关于伯恩斯坦多项式的渐近式很相似，具有完全同样的简明性.

设

$$U_n^*(f,x)=\frac{1}{\pi}\int_{-\pi}^{\pi}f(t)\left[\frac{1}{2}+\sum_{k=1}^{n}\rho_k^{(n)}\cos k(t-x)\right]\mathrm{d}t$$

满足条件

$$\lim_{n\to\infty}\frac{1-\rho_2^{(n)}}{1-\rho_1^{(n)}}=4 \tag{1}$$

Коровкин 在[5]中证明了，若 $f(x)$ 是任意的有界可积函数，如果在某点 x 存在有二次广义导数

$$D_2 f=\lim_{t\to 0}\frac{f(x+t)-2f(x)+f(x-t)}{t^2}$$

则在此点 x 下式成立

$$\lim_{n\to\infty}\frac{U_n^*(f,x)-f(x)}{U_n^*(\psi_1,0)}=D_2 f(x) \tag{2}$$

其中

$$\psi_1(x)=1-\cos x$$

$$U_n^*(\psi_1,0)=1-\rho_1^{(n)}$$

因此若在点 x 处存在二阶导数 $f''(x)$，则由式(2)可得

$$U_n^*(f,x)-f(x)=$$
$$(1-\rho_1^{(n)})f''(x)+(1-\rho_1^{(n)})\cdot r_n(x) \tag{3}$$

其中 $r_n(x)=o(1)(n\to\infty)$.

我们先证两个简单的引理.

引理1　若 $f(x)\in C_{2\pi}$，在 $[-\pi,\pi]$ 上有二阶连续导数，则在式(3)中的 $r_n(x)\in C_{2\pi}$，且 $r_n(x)=o(1)$ $(n\to\infty)$ 对 x 是一致的.

证明　我们记

$$f(t)=f(x)+f'(x)\sin(t-x)+2f''(x)\sin^2\frac{t-x}{2}+\alpha(x,t)\cdot\sin^2\frac{t-x}{2}\tag{4}$$

又利用泰勒展开式有

$$f(t)=f(x)+f'(x)\cdot(t-x)+\frac{f''(x+\theta(t-x))}{2}\cdot(t-x)^2\quad(|\theta|\leqslant 1)\tag{5}$$

比较(4)及(5)两式，并注意到 $\sin(t-x)=(t-x)+O((t-x)^3)$ 以及

$$2\sin^2\frac{t-x}{2}=\frac{(t-x)^2}{2}+O((t-x)^4)$$

可得

$$\alpha(x,t)=\{f'(x)\cdot O[(t-x)^3]+[f''(x+\theta(t-x))-f''(x)]\cdot\frac{(t-x)^2}{2}+f''(x)\cdot O[(t-x)^4]\}/\left(\sin^2\frac{t-x}{2}\right)$$

由于 $f''(x)\in C_{2\pi}$ 的一致连续性，可知只要 $|t-x|$ 足够小，$|\alpha(x,t)|$ 就能任意地小，且对 x 是一致的.

同时在 $|t-x|\leqslant\pi$ 时 $|\alpha(x,t)|$ 是有界的，也是对 x 一致的，对式(4)两边作用算子 U_n^* 可得

$$U_n^*(f,x)-f(x)=(1-\rho_1^{(n)})f''(x)+$$

$$\frac{1}{\pi}\int_{|t-x|\leqslant\pi}\alpha(x,t)\cdot\sin^2\frac{t-x}{2}\cdot u_n(t-x)\mathrm{d}t=(1-\rho_1^{(n)})f''(x)+R_n(x)$$

对 $R_n(x)$ 的估计只要注意到 $\alpha(x,t)$ 的上述的性质,并采用[5]中定理1的证明方法,立即可得

$$R_n(x)=o(1-\rho_1^{(n)})\quad(n\to\infty)$$

且对 x 一致.

于是引理1证毕.

引理2 若 $r_n(x)\in C_{2\pi}$,在 $[-\pi,\pi]$ 存在二阶连续导数,且 $r'_n(x)=o(1)$,$r''_n(x)=o(1)(n\to\infty)$,均对 x 是一致的,则

$$U_n^*(r_n,x)-r_n(x)=o(1-\rho_1^{(n)})\quad(n\to\infty)$$

且对 x 是一致的.

证明 我们记

$$r_n(t)=r_n(x)+r'_n(x)\cdot\sin(t-x)+2r''_n(x)\cdot\sin^2\frac{t-x}{2}+\alpha_n(x,t)\cdot\sin^2\frac{t-x}{2}$$

仿引理1的证明有

$$\alpha_n(x,t)=\{r'_n(x)\cdot O((t-x)^3)+\{r''_n(x+\theta(t-x))-r''_n(x)\}\frac{(t-x)^2}{2}+r''_n(x)\cdot O((t-x)^4\}/\sin^2\frac{t-x}{2}$$

可知当 $|t-x|\leqslant\pi$ 时,下式对 x 是一致成立的

$$\lim_{n\to\infty}|\alpha_n(x,t)|=0$$

又注意到

$$\int_{|x-t|\leqslant\pi}2\sin^2\frac{t-x}{2}\cdot u_n(t-x)\mathrm{d}t=1-\rho_1^{(n)}$$

于是立即可得

$$U_n^*(r_n,x)-r_n(x)=o(1-\rho_1^{(n)})\quad(n\to\infty)$$

对 x 一致.

引理 2 证毕.

我们又注意,若 $f(x)\in C_{2\pi}^{[1]}$,则有

$$\frac{\mathrm{d}}{\mathrm{d}x}U_n^*(f,x)=U_n^*(f',x)$$

又若 $f(x)\in C_{2\pi}^{[2]}$,且在点 x 处 $f'''(x)$ 存在,那么我们可以在式(3)两边求导数得

$$U_n^*(f',x)-f'(x)=(1-\rho_1^{(n)})f'''(x)+(1-\rho_1^{(n)})r'_n(x)\qquad(6)$$

如果对 $f'(x)$ 应用 Коровкин 的结果,可知 $r'_n(x)=o(1)(n\to\infty)$.

若 $f(x)\in C_{2\pi}$,在$[-\pi,\pi]$上有三阶连续导数,则应用引理 1 可知式(6)中的 $r'_n(x)=o(1)(n\to\infty)$ 对 x 是一致的.

定理　设 $f(x)\in C_{2\pi}$,在$[-\pi,\pi]$上有 $2l$ 阶连续导数,则

$$f(x)-P_{U_n^*}^{[l]}(f,x)=(-1)^l[1-\rho_1^{(n)}]^l f^{(2l)}(x)+o[(1-\rho_1^{(n)})^l]\quad(l\geqslant 1)\qquad(7)$$

且对 x 是一致的.

证明　当 $l=1$ 时即为引理 1 的结果,当 $l=2$ 时我们来证明

$$f(x)-P_{U_n^*}^{[2]}(f,x)=(1-\rho_1^{(n)})^2 f^{(4)}(x)+o[(1-\rho_1^{(n)})^2]$$

事实上

$$f(x)-P_{U_n^*}^{[2]}(f,x)=P_{U_n^*}^{[1]}\left\{\int_x^t[P_{U_n^*}^{[1]}(f',t_1)-f'(t_1)]\mathrm{d}t_1,x\right\}=$$

$$P_{U_n^*}^{[1]}\left\{\int_x^t[(1-\rho_1^{(n)})f'''(t_1)+(1-\rho_1^{(n)})r_{1,n}(t_1)]\mathrm{d}t_1,x\right\}=$$

$$(1-\rho_1^{(n)})P_{U_n^*}^{[1]}\left\{\int_x^t[f'''(t_1)+r_{1,n}(t_1)]\mathrm{d}t_1,x\right\}=$$

$$(1-\rho_1^{(n)})P_{U_n^*}^{[1]}\{f''(t)-f''(x),x\}+$$

$$(1-\rho_1^{(n)})P_{U_n^*}^{[1]}\left\{\int_x^t r_{1,n}(t_1)\mathrm{d}t_1,x\right\}$$

记

$$\alpha_n(\tau)=\int_0^\tau r_{1,n}(t_1)\mathrm{d}t_1$$

不难看出 $\alpha_n(\tau)$ 满足引理 2 的全部条件，故有

$$f(x)-P_{U_n^*}^{[2]}(f,x)=(1-\rho_1^{(n)})[(1-\rho_1^{(n)})f^{(4)}(x)+o(1-\rho_1^{(n)})]+o[(1-\rho_1^{(n)})^2]=(1-\rho_1^{(n)})^2f^{(4)}(x)+o[(1-\rho_1^{(n)})^2]$$

所以 $l=2$ 时式(7) 成立.

应用数学归纳法可完成定理的证明.

我们将定理 3 应用到 Valleé-Poussin 算子 $\nabla_n(x)$ 可得以下推论：

推论 若 $f(x)\in C_{2\pi}$，在$[-\pi,\pi]$上有 $2l$ 阶连续导数，则

$$f(x)-P_{\nabla_n}^{[l]}(f,x)=(-1)^l\frac{f^{(2l)}(x)}{(n+1)^l}+o\left(\frac{1}{(n+1)^l}\right)\quad(l\geqslant 1)\tag{8}$$

(8) 中当 $l=1$ 时即为[6] 中的结果.

§5　关于算子 $Q_n^{[l]}(f,x)$ 的逼近问题

在 §2 中的引理 1 指出了 $Q_n^{[l]}(f,x)$ 对于 $f(x)$ 的逼近度不会比 $U_n(f,x)$ 来得差，但是从下文的讨论结果可以看出来，$Q_n^{[l]}(f,x)$ 也不比 $U_n(f,x)$ 好. 本节主要是给出 $Q_n^{[2]}(f,x)$ 的一个渐近表达式，对于一般的 $Q_n^{[l]}(f,x)$ 亦可做类似的讨论，但比较繁复，因而这里从略了.

这里我们讨论更特殊的正算子

$$U_n^{**}(f,x)=\frac{1}{\pi}\int_{-\pi}^{\pi}f(t)\left[\frac{1}{2}+\sum_{k=1}^{n}\rho_k^{(n)}\cos(t-x)\right]\mathrm{d}t$$

满足下面两个条件

(ⅰ) $\lim\limits_{n\to\infty}\dfrac{1-\rho_2^{(n)}}{1-\rho_1^{(n)}}=4$;

(ⅱ) $\lim\limits_{n\to\infty}\dfrac{14(1-\rho_1^{(n)})-8(1-\rho_3^{(n)})+(1-\rho_4^{(n)})}{4(1-\rho_1^{(n)})-(1-\rho_2^{(n)})}=$
$14.$ (1)

例如 Valleé-Poussin 算子 $\nabla_n(f,x)$ 满足上述两个条件，事实上它的 $\rho_k^{(n)}=\dfrac{(n!)^2}{(n-k)!(n+k)!}$，经简单的计算可知

$$\lim_{n\to\infty}\frac{14(1-\rho_1^{(n)})-8(1-\rho_3^{(n)})+(1-\rho_4^{(n)})}{4(1-\rho_1^{(n)})-(1-\rho_2^{(n)})}=$$

$$\lim_{n\to\infty}\frac{84n^2+588n+168}{6n^2+42n+72}=14$$

我们先证几个引理.

引理 1　若 $f(x)\in C_{2\pi}^{[1]}$，则

$$Q_n^{[l_1]}(f,x)+Q_n^{[l_2]}(f,x)-Q_n^{[l_1+l_2]}(f,x)=$$
$$Q_n^{[l_1]}\left[f(t)-\int_x^t Q_n^{[l_2]}(f',t_1)\mathrm{d}t_1,x\right] \tag{2}$$

证明　首先容易知道

$$Q_n^{[l_1+l_2]}(f,x)=Q_n^{[l_1]}(Q_n^{[l_2]}(f,t),x)$$

于是有

$$Q_n^{[l_1]}(f,x)+Q_n^{[l_2]}(f,x)-Q_n^{[l_1+l_2]}(f,x)=$$
$$Q_n^{[l_1]}(f(t)+Q_n^{[l_2]}(f,x)-Q_n^{[l_2]}(f,t),x) \tag{3}$$

仿 §2 引理 3 的证明,容易得到

$$\int_x^t Q_n^{[l_2]}(f',t_1)\mathrm{d}t_1=Q_n^{[l_2]}(f,t)-Q_n^{[l_2]}(f,x)$$

将此式代入式(3) 即得(2),于是引理证毕.

特别取 $l_1=l_2=1$,并注意到 §2 式(4) 有

$$Q_n^{[1]}\left(f(t)-\int_x^t Q_n^{[1]}(f',t_1)\mathrm{d}t_1,x\right)=P_{U_n}^{[2]}(f,x)$$

于是有

$$Q_n^{[2]}(f,x)=2U_n(f,x)-P_{U_n}^{[2]}(f,x) \tag{4}$$

现设 $f(x)\in C_{2\pi}^{[3]}$,并在点 x_0 有四阶导数 $f^{(4)}(x_0)$. 记

$$\varphi(x,x_0)=f(x)-f'(x_0)\cdot\sin(x-x_0)+$$
$$f''(x_0)\cdot\cos(x-x_0)$$

并规定记 $\varphi'(x,x_0)=\frac{\partial}{\partial x}\varphi(x,x_0),\varphi''(x,x_0)=\frac{\partial^2}{\partial x^2}\varphi(x,x_0)$,一般 $\varphi^{(k)}(x,x_0)=\frac{\partial^k}{\partial x^k}\varphi(x,x_0)$,易见下式成立

$$\varphi'(x_0,x_0)=\varphi''(x_0,x_0)=0$$

现将 $\varphi(x,x_0)$ 展开成如下形式

$$\varphi(x,x_0)=\varphi(x_0,x_0)+\frac{1}{6}\varphi'''(x_0,x_0)\cdot$$

$$\sin^3(x-x_0)+\frac{2}{3}\varphi^{(4)}(x_0,x_0)\cdot$$

$$\sin^4\frac{x-x_0}{2}+\alpha(x,x_0)\cdot$$

$$\sin^4\frac{x-x_0}{2} \tag{5}$$

现在证明 $\alpha(x,x_0)$ 满足下面两个条件(x_0 是固定的):

(ⅰ) $\lim\limits_{|x-x_0|\to 0}|\alpha(x,x_0)=0$;

(ⅱ) $\max\limits_{|x-x_0|\leqslant\pi}|\alpha(x,x_0)|\leqslant M$,$M$ 是一常数. (6)

事实上我们只要考虑关系式

$$I=\frac{\varphi(x,x_0)-\varphi(x_0,x_0)-\frac{1}{6}\varphi'''(x_0,x_0)\cdot\sin^3(x-x_0)}{\frac{2}{3}\sin^4\frac{x-x_0}{2}}$$

当 $|x-x_0|\to 0$ 时是 $\frac{0}{0}$ 不定型,由洛必达法则可得

$$\lim_{|x-x_0|\to 0}I=\lim_{|x-x_0|\to 0}\frac{\varphi'''(x,x_0)-\varphi'''(x_0,x_0)+O[(x-x_0)^2]}{(x-x_0)+O((x-x_0)^3)}=$$

$$\varphi^{(4)}(x_0,x_0)$$

所以

$$\lim_{|x-x_0|\to 0}|\alpha(x,x_0)|=0$$

关于式(6)中的(ⅱ)那是很显然的.

但是若 $f(x)\in C_{2\pi}$,并在$[-\pi,\pi]$上有四阶连续导数,则式(6)中(ⅰ)和(ⅱ)将对 x_0 是一致的.

事实上,由式(5)可得

$$\varphi(x,x_0)=\varphi(x_0,x_0)+\frac{1}{6}\varphi'''(x_0,x_0)[(x-x_0)^3+$$

$$O((x-x_0)^5)]+\frac{2}{3}\varphi^{(4)}(x_0,x_0)\cdot$$

$$\left[\frac{1}{16}(x-x_0)^4+O((x-x_0)^6)\right]+$$

$$\alpha(x,x_0)\cdot\sin^4\frac{x-x_0}{2}$$

另一方面按泰勒展开式可得

$$\varphi(x,x_0)=\varphi(x_0,x_0)+\frac{1}{6}\varphi'''(x_0,x_0)\cdot(x-x_0)^3+$$

$$\frac{1}{24}\varphi^{(4)}(x_0+\theta(x-x_0),x_0)\cdot$$

$$(x-x_0)^4\quad(|\theta|\leqslant 1)$$

比较上面两式可得

$$\alpha(x,x_0)=\frac{\frac{1}{24}[\varphi^{(4)}(t_0+\theta(x-x_0),x_0)-\varphi^{(4)}(x_0,x_0)](x-x_0)^4+O((x-x_0)^5)}{\sin^4\frac{x-x_0}{2}}$$

由于 $\varphi^{(4)}(x,x_0)$ 的一致连续性,可知有:

(ⅰ) $\lim\limits_{|x-x_0|\to 0}|\alpha(x,x_0)|=0$,对 x_0 是一致的;

(ⅱ) $\max\limits_{|x-x_0|\to\pi}|\alpha(x,x_0)|\leqslant M$,$M$ 是一个常数与 x_0 无关. $(6)'$

引理 2 若 $f(x)\in C_{2\pi}^{[3]}$,并在点 x_0 存在 $f^{(4)}(x_0)$,则有

$$U_n^{**}(\varphi,x_0)-\varphi(x_0,x_0)=\frac{1}{2}(1-\rho_1^{(n)})\left(4-\frac{1-\rho_2^{(n)}}{1-\rho_1^{(n)}}\right)\cdot$$

$$\varphi^{(4)}(x_0,x_0)+o\left((1-\rho_1^{(n)})\left(4-\frac{1-\rho_2^{(n)}}{1-\rho_1^{(n)}}\right)\right)\tag{7}$$

如果 $f(x)\in C_{2\pi}$,且在$[-\pi,\pi]$上有四阶连续导数,则上式对 x_0 是一致成立的.

证明 注意到式(5)我们有

$$U_n^{**}(\varphi,x_0)-\varphi(x_0,x_0)=$$

$$\frac{1}{6}\varphi'''(x_0,x_0)\ \frac{1}{\pi}\int_{|r-x_0|\leqslant\pi}\sin^3(t-x_0)\cdot$$
$$u_n(t-x_0)\mathrm{d}t+\frac{2}{3}\varphi^{(4)}(x_0,x_0)\cdot$$
$$\frac{1}{\pi}\int_{|t-x_0|\leqslant\pi}\sin^4\frac{t-x_0}{2}\cdot u_n(t-x_0)\mathrm{d}t+$$
$$\frac{1}{\pi}\int_{|t-x_0|\leqslant\pi}\alpha(t,x_0)\cdot\sin^4\frac{t-x_0}{2}\cdot u_n(t-x_0)\mathrm{d}t=$$
$$I_1+I_2+I_3$$

不难知道

$$I_1=0$$
$$I_2=\frac{1}{12}(1-\rho_1^{(n)})\left(4-\frac{1-\rho_2^{(n)}}{1-\rho_1^{(n)}}\right)\cdot\varphi^{(4)}(x_0,x_0)$$

对 I_3 可采用[5]中类似的方法进行估计，设任给一 $\varepsilon>0$，由于式(6)知道可以找到一 $\delta>0$，使 $\max\limits_{|t-x_0|\leqslant\delta}|\alpha(t,x_0)|\leqslant\varepsilon$.

我们记

$$I_3=\frac{1}{\pi}\left[\int_{|t-x_0|\leqslant\delta}+\int_{\delta\leqslant|t-x_0|\leqslant\pi}\right]\alpha(t,x_0)\sin^4\frac{t-x_0}{2}\cdot$$
$$u_n(t-x_0)\mathrm{d}t=I'_3+I''_3$$

经一些简单的计算可得

$$|I'_3|\leqslant\frac{1}{8}\varepsilon\cdot(1-\rho_1^{(n)})\left(4-\frac{1-\rho_2^{(n)}}{1-\rho_1^{(n)}}\right)$$
$$|I''_3|\leqslant\frac{M}{(1-\cos\delta)^2}\cdot\frac{1}{\pi}\int_{\delta\leqslant|t-x_0|\leqslant\pi}[1-$$
$$\cos(t-x_0)]^2\cdot\sin^4\frac{t-x_0}{2}\cdot u_n(t-x_0)\mathrm{d}t\leqslant$$
$$\frac{M}{32\cdot(1-\cos\delta)^2}\cdot(1-\rho_1^{(n)})\left(4-\frac{1-\rho_2^{(n)}}{1-\rho_1^{(n)}}\right)\cdot$$
$$\left[14-\frac{14(1-\rho_2^{(n)})-8(1-\rho_3^{(n)})+(1-\rho_4^{(n)})}{4(1-\rho_1^{(n)})-(1-\rho_2^{(n)})}\right]$$

由于 U_n^{**} 满足式(1),所以式(7) 成立.

当 $f(x)\in C_{2\pi}$,且在 $[-\pi,\pi]$ 上有四阶连续导数的情形,只要运用(6)′,证明完全一样.于是引理 2 证毕.

如果注意到

$$\varphi(x_0,x_0)=f(x_0)+f''(x_0)$$
$$\varphi^{(4)}(x_0,x_0)=f^{(4)}(x_0)+f''(x_0)$$

以及

$$U_n^{**}(\varphi,x_0)=U_n^{**}(f,x_0)+\rho_1^{(n)}\cdot f''(x_0)$$

将这些代入式(7) 则可得:

定理 1 若 $f(x)\in C_{2\pi}^{[3]}$,并在点 x_0 存在 $f^{(4)}(x_0)$,则有

$$U_n^{**}(f,x_0)=f(x_0)+\frac{1}{12}(1-\rho_1^{(n)})\left[16-\frac{1-\rho_2^{(n)}}{1-\rho_1^{(n)}}\right]\cdot f''(x_0)+\frac{1}{12}(1-\rho_1^{(n)})\left(4-\frac{1-\rho_2^{(n)}}{1-\rho_1^{(n)}}\right)\cdot f^{(4)}(x_0)+o\left((1-\rho_1^{(n)})\left(4-\frac{1-\rho_2^{(n)}}{1-\rho_1^{(n)}}\right)\right) \tag{8}$$

若 $f(x)\in C_{2\pi}$,且在 $[-\pi,\pi]$ 上有四阶连续导数,则上式对 x_0 是一致成立的.

在 §4 式(7) 中取 $l=2$ 同式(8) 一起代入式(4),即可得下述定理:

定理 2 若 $f(x)\in C_{2\pi}$,并在 $[-\pi,\pi]$ 上有四阶连续导数,则有

$$Q_n^{[2]}(f,x_0)=f(x_0)+\frac{1}{6}(1-\rho_1^{(n)})\left(16-\frac{1-\rho_2^{(n)}}{1-\rho_1^{(n)}}\right)f''(x_0)+$$

$$\frac{1}{6}(1-\rho_1^{(n)})\left[4-\left(\frac{1-\rho_2^{(n)}}{1-\rho_1^{(n)}}\right)+6(1-\rho_1^{(n)})\right]f^{(4)}(x_0)+$$

$$o\left[(1-\rho_1^{(n)})^2+(1-\rho_1^{(n)})\left(4-\frac{1-\rho_2^{(n)}}{1-\rho_1^{(n)}}\right)\right] \tag{9}$$

对 x_0 是一致成立的.

我们将定理 2 应用到 Valleé-Poussin 算子 $\nabla_n(f, x)$,若记它的变形算子为

$$\nabla_n^{[2]}(f,x)=\frac{1}{2}a_0+\sum_{k=1}^{n}\left(\frac{(n!)^2}{(n-k)!\,(n+k)!}\right)^2\cdot (a_k\cos kx+b_k\sin kx)$$

其中 a_0, a_k, b_k 为 $f(x)$ 的傅里叶系数,则有

推论 若 $f(x)\in C_{2\pi}$,并在 $[-\pi,\pi]$ 上有四阶连续导数,则

$$\nabla_n^{[2]}(f,x)=f(x)+\frac{2n+5}{(n+1)(n+2)}f''(x)+\frac{2}{(n+1)^2}f^{(4)}(x)+o\left(\frac{1}{n^2}\right)$$

对 x 一致成立.

参考文献

[1] КОРОВКИН П П. Линейные операторы и теория приближений[M]. Москва,1959.

[2] DEVORE R A. The Approximation of Continuous Functions by Positive Linear Operators[M]. New York:Elsevier, 1972.

[3] DITZIAN Z, FREUD G. Linear Approximating Processes with Limited Oscillation[J]. J.

Approximation Theory,1974,12:23-31.

[4] СТЕЧКИН С Б. О порядке наилучших приближений непрерывных функций[J]. И. А. Н. СССР, Сер. Matem, 1951, 15:219-242.

[5] КОРОВКИН П П. Об одном асимптотическом свойстве положительных методов суммирования рядов фурьем о наилучшем приближении функций класса Z_2 линейными положительными полиномиальными ореаторами[J]. УМН, XIII, ВЫП, 1958, 6:99-103.

[6] НАТАСОН И П. Некоторые Оценки, Связанные с сингупярным интегралом Валле-Пуссена[J]. ДАН. 1944, 45:290-293.

某类均差分的值分布

第11章

华南师范大学数学科学学院的陈美茹,陈宗煊两位教授2012年研究了某类均差分的值分布问题. 令 $n,m \in \mathbf{N}, n > m, c \in \mathbf{C}\backslash\{0\}, f(z)$ 是超越亚纯函数, $P(z)$ 为非零多项式. 一系列关于均差分

$$F(z)=\frac{\Delta_c^n f(z)}{\Delta_c^m f(z)}$$

和

$$F^*(z)=\frac{\Delta_c^n f(z)}{\Delta_c^m f(z)}-P(z)$$

的零点存在性的结果被证明.

§1 引言与结果

本节使用值分布理论的标准记号(见文[1－3]).设 $f(z)$ 是复平面上的亚纯函数,本节使用 $\sigma(f)$ 和 $\mu(f)$ 分别表示 $f(z)$ 的级和下级.使用 $\lambda(f)$ 和 $\lambda\left(\frac{1}{f}\right)$ 分别表示 $f(z)$ 的零点收敛指数和极点收敛指数.使用 $\Delta f(z)$ 表示差分算子,具体定义(见文[4, P52])如下

$$\Delta f(z)=f(z+1)-f(z)$$

$$\Delta^{n+1} f(z)=\Delta^{n} f(z+1)-\Delta^{n} f(z)$$

$$(n=0,1,\cdots)$$

最近,有不少文章(见文[5－11])对复域差分方程进行研究和得到类似于 Nevanlinna 理论的差分模拟.Bergweiler 和 Langley[6] 最先研究了 $\Delta f(z)$ 和 $\frac{\Delta f(z)}{f(z)}$ 的零点的存在性,并得到了许多丰富而重要的结果.这些结论都可以作为 f' 的零点存在定理的差分模拟.

定理 A[12] 假设 f 是复平面上的一个超越亚纯函数且满足

$$\lim_{r\to\infty}\frac{T(r,f)}{r}=0$$

则 f' 有无穷多个零点.

若 f 是级小于 1 的超越整函数,则对于差分算子 $\Delta^{n} f(n\geqslant 1)$,显然有无穷多个零点.很自然地,对于整函数 f,我们不仅想考虑 $\Delta^{n} f$,还想考虑均差分 $\frac{\Delta f(z)}{f(z)}$

的零点问题. Bergweiler 和 Langley[6] 证明了下面两个定理.

定理 B　假设 $n\in\mathbf{N}$, $f(z)$ 是增长级 $\sigma(f)=\sigma<\frac{1}{2}$ 的超越整函数,令

$$G(z)=\frac{\Delta^n f(z)}{f(z)}$$

若 G 超越,则 G 有无穷多个零点. 特别地,若 f 的增长级小于 $\min\left\{\frac{1}{n},\frac{1}{2}\right\}$,则 G 超越且有无穷多个零点.

定理 C　假设 $f(z)$ 是一超越整函数且增长级满足 $\sigma(f)\leqslant\sigma<\frac{1}{2}+\delta_0<1$,其中 $\delta_0\in\left(0,\frac{1}{2}\right)$,则

$$G(z)=\frac{\Delta f(z)}{f(z)}=\frac{f(z+1)-f(z)}{f(z)}$$

有无穷多个零点.

陈宗煊和孙光镐在文[13]中推广了定理 C,研究了差分和均差分的零点和不动点的问题,并得到了如下定理.

定理 D　假设 $n\in\mathbf{N}$, $f(z)$ 是超越整函数,且增长级满足 $\sigma(f)=\sigma<\frac{1}{2}$ 和 $\sigma(f)\neq\frac{1}{n},\frac{2}{n},\cdots,\frac{\left[\frac{n}{2}\right]}{n}$,则

$$G(z)=\frac{\Delta^n f(z)}{f(z)}$$

有无穷多个零点和无穷多个不动点.

在本节中,我们考虑均差分

$$F(z)=\frac{\Delta_c^n f(z)}{\Delta_c^m f(z)}$$

和

$$F^*(z)=\frac{\Delta_c^n f(z)}{\Delta_c^m f(z)}-P(z)$$

的零点存在问题，其中，$n,m\in\mathbf{N},n>m,c\in\mathbf{C}\backslash\{0\}$，$f(z)$ 是超越亚纯函数，$P(z)$ 为非零多项式，并得到如下的结论.

定理 1 假设 $f(z)$ 是增长级 $\sigma(f)=\sigma<1$ 的超越亚纯函数，$n,m\in\mathbf{N},n>m,c\in\mathbf{C}\backslash\{0\}$，$P(z)$ 是非零多项式. 若

$$F(z)=\frac{\Delta_c^n f(z)}{\Delta_c^m f(z)} \tag{1}$$

是超越的，则

$$F^*(z)=F(z)-P(z) \tag{2}$$

有无穷多个零点.

定理 2 假设 $n>m,n,m\in\mathbf{N},c\in\mathbf{C}\backslash\{0\}$，$f(z)$ 是超越亚纯函数且满足

$$\lambda\left(\frac{1}{f}\right)<\lambda(f)=\sigma(f)=\sigma<1$$

$$\sigma\neq\frac{1}{n-m},\frac{2}{n-m},\cdots,\frac{n-m-1}{n-m}$$

$P(z)$ 是非零多项式，$F(z)=\dfrac{\Delta_c^n f(z)}{\Delta_c^m f(z)}$，则 $F^*(z)=F(z)-P(z)$ 有无穷多个零点.

注 1 若 $m=n-1$，则只要 $f(z)$ 为超越亚纯函数且 $\lambda\left(\frac{1}{f}\right)<\lambda(f)=\sigma(f)$ 及 $f(z)$ 满足 $\sigma(f)=\sigma<1$，则 $F^*(z)$ 有无穷多个零点.

注 2 在定理 1,2 中，令 $P(z)=z$，则能得到 $F^*(z)$ 有无穷多个不动点的结论.

§2　为证明定理所需的引理

注　根据 Hayman 的文[14,75—76页],我们定义一个 ε—集,为可数个开圆盘的并集,这些开圆盘的闭包不含原点且其并集是有穷的.若 E 是一个 ε—集,则对圆周 $S(0,r)(r\geqslant 1)$ 集合,满足 E 具有有穷的对数测度,且几乎对所有实数 θ,满足 E 在其射线 $\arg z=\theta$ 上是有界的.

引理1　假设 $n\in\mathbf{N}$, $f(z)$ 是复平面上级小于1的超越亚纯函数,则存在一个 ε—集 E_n,使得

$$\Delta^n f(z)\sim f^{(n)}(z), z\to\infty, z\in\mathbf{C}\backslash E_n$$

引理2[15]　假设 $f(z)$ 是一超越亚纯函数,$\sigma(f)=\sigma<\infty$, $H=\{(k_1,j_1),(k_2,j_2),\cdots,(k_q,j_q)\}$ 是互相判别数对的有穷集合且满足 $k_i>j_i\geqslant 0$,对任意的 $i=1,\cdots,q$ 成立,令 $\varepsilon>0$ 是任意给定的常数.则存在一具有有穷对数测度的集合 $E_1\subset(1,\infty)$,使得对所有的 z 满足 $|z|\notin E_1\cup[0,1]$ 和所有的 $(k,j)\in H$,我们有

$$\left|\frac{f^{(k)}(z)}{f^{(j)}(z)}\right|\leqslant|z|^{(k-j)(\sigma-1+\varepsilon)}$$

引理3　假设 $f(z)$ 是一有穷级亚纯函数,则对任意的 $n\in\mathbf{N}$, $\sigma(\Delta^n f(z))\leqslant\sigma(f)$.

引理4　假设 $f(z)$ 和 $g(z)$ 是 $\overline{B}(a;R)$ 上的两个亚纯函数,且在 $\gamma=\{z:|z-a|=R\}$ 的圆周上没有零点和极点.若 $Z_f, Z_g(P_f, P_g)$ 是 f 和 g 在 $B(a;R)$ 上的零点(极点)的个数,若在 γ 圆周上 $|f(z)+g(z)|<$

$|f(z)|+|g(z)|$成立，则 $Z_f-P_f=Z_f-P_g$.

引理5 假设 $f(z)=\dfrac{g(z)}{d(z)}$ 为亚纯函数，其中 $g(z),d(z)$ 均为整函数，满足

$$\mu(g)=\mu(f)=\mu\leqslant\sigma(g)=\sigma(f)\leqslant\infty$$

$$\lambda(d)=\sigma(d)=\lambda\left(\frac{1}{f}\right)=\beta<\mu$$

假设 z 为 $|z|=r$ 上一点，满足 $|g(z)|=M(r,g)$，$v_g(r)$ 表示整函数 g 的中心指标. 那么存在一个对数测度为有穷的集合 $E_2\subset(1,\infty)$，当 $|z|=r\notin[0,1]\cup E_2$ 时

$$\frac{f^{(n)}(z)}{f(z)}=\left(\frac{v_g(r)}{z}\right)^n(1+o(1))$$

§3 定理的证明

§1定理1的证明 由 $\sigma(f)=\sigma<1$，F 是超越的，及§2引理3，我们有

$$\sigma(F^*)=\sigma(F)\leqslant\max\{\sigma(\Delta_c^n f),\sigma(\Delta_c^m f)\}\leqslant \sigma(f)<1$$

F^* 是超越的.

不失一般性，假设 $c=1$. 由§2引理1，存在一 ε-集 E_n 满足当 $z\to\infty$ 时，在 $\mathbf{C}\backslash E_n$ 中，有

$$F(z)=\frac{\Delta^n f(z)}{\Delta^m f(z)}=\frac{f^{(n)}(z)}{f^{(m)}(z)}(1+o(1))\tag{1}$$

其中 ε－集 E_n 包含了 $F(z)$ 的所有零点和极点.

由§2引理2，对任意给定的 $\varepsilon(0<2\varepsilon<1-\sigma)$，存在一有穷对数测度的集合 $E_1\subset(1,\infty)$，使得对所有

满足 $|z|=r\notin[0,1]\cup E_1$ 的 z,有

$$\left|\frac{f^{(n)}(z)}{f^{(m)}(z)}\right|\leqslant|z|^{(n-m)(\sigma-1+\varepsilon)}$$

由于 $\lambda(F^*)\leqslant\sigma(F^*)<1$,我们得到一包含 $F^*(z)$ 的所有的零点和极点的 ε－集 E_n^*.定义 $H_1=\{r=|z|\in(1,\infty):z\in E_n$,或 $z\in E_n^*$,或 $P(z)=0\}$,则我们知 H_1 具有有穷对数测度.因此,对所有的 $|z|=r\notin[0,1]\cup E_1\cup H_1$,$F^*(z)$ 和 $P(z)$ 在 $|z|=r$ 的圆周上没有零点和极点.

由 $0<2\varepsilon<1-\sigma$ 和 $n>m$,我们有 $(n-m)(\sigma-1+\varepsilon)<0$,则当 $|z|=r\to\infty$ 时

$$|z|^{(n-m)(\sigma-1+\varepsilon)}\to 0 \tag{3}$$

由 $P(z)$ 为非零多项式知,当 $|z|=r\to\infty$ 时,有

$$|P(z)|>0 \tag{4}$$

因此,由式(1)～(4),当 $|z|=r\to\infty$,$|z|=r\notin[0,1]\cup E_1\cup H_1$ 时,有

$$\begin{aligned}|F^*(z)+P(z)|=|F(z)|=&\left|\frac{f^{(n)}(z)}{f^{(m)}(z)}(1+o(1))\right|\leqslant\\&|z|^{(n-m)(\sigma-1+\varepsilon)}(1+o(1))<\\&|F^*(z)|+|P(z)|\end{aligned}$$

对 $F^*(z)$ 和 $P(z)$,应用§2引理4,有

$$\begin{aligned}&n\left(r,\frac{1}{F^*}\right)-n(r,F^*)=\\&n\left(r,\frac{1}{P}\right)-n(r,P)=\\&\deg P\end{aligned}\tag{5}$$

对所有的 $|z|=r\notin[0,1]\cup E_1\cup H_1$ 成立.

由 F^* 是超越的,$\sigma(F^*)<1$ 知

$$n(r,F^*)\to\infty\quad(\text{当 } r\to\infty \text{ 时})$$

和

$$n(r,F^*)\to\infty \quad (\text{当 } r\to\infty \text{ 时})$$

至少有一个是成立的.因此,由式(5)知,当 $r\to\infty$ 时

$$n(r,F^*)\to\infty$$

和

$$n\left(r,\frac{1}{F^*}\right)\to\infty$$

均成立.从而,F^* 必定有无穷多个零点.

§1 定理 2 的证明 假设 f 是超越亚纯函数,增长级满足 $\sigma(f)=\sigma<1$,且

$$\sigma\neq\frac{1}{n-m},\frac{2}{n-m},\cdots,\frac{n-m-1}{n-m}$$

不失一般性,我们不妨假设 $c=1$,则由 §2引理1知,存在一 ε — 集 E_n,满足

$$\frac{\Delta^n f(z)}{\Delta^m f(z)}=\frac{f^{(n)}(z)}{f^{(m)}(z)}(1+o(1)) \tag{6}$$

当 $z\to\infty, z\in\mathbf{C}\backslash E_n$.

由于 $f(z)$ 是一超越亚纯函数且增长级 $\lambda\left(\frac{1}{f}\right)<\lambda(f)=\sigma(f)$,则由阿达玛定理,我们有

$$f(z)=\frac{g(z)}{d(z)}$$

其中 $g(z), d(z)$ 均为整函数.

则 $g(z)$ 一定是超越的,且 $\sigma(g)=\sigma(f)$. 由 §2引理5,假设 z 为 $|z|=r$ 上一点,满足 $|g(z)|=M(r,g)$,则存在一个对数测度为有穷的集合 $E_2\subset(1,\infty)$,当 $|z|=r\notin[0,1]\cup E_2$ 时,满足 $|g(z)|=M(r,g)$

$$\frac{f^{(n)}(z)}{f^{(m)}(z)}=\left(\frac{v_g(r)}{z}\right)^{n-m}(1+o(1)) \tag{7}$$

其中 $v_g(r)$ 为 $g(z)$ 的中心指标.

由式(6)和(7),我们有

$$F(z)=\left(\frac{v_g(r)}{z}\right)^{n-m}(1+o(1)) \tag{8}$$

令 $H_2=\{|z|=r:r\in E_n\}$,则 H_2 具有有穷对数测度.由

$$\sigma(g)=\sigma(f)=\sigma$$

和

$$\varlimsup_{r\to\infty}\frac{\log v_g(r)}{\log r}=\sigma(g)$$

则存在一点列 $\{r'_j\}(r'_1<r'_2<\cdots<r'_j\to\infty)$,满足

$$\lim_{r\to\infty}\frac{\log v_g(r'_j)}{\log r'_j}=\sigma$$

令 $H_2\cup E_2$, $\ln(H_2\cup E_2)=\log\delta<\infty$,则存在点 $r_j\in[r'_j,(\delta+1)r_j)]\backslash(H_2\cup E_2)$,由于

$$\frac{\log v_g(r_j)}{\log r_j}\geqslant\frac{\log v_g(r'_j)}{\log[(\delta+1)r'_j]}=\frac{\log v_g(r'_j)}{\log r'_j\left(1+\dfrac{\log(\delta+1)}{\log r'_j}\right)}$$

我们有

$$\lim_{r\to\infty}\frac{\log v_g(r_j)}{\log r_j}=\sigma, r_j\notin(H_2\cup E_2) \tag{9}$$

由式(9),对任意给定的 $\varepsilon(0<\varepsilon<1-\sigma)$,我们得到对充分大的 j

$$r_j^{(n-m)(\sigma-1-\varepsilon)}\leqslant\left(\frac{v_g(r_j)}{r_j}\right)^{n-m}\leqslant r_j^{(n-m)(\sigma-1+\varepsilon)} \tag{10}$$

现在,我们假设 $F(z)$ 为有理函数.则由 $(n-m)\cdot(\sigma-1+\varepsilon)<0$ 和 $F(z)$ 是有理函数,结合式(8)和(10)知,当 $z\to\infty$ 时

$$F(z)=\alpha z^{-k}(1+o(1)) \tag{11}$$

其中 $\alpha\neq0$ 是某常数,k 是某一正整数.

由于 ε 可以充分小,由式(8)(10)和(11),有

$$\sigma(g)=1-\frac{k}{n-m}$$

由于 $\sigma(g)=\sigma(f)=\sigma$，则 $\sigma=1-\frac{k}{n-m}$. 这与已知条件

$$\sigma\neq\frac{1}{n-m},\frac{2}{n-m},\cdots,\frac{n-m-1}{n-m}$$

矛盾. 因此，$F(z)$ 是一超越函数. 由 §1 定理 1 知，$F^*(z)$ 有无穷多个零点.

参考文献

[1] HAYMAN W K. Meromorphic Functions[M]. Oxford: Clarendon Press, 1964.

[2] LAINE I. Nevanlinna Theorey and Complex Differential Equations[M]. Berlin: Walter de Cruyter, 1993.

[3] YANG L. Value Distribution and New Research (in Chinesc)[M]. Beijing: Science Press, 1982.

[4] WHITTAKER J M. Interpolatory Function Theory, Cambridge Tracts in Math. and Math. Phys., Vol. 33[M]. Cambridge: Cambridge university Press, 1935.

[5] ABLOWITZ M, HALBURD R G, HERBST B. On the extension of Painlevé property to difference equations[J]. Nonlinearity, 2000, 13: 889-905.

[6] BERGWEILER W, LANGLEY J K. Zeros of differences of meromorphic functions [J]. Math.

Proc. Cambridge Philos. Soc., 2007,142: 133-147.

[7] CHIANG Y M, FENG S J. On the Nevanlinna characteristic of $f(z+\eta)$ and difference equations in the complex plane[J]. Ramanujan J., 2008,16:105-129.

[8] HALBURD R G, KORHONEN R. Difference analogue of the lemma on the logarithmic derivative with applications to difference equations [J]. J. Math. Appl., 2006,314:477-487.

[9] HALBURD R G, KORHONEN R. Nevanlinna theorey for the difference operator[J]. Ann. Acad. Sci. Fenn. Math., 2006,31:463-478.

[10] HEITTOKANGAS J, KORHONEN R, LAINE I. et al. Complex difference equations of Malmquist type, Comput[J]. Methods Funct. Theory, 2001,1:27-39.

[11] ISHIZAKI K, YANAGIHARA N. Wiman-Valion method for difference equations [J]. Nagoya Math. J., 2004,175:75-102.

[12] BERGWEILER W, EREMENKO A. On the singularities of the inverse to a meromorphic function of finite order[J]. Rev. Math. Ib eroamericana, 1995,11:355-373.

[13] CHEN Z X, SHON K H. On zeros and fixed points of differences of meromorphic functions [J]. J. Math. Anal. Appl., 2008,344:373-373.

[14] HAYMAN W K. Slowly growing integral and subharmonic functions[J]. Comment. Math. Helv., 1960,34:75-84.

[15] GÚNDERSEN G. Estimates for the logarithmic derivative of a meromorphic functiond, plus similar estimates[J]. J. London Math. Soc., 1988,37(2):88-104.

[16] CHIANG Y M, FENG S J. On the growth of logarithmic difference, difference equations and logarithmic derivatives of meromorphic functions[J]. J. Trans. Amer. Math. Soc., 2009,361(7):3767-3791.

[17] CONWAY J B. Functions of One Complex Variable[M]. New York: Springer-Verlag, 1978.

[18] CHEN Z X. On the rate of growth of meromorphic solutions of higher order linear differential equations[J]. Acta Mathematica Sinica, Chinese Series, 1999,42(3):551-558.

q-差分内积中的小 q-Jacobi-Sobolev 多项式

第12章

大连理工大学数学科学研究所的周恒,王仁宏两位教授在2003年讨论了关于以下内积的正交多项式

$$\langle p(x), r(x)\rangle_{(u_0, u^{(\alpha,\beta)})} = \sum_{k=0}^{\infty} p(q^k) r(q^k)(q^k - c)\frac{a^k (b)_k}{(q)_k} + \lambda \sum_{k=0}^{\infty} (D_q p)(q^k)(D_q r)(q^k)\frac{(aq)^k (bq)_k}{(q)_k}$$

给出了它的一些代数性质以及和小 q-Jacobi 多项式的关系,得到了在 $\mathbf{C}\backslash([0,1] \cup H)$ 的紧子集上 $\left\{\frac{Q_n(x)}{P_n^{(\alpha-1,\beta-1)}(x)}\right\}_n$ 和 $\left\{\frac{P_n(x)}{P_n^{(\alpha-1,\beta-1)}(x)}\right\}_n$ 的相对渐近性质,其中 $Q_n(x)$ 是 n 次的小 q-Jacobi-Sobolev 正交多项式,$P_n^{(\alpha-1,\beta-1)}(x)$ 和 $P_n(x)$ 分别是关于线性泛函 $u^{(\alpha-1,\beta-1)}$ 和 u_0 的首一的 n 次正交多项式.

§1 引　　言

Sobolev正交多项式的研究最初是为了解决最佳平方逼近问题. Hahn首先意识到基于微分方程的经典的正交多项式的特征的刻画有很大的局限性,并且引进了一种更广泛的算子——q-差分算子. 在[1]中, I. Area引进了q-凝聚对的概念,并且对它进行了分类. 在[2]中,I. Area等进一步研究了小q-Laguerre-Sobolev多项式,得到了它的一些代数性质及满足q-差分方程,并且讨论了它和小q-Laguerre多项式的相对渐近性质. 本节是在以上工作的基础上,讨论了更广泛的小q-Jacobi-Sobolev多项式的一些相关性质和结果.

本节分为如下几个部分,第二部分主要给出了一些基本概念及有关小q-Jacobi多项式$\{P_n^{(\alpha,\beta)}(x)\}_n$的已有结果. 在第三部分,引进了小$q$-Jacobi-Sobolev多项式$\{Q_n(x)\}_n$,并进一步讨论了它的一些性质. 最后,我们得到了$\left\{\frac{Q_n(x)}{P_n^{(\alpha-1,\beta-1)}(x)}\right\}_n$和$\left\{\frac{P_n(x)}{P_n^{(\alpha-1,\beta-1)}(x)}\right\}_n$的相对渐近性质及相关的推论.

§2 基本概念和结果

1. 线性泛函

记$\mathscr{P}$为所有实多项式组成的线性空间,$\mathscr{P}'$为它的

对偶空间. 对任意的 $f \in \mathscr{P}, u \in \mathscr{P}'$, 记 $(u, f) = f(u)$.

定义 1　对于任意给定的线性泛函 u 和实多项式 $p(x)$, 定义线性泛函 pu 如下

$$(pu, r(x)) = (u, p(x)r(x)) \quad (\forall\, r(x) \in \mathscr{P})$$

以下我们总假设 $0 < q < 1$, 且 q - 差分算子 D_q 为(见[3])

$$(D_q p)(x) = \frac{p(qx) - p(x)}{(q-1)x} \quad (x \neq 0)$$

并且由连续性 $(D_q p)(0) = p'(x)$, $\lim\limits_{q \uparrow 1}(D_q p)(x) = p'(x)(\forall\, p(x) \in \mathscr{P})$.

定义 2　称实多项式序列 $\{P_n(x)\}_n$ 关于线性泛函 $u \in \mathscr{P}'$ 是正交的, 如果

$$(u, P_{n'}(x) P_m(x)) = M_n \delta_{mn} \quad (M_n \neq 0)$$

其中 δ_{mn} 表示 Kronecker 符号.

定义 3　设 u_0, u_1 为两个线性泛函, $\{P_n(x)\}_n$, $\{T_n(x)\}_n$ 分别为它们的首一正交多项式序列. 称 (u_0, u_1) 为一个 q - 凝聚对, 若

$$T_n(x) = \frac{(D_q P_{n+1})(x)}{[n+1]} - \sigma_n \frac{(D_q P_n)(x)}{[n]} \quad (n \geqslant 0)$$

其中 $\{\sigma_n\}_n$ 为一非零实数列, 且当 $n > 0$ 时, $[n] = \dfrac{q^n - 1}{q - 1}$, $[n] = 0$.

2. 小 q -Jacobi 正交多项式

以下我们总假设 $a = q^\alpha, b = q^\beta (\alpha > 0, \beta > 0)$ 且 $0 < aq < 1$. 记小 q -Jacobi 线性泛函 $u^{(\alpha,\beta)} \in \mathscr{P}'$ 为

$$(u^{(\alpha,\beta)}, p(x)) = \sum_{k=0}^{\infty} \frac{(aq)^k (bq)_k}{(q)_k} p(q^k) \quad (\forall\, p(x) \in \mathscr{P})$$

其中 q - 移位因子定义为(见[4])

$$(d)_0=1,(d)_k=\prod_{j=1}^{k}(1-dq^{j-1})\quad(k\geqslant 1)$$

$$(d)_\infty=\lim_{n\to\infty}(d)_n=\prod_{j=1}^{\infty}(1-dq^{j-1})$$

小 q-Jacobi 多项式 $P_n^{(\alpha,\beta)}(x)$ 即为关于 $u^{(\alpha,\beta)}$ 的首一正交多项式.

对于小 q-Jacobi 多项式有如下的一些性质.

(1) 表示为基本的超几何函数(见[5])

$$P_n^{\alpha,\beta}(x)=\frac{(-1)^n q^{\frac{n(n-1)}{2}}(aq)_n}{(abq^{n+1})_n}\sum_{k=0}^{n}\frac{(q^{-n})_k(abq^{n+1})_k}{(q)_k(aq)_k}(qx)^k$$

(2) 平方泛数的计算

对于 $n\geqslant 0$,记(见[5])

$$k_n^{(\alpha,\beta)}=(u^{(\alpha,\beta)},(P_n^{(\alpha,\beta)}(x))^2)=\frac{(aq^n)^n(bq)_n(abq^{n+1})_\infty(q)_n}{((abq^{n+1})_n)^2(aq^{n+1})_\infty(1-abq^{2n+1})}\tag{1}$$

由 $k_n^{(\alpha,\beta)}$ 的定义,可以得到如下的关系

$$k_0^{(\alpha,\beta)}=\frac{(abq^2)_\infty}{(aq)_\infty},k_n^{(\alpha,\beta)}=\frac{aq^{2n-1}(1-bq^n)(1-q^n)(1-abq^n)(1-aq^n)}{(1-abq^{2n-1})(1-abq^{2n})^2(1-abq^{2n+1})}k_{n-1}^{(\alpha,\beta)}\tag{2}$$

(3) 三项递推关系

我们有

$$xP_n^{(\alpha,\beta)}(x)=P_{n+1}^{(\alpha,\beta)}(x)+B_nP_n^{(\alpha,\beta)}(x)+C_nP_{n-1}^{(\alpha,\beta)}(x)\quad(n\geqslant 1)$$

$$B_n=\frac{q^n(1-aq^{n+1})(1-abq^{n+1})(1-abq^{2n})+aq^n(1-q^n)(1-bq^n)(1-abq^{2n+2})}{(1-abq^{2n})(1-abq^{2n+1})(1-abq^{2n+2})}$$

$$C_n=\frac{aq^{2n-1}(1-bq^n)(1-q^n)(1-abq^n)(1-aq^n)}{(1-abq^{2n-1})(1-abq^{2n})^2(1-abq^{2n+1})}$$

且满足初始条件 $P_0^{(\alpha,\beta)}(x)=1,P_1^{(\alpha,\beta)}(x)=x-$

$\frac{1-aq}{1-abq^2}$.

(4)q - 差分表示(见[1])

$$\frac{D_q P_{n+1}^{(\alpha-1,\beta-1)}(x)}{[n+1]}=P_n^{(\alpha,\beta)}(x) \tag{3}$$

§3　小 q -Jacobi-Sobolev 多项式

设 $u_0=(x-c)u^{(\alpha-1,\beta-1)}$,其中 $c\leqslant 0$,$\{P_n(x)\}_n$ 为关于 u_0 的首一的正交多项式序列. 则(见[1])$(u_0, u^{(\alpha,\beta)})$ 是一个 q - 凝聚对,即

$$P_n^{(\alpha,\beta)}(x)=\frac{D_q P_{n+1}(x)}{[n+1]}+\sigma_n\frac{D_q P_n(x)}{[n]},\sigma_n=\frac{D_n[n]}{[n+1]}$$

其中 $D_n=\frac{k_{n+1}^{(\alpha-1,\beta-1)}}{k_n^{u_0}}$,$k_n^{u_0}=(u_0,(P_n(x))^2)$.

考虑定义在 $\mathscr{P}$ 上的如下的内积

$$\langle p(x),r(x)\rangle_{(u_0,u^{(\alpha,\beta)})}=$$

$$(u_0,p(x)r(x))+\lambda(u^{(\alpha,\beta)},(D_q p)(x)(D_q r)(x))$$

其中 D_q 为 q- 差分算子,且 $\lambda\geqslant 0$.

记 $\{Q_n(x)\}_n$ 为关于 $\langle\cdot,\cdot\rangle_{(u_0,u^{(\alpha,\beta)})}$ 的首一的正交多项式序列,并称之为小 q-Jacobi-Sobolev 多项式序列.

命题 1　设 $\{P_n^{(\alpha-1,\beta-1)}(x)\}_n$ 和 $\{Q_n(x)\}_n$ 为如上定义的多项式序列,$\{P_n(x)\}_n$ 为关于 u_0 的首一的正交多项式序列. 则有如下的关系成立

$$P_{n+1}^{(\alpha-1,\beta-1)}(x)=Q_{n+1}(x)+d_n Q_n(x),d_n=\frac{k_{n+1}^{(\alpha-1,\beta-1)}}{k_n} \tag{1}$$

$$P_{n+1}^{(\alpha-1,\beta-1)}(x)=P_{n+1}(x)+D_nP_n(x),D_n=\frac{k_{n+1}^{(\alpha-1,\beta-1)}}{k_n^{u_0}} \tag{2}$$

$$P_{n+1}(x)+D_nP_n(x)=Q_{n+1}(x)+d_nQ_n(x) \tag{3}$$

$$(x-c)P_n(x)=P_{n+1}^{(\alpha-1,\beta-1)}(x)+\frac{k_n^{u_0}}{k_n^{(\alpha-1,\beta-1)}}P_n^{(\alpha-1,\beta-1)}(x) \tag{4}$$

其中 $k_{n+1}^{(\alpha-1,\beta-1)}$ 和 $k_n^{u_0}$ 如前定义，且 $k_n=\langle Q_n(x),Q_n(x)\rangle_{(u_0,u^{(\alpha,\beta)})}$ $(n=0,1,\cdots)$.

证明　将 $P_{n+1}^{(\alpha-1,\beta-1)}(x)$ 展开为

$$P_{n+1}^{(\alpha-1,\beta-1)}(x)=Q_{n+1}(x)+\sum_{i=0}^{n}f_{i,n+1}Q_i(x)$$

其中，$f_{i,n+1}=\dfrac{\langle P_{n+1}^{(\alpha-1,\beta-1)}(x),Q_i(x)\rangle_{(u_0,u^{(\alpha,\beta)})}}{\langle Q_i(x),Q_i(x)\rangle_{(u_0,u^{(\alpha,\beta)})}}$. 则由§2(3) 可得

$$\begin{aligned}f_{i,n+1}=&\frac{1}{k_i}\{(u_0,P_{n+1}^{(\alpha-1,\beta-1)}(x)Q_i(x))+\\&\lambda(u^{(\alpha,\beta)},(D_qP_{n+1}^{(\alpha-1,\beta-1)})(x)(D_qQ_i)(x))\}=\\&\frac{1}{k_i}\{(u^{(\alpha-1,\beta-1)},P_{n+1}^{(\alpha-1,\beta-1)}(x)Q_i(x)(x-c))+\\&\lambda(u^{(\alpha,\beta)},[n+1]P_n^{(\alpha,\beta)}(x)(D_qQ_i)(x))\}\end{aligned}$$

从而，当 $0\leqslant i\leqslant n-1$ 时，$f_{i,n+1}=0$；当 $i=n$ 时，$f_{i,n+1}=\dfrac{k_{n+1}^{(\alpha-1,\beta-1)}}{k_n}$. 从而(1) 得证. 同理可得(2) 和(4). 而由(1) 和(2) 可得(3).

以下我们总假设 $c\overline{\in}H=\{x\in C\mid \exists n_0\in N,P_{n_0}^{(\alpha-1,\beta-1)}(x)=0\}$.

推论 4

$$\frac{k_n^{u_0}}{k_n^{(\alpha-1,\beta-1)}}=-\frac{P_{n+1}^{(\alpha-1,\beta-1)}(c)}{P_n^{(\alpha-1,\beta-1)}(c)}\quad(n=1,2,\cdots) \tag{5}$$

证明　在(4)中,取 $x=c$,即得证.

命题 2

$$k_{n+1}=k_{n+1}^{u_0}+\frac{(k_{n+1}^{(\alpha-1,\beta-1)})^2}{k_n^{u_0}}-\frac{(k_{n+1}^{(\alpha-1,\beta-1)})^2}{k_n}+\lambda([n+1])^2k_n^{(\alpha,\beta)}\quad(n=0,1,2,\cdots)\tag{6}$$

证明　由命题1和§2(3),可得

$$\begin{aligned}k_{n+1}=&\langle Q_{n+1}(x),Q_{n+1}(x)\rangle_{(u_0,u^{(\alpha,\beta)})}=\\&\langle Q_{n+1}(x),P_{n+1}^{(\alpha-1,\beta-1)}(x)-d_nQ_n(x)\rangle_{(u_0,u^{(\alpha,\beta)})}=\\&\langle Q_{n+1}(x),P_{n+1}^{(\alpha-1,\beta-1)}(x)\rangle_{(u_0,u^{(\alpha,\beta)})}=\\&(u_0,P_{n+1}^{(\alpha-1,\beta-1)}(x)Q_{n+1}(x))+\\&\lambda(u^{(\alpha,\beta)},(D_qP_{n+1}^{(\alpha-1,\beta-1)})(x)(D_qQ_{n+1})(x))=\\&\lambda([n+1])^2k_n^{(\alpha,\beta)}+(u_0,P_{n+1}^{(\alpha-1,\beta-1)}(x)(P_{n+1}(x)+\\&D_nP_n(x)-d_nQ_n(x)))=\\&\lambda([n+1])^2k_n^{(\alpha,\beta)}+k_{n+1}^{u_0}+(u^{(\alpha-1,\beta-1)},\\&D_n(x-c)P_n(x)P_{n+1}^{(\alpha-1,\beta-1)}(x))-\\&(u^{(\alpha-1,\beta-1)},d_n(x-c)Q_n(x)P_{n+1}^{(\alpha-1,\beta-1)}(x))=\\&\lambda([n+1])^2k_n^{(\alpha,\beta)}+k_{n+1}^{u_0}+\frac{(k_{n+1}^{(\alpha-1,\beta-1)})^2}{k_n^{u_0}}-\frac{(k_{n+1}^{(\alpha-1,\beta-1)})^2}{k_n}\end{aligned}$$

§4　小 q-Jacobi-Sobolev 多项式的渐近性质

首先,利用文[6]的结果我们有如下的命题.

命题 1

$$\lim_{n\to\infty}\frac{P_n^{(\alpha-1,\beta-1)}(x)}{P_{n+1}^{(\alpha-1,\beta-1)}(x)}=\frac{1}{x}$$

在 $\mathbf{C}\backslash([0,1]\cup H)$ 的任意紧子集上一致成立.

下面我们给出上一节命题 1 定义的 k_{n+1} 的一个上下界.

命题 2 当 $n\geqslant 0$ 时,有

$$k_{n+1}^{u_0}+\lambda([n+1])^2k_n^{(\alpha,\beta)}\leqslant$$

$$k_{n+1}\leqslant k_{n+1}^{u_0}+\frac{(k_{n+1}^{(\alpha-1,\beta-1)})^2}{k_n^{u_0}}+\lambda([n+1])^2k_n^{(\alpha,\beta)} \tag{1}$$

证明 不等式(1)的右端可由上节(6)得到.另一方面,当 $n\geqslant 0$ 时,由 $k_n^{u_0}$ 和 $k_n^{(\alpha,\beta)}$ 的极值性质,可得

$$k_{n+1}=\langle Q_{n+1}(x),Q_{n+1}(x)\rangle_{(u_0,u^{(\alpha,\beta)})}=$$

$$(u_0,(Q_{n+1}(x))^2)+\lambda(u^{(\alpha,\beta)},((D_qQ_{n+1})(x))^2)\geqslant$$

$$k_{n+1}^{u_0}+\lambda([n+1])^2k_n^{(\alpha,\beta)}$$

命题 3

$$\lim_{n\to\infty}q^n\frac{k_{n+1}}{k_{n+1}^{(\alpha-1,\beta-1)}}=\frac{\lambda}{a(1-b)}$$

证明 由 §2(2),可得

$$k_{n+1}^{(\alpha-1,\beta-1)}=$$

$$\frac{aq^{2n+1}(1-bq^n)(1-q^{n+1})(1-abq^{n-1})(1-aq^n)}{(1-abq^{2n-1})(1-abq^{2n})^2}k_n^{(\alpha-1,\beta-1)}$$

$$k_n^{(\alpha,\beta)}=\frac{1-abq^n}{aq^n(1-b)(1-q^{n+1})}k_{n+1}^{(\alpha-1,\beta-1)}$$

从而,再由 §3(5)和(6),可得

$$\frac{k_{n+1}}{k_{n+1}^{(\alpha-1,\beta-1)}}=-\frac{P_{n+2}^{(\alpha-1,\beta-1)}(c)}{P_{n+1}^{(\alpha-1,\beta-1)}(c)}-$$

$$\frac{P_n^{(\alpha-1,\beta-1)}(c)aq^{2n+1}(1-bq^n)(1-q^{n+1})(1-abq^{n-1})(1-aq^n)}{P_{n+1}^{(\alpha-1,\beta-1)}(c)(1-abq^{2n-1})(1-abq^{2n})^2}-$$

$$\frac{aq^{2n+1}(1-bq^n)(1-q^{n+1})(1-abq^{n-1})(1-aq)k_n^{(\alpha-1,\beta-1)}}{(1-abq^{2n-1})(1-abq^{2n})^2k_n}+$$

$$\lambda([n+1])^2\frac{(1-abq^n)}{aq^n(1-b)(1-q^{n+1})} \tag{2}$$

定义

$$S_{n+1}=q^{n-1}\frac{k_n}{k_n^{(\alpha-1,\beta-1)}}S_n \quad (n\geqslant 0)$$

且满足初始条件 $S_0=1$. 则由(2),可得

$$S_{n+2}+q^n((\lambda[n+1])^2\frac{1-abq^n}{a(1-b)(1-q^{n+1})q^n}-$$

$$\frac{P_{n+2}^{(\alpha-1,\beta-1)}(c)}{P_{n+1}^{(\alpha-1,\beta-1)}(c)}-$$

$$\frac{aq^{2n+1}(1-bp^n)(1-q^{n+1})(1-abq^{n-1})(1-aq^n)P_n^{(\alpha-1,\beta-1)}(c)}{(1-abq^{2n-1})(1-abq^{2n})^2P_n^{(\alpha-1,\beta-1)}(c)})S_{n+1}+$$

$$\frac{aq^{4n}(1-bq^n)(1-q^{n+1})(1-abq^{n-1})(1-aq)}{(1-abq^{2n-1})(1-abq^{2n})^2}S_n=0 \tag{3}$$

再由命题 1 知,(3) 的极限特征方程的根为

$$z_1=0, z_2=\frac{\lambda}{a(1-b)}$$

利用 Poincaré 的定理(见[7]),可知数列 $\left\{\frac{S_{n+1}}{S_n}\right\}_n$ 收敛于 z_1 或 z_2. 再由不等式(1) 的左端可知本命题成立.

利用上面的结果可以得到如下相对的渐近关系.

定理 1

$$\lim_{n\to\infty}\frac{Q_{n+1}(x)}{P_{n+1}^{(\alpha-1,\beta-1)}(x)}=1$$

在 $\mathbf{C}\backslash([0,1]\cup H)$ 的任意紧子集上一致地成立.

证明　由 §3(1) 知,当 $n\geqslant 0$ 时,有

$$1=\frac{Q_{n+1}(x)}{P_{n+1}^{(\alpha-1,\beta-1)}(x)}+\frac{P_{n}^{(\alpha-1,\beta-1)}(x)k_{n+1}^{(\alpha-1,\beta-1)}k_{n}^{(\alpha-1,\beta-1)}}{P_{n+1}^{(\alpha-1,\beta-1)}(x)k_{n}^{(\alpha-1,\beta-1)}k_{n}}\frac{Q_{n}(x)}{P_{n}^{(\alpha-1,\beta-1)}(x)}\tag{4}$$

再由 §2(1) 可得

$$\lim_{n\to\infty}\frac{k_{n+1}^{(\alpha-1,\beta-1)}}{k_{n}^{(\alpha-1,\beta-1)}}=0\tag{5}$$

利用命题1和命题3，则

$$\lim_{n\to\infty}\frac{P_{n}^{(\alpha-1,\beta-1)}(x)k_{n+1}^{(\alpha-1,\beta-1)}k_{n}^{(\alpha-1,\beta-1)}}{P_{n+1}^{(\alpha-1,\beta-1)}(x)k_{n}^{(\alpha-1,\beta-1)}k_{n}}=0\tag{6}$$

在 $\mathbf{C}\backslash([0,1]\cup H)$ 的任意紧子集上一致地成立.

故对于任意给定的紧子集 $K\subseteq\mathbf{C}\backslash([0,1]\cup H)$，总存在 $n_0\in N,\varepsilon\in\mathbf{R}^*$，使得

$$\left|\frac{Q_{n+1}(x)}{P_{n+1}^{(\alpha-1,\beta-1)}(x)}\right|\leqslant 1+\varepsilon\left|\frac{Q_{n}(x)}{P_{n}^{(\alpha-1,\beta-1)}(x)}\right|$$

从而，$\left\{\frac{Q_{n}(x)}{P_{n}^{(\alpha-1,\beta-1)}(x)}\right\}_n$ 在 K 上一致有界. 在(4)中，取 $n\to\infty$，则由(6)可得该定理成立.

推论1

$$\lim_{n\to\infty}\frac{Q_{n+1}(x)}{Q_{n}(x)}=x$$

在 $\mathbf{C}\backslash([0,1]\cup H)$ 的任意紧子集上一致地成立.

证明 由于

$$\frac{Q_{n+1}(x)}{Q_{n}(x)}=\frac{Q_{n+1}(x)}{P_{n+1}^{(\alpha-1,\beta-1)}(x)}\frac{P_{n+1}^{(\alpha-1,\beta-1)}(x)}{P_{n}^{(\alpha-1,\beta-1)}(x)}\frac{P_{n}^{(\alpha-1,\beta-1)}(x)}{Q_{n}(x)}\tag{7}$$

在上式中取 $n\to\infty$，则由命题1和定理1可知该推论成立.

定理2

$$\lim_{n\to\infty}\frac{P_{n+1}(x)}{P_{n+1}^{(\alpha-1,\beta-1)}(x)}=1$$

在 $\mathbf{C}\backslash([0,1]\cup H)$ 的任意紧子集上一致地成立.

证明　由 §3(2),当 $n\geqslant 2$ 时,有

$$1=\frac{P_{n+1}(x)}{P_{n+1}^{(\alpha-1,\beta-1)}(x)}-$$

$$\frac{k_{n+1}^{(\alpha-1,\beta-1)}}{k_{n}^{(\alpha-1,\beta-1)}}\frac{P_{n+1}^{(\alpha-1,\beta-1)}(c)}{P_{n}^{(\alpha-1,\beta-1)}(c)}\frac{P_{n}(x)}{P_{n}^{(\alpha-1,\beta-1)}(x)}\frac{P_{n}^{(\alpha-1,\beta-1)}(x)}{P_{n+1}^{(\alpha-1,\beta-1)}(x)}\tag{8}$$

利用(5)和 §4 命题 1,则

$$\lim_{n\to\infty}\frac{k_{n+1}^{(\alpha-1,\beta-1)}}{k_{n}^{(\alpha-1,\beta-1)}}\frac{P_{n+1}^{(\alpha-1,\beta-1)}(c)}{P_{n}^{(\alpha-1,\beta-1)}(c)}\frac{P_{n}^{(\alpha-1,\beta-1)}(x)}{P_{n+1}^{(\alpha-1,\beta-1)}(x)}\tag{18}$$

在 $\mathbf{C}\backslash([0,1]\cup H)$ 的任意紧子集上一致地成立.

故对于任意给定的紧子集 $K\subseteq\mathbf{C}\backslash([0,1]\cup H)$,总存在 $n_0\in N,\varepsilon\in\mathbf{R}^*$,使得

$$\left|\frac{P_{n+1}(x)}{P_{n+1}^{(\alpha-1,\beta-1)}(x)}\right|\leqslant 1+\varepsilon\left|\frac{P_{n}(x)}{P_{n}^{(\alpha-1,\beta-1)}(x)}\right|$$

从而,$\left\{\frac{Q_n(x)}{P_{n}^{(\alpha-1,\beta-1)}(x)}\right\}_n$ 在 K 上一致有界.在(4)中,取 $n\to\infty$,则由(6)可得该定理成立.

推论 2

$$\lim_{n\to\infty}\frac{P_{n+1}(x)}{P_{n}(x)}=x$$

在 $\mathbf{C}\backslash([0,1]\cup H)$ 的任意紧子集上一致地成立.

证明　由于

$$\frac{P_{n+1}(x)}{P_{n}(x)}=\frac{P_{n+1}(x)}{P_{n+1}^{(\alpha-1,\beta-1)}(x)}\frac{P_{n+1}^{(\alpha-1,\beta-1)}(x)}{P_{n}^{(\alpha-1,\beta-1)}(x)}\frac{P_{n}^{(\alpha-1,\beta-1)}(x)}{P_{n}(x)}\tag{10}$$

在上式中取 $n\to\infty$,由推论 2 和定理 2 即可得此推论成立.

利用推论 1 和推论 2,我们还可得到如下的推论.

推论 3

$$\lim_{n\to\infty}\frac{Q_n(x)}{P_n(x)}=1$$

在 $\mathbf{C}\backslash([0,1]\cup H)$ 的任意紧子集上一致地成立.

参考文献

[1] AREA I,GODOY E,MARCELLÁN F. q-Coherent pairs and q-orthogonal polynomials[J]. J Comput Appl Math,2002,128:191-216.

[2] AREA I,GODOY E,MARCELLÁN F. Inner products involving q -differences: the little q-Laguerre-Sobolev polynomials[J]. J Comput Appl Math,2000,118:1-22.

[3] HAHN W. Über orthogonalpolynome,die q-Differenzengleichungen genügen[J]. Math Nach, 1949,2:4-34.

[4] GASPER G,RAHMAN M. Basic hypergeometric series,Encyclopedia of Mathematics and its Applications[M]. Cambrdge:Cambrdge University Press, Cambrdge,1990.

[5] WILLARD M. Symmetry Techniques and Orthogonality for q -series the IMA Volumes in Mathematics and its applications,Vol. 18[M]. New York:Springer-Verlag Press,1982.

[6] ISMAIL M E H,WILSON J A. Asymptotic and

generating relations for the q-Jacobi and ${}_4\varphi_3$ polynomials[J]. J Approx Theory, 1982, 36: 43-54.

[7] POINCARÉ H. Sur les Equations Linéaires aux Diférentielles ordinaires et aux Différences finies[J]. Amer J Math, 1985, 7: 203-258.

有穷级整函数的差分多项式的性质

第 13 章

华南师范大学的陈美茹,陈宗煊两位教授 2011 年考虑了差分多项式

$$f(z)^n(f(z)^m-1)\prod_{j=1}^{d}f(z+c_j)^{\nu_j}-\alpha(z)$$

的零点问题,其中 $f(z)$ 是有穷级的超越整函数,$c_j(c_j\neq 0,j=1,\cdots,d)$ 是互相判别的常数,$n,m,d,\nu_j(j=1,\cdots,d)\in\mathbf{N}_+$,$\alpha(z)$ 是 $f(z)$ 的小函数,还讨论了差分多项式的唯一性问题.

§1 引言与结果

本节使用值分布理论的标准记号[1-3],设 $f(z)$ 是复平面上的亚纯函数,使用 $\rho(f)$ 表示 $f(z)$ 的增长级.

假设 $f(z)$ 是有穷级的整函数，n 是正整数. Hayman[4] 和 Clunie[5] 都证明了 $f(z)^n f'(z)$ 可以取任意的 $a\in\mathbf{C}\backslash\{0\}$ 无穷多次. 考虑差分多项式 $w(z)=f(z)^n f(z+c)$，其中 $f(z)$ 是有穷级的超越整函数，$c\in\mathbf{C}\backslash\{0\}$，$n\geqslant 2$. Laine 和 Yang[6] 证明了 $w(z)$ 可以取所有的 $a\in\mathbf{C}\backslash\{0\}$ 无穷多次. 刘凯[7] 证明了 $w(z)-p(z)$ 有无穷多个零点，其中 $p(z)(\neq 0)$ 是一个多项式. Fang[8] 证明了当 $n\geqslant 4$ 时，$f(z)^n(f(z)-1)f'(z)$ 可以取任意的 $a\in\mathbf{C}\backslash\{0\}$ 无穷多次. 张继龙[9] 证明了 $f(z)^n(f(z)-1)f(z+c)-\alpha(z)$ 有无穷多个零点，其中 $n(\geqslant 2)$ 是一正整数，$f(z)$ 是一有穷级超越整函数，$c\in\mathbf{C}\backslash\{0\}$，$\alpha(z)$ 是 $f(z)$ 的一个小函数.

在文[10]中，张春会得到下面的两个定理.

定理 A　假设 $f(z)$ 是有穷级的超越整函数，$c\in\mathbf{C}\backslash\{0\}$，$\alpha(z)$ 是 $f(z)$ 的一个小函数. 若 $n(\geqslant 2)$，$m\in\mathbf{N}_+$，则差分多项式 $f(z)^n(f(z)^m-1)f(z+c)-\alpha(z)$ 有无穷多个零点.

定理 B　在定理 A 的条件下，若 $m\geqslant 3$，则差分多项式 $f(z)(f(z)^m-1)f(z+c)-\alpha(z)$ 有无穷多个零点.

在本节中，我们研究更一般的差分多项式

$$F(z)=f(z)^n(f(z)^m-1)\prod_{j=1}^{d}f(z+c_j)^{\nu_j}\qquad(1)$$

$$F_1(z)=f(z)(f(z)^m-1)\prod_{j=1}^{d}f(z+c_j)^{\nu_j}\qquad(2)$$

的性质，其中 $f(z)$ 是有穷级的超越整函数，$c_j(c_j\neq 0, j=1,\cdots,d)$ 是互相判别的常数，$n,m,d,\nu_j(j=1,\cdots,d)\in\mathbf{N}_+$，并得到下面的结论.

定理 1　假设 $f(z)$ 是有穷级的超越整函数，c_j $(c_j \neq 0, j=1,\cdots,d)$ 是互相判别的常数，$n,m,d,\nu_j(j=1,\cdots,d) \in \mathbf{N}_+$，$\alpha(z)$ 是 $f(z)$ 的一个小函数. 若 $n \geqslant 2$，则 $F(z)-\alpha(z)$ 有无穷多个零点.

注 1　定理 1 中"有穷级"的限制条件不能被删掉，我们可以举一个反例说明这一点. 例如，对无穷级的整函数 $f(z)=e^{e^z}$，其差分多项式 $f(z)^2(f(z)^m-1)f(z+\log 2+\frac{3}{2}\pi i)-(-1)=e^{me^z}$ 没有零点.

定理 2　假设 $f(z),c_j,n,m,d,\nu_j,\alpha(z)$ 满足定理 1 的条件. 若 $n=1$，且下列两种情形之一成立：

(ⅰ) 至少有一个 $\nu_j(j=1,\cdots,d)$，满足 $\nu_j \geqslant 2$；

(ⅱ) $m \geqslant \nu_1+\cdots+\nu_d+2$.

则 $F_1(z)-\alpha(z)$ 有无穷多个零点.

注 2　定理 2 中的"有穷级"的限制条件不能被删掉，我们可以举一个反例说明这一点.

对无穷级的整函数 $f(z)=e^{e^z}$，其一差分多项式

$$f(z)(f(z)^2-1)f(z+c)^2-(-1)=e^{2e^z}$$

没有零点，其中 c 满足 $e^c=-\frac{1}{2}$，且定理 2 的情形(ⅰ)成立.

其另一差分多项式

$$f(z)(f(z)^m-1)f(z+c)-(-1)=e^{me^z}$$

也没有零点，其中 c 满足 $e^c=-1, m=4, \nu_1=1$，且定理 2 的情形(ⅱ)成立.

在唯一性理论的研究中，函数及其导数或者微分多项式分担公共值是一个很重要的课题. Rubel 和 Yang[11] 最先考虑了 f 和 f' CM 分担两个互相判别的有穷复数的问题. Frank 和 Weissenborn[12] 讨论了非

常数亚纯函数 f 和 $f^{(k)}$ CM 分担两个不同的有穷值的问题. Li 和 Yang[13] 考虑了 f 和 $f^{(k)}$ IM 分担两个互相判别的有穷复数的问题. 许多结论见文[14—16].

在文[9]中,张继龙考虑了两个差分多项式 CM 分担一个公共小函数的问题,并得到了下面的结论.

定理 C　假设 $f(z)$ 和 $g(z)$ 是两个有穷级的超越整函数,$\alpha(z)$ 是关于 $f(z)$ 和 $g(z)$ 的一个公共小函数. 假设 $c\in\mathbf{C}\backslash\{0\}$ 和 $n\in\mathbf{N}_+$,若 $n\geqslant 7$,$f(z)^n(f(z)-1)f(z+c)$ 和 $g(z)^n(g(z)-1)g(z+c)$ 分担 $\alpha(z)$CM,则 $f(z)\equiv g(z)$.

在文[10]中,张春会改进了定理 C,并得到了下面的两个定理.

定理 D　假设 $f(z)$ 和 $g(z)$ 是两个有穷级的超越整函数,$\alpha(z)$ 是关于 $f(z)$ 和 $g(z)$ 的一个公共小函数,$c\in\mathbf{C}\backslash\{0\}$. 假设 $m,n\in\mathbf{N}_+$,$n\geqslant m+6$,$f(z)^n(f(z)^m-1)f(z+c)$ 和 $g(z)^n(g(z)^m-1)g(z+c)$ 分担 $\alpha(z)$CM,则 $f(z)\equiv tg(z)$,其中 $t^m=t^{n+1}=1$.

定理 E　在定理 D 的条件下,若 $n\geqslant 4m+12$,$f(z)^n(f(z)^m-1)f(z+c)$ 和 $g(z)^n(g(z)^m-1)g(z+c)$ 分担 $\alpha(z)$IM,则 $f(z)\equiv tg(z)$,其中 $t^m=t^{n+1}=1$.

在本节中,我们进一步改进定理 D 和定理 E,并得到了下面的两个定理. 在下文中,我们假设

$$G(z)=g(z)^n(g(z)^m-1)\prod_{j=1}^{d}g(z+c_j)^{\nu_j}\tag{3}$$

其中 $g(z)$ 是有穷级的超越整函数,$c_j(c_j\neq 0,j=1,\cdots,d)$ 是互相判别的常数,$n,m,d,\nu_j(j=1,\cdots,d)\in\mathbf{N}_+$,并得到下面的结论.

定理 3　假设 $f(z)$ 和 $g(z)$ 是两个有穷级的超越

整函数，$c_j(c_j \neq 0, j, \cdots, d)$ 是互相判别的常数，$n, m, d, \nu_j(j=1,\cdots,d) \in \mathbf{N}_+$，$\alpha(z)$ 是 $f(z)$ 和 $g(z)$ 的一个公共小函数. 令 $\sigma=\nu_1+\cdots+\nu_d$，若 $n \geqslant m+8\sigma$，$F(z)$ 和 $G(z)$ 分担 $\alpha(z)$CM，则 $f(z) \equiv tg(z)$，其中 $t^m = t^{n+\sigma}=1$.

注 3 （ⅰ）若$(m,n+\sigma)=k(k \in \mathbf{N}_+)$，则存在 k 个 t 值，满足 $t^m=t^{n+\sigma}=1$，其中这 k 个 t 值是 $t^k=1$ 的根；（ⅱ）若$(m,n+\sigma)=1$，则 $f(z) \equiv g(z)$.

注 4 定理 3 中"有穷级"的限制条件不能被删掉，我们可以举一个反例说明这一点. 例如，对于无穷级整函数 $f(z)=\mathrm{e}^{\mathrm{e}^z}$ 和 $g(z)=\mathrm{e}^{\mathrm{e}^{-z}}$，$\mathrm{e}^c=-n$. 我们知道 $f(z)^n(f(z)^m-1)f(z+c)=\mathrm{e}^{m\mathrm{e}^z}-1$ 和 $g(z)^n \cdot (g(z)^m-1)g(z+c)=\mathrm{e}^{m\mathrm{e}^{-z}}-1$ 分担 -1CM，但是 $f(z) \neq tg(z)$.

定理 4 假设 $f(z), g(z), c_j, n, m, d, \nu_j, \alpha(z)$ 满足定理 3 的条件. 若 $n \geqslant 4m+14\sigma$，$F(z)$ 和 $G(z)$ 分担 $\alpha(z)$IM，则 $f(z) \equiv tg(z)$，其中 $t^m=t^{n+\sigma}=1$.

注 5 （ⅰ）若$(m,n+\sigma)=k(k \in \mathbf{N}_+)$，则存在 k 个 t 值满足 $t^m=t^{n+\sigma}=1$，其中这 k 个 t 值是 $t^k=1$ 的根；（ⅱ）若$(m,n+\sigma)=1$，则 $f(z) \equiv g(z)$.

§2 证明定理所需要的引理

引理 1(Valiron-Mohon'ko 定理)[2]定理2.2.5 设 $f(z)$ 是亚纯函数，对所有 f 的不可约有理函数

$$R(z,f(z))=\frac{\sum_{i=0}^{m}a_i(z)f(z)^i}{\sum_{j=0}^{n}b_j(z)f(z)^j}$$

其中系数$a_j(z),b_j(z)(a_mb_n\neq 0)$是亚纯函数，则$R(z,f(z))$的特征函数满足

$$T(r,R(z,f(z)))=dT(r,f)+o(\Psi(r))$$

其中$d=\max\{m,n\}$，且$\Psi(r)=\max_{i,j}\{T(r,a_i),T(r,b_j)\}$. 特别地，当$T(r,a_i)=S(r,f)(i=0,1,\cdots,m)$，$T(r,b_j)=S(r,f)(j=0,1,\cdots,n)$时，有

$$T(r,R(z,f(z)))=dT(r,f)+S(r,f)$$

引理 2[2]定理2.4.2　假设$f(z)$是方程

$$f^nP(z,f(z))=Q(z,f(z))$$

的超越亚纯解，其中$P(z,f(z)),Q(z,f(z))$是关于$f(z)$及其导数的微分多项式，且以亚纯函数$a_\lambda(z)$为系数. 令$\{a_\lambda(z)\mid\lambda\in I\}$，使得对所有的$\lambda\in I$，有$m(r,a_\lambda(z))=S(r,f(z))$成立. 若关于$f(z)$及其导数的微分多项式$Q(z,f(z))$的次数和小于或等于$n$，则

$$m(r,P(z,f(z)))=S(r,f(z))$$

引理 3[16]定理2.3　假设$H_1(z)$和$H_2(z)$是两个非常数的亚纯函数，且$H_1(z)$和$H_2(z)$分担1IM. 令

$$H=\frac{H''_1}{H'_1}-2\frac{H'_1}{H_1-1}-\frac{H''_2}{H'_2}+2\frac{H'_2}{H_2-1}$$

若$H\neq 0$，则有

$$T(r,H_1(z))+T(r,H_2(z))S\leqslant$$

$$2\left(N_2\left(r,\frac{1}{H_1}\right)+N_2(r,H_1)+N_2\left(r,\frac{1}{H_2}\right)+N_2(r,H_2)\right)+$$

$$3\left(N\left(r,\frac{1}{H_1}\right)+N(r,H_1)+N\left(r,\frac{1}{H_2}\right)+N(r,H_2)\right)+$$

$$S(r,H_1)+S(r,H_2)$$

其中 $N_2\left(r,\frac{1}{H_1}\right)$（或 $N_2(r,H_1)$）表示 $H_1(z)$ 的零点（或极点）的计数函数，且单零点（或极点）记一次，重零点（或极点）记两次.

引理 4[17]　假设 $f(z)$ 是有穷级的亚纯函数，令 $c\in\mathbf{C}$，那么

$$m\left(r,\frac{f(z+c)}{f(z)}\right)=S(r,f)$$

引理 5[17]　假设 $f(z)$ 为非常数的亚纯函数，其级为 ρ. 那么对任意的 $\varepsilon>0$，有

$$T(r,f(z+c))=T(r,f(z))+O(r^{\rho-1+\varepsilon})+O(\log r)$$

引理 6　假设 $f(z)$ 是有穷级的整函数，且

$$F(z)=f(z)^n(f(z)^m-1)\prod_{j=1}^{d}f(z+c_j)^{\nu_j}$$

则 $T(r,F(z))=(n+m+\sigma)T(r,f(z))+S(r,f(z))$，其中 $\sigma=\nu_1+\cdots+\nu_d$.

证明　注意到 $f(z)$ 是一个有穷级的整函数，由引理 1 和引理 4，可以得到

$$\begin{aligned}
&(n+m+\sigma)T(r,f(z))=\\
&T(r,f(z)^{n+\sigma}(f(z)^m-1))+S(r,f(z))=\\
&m(r,f(z)^{n+\sigma}(f(z)^m-1))+S(r,f(z))\leqslant\\
&m\left(r,\frac{f(z)^{n+\sigma}(f(z)^m-1)}{f(z)^n(f(z)^m-1)\prod_{j=1}^{d}f(z+c_j)^{\nu_j}}\right)+\\
&m\left(r,f(z)^n(f(z)^m-1)\prod_{j=1}^{d}f(z+c_j)^{\nu_j}\right)+S(r,f(z))\leqslant\\
&\sum_{j=1}^{d}m\left(r,\frac{f(z)^{\nu_j}}{f(z+c_j)^{\nu_j}}\right)+m(r,F(z))+S(r,f(z))\leqslant\\
&\sum_{j=1}^{d}\nu_j m\left(r,\frac{f(z)}{f(z+c_j)}\right)+m(r,F(z))+S(r,f(z))\leqslant
\end{aligned}$$

$T(r,F(z))+S(r,f(z))$

即

$$(n+m+\sigma)T(r,f(z))\leqslant T(r,F(z))+S(r,f(z)) \tag{1}$$

由引理 5 可得

$$\begin{aligned}T(r,F(z))\leqslant{}& T(r,f(z)^n(f(z)^m-1))+\\&T\left(r,\prod_{j=1}^{d}f(z+c_j)^{\nu_j}\right)\leqslant\\&(n+m)T(r,f(z))+\\&\sum_{j=1}^{d}T(r,f(z+c_j)^{\nu_j})+S(r,f(z))\leqslant\\&(n+m+\sigma)T(r,f(z))+\\&O(r^{\rho(f)-1+\varepsilon})+O(\log r)+S(r,f(z))=\\&(n+m+\sigma)T(r,f(z))+S(r,f(z))\end{aligned} \tag{2}$$

由(1) 和(2)，有 $T(r,F(z))=(n+m+\sigma)T(r,f(z))+S(r,f(z))$.

引理 7　假设 $f(z)$ 和 $g(z)$ 是两个有穷级的超越整函数，$c_j(c_j\neq 0,j=1,\cdots,d)$ 是互相判别的常数，n，$m,d,\nu_j(j=1,\cdots,d)\in\mathbf{N}_+$. 令 $\sigma=\nu_1+\cdots+\nu_d$，若

$$n\geqslant m+5\sigma$$

$$\begin{aligned}&f(z)^n(f(z)^m-1)\prod_{j=1}^{d}f(z+c_j)^{\nu_j}=\\&g(z)^n(g(z)^m-1)\prod_{j=1}^{d}g(z+c_j)^{\nu_j}\end{aligned} \tag{3}$$

则 $f(z)\equiv tg(z)$，其中 $t^m=t^{n+\sigma}=1$.

注 6　(i)若$(m,n+\sigma)=k(k\in\mathbf{N}_+)$，则存在 k 个 t 值满足 $t^m=t^{n+\sigma}=1$，其中这 k 个 t 值是 $t^k=1$ 的根；(ii)若$(m,n+\sigma)=1$，则 $f(z)\equiv g(z)$.

证明　令 $h(z)=\frac{f(z)}{g(z)}$. 假设 $h(z)$ 是非常数的亚纯函数,则由(3),有

$$g(z)^m=\frac{h(z)^n\prod_{j=1}^{d}h(z+c_n)^{\nu_j-1}}{h(z)^{n+m}\prod_{j=1}^{d}h(z+c_j)^{\nu_j-1}} \tag{4}$$

若1是 $h(z)^{n+m}\prod_{j=1}^{d}h(z+c_j)^{\nu_j}$ 的一个 Picard 例外值,则由第二基本定理,有

$$\begin{aligned}
&T\left(r,h(z)^{n+m}\prod_{j=1}^{d}h(z+c_j)^{\nu_j}\right)\leqslant\\
&\overline{N}\left(r,h(z)^{n+m}\prod_{j=1}^{d}h(z+c_j)^{\nu_j}\right)+\\
&\overline{N}\left(r,\frac{1}{h(z)^{n+m}\prod_{j=1}^{d}h(z+c_j)^{\nu_j}}\right)+\\
&\overline{N}\left(r,\frac{1}{h(z)^{n+m}\prod_{j=1}^{d}h(z+c_j)^{\nu_j}-1}\right)+S(r,h(z))\leqslant\\
&2T(r,h(z))+2\sum_{j=1}^{d}T(r,h(z+c_j))+S(r,h(z))\leqslant\\
&2(1+d)T(r,h(z))+O(r^{\rho(f)-1+\varepsilon})+S(r,h(z))
\end{aligned} \tag{5}$$

由(5)和引理1,可以得到

显然,$F(z)$ 是非常数的整函数.

注意到 $f(z)$ 是有穷级的超越整函数,则由引理5,有

$$T(r,f(z+c))=T(r,f(z))+O(r^{\rho(f)-1+\varepsilon})+O(\log r)$$

由第二基本定理,知

$$\begin{aligned}T(r,F(z))\leqslant&\overline{N}(r,F(z))+\overline{N}\left(r,\frac{1}{F(z)}\right)+\\&\overline{N}\left(r,\frac{1}{F(z)-\alpha(z)}\right)+S(r,F(z))\leqslant\\&\overline{N}\left(r,\frac{1}{f(z)}\right)+\overline{N}\left(r,\frac{1}{f(z)^m-1}\right)+\\&\sum_{j=1}^{d}\overline{N}\left(r,\frac{1}{f(z+c_j)}\right)+\\&\overline{N}\left(r,\frac{1}{F(z)-\alpha(z)}\right)+S(r,f(z))\leqslant\\&(m+d+1)T(r,f(z))+\\&\overline{N}\left(r,\frac{1}{F(z)-\alpha(z)}\right)+S(r,f(z))\end{aligned}\tag{2}$$

由(1)和(2),可以得到

$$\begin{aligned}&\overline{N}\left(r,\frac{1}{F(z)-\alpha(z)}\right)\geqslant\\&(n+\sigma-d-1)T(r,f(z))+S(r,f(z))\end{aligned}$$

由 $n\geqslant 2,\sigma\geqslant d$,知 $n+\sigma-d-1\geqslant 1$. 因此 $F(z)-\alpha(z)$ 有无穷多个零点.

2. §1 定理2的证明

首先,我们证明当 $n=1$ 时,至少有一个 $\nu_j(j=1,\cdots,d)$ 满足 $\nu_j\geqslant 2$ 的情况. 采用与定理1类似的证明方法,可以得到

$$\overline{N}\left(r,\frac{1}{F_1(z)-\alpha(z)}\right)\geqslant$$

$$(\sigma-d)T(r,f(z))+S(r,f(z))$$

其中 $\sigma=\nu_1+\cdots+\nu_d$.

由于至少有一个 $\nu_j(j=1,\cdots,d)$ 满足 $\nu_j\geqslant 2$,知 $\sigma-d\geqslant 1$. 因此 $F_1(z)-\alpha(z)$ 有无穷多个零点.

下面,证明 $n=1$ 时,$m\geqslant\sigma+2$ 的情况.

采用反证法. 假设 $F_1(z)-\alpha(z)$ 只有有穷多个零点. 则由 §2 引理 6 和 §1(2),有

$$T(r,F_1(z)-\alpha(z))=$$

$$(1+m+\sigma)T(r,f(z))+S(r,f(z))$$

显然 $F_1(z)-\alpha(z)$ 是超越的. 因此,由阿达玛分解定理,可以得到

$$F_1(z)-\alpha(z)=$$

$$f(z)(f(z)^m-1)\prod_{j=1}^{d}f(z+c_j)^{\nu_j}-\alpha(z)=$$

$$P(z)\mathrm{e}^{Q(z)} \tag{3}$$

其中 $P(z)$ 是有有穷多个零点的亚纯函数,且它的极点是 $\alpha(z)$ 的极点,$Q(z)$ 是一非常数多项式. 因此

$$N(r,P(z))=S(r,f(z))$$

微分(3) 并消去 $\mathrm{e}^{Q(z)}$,得到

$$f(z)^{m+1+\sigma}A(z)=$$

$$f'(z)\prod_{j=1}^{d}f(z+c_j)^{\nu_j}+$$

$$f(z)\prod_{i=1}^{d}\prod_{\substack{j=1\\ j\neq 1}}^{d}\nu_i f(z+c_j)^{\nu_j}f(z+c_i)^{\nu_i-1}f'(z+c_i)-$$

$$H_3(z)f(z)\prod_{j=1}^{d}f(z+c_j)^{\nu_j}-H_3(z)\alpha(z)+\alpha'(z)$$

(4)

其中

$$H_3(z)=\frac{P'(z)}{P(z)}+Q'(z)A(z)=$$

$$\left((m+1)\frac{f'(z)}{f(z)}-H_3(z)+\sum_{j=1}^{d}\nu_i\frac{f'(z+c_i)}{f(z+c_i)}\right)=$$

$$\frac{\prod_{j=1}^{d}f(z+c_j)^{\nu_j}}{f(z)^{\sigma}}$$

我们可以断言 $A(z)\not\equiv 0$. 否则

$$(m+1)\frac{f'(z)}{f(z)}+\sum_{i=1}^{d}\nu_i\frac{f'(z+c_i)}{f(z+c_i)}=\frac{P'(z)}{P(z)}+Q'(z) \tag{5}$$

对(5)两边积分,得

$$f(z)^{m+1}\prod_{j=1}^{d}f(z+c_j)^{\nu_j}=P(z)e^{Q(z)+B}$$

其中 B 是一常数.

若 $e^B\neq 1$,则由(3),有

$$\begin{aligned}&(1-e^{-B})f(z)^{m+1}\prod_{j=1}^{d}f(z+c_j)^{\nu_j}-\\&f(z)\prod_{j=1}^{d}f(z+c_j)^{\nu_j}-\alpha(z)=0\end{aligned} \tag{6}$$

由引理 5 和 $m\geqslant\sigma+2$,可得

$$T(r,f(z))=S(r,f(z))$$

这是一个矛盾. 所以 $e^B=1$. 由(6),有

$$f(z)\prod_{j=1}^{d}f(z+c_j)^{\nu_j}=-\alpha(z) \tag{7}$$

因此

$$f(z)^{\sigma+1}=-\alpha(z)\frac{f(z)^{\sigma}}{\prod_{j=1}^{d}f(z+c_j)^{\nu_j}} \tag{8}$$

由引理4,有 $m(r,f(z))=S(r,f(z))$,矛盾.因此

$$A(z)\not\equiv 0$$

对(4),应用引理2,由 $m\geqslant\sigma+2$,有

$$m(r,f(z)^{\sigma+1}A(z))=S(r,f(z))$$

$$m(r,f(z)^{\sigma+2}A(z))=S(r,f(z))$$

我们知道 $f(z)^{\sigma+1}A(z)$ 和 $f(z)^{\sigma+2}A(z)$ 的极点都来自 $P(z)$ 的零点和极点,因此,运用第一基本定理,有

$$T(r,f)=T\left(r,\frac{f(z)^{\sigma+2}A(z)}{f(z)^{\sigma+1}A(z)}\right)\leqslant$$
$$T(r,f(z)^{\sigma+1}A(z))+T(r,f(z)^{\sigma+2}A(z))+O(1)\leqslant$$
$$m(r,f(z)^{\sigma+1}A(z))+N(r,f(z)^{\sigma+1}A(z))+$$
$$m(r,f(z)^{\sigma+2}A(z))+N(r,f(z)^{\sigma+2}A(z))=$$
$$2N\left(r,\frac{1}{P(z)}\right)+2N(r,P(z))+S(r,f(z))=$$
$$S(r,f(z))$$

3. §1 定理3的证明

令

$$F^*(z)=\frac{F(z)}{\alpha(z)}$$

$$G^*(z)=\frac{G(z)}{\alpha(z)}$$

则 $F^*(z)$ 和 $G^*(z)$ 分担1CM.由引理6,有

$$T(r,F^*(z))=(n+m+\sigma)T(r,f(z))+S(r,f(z))\tag{9}$$

$$T(r,G^*(z))=(n+m+\sigma)T(r,g(z))+S(r,g(z))\tag{10}$$

由 $F^*(z)$ 的定义,有

$$N_2(r,F^*(z))=S(r,f(z))\tag{11}$$

$$N_2\left(r,\frac{1}{F^*(z)}\right)\leqslant N_2\left(r,\frac{1}{f(z)^n}\right)+N_2\left(r,\frac{1}{f(z)^m-1}\right)+$$
$$\sum_{j=1}^{d}N_2\left(r,\frac{1}{f(z+c_j)^{\nu_j}}\right)+S(r,f(z))\leqslant$$
$$2\overline{N}\left(r,\frac{1}{f(z)}\right)+mT(r,f(z))+$$
$$2\sum_{j=1}^{d}\overline{N}\left(r,\frac{1}{f(z+c_j)}\right)+S(r,f(z))\leqslant$$
$$(m+2+2d)T(r,f(z))+S(r,f(z)) \tag{12}$$

其中 $N_2\left(r,\frac{1}{F^*(z)}\right)$ 表示 $F^*(z)$ 的零点的计数函数，且单零点一次，重零点记两次. 则

$$N_2(r,F^*(z))+N_2\left(r,\frac{1}{F^*(z)}\right)\leqslant$$
$$(m+2+2d)T(r,f(z))+S(r,f(z)) \tag{13}$$

类似地，有

$$N_2(r,G^*(z))+N_2\left(r,\frac{1}{G^*(z)}\right)\leqslant$$
$$(m+2+2d)T(r,g(z))+S(r,g(z)) \tag{14}$$

由于 $F^*(z)$ 和 $G^*(z)$ 分担 1CM，由引理 8，知引理 8 中的 3 种情形之一成立. 若引理 8 中的情形(1) 成立，则由(13) 和(14)，有

$$\max\{T(r,F^*(z)),T(r,G^*(z))\}\leqslant$$
$$(m+2+2d)T(t,f(z))+(m+2+2d)T(r,g(z))+$$
$$S(r,f(z))+S(r,g(z))$$

因此

$$T(r,F^*(z))+T(r,G^*(z))\leqslant$$
$$2(m+2+2d)\{T(r,f(z))+T(r,g(z))\}+$$
$$S(r,f(z))+S(r,g(z)) \tag{15}$$

将(9)和(10)代入(15),得到

$$(n+m+\sigma)\{T(r,f(z))+T(r,g(z))\}\leqslant 2(m+2+2d)\{T(r,f(z))+T(r,g(z))\}+S(r,f(z))+S(r,g(z)) \tag{16}$$

因此 $n\geqslant m+8\sigma$,所以 $n+m+\sigma>2(m+2+2d)$. 显然(16)是一个矛盾. 因此,引理 8 中的情形(2)或(3)成立,也就是

$$F^*(z)\equiv G^*(z)$$

或

$$F^*(z)\cdot G^*(z)\equiv 1$$

若 $F^*(z)\equiv G^*(z)$, 则由引理 7, 有 $f(z)\equiv tg(z)$,其中 $t^{n+\sigma}=t^m=1$.

若 $F^*(z)\cdot G^*(z)\equiv 1$,则

$$f(z)^n(f(z)^m-1)\prod_{j=1}^{d}f(z+c_j)^{\nu_j}g(z)^n\cdot(g(z)^m-1)\prod_{j=1}^{d}g(z+c_j)^{\nu_j}=\alpha(z)^2$$

因此

$$N\left(r,\frac{1}{f(z)}\right)=S(r,f(z))$$

$$N\left(r,\frac{1}{f(z)-1}\right)=S(r,f(z))$$

由第二基本定理,有 $T(r,f(z))=S(r,f(z))$. 这是一个矛盾.

4. §1 定理 4 的证明

令

$$F^*(z)=\frac{F(z)}{\alpha(z)} \tag{17}$$

$$G^*(z)=\frac{G(z)}{\alpha(z)} \tag{18}$$

则 $F^*(z)$ 和 $G^*(z)$ 分担 1IM. 令

$$H(z)=\frac{F^{*\prime\prime}(z)}{F^{*\prime}(z)}-2\frac{F^{*\prime}(z)}{F^*(z)-1}-\frac{G^{*\prime\prime}(z)}{G^{*\prime}(z)}+2\frac{G^{*\prime}(z)}{G^*(z)-1} \tag{19}$$

现在,我们采用与定理 3 类似的证明方法证明定理 4,我们知(9) ~ (14) 成立. 由(17) 有

$$\overline{N}(r,F^*(z))=S(r,f(z))$$

$$\overline{N}\left(r,\frac{1}{F^*(z)}\right)\leqslant \overline{N}\left(r,\frac{1}{f(z)}\right)+\overline{N}\left(r,\frac{1}{f(z)^m-1}\right)+\sum_{j=1}^{d}\overline{N}\left(r,\frac{1}{f(z+c_j)}\right)+S(r,f(z))\leqslant (m+1+d)T(r,f(z))+S(r,f(z))$$

因此

$$\overline{N}(r,F^*(z))+\overline{N}\left(r,\frac{1}{F^*(z)}\right)\leqslant (m+1+d)T(r,f(z))+S(r,f(z)) \tag{20}$$

类似地,有

$$\overline{N}(r,G^*(z))+\overline{N}\left(r,\frac{1}{G^*(z)}\right)\leqslant (m+1+d)T(r,g(z))+S(r,g(z)) \tag{21}$$

若 $H(z)\not\equiv 0$,则由引理 3,(13)(14)(20)(21),可得

$$T(r,F^*(z))+T(r,G^*(z))\leqslant (5m+7+7d)(T(r,f(z))+T(r,g(z)))+S(r,f(z))+S(r,g(z)) \tag{22}$$

结合(9)(10) 和(22),有

$$(n+m+\sigma)(T(r,f(z))+T(r,g(z)))\leqslant (5m+7+7d)(T(r,f(z))+T(r,g(z)))+S(r,f(z))+S(r,g(z)) \tag{23}$$

由于 $n\geqslant 4m+14\sigma$,则 $n+m+\sigma>5m+7+7d$. 因此(23) 是一个矛盾. 从而 $H\equiv 0$.

对(19) 两边积分,得到

$$\frac{1}{F^*(z)-1}=\frac{a}{G*(z)-1}+b \tag{24}$$

其中 $a\neq 0$,b 是两个常数. 因此

$$F^*(z)=\frac{(b+1)G^*(z)+(a-b-1)}{bG^*(z)+(a-b)} \tag{25}$$

$$T(r,F^*(z))=T(r,G^*(z))+O(1)$$

从而,由引理 6,有

$$T(r,f(z))=T(r,g(z))+S(r,f(z))$$

下面,我们分 3 种情况证明:

情况 1 $b\neq 0,-1$.

假设 $a-b-1\neq 0$,则当$(b+1)G^*(z)+(a-b-1)=0$ 时,由 $a\neq 0$,有 $bG^*(z)+(a-b)\neq 0$. 因此

$$\overline{N}\left(r,\frac{1}{F^*(z)}\right)=\overline{N}\left(r,\frac{1}{G^*(z)-\dfrac{a-b-1}{b+1}}\right)$$

由第二基本定理,有

$$T(r,G^*(z))\leqslant$$

$$\overline{N}\left(r,\frac{1}{G^*(z)}\right)+\overline{N}(r,G^*(z))+$$

$$\overline{N}\left(r,\frac{1}{G^*(z)-\frac{a-b-1}{b+1}}\right)+S(r,G^*(z))\leqslant$$

$$\overline{N}\left(r,\frac{1}{G^*(z)}\right)+\overline{N}(r,G^*(z))+\overline{N}\left(r,\frac{1}{F^*(z)}\right)$$

$$\overline{N}\left(r,\frac{1}{g(z)}\right)+\sum_{j=1}^{d}\overline{N}\left(r,\frac{1}{g(z+c_j)}\right)+$$

$$\overline{N}\left(r,\frac{1}{g(z)^m-1}\right)+\overline{N}\left(r,\frac{1}{f(z)}\right)+$$

$$\sum_{j=1}^{d}\overline{N}\left(r,\frac{1}{f(z+c_j)}\right)+$$

$$\overline{N}\left(r,\frac{1}{f(z)^m-1}\right)+S(r,f(z))\leqslant$$

$$2(1+d+m)T(r,g(z))+S(r,g(z)) \tag{26}$$

由(10)和(26)有

$$(n+m+\sigma)T(r,g(z))\leqslant$$

$$2(1+d+m)T(r,g(z))+S(r,g(z)) \tag{27}$$

由于$n\geqslant 4m+14\sigma$，则$n+m+\sigma>2(1+d+m)$. 因此，(27)是一个矛盾. 从而$a-b-1=0$. 综上，有

$$F^*(z)=\frac{(b+1)G^*(z)}{bG^*(z)+1}$$

采用与上面类似的证明方法，可得

$$T(r,G^*(z))\leqslant\overline{N}\left(r,\frac{1}{G^*(z)}\right)+\overline{N}(r,G^*(z))+$$

$$\overline{N}\left(r,\frac{1}{G^*(z)+\frac{1}{b}}\right)+S(r,G^*(z))\leqslant$$

$$\overline{N}\left(r,\frac{1}{G^*(z)}\right)+\overline{N}(r,G^*(z))+$$

$$\overline{N}(r,F^*(z))+S(r,G^*(z))\leqslant$$
$$\overline{N}\left(r,\frac{1}{g(z)}\right)+\sum_{j=1}^{d}\overline{N}\left(r,\frac{1}{g(z+c_j)}\right)+$$
$$\overline{N}\left(r,\frac{1}{g(z)^m-1}\right)+S(r,g(z))\leqslant$$
$$(1+d+m)T(r,g(z))+S(r,g(z)) \tag{28}$$

由(10) 和(28) 有

$$(n+m+\sigma)T(r,g(z))\leqslant$$
$$(1+d+m)T(r,g(z))+S(r,g(z)) \tag{29}$$

由 $n\geqslant 4m+14\sigma$,则 $n+m+\sigma>1+d+m$. 因此(29) 也是一个矛盾.

情况 2 $b=0,a\neq 1$.

由(25),我们有 $F^*(z)=\dfrac{G^*(z)+a-1}{a}$. 采用与情况 1 类似的证明方法,可以得到一个矛盾. 因此 $a=1$. 从而 $F^*(z)=G^*(z)$. 再由引理 7,有 $f(z)=tg(z)$,其中 $t^{n+\sigma}=t^m=1$.

情况 3 $b=-1,a\neq -1$.

由(25),有 $F^*(z)=\dfrac{a}{a+1-G^*(z)}$. 采用与情况 1 类似的证明方法,也可以得到一个矛盾. 因此 $a=-1$. 从而 $F^*(z)\cdot G^*(z)=1$. 若 $F^*(z)\cdot G^*(z)\equiv 1$,则

$$f(z)^n(f(z)^m-1)\prod_{j=1}^{d}f(z+c_j)^{\nu_j}\cdot$$
$$g(z)^n(g(z)^m-1)\prod_{j=1}^{d}g(z+c_j)^{\nu_j}=\alpha(z)^2$$

因此

$$N\left(r,\frac{1}{f(z)}\right)=S(r,f(z))$$

$$N\left(r,\frac{1}{f(z)-1}\right)=S(r,f(z))$$

由第二基本定理,有 $T(r,f(z))=S(r,f(z))$. 这是一个矛盾. 定理 4 得证.

参考文献

[1] HAYMAN W K. Meromorphic functions[M]. Oxford:Clarendon Press,1964.

[2] LAINE I. Nevanlinna theory and complex differential equations[M]. Berlin:Walter de Gruyter,1993.

[3] 杨乐. 值分布论及其新研究[M]. 北京:科学出版社,1982.

[4] HAYMAN W K. Picard values of meromorphic functions and their derivatives[J]. Ann Math, 1959,70:9-42.

[5] CLUNIE J. On a result of Hayman[J]. J London Math Soc,1967,42:387-392.

[6] LAINE I,YANG C C. Value distribution of difference polynomials[J]. Proc Japan Acad Ser A,2007,83:148-151.

[7] LIU K,YANG L Z. Value distribution of the difference operator[J]. Arch Math,2009,92:270-278.

[8] FANG M L. Uniqueness and value sharing of entire functions[J]. Comput Math Appl,2002,

44:823-831.
[9] ZHANG J L. Value distribution and shared sets of differences of meromorphic functions[J]. Math Anal Appl,2010,367:401-408.
[10] 张春会. 整函数及其差分多项式的唯一性问题[D]. 济南:山东大学,2010.
[11] RUBEL L A,YANG C C. Value share by an entire function and its derivatire[J]. Lecture Notes in Math,1977,599:101-103.
[12] FRANK G,WEISSENBORN G. Meromorphic funktionen,die mit ihrer Ableilung Werteteilen [J]. Complex Variables Theory Appl,1986,7: 33-43.
[13] LI P,YANG C C. When an entire function and its linear differential ploynomical share two values[J]. III J Math,2000,44:349-361.
[14] LIN W C,YI H X. Uniqueness theorems of meromorphic function[J]. Indian J Pure Appl Math,2004,35(2):121-132.
[15] XU J F. Uniqueness of entire functions and differential polynomials[J]. Bull Korean Math Soc,2004,44(1):109-116.
[16] MOHON'KO A. The Nevalinna characteristics of certain meromorphic functions[J]. Teor Funktsii Funktsional Anal i Prilozhen,1971, 14:83-87(in Russian).
[17] CHIANG Y M,FENG S J. On the Nevanlinna characteristic of $f(z+\eta)$ and difference

equations in the complex plane[J]. Ramanujan j,2008,16:105-129.

[18] GUNDERSEN G G. Meromorphic functions that share three or four values[J]. J London Math Soc,1979,20:457-466.

关于复差分微分理论的若干结果

第14章

南昌大学数学系刘凯，山东大学数学学院杨连中两位教授2013年利用差分的 Nevanlinna 理论，研究了几种不同类型的复差分微分多项式的零点情况，推广了微分多项式理论中的一些经典结果，同时也推广了部分差分多项式的结果．另外，本章还得到了某些差分微分方程解的存在性．

§1 引言和主要结果

非常数亚纯函数 $f(z)$ 是指在整个复平面除极点外解析的函数．如果函数 $f(z)$ 没有极点，则 $f(z)$ 是整函数．假设读者熟悉 Nevanlinna 理论的常用符号和基本结果[3,9,16]．

首先给出一些符号的解释，设本节中的 c 为非零常数，函数的平移 $f(z+c)$，函数的差分算子 $\Delta_c f=f(z+c)-f(z)$. 如果没有特殊声明，我们假设 $\alpha(z)\neq 0$ 是 $f(z)$ 的小函数，意味着 $T(r,\alpha)=S(r,f)$，其中 $S(r,f)=o(T(r,f))(r\to\infty)$，除去一个对数测度有穷的集合.

经典的 Nevanlinna 理论是研究复微分方程理论的有效工具[9,13]，而 Halburd 和 Korhonen[5]，Chiang 和 Feng[2] 分别给出了差分的对数导数引理的不同版本，在此基础上建立起来的差分 Nevanlinna 理论也为研究复差分理论提供了有效的工具. 在亚纯函数的值分布理论的研究中，对于复微分多项式的零点个数的研究是一个经典问题，起源于 Hayman[4] 提出的猜想：如果 f 为超越亚纯函数，n 是正整数，则 $f^n f'-a$ 有无穷多个零点. 此问题目前已经完全得到解决，Hayman[4] 证明：如果 f 超越亚纯函数，满足 $n\geqslant 3$，则 $f^n f'-a$ 有无穷多个零点. Mues[15] 证明了 $n=2$ 的情况. Bergweiler 和 Eremenko[1] 证明了 $n=1$ 的情况. Hayman 猜想可以从不同的角度得到推广，例如 f' 被 $f^{(k)}$ 所取代，常数 a 被小函数所取代等. 另外，从差分角度将 Hayman 猜想推广即 f' 被 $f(z+c)$ 或者 $f(z+c)-f(z)$ 取代，部分结果可以叙述为下面的定理，可参见文献[8,10,12].

定理 A　假设 $f(z)$ 为有穷级的超越整函数，$n\geqslant 2$，则 $f(z)^n f(z+c)-\alpha(z)$ 有无穷多个零点，若 $f(z)$ 为有穷级的超越亚纯函数，则需要 $n\geqslant 6$.

定理 B　假设 $f(z)$ 为有穷级的超越整函数，$n\geqslant 3$，则 $f(z)^n[f(z+c)-f(z)]-\alpha(z)$ 有无穷多个零点，

若 $f(z)$ 为有穷级的超越亚纯函数,则需要 $n \geqslant 7$.

作为定理 A,B 的推广,$[f(z)^n f(z+c)]^{(k)} - \alpha(z)$ 和$[f(z)^n \Delta_c f]^{(k)} - \alpha(z)$ 的零点分布情况值得我们研究. 如果 $k \geqslant 1$,称其为差分微分多项式. 在文献[11]中,已经得到了 $f(z)$ 是整函数时的部分结论.

定理 C　假设 $f(z)$ 为有穷级的超越整函数,如果 $n \geqslant k+2$,则$[f(z)^n f(z+c)]^{(k)} - \alpha(z)$ 有无穷多个零点, 如果 $f(z)$ 周期不为 c 且 $n \geqslant k+3$, 则$[f(z)^n \Delta_c f]^{(k)} - \alpha(z)$ 有无穷多个零点.

本节中,我们推广定理 C 到亚纯函数的情况,得到了如下的结果:

定理 1　假设 $f(z)$ 为有穷级的超越亚纯函数,如果 $n \geqslant k+6$,则差分微分多项式$[f(z)^n f(z+c)]^{(k)} - \alpha(z)$ 有无穷多个零点.

注 1　如果 $k=0$,则 $n \geqslant 6$,显然,定理 1 是定理 A 亚纯函数时的一个推广. 对于无穷级的亚纯函数,定理 1 不再成立. 例如:无穷级函数 $f(z)=e^{e^z}$,$e^c=-n$,$\alpha(z)=e^z(k \geqslant 1)$,则$[f(z)^n f(z+c)]^{(k)} - e^z = -e^z$,而 $-e^z$ 没有零点. 另外,条件 $\alpha(z) \neq 0$ 不能去掉,例如 $f(z)=e^z$,则$[f(z)^n f(z+c)]^{(k)} = (n+1)^k e^{(n+1)z+c}$ 没有零点.

定理 2　假设 $f(z)$ 为有穷级的超越亚纯函数,如果 $n \geqslant k+7$,则差分微分多项式$[f(z)^n \Delta_c f]^{(k)} - \alpha(z)$ 有无穷多个零点.

注 2　如果 $k=0$,则 $n \geqslant 7$,显然,定理 2 是定理 B 亚纯函数时的一个推广. 另外,条件 $\alpha(z) \neq 0$ 不能去掉,例如 $f(z)=e^z$,$e^c=2$,则$[f(z)^n \Delta_c f]^{(k)} = (n+1)^k e^{(n+1)z}$ 没有零点.

对于复差分微分方程的解的情况，由定理 1 和定理 2，容易得到下面两个推论.

推论 1　假设 $R(z)$，$H(z)$ 是非零有理函数，$Q(z)$ 是多项式，$n \geqslant k+6$，则非线性的差分微分方程

$$[f(z)^n f(z+c)]^{(k)} - H(z) = R(z)e^{Q(z)} \tag{1}$$

不存在有穷级的超越亚纯函数解.

推论 2　假设 $R(z)$，$H(z)$ 是非零有理函数，$Q(z)$ 是多项式，$n \geqslant k+7$，则非线性的差分微分方程

$$[f(z)^n \Delta_c f]^{(k)} - H(z) = R(z)e^{Q(z)} \tag{2}$$

不存在有穷级的超越亚纯函数解，除非 $f(z)$ 是周期为 c 的函数，$Q(z)$ 为常数 q，且

$$-H(z) = R(z)e^{q}$$

下面给出关于差分微分方程(3)(4) 超越解的几个结果.

定理 3　假设 $h(z)$ 为有理函数，则方程

$$[f(z)^n f(z+c)]^{(k)} = h(z) \tag{3}$$

$n \geqslant 2$ 时方程(3) 无超越有穷级亚纯函数解，$n \geqslant 1$ 时方程(3) 无超越有穷级整函数解.

注 3　当 $n=1$ 时，方程(3) 存在超越的亚纯函数解. 例如：$f(z)=\dfrac{z(e^z-1)}{e^z+1}$ 为方程 $[f(z)f(z+c)]''=2$ 的解，其中 $c=ik\pi$.

定理 4　假设 $h(z)$ 为有理函数，则方程

$$[f(z)^n \Delta_c f]^{(k)} = h(z) \tag{4}$$

$n \geqslant 3$ 时方程(4) 无超越有穷级亚纯函数解，$n \geqslant 1$ 时方程(4) 无超越有穷级整函数解.

注 4　显然，由注 1，注 2，如果 $h(z)$ 为超越函数，则上述方程都可能有超越解.

定理5 如果$n\geqslant 8$时,$h(z)$为有穷级超越函数,若方程

$$[f(z)^{n}f(z+c)]^{(k)}=h(z) \tag{5}$$

有解,且$f(z)$,$g(z)$为有穷级的超越的亚纯函数解,则$f=tg$,其中t是常数满足$t^{n+1}=1$.

为了进一步的研究,类似定理5,我们提出下面的问题.

问题1 如果$n\geqslant 7$时,$h(z)$为有穷级超越函数,若方程

$$[f(z)^{n}\Delta_{c}f]^{(k)}=h(z) \tag{6}$$

有解,且$f(z)$,$g(z)$为有穷级的超越的亚纯函数解,能否有$f=tg$,其中$t^{n+1}=1$?

§2 几个引理

在研究差分Nevanlinna理论中,Halburd和Korhonen[5],Chiang和Feng[2]分别给出了差分的对数导数引理的两个版本,Halburd和Korhonen后来又给出了如下改进的结果.

引理1 (见文献[6,定理5.6])如果f是有穷级的超越亚纯函数,则

$$m\left(r,\frac{f(z+c)}{f(z)}\right)=S(r,f) \tag{1}$$

其中$S(r,f)=o(T,(r,f))(r\notin E)$,$E$是一个对数测度为有穷的集合.

引理2 (见文献[2,定理2.1])如果f是有穷级的超越亚纯函数,则

$$T(r,f(z+c))=T(r,f)+S(r,f) \tag{2}$$

引理 3 （见文献[16]）如果 $f(z)$ 为超越的亚纯函数，k 是正整数，则

$$T(r,f^{(k)})\leqslant T(r,f)+k\overline{N}(r,f)+S(r,f) \tag{3}$$

引理 4 如果 $f(z)$ 为有穷级的超越亚纯函数，则

$$\begin{aligned}&(n+1)T(r,f)+S(r,f)\geqslant\\&T(r,f(z)^n f(z+c))\geqslant\\&(n-1)T(r,f)+S(r,f)\end{aligned} \tag{4}$$

$$\begin{aligned}&(n+2)T(r,f)+S(r,f)\geqslant\\&T(r,f(z)^n[f(z+c)-f(z)])\geqslant\\&(n-1)T(r,f)+S(r,f)\end{aligned} \tag{5}$$

证明 结合引理 2，很容易得到

$$\begin{aligned}&T(r,f(z)^n f(z+c))\leqslant\\&nT(r,f)+T(r,f(z+c))\leqslant\\&(n+1)T(r,f)+S(r,f)\end{aligned} \tag{6}$$

假设 $G(z)=f(z)^n f(z+c)$，则

$$\frac{1}{f(z)^{n+1}}=\frac{1}{G}\frac{f(z+c)}{f(z)} \tag{7}$$

利用 Nevanlinna 第一基本定理和引理 1，引理 2 和 Valiron-Mohon'ko 定理[14]，得到

$$\begin{aligned}&(n+1)T(r,f)\leqslant\\&T(r,G(z))+T\left(r,\frac{f(z+c)}{f(z)}\right)+O(1)\leqslant\\&T(r,G(z))+m\left(r,\frac{f(z+c)}{f(z)}\right)+\\&N\left(r,\frac{f(z+c)}{f(z)}\right)+O(1)\leqslant\\&T(r,G(z))+N\left(r,\frac{f(z+c)}{f(z)}\right)+S(r,f)\leqslant\end{aligned}$$

$$T(r,G(z))+2T(r,f)+S(r,f) \tag{8}$$

则不等式(4) 成立.类似的证明,可以得到式(5).

设 p 是个正整数,$a\in\mathbf{C}$,记 $N_p\left(r,\dfrac{1}{f-a}\right)$ 为 $f-a$ 的零点的计数函数,记 m 为 $f-a$ 的零点重数,若满足 $m\leqslant p$,则此零点记 m 次,若满足 $m>p$,则此零点记 p 次.

引理 5 (见文献[7,引理 2.3])如果 $f(z)$ 为有穷级的超越的亚纯函数,且 p,k 是正整数,则

$$N_p\left(r,\frac{1}{f^{(k)}}\right)\leqslant T(r,f^{(k)})-T(r,f)+$$

$$N_{p+k}\left(r,\frac{1}{f}\right)+S(r,f) \tag{9}$$

$$N_p\left(r,\frac{1}{f^{(k)}}\right)\leqslant k\overline{N}(r,f)+N_{p+k}\left(r,\frac{1}{f}\right)+S(r,f) \tag{10}$$

§3　§1 定理 1,定理 2 的证明

假设 $F(z)=f(z)^n f(z+c)$.由引理 4,则 $F(z)$ 不是常数.假设 $F(z)^{(k)}-\alpha(z)$ 只有有限个零点,则由 Nevanlinna 第二基本定理[3] 和 §2 式(9),得到

$$T(r,F^{(k)})\leqslant\overline{N}(r,F^{(k)})+\overline{N}\left(r,\frac{1}{F^{(k)}}\right)+$$

$$\overline{N}\left(r,\frac{1}{F^{(k)}-\alpha(z)}\right)+S(r,F^{(k)})\leqslant$$

$$\overline{N}(r,f(z))+\overline{N}(r,f(z+c))+$$

$$N_1\left(r,\frac{1}{F^{(k)}}\right)+\overline{N}\left(r,\frac{1}{F^{(k)}-\alpha(z)}\right)+S(r,F^{(k)})\leqslant$$

$$2T(r,f)+T(r,F^{(k)})-T(r,F)+$$
$$N_{k+1}\left(r,\frac{1}{F}\right)+S(r,F^{(k)}) \quad (1)$$

由引理 3 和 §2 式(4), $T(r,F^{(k)})\leqslant(k+1)T(r,F)+S(r,F)\leqslant(k+1)(n+1)T(r,f)+S(r,f)$, 我们得到 $S(r,F^{(k)})=S(r,F)=S(r,f)$, 这样由式(1)得到

$$T(r,F)\leqslant 2T(r,f)+N_{k+1}\left(r,\frac{1}{F}\right)+S(r,f) \quad (2)$$

结合 §2 式(4)和本节(2),得到

$$(n-1)T(r,f)\leqslant T(r,F)\leqslant$$
$$2T(r,f)+N_{k+1}\left(r,\frac{1}{F}\right)+S(r,f)\leqslant$$
$$2T(r,f)+(k+1)\overline{N}\left(r,\frac{1}{f}\right)+$$
$$N\left(r,\frac{1}{f(z+c)}\right)+S(r,f)\leqslant$$
$$(k+4)T(r,f)+S(r,f) \quad (19)$$

与 $n\geqslant k+6$ 时矛盾. 定理 1 证毕.

类似的方法,我们可以得到定理 2 的证明.

§4 §1 定理 3 和定理 4 的证明

若 $f(z)$ 为 §1 方程(3)的有穷级超越亚纯函数解,则 $[f(z)^n f(z+c)]^{(k)}=h(z)$, 等式两边积分 k 次,则得到 $f(z)^n f(z+c)=R(z)$, 其中 $R(z)$ 为有理函数满足 $R^{(k)}(z)=h(z)$. 由 §2 式(2)和 Valiron-Mohon'ko 定理,可以得到 $nT(r,f)=T(r,f(z+c))+S(r,f)=T(r,f)+S(r,f)$ 与 $n\geqslant 2$ 矛盾,则 §1

方程(3) 无有穷级超越亚纯函数解. 同理,$n \geqslant 3$ 时,§1 方程(4) 也无有穷级超越亚纯函数解.

若 §1 方程(3) 存在有穷级超越整函数解 $f(z)$,则 $h(z)$ 必定是多项式,且 $f(z)^n f(z+c)=P(z)$,其中 $P(z)$ 为多项式满足 $P^{(k)}(z)=h(z)$,那么

$$f(z)^{n+1}=\frac{f(z)P(z)}{f(z+c)}$$

由引理 1 和 Valiron-Mohon'ko 定理,可以得到

$$(n+1)T(r,f)=T\left(r,\frac{f(z)}{f(z+c)}\right)+S(r,f)=$$

$$N\left(r,\frac{f(z+c)}{f(z)}\right)+S(r,f)\leqslant$$

$$T(r,f)+S(r,f)$$

与 $n \geqslant 1$ 矛盾,这样 §1 方程(3) 无有穷级超越整函数解.

下面证明 §1 方程(4) 也无有穷级超越整函数解. 假设 $f(z)$ 为 §1 方程(4) 的有穷级超越整函数解,则 $f(z)^n[f(z+c)-f(z)]=Q(z)$,其中 $Q(z)$ 为多项式,满足 $Q^{(k)}(z)=h(z)$,则

$$f(z)^{n+1}=\frac{f(z)P(z)}{f(z+c)-f(z)}$$

由引理 1 和 Valiron-Mohon'ko 定理和 Nevanlinna 第一基本定理,可以得到

$$(n+1)T(r,f)=T\left(r,\frac{f(z+c)}{f(z)}\right)+S(r,f)=$$

$$N\left(r,\frac{f(z+c)}{f(z)}\right)+S(r,f)\leqslant$$

$$T(r,f)+S(r,f)$$

与 $n \geqslant 1$ 矛盾,这样 §1 方程(4) 无有穷级超越整函数解.

§5　§1 定理 5 的证明

若超越亚纯函数 $f(z),g(z)$ 为 §1 方程(5)的解，则$[f(z)^n f(z+c)]^{(k)}=[g(z)^n g(z+c)]^{(k)}$，等式两边积分 k 次，得到

$$f(z)^n f(z+c)=g(z)^n g(z+c)+P(z)$$

其中 $P(z)$ 是次数至多为 $k-1$ 的多项式. 如果 $P(z)\not\equiv 0$，则

$$\frac{f(z)^n f(z+c)}{P(z)}=\frac{g(z)^n g(z+c)}{P(z)}+1$$

这样，由 Nevanlinna 第二基本定理和 §2 式(4)，我们知道

$$\begin{aligned}
&(n-1)T(r,f)\leqslant T\left(r,\frac{f(z)^n f(z+c)}{P(z)}\right)+S(r,f)\leqslant\\
&\overline{N}\left(r,\frac{f(z)^n f(z+c)}{P(z)}\right)+\overline{N}\left(r,\frac{P(z)}{f(z)^n f(z+c)}\right)+\\
&\overline{N}\left(r,\frac{P(z)}{g(z)^n g(z+c)}\right)+S(r,f)\leqslant\\
&\overline{N}(r,f(z))+\overline{N}(r,f(z+c))+\\
&\overline{N}\left(r,\frac{1}{f(z)}\right)+\overline{N}\left(r,\frac{1}{f(z+c)}\right)+\overline{N}\left(r,\frac{1}{g(z)}\right)+\\
&\overline{N}\left(r,\frac{1}{g(z+c)}\right)+S(r,f)\leqslant\\
&4T(r,f)+2T(r,g)+S(r,f)+S(r,g)
\end{aligned}\tag{1}$$

同理，得到

$$\begin{aligned}
&(n-1)T(r,g)\leqslant\\
&2T(r,f)+4T(r,g)+S(r,f)+S(r,g)
\end{aligned}\tag{2}$$

因此

$$(n-1)[T(r,f)+T(r,g)] \leqslant \\ 6[T(r,f)+T(r,g)]+S(r,f)+S(r,g) \tag{3}$$

与 $n \geqslant 8$ 矛盾. 这样 $P(z) \equiv 0$, 意味着 $f(z)^n f(z+c)=g(z)^n g(z+c)$. 令 $G=\frac{f}{g}$, 即 $G(z)^n \cdot G(z+c)=1$, 则 G 必然是个常数. 否则

$$nT(r,G)=T(r,G(z+c))+O(1)= \\ T(r,G)+S(r,G)$$

这样 $T(r,G)=S(r,G)$, 矛盾. 因此 $f=tg$, 其中 t 是常数, 满足 $t^{n+1}=1$.

参考文献

[1] BERGWEILER W, EREMENKO A. On the singularities of the inverse to a meromorphic function of finite order[J]. Revista Matemática Iberoamericana. 1995, 11: 355-373.

[2] CHIANG Y M, FENG S J. On the Nevanlinna characteristic $f(z+\eta)$ and difference equations in the complex plane[J]. Ramanujan. J., 2008, 16: 105-129.

[3] HAYMAN W K. Meromorphic functions[M]. Oxford: Clarendon Press, 1964.

[4] HAYMAN W K. Picard values of meromorphic functions and their derivatives[J]. Ann. Math., 1959, 70: 9-42.

[5] HALBURD R G, KORHONEN R J. Difference analogue of the lemma on the logarithmic derivative with applications to difference equations[J]. J. Math. Anal. Appl., 2006, 314: 477-487.

[6] HALBURD R G, KORHONEN R J. Meromorphic solutions of difference equations, integrability and the discrete Painlevé equations[J]. J. Phys. A., 2007, 40: 1-38.

[7] LAHIRI I, SARKAR A. Uniqueness of a moromorphic function and its derivative[J]. J. Inequal. Pure Appl. Math., 2004, 5(1): 20.

[8] LAINE I, YANG C C. Value distribution of difference polynomials[J]. Proc. Japan Acad. Ser. A, 2007, 83: 148-151.

[9] LAINE I. Nevanlinna theory and complex differential equations[M]. New York: Walter de Gruyter, 1993.

[10] LIU K, LIU X L, CAO T B. Value distributions and uniqueness of difference polynomials[J]. Advances in Difference Equations, 2011, Article ID 234215, pp. 12.

[11] LIU K, LIU X L, CAO T B. Some results on zeros and uniqueness of difference-differential polynomials[J]. Appl. Math. J. Chinese Univ., 2012, 27: 94-104.

[12] LIU K, YANG L Z. Value distribution of the difference operator[J]. Arch. Math., 2009, 92:

270-278.

[13] 刘永,陈宗煊. 与线性微分多项式有一个公共值的整函数[J]. 数学杂志,2011,31(4):711-721.

[14] MOHON'HO A Z. The Nevanlinna characteristics of certain meromorphic functions[J]. Teor. Funktsii Funktsional. Anal. i Prilozhen, 1971,14:83-87(Russian).

[15] MUES E. Über ein problem von Hayman[J]. Math. Z. ,1979,164:239-259.

[16] YANG C C, YI H X. Uniqueness theory of meromorphic functions[M]. Dordrecht: Kluwer, 2003.

复差分－微分方程组的解的增长级

第15章

中国人民大学信息学院的王钥，张庆彩，中山大学数学系的杨明华三位教授2014年利用亚纯函数的 Nevanlinna 值分布理论，研究了两类高阶复差分－微分方程组的解的增长级问题.

§1 引　　言

本节采用亚纯函数 Nevanlinna 值分布理论的基本概念和通常记号(可参见文献[1-3]). 我们记 $\rho(w)$ 为函数 $w(z)$ 的级.

设 $g(z)=\sum_{n=0}^{\infty}a_nz^n$ 是一超越整函数，g 的最大项为 $\mu(r,g)$，中心指标为 $\nu(r,g)$，最大模为 $M(r,g)$，即

$$\mu(r,g)=\max_{|z|=r}|a_n z^n|$$
$$\nu(r,g)=\sup\{n: |a_n| r^n=\mu(r,g)\}$$
$$M(r,g)=\max_{|z|=r}|g(z)|$$

设 c 是固定的非零复数，有

$$\Delta_c w(z)=w(z+c)-w(z)$$
$$\Delta_c^n w(z)=\Delta_c(\Delta_c^{n-1}w(z))=$$
$$\Delta_c^{n-1}w(z+c)-\Delta_c^{n-1}w(z)\quad(n\geqslant 2)$$

设 E 是正实轴的子集，定义 $\log(E)=\int_{E\cap[1,+\infty)}\frac{\mathrm{d}r}{r}$ 为 E 的对数测度，集合 $E\in(1,+\infty)$ 为有限的对数测度是指 $\log(E)<\infty$.

许多学者已研究了复微分方程解的存在性及增长级等问题，得到了许多比较理想的结果(见文献[4—6,12—13]). 自 20 世纪 80 年代开始，李鉴舜、涂振汉、高凌云等人考虑了复微分方程组解的性质与单个复微分方程解的存在性等问题有本质的不同，如 Malmquist 型定理，进一步讨论了复微分方程组解的性态，亦得到了一些比较理想的成果(见文献[7—9,19—20]).

近来，鉴于连续量与离散量的本质不同，复差分方程解的一些性质研究成为时下复分析的热点之一. 事实上，复差分与复微分多项式就有不同，例如关于复微分多项式，有如下性质.

定理 A[5]　设 $\Omega=\sum_{(i)}a_{(i)}(z)\sum_{j=1}^{n}(w_j)^{a_{j_0}^i}\cdot(w'_j)^{a_{j_1}^i}\cdots(w_j^{(k_j)})^{a_{jk_j}^i}$，其中 $\{a_{(i)}(z)\}$ 是亚纯函数，则

$$T(r,\Omega)\leqslant\sum_{j=1}^{n}[\lambda_j T(r,w_j)+(\Delta_j-\lambda_j)\overline{N}(r,w_j)]+$$
$$\sum T(r,a_{(i)})+\sum_{j=1}^{n}o(T(r,w_j))$$

其中 $\lambda_j=\max\limits_{(t)}\{\lambda_{tj}\},\lambda_{tj}=a_{j_0}^t+a_{j_1}^t+\cdots+a_{j_{sj}}^t$. $\Delta_j=\max\limits_{(t)}\{\Delta_{tj}\},\Delta_{tj}=a_{j_0}^t+2a_{j_1}^t+\cdots+(s_j+1)a_{j_{sj}}^t$.

定理 B[7]　设 $\Phi_1=\dfrac{\Omega_1(z,w_1,w_2,\cdots,w_n)}{\Omega_2(z,w_1,w_2,\cdots,w_n)}$,其中

$$\Omega_1(z,w_1,w_2,\cdots,w_n)=$$

$$\sum_{(i)}a_{(i)}(z)\prod_{j=1}^{n}(w_j)^{a_{j_0}^i}(w'_j)^{a_{j_1}^i}\cdots(w_j^{(k_j)})^{a_{jk_j}^i}$$

$$\Omega_2(z,w_1,w_2,\cdots,w_n)=$$

$$\sum_{(u)}b_{(u)}(z)\prod_{j=1}^{n}(w_j)^{b_{j_0}^u}(w'_j)^{b_{j_1}^u}\cdots(w_j^{(l_j)})^{b_{jl_j}^u}$$

则

$$T(r,\Phi_1)\leqslant\sum_{j=1}^{n}[\lambda_jT(r,w_j)+$$

$$(\Delta_j-\lambda_j)\overline{N}(r,w_j)]+S(r)$$

其中 $S(r)=\sum\limits_{(i)}T(r,a_{(i)})+\sum\limits_{(u)}T(r,b_{(u)}),\lambda_j=\max\limits_{(t)}\{\lambda_{tj}\},\lambda_{tj}=a_{j_0}^t+a_{j_1}^t+\cdots+a_{j_{sj}}^t,\Delta_j=\max\limits_{(t)}\{\Delta_{tj}\}$, $\Delta_{tj}=a_{j_0}^t+2a_{j_1}^t+\cdots+(s_j+1)a_{j_{sj}}^t$.

定理 A 和定理 B 表明,关于复微分多项式和两个复微分多项式的比式的结论是相同的.

相类似的,关于复差分多项式,有如下定理:

定理 C[10]　设 w_1,w_2 都是有限级

$$T(r,a_{(i)})=o(T(r,w_k))$$

$$T(r,b_{(j)})=o(T(r,w_k))$$

$$(k=1,2)$$

$$\Omega_1(z,w_1,w_2)=$$

$$\sum_{(i)}a_{(i)}(z)\prod_{k=1}^{2}(w_k)^{i_{k_0}}(w_k(z+c_1))^{i_{k1}}\cdots(w_k(z+c_n))^{i_{kn}}$$

则

$$T(r,\Omega_1(z,w_1,w_2))\leqslant\sum_{k=1}^{2}\lambda_{1k}T(r,w_k)+S_1(r,w_1)+S_2(r,w_2)+S(r,w_1)+S(r,w_2)$$

其中 $\lambda_{1k}=\max\left\{\sum_{l=0}^{n}i_{kl}\right\}(k=1,2)$.

但是，以下例子表明，对于两个复差分多项式的比式的形式，定理 C 的结论不再成立.

例 1 取 $w_1=\tan z,w_2=z,c_1=\frac{\pi}{4},c_2=\arctan 3$，则

$$\Phi_1=\frac{\Omega_1(z,w_1,w_2)}{\Omega_2(z,w_1,w_2)}=\frac{w_2(z)w_1^2(z+c_1)w_1(z+c_2)}{w_1(z+c_1)+w_1^2(z+c_2)}=\frac{z(3\tan^4 z+14\tan^3 z+16\tan^2 z+2\tan z-3)}{8\tan^4 z-10\tan^3 z-6\tan^2 z-10}$$

不满足定理 C 的结论.

一些数学工作者如 Laine，Korhonen，Chiang，陈宗煊，高凌云等人讨论了多类复差分方程解的性态(参见文献[10,14-18]). 在考虑到复差分方程之后，自然想到更进一步研究复差分方程组解的存在性上去(参见文献[11]). 事实上，在 Malmquist 等问题上，复差分方程与复差分方程组有本质的不同. 如

定理 D[10] 设 $c_j\in\mathbf{C}\backslash\{0\}(j=1,2,\cdots,n)$，如果复差分方程

$$\frac{\sum_{(i)}a_{(i)}(z)w^{i_0}(w(z+c_1))^{i_1}\cdots(w(z+c_n))^{i_n}}{\sum_{(j)}b_{(j)}(z)w^{j_0}(w(z+c_1))^{j_1}\cdots(w(z+c_n))^{j_n}}=$$

$$\frac{\sum_{i=0}^{p} a_i(z) w^i}{\sum_{j=0}^{q} b_j(z) w^j}$$

存在一个有限级的超越亚纯解,则

$$\max\{p,q\} \leqslant \lambda_1 + \lambda_2$$

其中 $\lambda_1 = \max\{i_0 + i_1 + \cdots + i_n\}$,$\lambda_2 = \max\{j_0 + j_1 + \cdots + j_n\}$.

如果我们考虑复差分方程组在存在超越亚纯解的情况下,是否可以断言定理 D 也是成立的?如下的例 2 回答了这个问题.

例 2　$(w_1, w_2) = (e^z, e^{-z})$ 是复差分方程组

$$\begin{cases} w_1(z-1) w_1^2(z+1) = \dfrac{e}{w_2^3} \\ w_2^2(z-1) w_2(z+1) = \dfrac{e}{w_1^3} \end{cases}$$

的超越亚纯解,但是方程组的右边并没有退化为关于 w_1 或 w_2 的多项式.

此例表明复差分方程组存在超越亚纯解的结论与复差分方程存在亚纯解的结论是不同的.

以上例子表明研究复差分方程组解的性质是有意义的.

本节将研究如下两类高阶复差分 — 微分方程组(1)(2) 的解的增长级

$$\begin{cases} w_2^{\lambda_1} \Omega_1(z, w_1) = a(z)(w_1)^{\lambda_1}(w_2)^{s_0}(w'_2)^{s_1} \cdots (w_2^{(n)})^{s_n}, \\ w_1^{\lambda_2} \Omega_2(z, w_2) = b(z)(w_2)^{\lambda_2}(w_1)^{t_0}(w'_1)^{t_1} \cdots (w_1^{(n)})^{t_n} \end{cases} \tag{1}$$

其中

$$\Omega_1(z,w_1)=\sum_{(i)\in I}a_{(i)}(z)(w_1)^{i_0}(\Delta_c w_1)^{i_1}\cdots(\Delta_c^n w_1)^{i_n}$$

$$\Omega_2(z,w_2)=\sum_{(j)\in J}b_{(j)}(z)(w_2)^{j_0}(\Delta_c w_2)^{j_1}\cdots(\Delta_c^n w_2)^{j_n}$$

$a(z),b(z)$ 是多项式

$$\lambda_1=\sum_{l=0}^{n}i_l=\sum_{l=0}^{n}s_l,\lambda_2=\sum_{l=0}^{n}j_l=\sum_{l=0}^{n}t_l$$

$$u_i=\max_{(i)}\left\{\sum_{l=0}^{n}l_{i_l}\right\},\bar{u}_j=\max_{(j)}\left\{\sum_{l=0}^{n}l_{j_l}\right\}$$

$$\alpha_{(i)}=\deg(\alpha_{(i)})+u_{(i)}(\rho(\omega_1)-1)\quad(i)\in I$$

$$\beta_{(j)}=\deg(b_{(j)})+\bar{u}_{(j)}(\rho(w_2)-1)\quad(j)\in J$$

$$\begin{cases}\Omega_1(z,w_1,w_2)=a(z)(w_1)^{s_{10}}(w'_1)^{s_{11}}\cdots\\(w_1^{(n)})^{s_{1n}}(w_2)^{s_{20}}(w'_2)^{s_{21}}\cdots(w_2^{(n)})^{s_{2n}}\\\Omega_2(z,w_1,w_2)=b(z)(w_2)^{t^{20}}(w'_2)^{t_{21}}\cdots\\(w_2^{(n)})^{t_{2n}}(w_1)^{t_{10}}(w'_1)^{t_{11}}\cdots(w_1^{(n)})^{t_{1n}}\end{cases}\tag{2}$$

其中

$$\Omega_1(z,w_1,w_2)=$$

$$\sum_{(i)\in I}a_{(i)}(z)\prod_{k=1}^{2}(w_k)^{i_{k_0}}(\Delta_c w_k)^{i_{k_1}}\cdots(\Delta_c^n w_k)^{i_{k_n}}$$

$$\Omega_2(z,w_1,w_2)=$$

$$\sum_{(j)\in J}b_{(j)}(z)\prod_{k=1}^{2}(w_k)^{j_{k_0}}(\Delta_c w_k)^{j_{k_1}}\cdots(\Delta_c^n w_k)^{j_{k_n}}$$

$a(z),b(z)$ 是多项式

$$\lambda_k=\max_{(i)}\left\{\sum_{l=0}^{n}i_{kl}\right\}=\sum_{l=0}^{n}s_{kl},\bar{\lambda}_k=\max_{(j)}\left\{\sum_{l=0}^{n}j_{kl}\right\}=\sum_{l=0}^{n}t_{kl}$$

$$u_{ki}=\max_{(i)}\left\{\sum_{l=0}^{n}l_{i_{kl}}\right\},\bar{u}_{kj}=\max_{(j)}\left\{\sum_{l=0}^{n}l_{j_{kl}}\right\}$$

$$\alpha(\lambda)=\deg(a(\lambda))+\sum_{s=1}^{2}u_{s\lambda}(\rho(w_s)-1)$$

$$\beta(\bar{\lambda})=\deg(b_{\bar{\lambda}})+\sum_{s=1}^{2}\bar{u}_{s\bar{\lambda}}(\rho(w_s)-1)$$

§2　主要结果

定理1　设$(w_1(z),w_2(z))$是高阶复差分－微分方程组(1)的有限级超越整函数解，$\Omega_i(z,w_i)(i=1,2)$是关于$\omega_i(i=1,2)$的齐次函数.

$$\alpha_p=\max_{(i)\in I}\{\alpha_{(i)}\},\beta_q=\max_{(j)\in J}\{\beta_{(j)}\}$$

若$(u_s\bar{u}_t-u_p\bar{u}_q)<0$，且下列条件之一个成立.

(ⅰ)$u_s[\deg(b_q(z))-\deg(b(z))]+\bar{u}_q[\deg(a_p(z))-\deg(a(z))]\leqslant 0$；

(ⅱ)$\bar{u}_t[\deg(a_p(z))-\deg(a(z))]+u_p[\deg(b_q(z))-\deg(b(z))]\leqslant 0$.

则$\rho(w_1)\geqslant 1,\rho(w_2)\geqslant 1$至少有一个成立.

例1　$(w_1,w_2)=(z^2,\mathrm{e}^z)$是方程组

$$\begin{cases}w_2^3z^6[-2c^2w_1(\Delta_cw_1)(\Delta_c^2w_1)+(\Delta_cw_1)^2(\Delta_c^2w_1)]=\\2c^4(2z+c)[-2cz^2+2z+c]w_2(w'_2)(w''_2)w_1^3\\w_1^3z[(\Delta_c^2w_2)^3-(\Delta_cw_2)(\Delta_c^2w_2)(\Delta_c^3w_2)]=\\\dfrac{(z^8-1)(\mathrm{e}^c-1)^6w_2^3(w'_1)^2(w'''_1)}{2c^2}\end{cases}$$

的一个超越整函数解，易知

$$\max\{\alpha_{(i)}\}=\alpha_1,\max\{\beta_{(j)}\}=\beta_2$$

$$u_s=3,u_1=3,\bar{u}_t=5,\bar{u}_2=6$$

$$u_s\bar{u}_t-u_1\bar{u}_2=15-18=-3<0$$

$$u_s[\deg(b_2(z))-\deg(b(z))]+$$

$$\bar{u}_2[\deg(a_1(z))-\deg(a(z))]=$$

$$3(1-8)+6(6-3)=-3<0$$

$$\bar{u}_t[\deg(a_1(z))-\deg(a(z))]+u_1[\deg(b_2(z))-\deg(b(z))]=5(6-3)+3(1-8)=-6<0$$

在此条件下 $\rho(w_1)=0,\rho(w_2)=1$. 例子表明定理 1 的下界可达.

例 2 $(w_1,w_2)=(z^2,z^3)$ 是方程组

$$\begin{cases} w_2^3[2c^4z^2(\Delta_c w_1)^3+9z(z+c)^2w_1(\Delta_c^2 w_1)^2+ \\ z^3(z+c)^2(\Delta_c w_1)^2(\Delta_c^2 w_1)- \\ c^4(2z+c)^2 w_1(\Delta_c w_1)(\Delta_c^2 w_1)]= \\ c^4 z(z+c)^2\left[1+\dfrac{(2z+c)^2}{18}\right](w_1)^3 w_2(w''_2)^2 \\ w_1^3[z^9(\Delta_c w_2)(\Delta_c^2 w_2)^2+z^3w_2^3]= \\ \left[18c^5z^2(z+c)^2(3z^2+3zc+c^2)+\dfrac{z^5}{2}\right](w_1)^2(w''_1)w_2^3 \end{cases}$$

的一个整函数解,易知

$$\max\{\alpha_{(i)}\}=\alpha_3,\max\{\beta_{(j)}\}=\beta_1$$

$$u_s=4,u_3=4,\bar{u}_t=2,\bar{u}_1=5$$

$$u_s\bar{u}_t-u_3\bar{u}_1=8-20=-12<0$$

$$u_s[\deg(b_1(z))-\deg(b(z))]+\bar{u}_1[\deg(a_3(z))-\deg(a(z))]=4[9-6]+5[5-5]=12>0$$

$$\bar{u}_t[\deg(a_3(z))-\deg(a(z))]+u_3[\deg(b_1(z))-\deg(b(z))]=2(5-5)+4(9-6)=12>0$$

在此条件下 $\rho(w_1)=0,\rho(w_2)=0$. 例子表明定理 1 的条件是精确的.

定理 2 设 $(w_1(z),w_2(z))$ 是高阶复差分－微分方程组(2) 的有限极超越整函数解,$\Omega_i(z,w_1,w_2)(i=1,2)$ 是关于 w_1,w_2 的齐次函数. $\alpha_M=\max\limits_{\lambda\in I}\{\alpha(\lambda)\}$,

$\beta_N=\max\limits_{\bar{\lambda}\in J}\{\beta(\bar{\lambda})\}$，若

$$A=u_{s_1}\bar{u}_{t_2}-\bar{u}_{t_1}u_{s_2}-u_{1M}\bar{u}_{t_2}+\bar{u}_{1N}u_{s_2}<0$$

$$B=u_{s_2}\bar{u}_{t_1}-\bar{u}_{t_2}u_{s_1}-u_{2M}\bar{u}_{t_1}+\bar{u}_{2N}u_{s_1}<0$$

$$AB-(u_{2M}\bar{u}_{t_2}-u_{s_2}\bar{u}_{2N})(u_{1M}\bar{u}_{t_1}-u_{s_1}\bar{u}_{1N})>0$$

且下列条件之一个成立.

（i）$(u_{s_1}\bar{u}_{t_2}-u_{s_2}\bar{u}_{t_1})\{(\bar{u}_{2N}-\bar{u}_{t_2})[\deg(a_M(z))-\deg(a(z))]-(u_{2M}-u_{s_2})[\deg(b_N(z))-\deg(b(z))]\}\geqslant 0$；

（ii）$(u_{s_1}\bar{u}_{t_2}-u_{s_2}\bar{u}_{t_1})\{(\bar{u}_{t_1}-\bar{u}_{1N})[\deg(a_M(z))-\deg(a(z))]-(u_{s_1}-u_{1M})[\deg(b_N(z))-\deg(b(z))]\}\geqslant 0$.

则 $\rho(w_1)\geqslant 1,\rho(w_2)\geqslant 1$ 至少有一个成立.

§3　几个引理

为了定理的证明，我们需要以下引理.

引理 1[3]　设 $w(z)$ 为整函数，又设 $0<\delta<\frac{1}{8}$，z 是圆周 $\{z,|z|=r\}$ 上使得 $|w(z)|>M(r,w)[\nu(r,w)]^{-\frac{1}{8}+\delta}$ 的点，则除去对数测度为有穷的 r 值集之外有

$$\frac{w^{(k)}(z)}{w(z)}=\left(\frac{\nu(r,w)}{z}\right)^k(1+\eta k(z))$$

其中 $\eta_k(z)=O\{[\nu(r,w)]^{-\frac{1}{8}+\delta}\}$.

引理 2[16]　设 w 是一个有限级 $\rho(w)=\rho<1$ 的亚纯函数，对任意给定的 $\varepsilon>0$，k,j 是整数，$k>j\geqslant 0$. 则存在一个有限的对数测度集 $E\subset(1,+\infty)$，对所有满足 $|z|=r\notin[0,1]\cup E$ 的 z，有

$$\left|\frac{\Delta^k w(z)}{\Delta^j w(z)}\right| \leqslant |z|^{(k-j)(\rho-1+\varepsilon)}$$

引理 3[2] 设 g 和 h 是 $[0,+\infty)$ 上单调非减函数,且对于所有的 $r \overline{\in} E$,$g(r) \leqslant h(r)$,其中 $E \subset (1,+\infty)$ 是一个有限的对数测度集,$\alpha(>1)$ 是一个常数.则存在 $r_0 = r_0(\alpha) > 0$ 对于所有的 $r \geqslant r_0$,有

$$g(r) \leqslant h(\alpha r)$$

引理 4[2] 设 w 是级为 ρ 的非常数整函数,则有

$$\limsup_{r\to\infty} \frac{\log \nu(r,w)}{\log r} = \rho$$

§4 定理的证明

定理 1 的证明 设 $(w_1(z), w_2(z))$ 是高阶复差分-微分方程组(1)的超越有限级 $\rho(w_1,w_2) = \max\{\rho(w_1),\rho(w_2)\} < 1$ 整函数解.将 §1 方程组(1)改写为

$$\begin{cases} a(z)\left(\dfrac{w'_2}{w_2}\right)^{s_1}\cdots\left(\dfrac{w_2^{(n)}}{w_2}\right)^{s_n} = \\ \displaystyle\sum_{(i)\in I} a_{(i)}(z)\left(\dfrac{\Delta_c w_1}{w_1}\right)^{i_1}\cdots\left(\dfrac{\Delta_c^n w_1}{w_1}\right)^{i_n} \\ b(z)\left(\dfrac{w'_1}{w_1}\right)^{t_1}\cdots\left(\dfrac{w_1^{(n)}}{w_1}\right)^{t_n} = \\ \displaystyle\sum_{(j)\in J} b_{(j)}(z)\left(\dfrac{\Delta_c w_2}{w_2}\right)^{j_1}\cdots\left(\dfrac{\Delta_c^n w_2}{w_2}\right)^{j_n} \end{cases} \tag{1}$$

引理 1 应用于方程组(1)的左边及引理 2 应用于方程组(1)的右边得

$$\begin{cases} r^{\deg(a(z))}\left(\dfrac{\nu(r,w_2)}{r}\right)^{u_s} \mid 1+o(1) \mid \leqslant \\ \sum\limits_{(i)\in I} r^{\deg(a_{(i)}(z))+u_{(i)}(\rho(w_1)-1)+\varepsilon_1} \\ r^{\deg(b(z))}\left(\dfrac{\nu(r,w_1)}{r}\right)^{\bar{u}_t} \mid 1+o(1) \mid \leqslant \\ \sum\limits_{(j)\in J} r^{\deg(b_{(j)}(z))+\bar{u}_{(j)}(\rho(w_2)-1)+\varepsilon_2} \end{cases}$$

对于所有充分大的 $r, r\in F\backslash E\cup[0,1]$ 成立，$\varepsilon_1,\varepsilon_2$ 是任意小的正数.

进一步，我们有

$$\begin{cases} r^{\deg(a(z))}\left(\dfrac{\nu(r,w_2)}{r}\right)^{u_s} \mid 1+o(1) \mid \leqslant \\ r^{\deg(a_p(z))+u_p(\rho(w_1)-1)+\varepsilon_1} \\ r^{\deg(b(z))}\left(\dfrac{\nu(r,w_1)}{r}\right)^{\bar{u}_t} \mid 1+o(1) \mid \leqslant \\ r^{\deg(b_q(z))+\bar{u}_q(\rho(w_2)-1)+\varepsilon_2} \end{cases} \tag{2}$$

其中 $F\in \mathbf{R}^*$ 是一个有限的对数测度集合，选择的 z 满足 $|w_1|=M(r,w_1)$，$|w_2|=M(r,w_2)$，$\varepsilon_1,\varepsilon_2$ 是任意小的正数. 由式(2)和引理3得

$$\begin{cases} (\nu(r,w_2))^{u_s} \mid 1+o(1) \mid \leqslant \\ r^{\deg(a_p(z))-\deg(a(z))+u_p(\rho(w_1)-1)+u_s+\varepsilon} \\ (\nu(r,w_1))^{\bar{u}_t} \mid 1+o(1) \mid \leqslant \\ r^{\deg(b_q(z))-\deg(b(z))+\bar{u}_q(\rho(w_2)-1)+\bar{u}_t+\varepsilon} \end{cases}$$

其中 $\varepsilon>0$ 是任意小的数.

故

$$u_s\rho(w_2)\leqslant \limsup_{r\to\infty}\frac{u_s\log^+\nu(r,w_2)}{\log r}\leqslant$$
$$\deg(a_p(z))-\deg(a(z))+u_p(\rho(w_1)-1)+u_s \tag{3}$$

$$\bar{u}_t\rho(w_1) \leqslant \limsup_{r\to\infty} \frac{\bar{u}_t \log^+ \nu(r, w_1)}{\log r} \leqslant$$
$$\deg(b_q(z)) - \deg(b(z)) + \bar{u}_q(\rho(w_2) - 1) + \bar{u}_t \tag{4}$$

由式(3) 和(4),我们得到

$$(u_s\bar{u}_t - u_p\bar{u}_q)\rho(w_1) \leqslant u_s[\deg(b_q(z)) - \deg(b(z))] +$$
$$\bar{u}_q[\deg(a_p(z)) - \deg(a(z))] + u_s\bar{u}_t - u_p\bar{u}_q$$

又因为 $u_s\bar{u}_t - u_p\bar{u}_q < 0$,则

$$\rho(w_1) \geqslant$$
$$\frac{u_s[\deg(b_q(z)) - \deg(b(z))] + \bar{u}_q[\deg(a_p(z)) - \deg(a(z))]}{u_s\bar{u}_t - u_p\bar{u}_q} + 1 \tag{5}$$

相类似的,我们有

$$\rho(w_2) \geqslant$$
$$\frac{\bar{u}_t[\deg(a_p(z)) - \deg(a(z))] + u_p[\deg(b_q(z)) - \deg(b(z))]}{u_s\bar{u}_t - u_p\bar{u}_q} + 1 \tag{6}$$

由式(5) 和 $\rho(w_1) < 1$,我们得到

$$\frac{u_s[\deg(b_q(z)) - \deg(b(z))] + \bar{u}_q[\deg(a_p(z)) - \deg(a(z))]}{u_s\bar{u}_t - u_p\bar{u}_q} < 0$$

因此

$$u_s[\deg(b_q(z)) - \deg(b(z))] +$$
$$\bar{u}_q[\deg(a_p(z)) - \deg(a(z))] > 0$$

这与定理 1 中的第一个不等式矛盾.

同理,由式(6) 和 $\rho(w_2) < 1$,我们得到

$$\frac{\bar{u}_t[\deg(a_p(z)) - \deg(a(z))] + u_p[\deg(b_q(z)) - \deg(b(z))]}{u_s\bar{u}_t - u_p\bar{u}_q} < 0$$

因此

$$\bar{u}_t[\deg(a_p(z)) - \deg(a(z))] + u_p[\deg(b_q(z)) - \deg(b(z))] > 0$$

这与定理1中的第二个不等式矛盾.

定理1证毕.

定理2的证明　设$(w_1(z),w_2(z))$是高阶复差分－微分方程组(2)的超越有限级$\rho(w_1,w_2)=\max\{\rho(w_1),\rho(w_2)\}<1$整函数解.将方程组(2)改写为

$$\begin{cases} a(z)\left(\frac{w'_1}{w_1}\right)^{s_{11}}\cdots\left(\frac{w_1^{(n)}}{w_1}\right)^{s_{1n}}\left(\frac{w'_2}{w_2}\right)^{s_{21}}\cdots\left(\frac{w_2^{(n)}}{w_2}\right)^{s_{2n}}= \\ \sum_{(i)\in I}a_{(i)}(z)\left(\frac{\Delta_c w_1}{w_1}\right)^{i_{11}}\cdots \\ \left(\frac{\Delta_c^n w_1}{w_1}\right)^{i_{1n}}\left(\frac{\Delta_c w_2}{w_2}\right)^{i_{21}}\cdots\left(\frac{\Delta_c^n w_2}{w_2}\right)^{i_{2n}} \\ b(z)\left(\frac{w'_1}{w_1}\right)^{t_{11}}\cdots\left(\frac{w_1^{(n)}}{w_1}\right)^{t_{1n}}\left(\frac{w'_2}{w_2}\right)^{t_{21}}\cdots\left(\frac{w_2^{(n)}}{w_2}\right)^{t_{2n}}= \\ \sum_{(j)\in J}b_{(j)}(z)\left(\frac{\Delta_c w_1}{w_1}\right)^{j_{11}}\cdots \\ \left(\frac{\Delta_c^n w_1}{w_1}\right)^{j_{1n}}\left(\frac{\Delta_c w_2}{w_2}\right)^{j_{21}}\cdots\left(\frac{\Delta_c^n w_2}{w_2}\right)^{j_{2n}} \end{cases} \tag{7}$$

由阿达玛定理,我们有

$$w_1(z)=\frac{g_1(z)}{d_1(z)},w_2(z)=\frac{g_2(z)}{d_2(z)}$$

其中$g_i(z),d_i(z)(i=1,2)$都是整函数,满足

$$\rho(g_i)=\rho(w_i),\lambda(d_i)=\rho(d_i)=\lambda\left(\frac{1}{\omega_i}\right),$$

$$\mu(g_i)=\mu(w_i)>\lambda(d_i)\quad(i=1,2)$$

引理1应用于方程组(9)的左边及引理2应用于方程组(9)的右边得

$$\begin{cases} r^{\deg(a(z))}\left(\dfrac{v(r,g_1)}{r}\right)^{u_{s_1}}\left(\dfrac{v(r,g_2)}{r}\right)^{u_{s_2}} \mid 1+o(1) \mid \leqslant \\ \sum\limits_{(i)\in I} r^{\deg(a_{(i)}(z))+\sum\limits_{s=1}^{2} u_s(\rho(g_s)-1)+\varepsilon_1} \\ r^{\deg(b(z))}\left(\dfrac{v(r,g_1)}{r}\right)^{\bar{u}_{t_1}}\left(\dfrac{v(r,g_2)}{r}\right)^{\bar{u}_{t_2}} \mid 1+o(1) \mid \leqslant \\ \sum\limits_{(j)\in J} r^{\deg(b_{(j)}(z))+\sum\limits_{s=1}^{2} \bar{u}_s(\rho(g_s)-1)+\varepsilon_2} \end{cases}$$

对于所有充分大的 r，$r\in F\backslash E\cup[0,1]$ 成立，ε_1，ε_2 是任意小的正数.

进一步，我们有

$$\begin{cases} r^{\deg(a(z))}\left(\dfrac{v(r,g_1)}{r}\right)^{u_{s_1}}\left(\dfrac{v(r,g_2)}{r}\right)^{u_{s_2}} \mid 1+o(1) \mid \leqslant \\ r^{\deg(a_M(z))+\sum\limits_{s=1}^{2} u_{sM}(\rho(g_s)-1)+\varepsilon_1} \\ r^{\deg(b(z))}\left(\dfrac{v(r,g_1)}{r}\right)^{\bar{u}_{t_1}}\left(\dfrac{v(r,g_2)}{r}\right)^{\bar{u}_{t_2}} \mid 1+o(1) \mid \leqslant \\ r^{\deg(b_N(z))+\sum\limits_{s=1}^{2} \bar{u}_{sN}(\rho(g_s)-1)+\varepsilon_2} \end{cases} \tag{8}$$

其中 $F\in\mathbf{R}^*$ 是一个有限的对数测度集合，选择的 z 满足 $|g_1|=M(r,g_1)$，$|g_2|=M(r,g_2)$，ε_1，ε_2 是任意小的正数.

由式(8) 和引理 3 得

$$\begin{cases} (v(r,g_1))^{u_{s_1}}(v(r,g_2))^{u_{s_2}} \mid 1+o(1) \mid \leqslant \\ r^{\deg(a_M(z))-\deg(a(z))+\sum\limits_{s=1}^{2} u_{sM}(\rho(g_s)-1)+\varepsilon+u_{s_1}+u_{s_2}} \\ (v(r,g_1))^{\bar{u}_{t_1}}(v(r,g_2))^{\bar{u}_{t_2}} \mid 1+o(1) \mid \leqslant \\ r^{\deg(b_N(z))-\deg(b(z))+\sum\limits_{s=1}^{2} \bar{u}_{sN}(\rho(g_s)-1)+\varepsilon+\bar{u}_{t_1}+\bar{u}_{t_2}} \end{cases} \tag{9}$$

其中 $\varepsilon>0$ 是任意小的数.

进一步有

$$(v(r,g_1))^{\frac{u_{s_1}}{u_{s_2}}}(v(r,g_2))\mid 1+o(1)\mid\leqslant r^{\frac{\deg(a_M(z))-\deg(a(z))+\sum\limits_{s=1}^{2}u_{sM}(\rho(g_s)-1)+\varepsilon+u_{s_1}+u_{s_2}}{u_{s_2}}} \tag{10}$$

$$(v(r,g_1))^{\frac{\bar{u}_{t_1}}{\bar{u}_{t_2}}}(v(r,g_2))\mid 1+o(1)\mid\leqslant r^{\frac{\deg(b_N(z))-\deg(b(z))+\sum\limits_{s=1}^{2}\bar{u}_{sN}(\rho(g_s)-1)+\varepsilon+\bar{u}_{t_1}+\bar{u}_{t_2}}{\bar{u}_{t_2}}} \tag{11}$$

由式(10)和(11),我们得到

$$(v(r,g_1))^{\frac{u_{s_1}}{u_{s_2}}-\frac{\bar{u}_{t_1}}{\bar{u}_{t_2}}}\mid 1+o(1)\mid\leqslant r^{\frac{\deg(a_M(z))-\deg(a(z))+\sum\limits_{s=1}^{2}u_{sM}(\rho(g_s)-1)+\varepsilon+u_{s_1}+u_{s_2}}{u_{s_2}}-\frac{\deg(b_N(z))-\deg(b(z))+\sum\limits_{s=1}^{2}\bar{u}_{sN}(\rho(g_s)-1)+\varepsilon+\bar{u}_{t_1}+\bar{u}_{t_2}}{\bar{u}_{t_2}}} \tag{12}$$

因此

$$\left(\frac{u_{s_1}}{u_{s_2}}-\frac{\bar{u}_{t_1}}{\bar{u}_{t_2}}\right)\rho(g_1)\leqslant \limsup_{r\to\infty}\frac{\left(\frac{u_{s_1}}{u_{s_2}}-\frac{\bar{u}_{t_1}}{\bar{u}_{t_2}}\right)\log^+ v(r,g_1)}{\log r}\leqslant$$

$$\frac{\deg(a_M(z))-\deg(a(z))+\sum\limits_{s=1}^{2}u_{sM}(\rho(g_s)-1)+u_{s_1}}{u_{s_2}}-$$

$$\frac{\deg(b_N(z))-\deg(b(z))+\sum_{s=1}^{2}\bar{u}_{sN}(\rho(g_s)-1)+\bar{u}_{t_1}}{\bar{u}_{t_2}}$$

即

$$(u_{s_1}\bar{u}_{t_2}-\bar{u}_{t_1}u_{s_2}-u_{1M}\bar{u}_{t_2}+\bar{u}_{1N}u_{s_2})\rho(g_1)\leqslant$$
$$\bar{u}_{t_2}[\deg(a_M(z))-\deg(a(z))]-$$
$$u_{s_2}[\deg(b_N(z))-\deg(b(z))]+$$
$$(u_{2M}\bar{u}_{t_2}-\bar{u}_{2N}u_{s_2})\rho(g_2)+u_{s_1}\bar{u}_{t_2}-\bar{u}_{t_1}u_{s_2}-$$
$$u_{1M}\bar{u}_{t_2}+\bar{u}_{1N}u_{s_2}-u_{2M}\bar{u}_{t_2}+\bar{u}_{2N}u_{s_2}$$

又因为

$$A=u_{s_1}\bar{u}_{t_2}-\bar{u}_{t_1}u_{s_2}-u_{1M}\bar{u}_{t_2}+\bar{u}_{1N}u_{s_2}<0$$

则

$$\rho(g_1)\geqslant$$
$$\frac{\bar{u}_{t_2}[\deg(a_M(z))-\deg(a(z))]-u_{s_2}[\deg(b_N(z))-\deg(b(z))]}{u_{s_1}\bar{u}_{t_2}-\bar{u}_{t_1}u_{s_2}-u_{1M}\bar{u}_{t_2}+\bar{u}_{1N}u_{s_2}}+$$
$$\frac{(u_{2M}\bar{u}_{t_2}-\bar{u}_{2N}u_{s_2})(\rho(g_2)-1)}{u_{s_1}\bar{u}_{t_2}-\bar{u}_{t_1}u_{s_2}-u_{1M}\bar{u}_{t_2}+\bar{u}_{1N}u_{s_2}}+1 \tag{13}$$

同理，因为

$$B=u_{s_2}\bar{u}_{t_1}-\bar{u}_{t_2}u_{s_1}-u_{2M}\bar{u}_{t_1}+\bar{u}_{2N}u_{s_1}<0$$

则

$$\rho(g_2)\geqslant$$
$$\frac{\bar{u}_{t_1}[\deg(a_M(z))-\deg(a(z))]-u_{s_1}[\deg(b_N(z))-\deg(b(z))]}{u_{s_2}\bar{u}_{t_1}-\bar{u}_{t_2}u_{s_1}-u_{2M}\bar{u}_{t_1}+\bar{u}_{2N}u_{s_1}}+$$
$$\frac{(u_{1M}\bar{u}_{t_1}-\bar{u}_{1N}u_{s_1})(\rho(g_1)-1)}{u_{s_2}\bar{u}_{t_1}-\bar{u}_{t_2}u_{s_1}-u_{2M}\bar{u}_{t_1}+\bar{u}_{2N}u_{s_1}}+1 \tag{14}$$

由式(13)和(14)得

$$[AB-(u_{2M}\bar{u}_{t_2}-\bar{u}_{2N}u_{s_2})(\bar{u}_{t_1}u_{1M}-\bar{u}_{1N}u_{s_1})]\rho(g_1)\geqslant$$
$$B\{\bar{u}_{t_2}[\deg(a_M(z))-\deg(a(z))]-$$
$$u_{s_2}[\deg(b_N(z))-\deg(b(z))]\}+$$
$$(u_{2M}\bar{u}_{t_2}-\bar{u}_{2N}u_{s_2})\{\bar{u}_{t_1}[\deg(a_M(z))-\deg(a(z))]-$$
$$u_{s_1}[\deg(b_N(z))-\deg(b(z))]\}+$$
$$AB-(u_{2M}\bar{u}_{t_2}-\bar{u}_{2N}u_{s_2})(\bar{u}_{t_1}u_{1M}-\bar{u}_{1N}u_{s_1}) \tag{15}$$

又因为

$$AB-(u_{2M}\bar{u}_{t_2}-\bar{u}_{2N}u_{s_2})(\bar{u}_{t_1}u_{1M}-\bar{u}_{1N}u_{s_1})>0$$

由式(15)得

$$\rho(g_1)\geqslant$$
$$\frac{(u_{s_1}\bar{u}_{t_2}-\bar{u}_{t_1}u_{s_2})\{(\bar{u}_{2N}-\bar{u}_{t_2})[\deg(a_M(z))-\deg(a(z))]\}}{AB-(u_{2M}\bar{u}_{t_2}-\bar{u}_{2N}u_{s_2})(\bar{u}_{t_1}u_{1M}-\bar{u}_{1N}u_{s_1})}-$$
$$\frac{(u_{2M}-u_{s_2})[\deg(b_N(z))-\deg(b(z))]}{AB-(u_{2M}\bar{u}_{t_2}-\bar{u}_{2N}u_{s_2})(\bar{u}_{t_1}u_{1M}-\bar{u}_{1N}u_{s_1})}+1 \tag{16}$$

由式(16)和$\rho(g_1)=\rho(w_1)<1$得

$$(u_{s_1}\bar{u}_{t_2}-u_{s_2}\bar{u}_{t_1})\{(\bar{u}_{2N}-\bar{u}_{t_2})[\deg(a_M(z))-$$
$$\deg(a(z))]-(u_{2M}-u_{s_2})[\deg(b_N(z))-$$
$$\deg(b(z))]\}<0$$

这与定理2中不等式(ⅰ)矛盾.

同理

$$\rho(g_2)\geqslant \frac{(u_{s_1}\bar{u}_{t_2}-\bar{u}_{t_1}u_{s_2})\{(\bar{u}_{t_1}-\bar{u}_{1N})[\deg(a_M(z))-\deg(a(z))]\}}{AB-(u_{2M}\bar{u}_{t_2}-\bar{u}_{2N}u_{s_2})(\bar{u}_{t_1}u_{1M}-\bar{u}_{1N}u_{s_1})}-\frac{(u_{s_1}-u_{1M})[\deg(b_N(z))-\deg(b(z))]}{AB-(u_{2M}\bar{u}_{t_2}-\bar{u}_{2N}u_{s_2})(\bar{u}_{t_1}u_{1M}-\bar{u}_{1N}u_{s_1})}+1 \tag{17}$$

由式(17) 和 $\rho(g_2)=\rho(w_2)<1$ 得

$$(u_{s_1}\bar{u}_{t_2}-u_{s_2}\bar{u}_{t_1})\{(\bar{u}_{t_1}-\bar{u}_{1N})[\deg(a_M(z))-\deg(a(z))]-(u_{s_1}-u_{1M})[\deg(b_N(z))-\deg(b(z))]\}<0$$

这与定理 2 中不等式(ⅱ)矛盾.

定理 2 证毕.

参考文献

[1] 仪洪勋. 亚纯函数唯一性理论[M]. 北京:科学出版社,1995.

[2] LAINE I. Nevanlinna Theory and Complex Differential Equations[M]. Berlin:Walter de Gruyter,1993.

[3] 何育赞,肖修治. 代数体函数与常微分方程[M]. 北京:科学出版社,1988.

[4] HE Y Z,LAINE I. On the growth of algeoid solutions of algebraic differential equations[J]. Second Math,1986,58:71-83.

[5] GAO L Y. Meromorphic admissible solutions of differential equatoin[J]. Chinese Annals of

Mathematics,1999,20A(2):221-228.

[6] GAO L Y. On the growth of solutions of higher-order algebraic differential equations[J]. Acta Mathematica Scientia,2002,22B(4):458-465.

[7] GAO L Y. On admissible solutions of two types of systems of differential equations in the complex plane[J]. Acta Mathematica Sinica,2000,43(1):149-156.

[8] GAO L Y. On the growth of components of meromorphic solutions of systems of complex differential equations[J]. Acta Mathematicae Applicatae Sinica,2005,21(3):499-504.

[9] GAO L Y. The growth of solutions of systems of complex nonlinear algebraic differential equations[J]. Acta Mathematica Scientia,2010,30B(3):932-938.

[10] 高凌云. Malmquist 型复差分方程组[J]. 数学学报,2012,55(2):293-300.

[11] GO L Y. The growth order of solutions of systems of complex difference equations[J]. Acta Mathematica Scientia,2013,33B(3):814-820.

[12] FRANK G,WANG Y F. On the meromorphic solutions of algebraic differential equations[J]. Analysis,1998,18:49-54.

[13] CHEN Z X. On the rate of growth of meromorphic solutions of higher order linear

differential equations[J]. Acta Mathematica Sinica, 1999, 42(3): 551-558.

[14] YANG C C, LAINE I. On analogies between nonlinear difference and differential equations [J]. Proc Japan Acad (Ser A), 2010, 86: 10-14.

[15] HEITTOKANGAS J, KORHONEN R, LAINE I. et al. Complex difference equations of Malmquist type[J]. Comput Methods Funct Theory, 2001, 4: 27-39.

[16] KORHONEN R. A new Clunie type theorem for difference polynomials[J]. Difference Equ Appl, 2001, 17(3): 387-400.

[17] CHIANG Y M, FENG S J. On the growth of logarithmic differences, difference quotients and logarithmic derivatives of meromorphic functions[J]. Trans Amer Math Soc, 2009, 361: 3767-3791.

[18] CHEN Z X, HUANG Z B, ZHANG R R. On difference equations relationg to Gamma function[J]. Acta Mathematica Scientia, 2011, 31B(4): 1281-1294.

[19] LI K, CHAN W. Meromorphic solutions of higher order systems of algebraic differential equations[J]. Math Scand, 1992, 71(1): 105-121.

[20] TU Z H, XIAO X Z. On the meromorphic solutions of system of higher-order algebraic differential equations[J]. Complex Variables, 1990, 15: 197-209.